Preise in Finanzmärkten

Jürgen Kremer

Preise in Finanzmärkten

Replikation und verallgemeinerte Diskontierung

2. Auflage

Springer Gabler

Jürgen Kremer
RheinAhrCampus Remagen
Hochschule Koblenz
Remagen, Deutschland

ISBN 978-3-662-67147-4 ISBN 978-3-662-67148-1 (eBook)
https://doi.org/10.1007/978-3-662-67148-1

Die Deutsche Nationalbibliothek verzeichnet diese Publikation in der Deutschen Nationalbibliografie; detaillierte bibliografische Daten sind im Internet über http://dnb.d-nb.de abrufbar.

Planung/Lektorat: Iris Ruhmann
Springer Gabler ist ein Imprint der eingetragenen Gesellschaft Springer-Verlag GmbH, DE und ist ein Teil von Springer Nature.
Die Anschrift der Gesellschaft ist: Heidelberger Platz 3, 14197 Berlin, Germany

Für Alexander und Ulrike

Vorwort zur 2. Auflage

Für die zweite Auflage wurde der Text an zahlreichen Stellen im Detail verbessert, es wurden bekannt gewordene Fehler korrigiert und es wurden neue Übungsaufgaben aufgenommen. Darüber hinaus wurde ein Abschnitt zu Eigenschaften und zur Bewertung von Aktienanleihen sowie ein Abschnitt zur Bewertung von Barrier-Optionen aufgenommen.

Die in der ersten Auflage angegebenen Bewertungsalgorithmen für europäische und amerikanische Call- und Put-Optionen mit und ohne Dividendenzahlungen des Basiswerts wurden überarbeitet, effizienter gestaltet und als MATLAB- bzw. Octave-Programme umgeschrieben.

Am Ende jedes Kapitels finden Sie vor den Übungsaufgaben einen Abschnitt *Das Wichtigste im Überblick*, in dem die wesentlichen Begriffsbildungen, Konzepte und Resultate des jeweiligen Kapitels in knapper Form zusammengestellt wurden.

Die Übungsaufgaben mögen Sie dabei unterstützen, mit dem dargebotenen Stoff vertraut zu werden und umgehen zu können. In Kap. 7 finden Sie vollständige Musterlösungen. Zum Buch steht Ihnen darüber hinaus auf YouTube eine Playlist mit Lehrvideos zur Verfügung.

Meiner Kollegin Martina Brück danke ich herzlich für zahlreiche Diskussionen und für wertvolle Rückmeldungen zu den Inhalten des Buchs. Ich bedanke mich wieder sehr gerne und herzlich bei Frau Dr. Annika Denkert und bei Frau Iris Ruhmann vom Springer- Verlag für die wie immer ausgesprochen gute Zusammenarbeit.

Daun — Jürgen Kremer
1. Februar 2023

Vorwort zur 1. Auflage

In diesem Buch wird die Replikationsstrategie zur Bewertung zukünftiger zustandsabhängiger Zahlungsströme dargestellt, wobei der Schwerpunkt auf zeitdiskrete Modelle gelegt wird.

Eine Besonderheit des Textes besteht darin, dass die Preisfindung im ersten Teil als verallgemeinerte Diskontierung ohne Verwendung der Wahrscheinlichkeitstheorie formuliert wird.

Im zweiten Teil wird die Bewertung zustandsabhängiger Auszahlungen ein weiteres Mal, diesmal mit Methoden der diskreten stochastischen Analysis, hergeleitet.

Es wird weiter gezeigt, dass die wahrscheinlichkeitstheoretische Formulierung der Bewertung in die stetige Finanzmathematik übertragen werden kann und dass sie sich sowohl im zeitdiskreten als auch im zeitstetigen Fall als verallgemeinerte Diskontierung interpretieren lässt.

Ich danke meinen Studenten des Bachelor-Kurses *Ein- und Mehr-Perioden-Modelle* und des Master-Kurses *Stochastische Analysis und stetige Finanzmathematik* für ihre hilfreichen Rückmeldungen zum Buchmanuskript, und ich bedanke mich herzlich bei Frau Dr. Annika Denkert und bei Frau Agnes Herrmann vom Springer-Verlag für die ausgesprochen angenehme Zusammenarbeit.

Daun
2. August 2016

Jürgen Kremer

Inhaltsverzeichnis

Teil I
Replikation und verallgemeinerte Diskontierung

In den arbitragefreien und vollständigen Ein-Perioden-Modellen des Kap. 1 lässt sich jede zukünftige zustandsabhängige Auszahlung mithilfe eines Portfolios replizieren. Der aktuelle Preis dieses Portfolios ist definitionsgemäß der Preis der zukünftigen Auszahlung. Unter den angegebenen Voraussetzungen lässt sich der Preis alternativ auch mithilfe eines verallgemeinerten Diskontfaktors, eines Diskontvektors, berechnen, ohne dass das Replikationsportfolio bestimmt werden müsste.

Die Diskontierungsstrategie zur Bewertung zustandsabhängiger Auszahlungen wird in Kap. 1 für Ein-Perioden-Modelle entwickelt und in Kap. 2 auf Mehr-Perioden-Modelle ausgedehnt, die sich als Hintereinanderschaltungen von Ein-Perioden-Modellen beschreiben lassen.

Kap. 3 enthält eine Reihe für die Praxis relevanter Anwendungen.

1 Ein-Perioden-Modelle

Die Aktienkurse zum aktuellen Zeitpunkt sind bekannt, nicht aber diejenigen in einem Jahr. Damit ist auch ungewiss, was ein Derivat, etwa eine Call-Option, in einem Jahr wert sein wird. Eine Call-Option beinhaltet das Recht, eine bestimmte Aktie zu einem bereits heute festgelegten Preis K zu einem zukünftigen Zeitpunkt T kaufen zu dürfen. Es liegt im Ermessen des Eigentümers der Call-Option, sein Kaufrecht auszuüben oder nicht. Besitzt die Aktie zum Zeitpunkt T einen Marktwert $S > K$, dann kann der Inhaber der Option sie mithilfe seines Optionsrechts zum Preis K kaufen und anschließend an der Börse zum Preis S wieder veräußern. Auf diese Weise erzielt er einen Gewinn in Höhe von $S - K > 0$, und dies ist gerade der Wert der Option für diesen Fall. Liegt der Marktwert der Aktie zum Zeitpunkt T dagegen unterhalb von K, gilt also $S < K$, dann kann der Inhaber das Optionsrecht nicht vorteilhaft nutzen und wird sein Kaufrecht nicht ausüben. Somit hängt der Wert der Option zum Zeitpunkt T vom ungewissen Aktienkurs zu diesem Zeitpunkt ab und ist daher ebenfalls ungewiss.

Nun können zwei extreme Positionen eingenommen werden. Die erste lautet, dass niemand verlässlich in die Zukunft schauen kann und dass daher zuverlässige Prognosen für die zukünftigen Aktienkurse ausgeschlossen sind. Unter dieser Voraussetzung erscheint die Entwicklung einer sinnvollen Optionspreistheorie aussichtslos. Eine zweite, entgegengesetzte Position lautet, dass es mit einem ausgefeilten ökonomischen Modell möglich sein sollte, genaue Voraussagen für die Kurse der Zukunft zu machen. In diesem Fall wäre der zukünftige Wert der Option bekannt, und dieser müsste zur Bestimmung des Preises der Option lediglich auf den aktuellen Zeitpunkt abdiskontiert werden.

In der Finanzmathematik wird ein Mittelweg zwischen diesen beiden Alles-oder-Nichts-Positionen beschritten. Die grundlegende Annahme besteht darin, dass zwar die Entwicklung eines betrachteten Finanzmarktes nicht vorausgesagt werden kann, dass aber die Menge aller möglichen zukünftigen Zustände oder Szenarien dieses Marktes bekannt ist. Es wird

J. Kremer, *Preise in Finanzmärkten*,
https://doi.org/10.1007/978-3-662-67148-1_1

angenommen, dass genau eines dieser Szenarien in Zukunft eintreten wird, dass aber zum aktuellen Zeitpunkt 0 nicht bekannt ist, welches es sein wird. Das einfachste nichttriviale Modell besteht darin, neben dem Zeitpunkt 0 einen einzigen weiteren zukünftigen Zeitpunkt 1 zuzulassen, an dem der Markt genau einen Zustand ω aus einer endlichen Menge Ω von Zuständen annehmen wird. So einfach dieses Modell auch erscheinen mag, es ist in der Analyse – wie wir sehen werden – erstaunlich reichhaltig und lässt sich zu komplexeren und realistischeren Modellen ausbauen.

Notation Im Folgenden wird das euklidische Skalarprodukt sowohl mit einem Punkt $\cdot$ als auch mit einer Klammer $\langle \cdot, \cdot \rangle$ notiert, d. h., für $x, y \in \mathbb{R}^n$ gilt

$$x \cdot y = \langle x, y \rangle = \sum_{i=1}^{n} x_i y_i .$$

Skalarprodukte, bei denen über Finanzinstrumente summiert wird, werden mit einem Punkt geschrieben, während für Skalarprodukte, bei denen über Zustände summiert wird, die Klammer verwendet wird.

Für $x \in \mathbb{R}^n$ schreiben wir $x > 0$, falls $x_i \geq 0$ für alle $i = 1, \ldots, n$ und $x_k > 0$ für wenigstens ein k gilt. Wir schreiben $x \gg 0$, falls x strikt positiv ist, d. h., falls $x_i > 0$ für alle $i = 1, \ldots, n$ gilt.

1.1 Das Modell

Das grundlegende Modell eines Wertpapiermarkts mit zwei Zeitpunkten wird **Ein-Perioden-Modell** oder einfach **Marktmodell** genannt und ist durch folgende Daten gekennzeichnet:

- Es gibt genau zwei Zeitpunkte, den Anfangszeitpunkt 0 und den Endzeitpunkt 1.
- Zum Zeitpunkt 1 wird genau ein **Zustand** oder **Szenario** ω_i, $i = 1, \ldots, K$, aus einer endlichen Menge

  $$\Omega = \{\omega_1, \ldots, \omega_K\}$$

  von K Zuständen eintreten. Zum Zeitpunkt 0 sind alle Zustände bekannt, nicht aber, welcher zum Zeitpunkt 1 realisiert werden wird.
- Im Rahmen des Modells werden N Wertpapiere $S^1, \ldots, S^N$ betrachtet. Es gibt zu diesen Wertpapieren einen **Preisprozess** $S = \{S_t = (S_t^1, \ldots, S_t^N) \,|\, t = 0, 1\}$, der die Preise der Wertpapiere zu den beiden Zeitpunkten 0 und 1 spezifiziert. Für $i = 1, \ldots, N$ sind die Preise S_0^i der Wertpapiere zum Zeitpunkt 0 Zahlen. Die Preise S_1^i zum Zeitpunkt 1 hängen dagegen vom eintretenden Zustand ab und sind Funktionen auf Ω,

  $$S_1^i : \Omega \to \mathbb{R}.$$

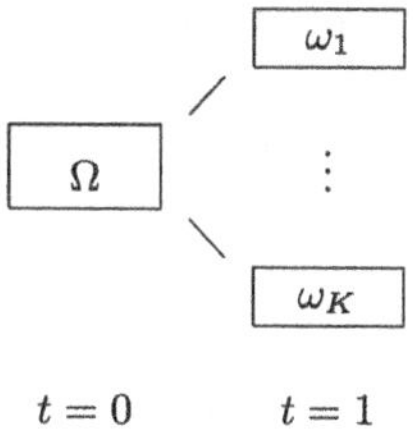
ω_1
Ω
ω_K
$t = 0$
$t = 1$

Abb. 1.1 Die Zustände eines Ein-Perioden-Modells

> $S_1^i(\omega)$ bezeichnet den Kurs des i-ten Wertpapiers zum Zeitpunkt 1 im Zustand $\omega \in \Omega$. Sowohl die Preise S_0^i als auch die Werte $S_1^i(\omega)$, $\omega \in \Omega$, sind den Investoren bekannt. Aber erst zum Zeitpunkt 1 entscheidet sich, welche Kurse $S_1^i(\omega)$ zu diesem Zeitpunkt realisiert werden, denn erst dann stellt sich heraus, in welchen Zustand $\omega \in \Omega$ der Finanzmarkt übergegangen ist.

Zum Zeitpunkt 0 sind also die K Zustände der Menge $\Omega = \{\omega_1, \ldots, \omega_K\}$ als Endzustände zum Zeitpunkt 1 möglich, und zum Zeitpunkt 1 wird genau einer dieser Zustände als Endzustand realisiert. Dies wird in Abb. 1.1 veranschaulicht. Das Aufspalten der Menge Ω in die Elementarzustände ω_1 bis ω_K bildet ein Strukturgerüst, das durch die Spezifikation eines Preisprozesses zu einem Ein-Perioden-Modell ergänzt wird. Für jedes der Finanzinstrumente $S^1, \ldots, S^N$ ist sowohl zum Zeitpunkt 0 als auch für jeden Zustand $\omega \in \Omega$ zum Zeitpunkt 1 jeweils ein Preis vorzugeben. Abb. 1.2 veranschaulicht diese Ergänzung.

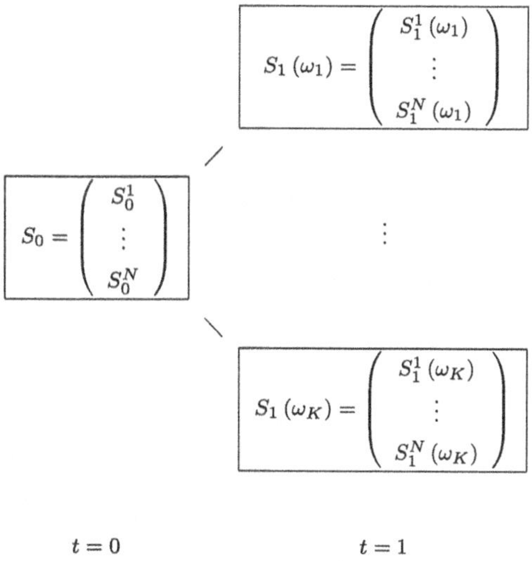
$S_1(\omega_1) = \begin{pmatrix} S_1^1(\omega_1) \\ \vdots \\ S_1^N(\omega_1) \end{pmatrix}$
$S_0 = \begin{pmatrix} S_0^1 \\ \vdots \\ S_0^N \end{pmatrix}$
$S_1(\omega_K) = \begin{pmatrix} S_1^1(\omega_K) \\ \vdots \\ S_1^N(\omega_K) \end{pmatrix}$
$t = 0$
$t = 1$

Abb. 1.2 Die Preise der Wertpapiere eines Ein-Perioden-Modells

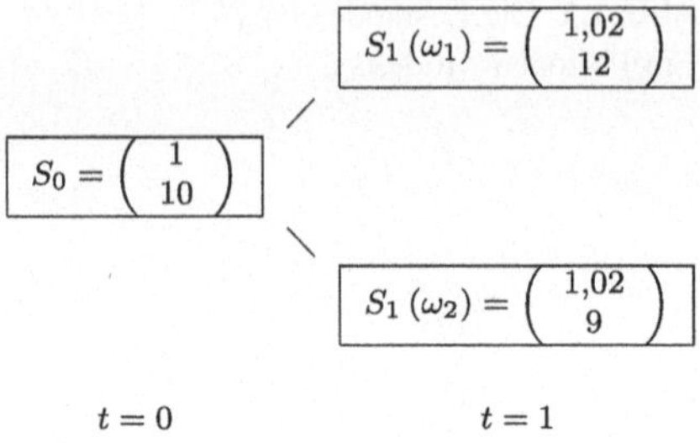

Abb. 1.3 Das Ein-Perioden-Modell des Beispiels 1.1

Beispiel 1.1 Wir betrachten das in Abb. 1.3 gezeigte Ein-Perioden-Modell mit den beiden Zuständen ω_1 und ω_2 zum Zeitpunkt 1. In das Strukturgerüst wurden die Daten für zwei Finanzinstrumente S^1 und S^2 eingefügt. Das erste Finanzinstrument S^1 besitzt zum Zeitpunkt 0 den Wert $S_0^1 = 1$. Zum Zeitpunkt 1 besitzt S^1 die Werte $S_1^1(\omega_1) = S_1^1(\omega_2) = 1{,}02$. Da hier die Kurse in beiden Zuständen übereinstimmen, entspricht dieses Finanzinstrument einer festverzinslichen Kapitalanlage. Im Beispiel beträgt der Zinssatz 2 %. Das zweite Finanzinstrument S^2 könnte als Aktie interpretiert werden, deren Kurs im ersten Szenario ω_1 vom Anfangskurs 10 auf den Wert 12 steigt und im zweiten Szenario ω_2 von 10 auf den Wert 9 sinkt. △

Formal werden Ein-Perioden-Modelle wie folgt definiert:

Definition 1.2 Ein Tupel $(b, D) \in \mathbb{R}^N \times M_{N \times K}(\mathbb{R})$ heißt **Ein-Perioden-Modell** mit **Preisvektor**

$$b = S_0 = \begin{pmatrix} S_0^1 \\ \vdots \\ S_0^N \end{pmatrix} \in \mathbb{R}^N$$

und **Auszahlungsmatrix**

$$D = (S_1(\omega_1), \ldots, S_1(\omega_K)) = \begin{pmatrix} S_1^1(\omega_1) & \cdots & S_1^1(\omega_K) \\ \vdots & & \vdots \\ S_1^N(\omega_1) & \cdots & S_1^N(\omega_K) \end{pmatrix} \in M_{N \times K}(\mathbb{R}).$$

Dabei gilt

$$S_1(\omega_j) = \begin{pmatrix} S_1^1(\omega_j) \\ \vdots \\ S_1^N(\omega_j) \end{pmatrix} \quad (j = 1, \ldots, K),$$

und $M_{N \times K}(\mathbb{R})$ bezeichnet die Menge aller reellen $N \times K$-Matrizen. Die Komponenten von D sind definiert durch $D_{ij} = S_1^i(\omega_j)$ für $i = 1, \ldots, N$ und $j = 1, \ldots, K$.

Aus einem vorgegebenen Tupel $(b, D) \in \mathbb{R}^N \times M_{N\times K}(\mathbb{R})$ lassen sich alle charakterisierenden Bestandteile eines Ein-Perioden-Modells ableiten. Die gemeinsame Anzahl der Zeilen von b und D entspricht der Anzahl der Finanzinstrumente, und die Anzahl der Spalten von D entspricht der Anzahl der Zustände des Modells. Der Vektor b wird als Preisvektor S_0 interpretiert, der die Preise aller N Finanzinstrumente zum Zeitpunkt 0 zusammenfasst, während die j-te Spalte von D als Preisvektor $S_1(\omega_j) = \left(S_1^1(\omega_j), \ldots, S_1^N(\omega_j)\right)^{\mathrm{t}}$ aufgefasst wird, der die Preise aller Finanzinstrumente zum Zeitpunkt 1 im Zustand ω_j repräsentiert.

Anstelle von (b, D) kann für ein Ein-Perioden-Modell auch die Schreibweise (S_0, S_1) verwendet werden. Dabei gilt $S_0 = b$, und $S_1 : \Omega \to \mathbb{R}^N$ bezeichnet die Abbildung, die jedem $\omega \in \Omega$ die Preise $S_1(\omega) \in \mathbb{R}^N$ aller Finanzinstrumente zum Zeitpunkt 1 im Szenario $\omega \in \Omega$ zuweist. Kennzeichnet D_j die j-te Spalte von D, dann gilt also

$$D_j = S_1(\omega_j) \quad (\omega_j \in \Omega)$$

und

$$D_{ij} = S_1^i(\omega_j) \quad (1 \le i \le N,\ 1 \le j \le K).$$

Beispiel 1.3 Das Ein-Perioden-Modell des Beispiels 1.1 lässt sich mit Definition 1.2 schreiben als

$$(b, D) = \left(\begin{pmatrix} 1 \\ 10 \end{pmatrix}, \begin{pmatrix} 1{,}02 & 1{,}02 \\ 12 & 9 \end{pmatrix}\right).$$

△

1.2 Portfolios

Definition 1.4 Ein **Portfolio** ist eine Zusammenfassung von h^1 Finanzinstrumenten vom Typ S^1, h^2 Finanzinstrumenten vom Typ S^2, ... und h^N Finanzinstrumenten vom Typ S^N zu einer Gesamtheit. Formal wird ein Portfolio definiert als ein Vektor

$$h = \begin{pmatrix} h^1 \\ \vdots \\ h^N \end{pmatrix} \in \mathbb{R}^N,$$

wobei h^i als Stückzahl interpretiert wird, mit der das i-te Finanzinstrument S^i in der Gesamtheit vertreten ist.

Sei h ein Portfolio. Das Produkt $h^i S^i$ wird als **Position** des i-ten Finanzinstruments S^i im Portfolio h bezeichnet. Der **Wert** $V_0(h)$ des Portfolios h zum Zeitpunkt 0 lautet

$$V_0(h) = h^1 S_0^1 + \cdots + h^N S_0^N = h \cdot S_0. \tag{1.1}$$

Der **Wert** $V_1(h)$ des Portfolios h zum Zeitpunkt 1 hängt vom eintretenden Zustand $\omega_j \in \Omega$ ab. Daher gilt

$$V_1(h) = h \cdot S_1 : \Omega \to \mathbb{R},$$

definiert durch

$$V_1(h)(\omega_j) = h \cdot S_1(\omega_j) = h^1 S_1^1(\omega_j) + \cdots + h^N S_1^N(\omega_j) \quad (j = 1, \ldots, K).$$

Alternativ und äquivalent dazu kann $V_1(h)$ als Element des $\mathbb{R}^K$ interpretiert werden, indem die Abbildung $V_1(h)$ mit dem Vektor der Bildpunkte identifiziert wird, also

$$V_1(h) = \begin{pmatrix} V_1(h)(\omega_1) \\ \vdots \\ V_1(h)(\omega_K) \end{pmatrix} = \begin{pmatrix} h \cdot S_1(\omega_1) \\ \vdots \\ h \cdot S_1(\omega_K) \end{pmatrix} \in \mathbb{R}^K. \tag{1.2}$$

Betrachten wir ein beliebiges Portfolio $h \in \mathbb{R}^N$, dann lassen sich die Werte $V_0(h)$ und $V_1(h)$ des Portfolios gemäß Abb. 1.4 veranschaulichen.

Enthält ein Portfolio eine negative Anzahl h^i einer Aktie S^i, dann bedeutet dies, dass $|h^i|$ Aktien S^i von einer Finanzinstitution geliehen und anschließend am Markt verkauft wurden. Damit hat derjenige, der die Aktien geliehen hat, Schulden in Höhe von $|h^i|$ Stücken dieser Aktie. Eine negative Stückzahl von Finanzinstrumenten in einem Portfolio entspricht also Schulden in diesem Finanzinstrument. Dies ist analog zu Schulden in einer Währung. Schulden werden gemacht, indem Geld geliehen und dann „verkauft", also gegen ein anderes Gut eingetauscht, wird. Entsprechend werden Geldschulden in einem Portfolio durch die negative Anzahl geschuldeter Einheiten des Geldes, also z. B. durch eine negative Euro-Stückzahl, ausgedrückt.

Gilt $h^i > 0$, dann wird $h^i S^i$ als **Long-Position** bezeichnet, d. h., der Portfolio-Inhaber hat die Position gekauft. Entsprechend wird $h^i S^i$ als **Short-Position** bezeichnet, wenn $h^i < 0$ gilt, wenn also der Portfolio-Inhaber diese Position verkauft hat.

Abb. 1.4 Portfoliowerte in Ein-Perioden-Modellen

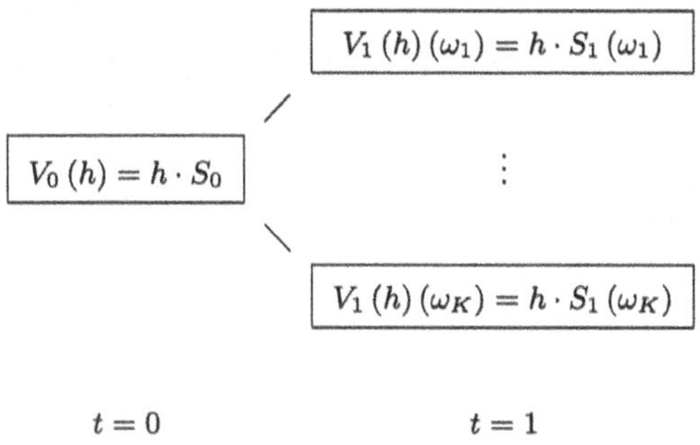

Lemma 1.5 *Sei (b, D) ein Ein-Perioden-Modell. Für jedes $h \in \mathbb{R}^N$ gilt*

$$\begin{aligned} V_0(h) &= h \cdot b \\ V_1(h) &= D^t h, \end{aligned} \tag{1.3}$$

wobei D^t die Transponierte der Auszahlungsmatrix D bezeichnet.

Beweis Die erste Zeile in (1.3) folgt wegen $b = S_0$ aus (1.1). Nach (1.2) gilt

$$\begin{aligned} V_1(h) &= \begin{pmatrix} h \cdot S_1(\omega_1) \\ \vdots \\ h \cdot S_1(\omega_K) \end{pmatrix} \\ &= \begin{pmatrix} S_1^1(\omega_1) & \cdots & S_1^N(\omega_1) \\ \vdots & & \vdots \\ S_1^1(\omega_K) & \cdots & S_1^N(\omega_K) \end{pmatrix} \begin{pmatrix} h^1 \\ \vdots \\ h^N \end{pmatrix} \\ &= D^t h. \end{aligned} \tag{1.4}$$

□

Beispiel 1.6 Wir legen das Modell des Beispiels 1.1 zugrunde und betrachten das Portfolio

$$h = \begin{pmatrix} -10 \\ 1 \end{pmatrix}.$$

Wird S^1 als festverzinsliche Kapitalanlage und S^2 als Aktie interpretiert, dann beinhaltet das Portfolio h neben einem Kredit von 10 Geldeinheiten den Bestand von einer Aktie. Mit diesen Daten gilt

$$V_0(h) = h \cdot S_0 = \begin{pmatrix} -10 \\ 1 \end{pmatrix} \cdot \begin{pmatrix} 1 \\ 10 \end{pmatrix} = 0$$

und

$$V_1(h) = D^t h = \begin{pmatrix} 1{,}02 & 12 \\ 1{,}02 & 9 \end{pmatrix} \begin{pmatrix} -10 \\ 1 \end{pmatrix} = \begin{pmatrix} 1{,}8 \\ -1{,}2 \end{pmatrix}.$$

Zum Zeitpunkt 0 besitzt das Portfolio h den Wert $V_0(h) = 0$, d. h., die Schulden in Höhe von 10 Geldeinheiten entsprechen gerade dem Wert der Aktie S^2 zum Zeitpunkt 0. Das Portfolio könnte also durch den Kauf der Aktie mithilfe der Kreditsumme realisiert worden sein.

Zum Zeitpunkt 1 führt das Steigen des Aktienkurses im Szenario ω_1 zu einem positiven Wert $V_1(h)(\omega_1) = 1{,}8$ des Portfolios, während das Sinken des Aktienkurses im Szenario ω_2 einen negativen Wert $V_1(h)(\omega_2) = -1{,}2$ zur Folge hat, siehe Abb. 1.5. Im Zustand ω_2 reicht der Wert der Aktie von 9 Geldeinheiten nicht aus, um den Kreditbetrag plus Kreditzinsen in Höhe von 10,20 zurückzuzahlen, sondern es besteht nach Liquidierung des Portfolios noch eine Zahlungsverpflichtung in Höhe von 1,20. △

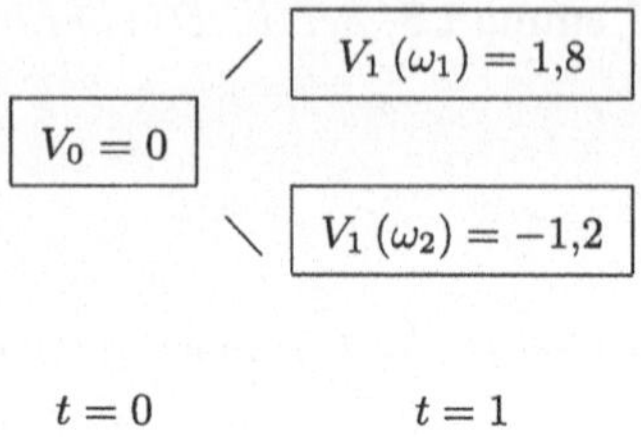

Abb. 1.5 Portfoliowerte des Beispiels 1.6

1.3 Optionen und Forward-Kontrakte

Auf der Basis der Wertpapiere, die in einem Marktmodell enthalten sind, lassen sich weitere Finanzinstrumente definieren, deren Eigenschaften von denjenigen des Marktmodells abhängen. Solche von anderen Finanzprodukten abgeleiteten Instrumente heißen *Derivate.* Zu diesen zählen Optionen und Forward-Kontrakte.

Optionen

Definition 1.7 Eine **Call-Option** beinhaltet das Recht,

- ein bestimmtes Wertpapier, den **Basiswert,**
- zu einem in der Zukunft liegenden Zeitpunkt, dem **Fälligkeitszeitpunkt,**
- zu einem heute schon festgesetzten Preis, dem **Ausübungspreis** oder **Basispreis,**

zu **kaufen.** Eine Call-Option heißt daher auch **Kaufoption.**

Eine Option bietet das Recht, den Basiswert zu erwerben, der Kauf ist jedoch nicht verpflichtend. Sollte also der Marktpreis des Basiswerts zum Fälligkeitszeitpunkt unterhalb des Ausübungspreises liegen, dann ist es nicht vernünftig, das Optionsrecht auszuüben, da in diesem Fall für den Basiswert mehr als notwendig bezahlt werden würde. Ist umgekehrt der Marktpreis des Basiswerts zum Fälligkeitszeitpunkt höher als der Ausübungspreis, dann ist es sinnvoll, das Optionsrecht der Call-Option auszuüben, da sich durch den Kauf des Basiswerts zum Ausübungspreis und den sofortigen Verkauf zum – höheren – Marktpreis ein Gewinn erzielen lässt.

Bezeichnen wir den Kurs des Basiswerts zum Fälligkeitszeitpunkt mit S und den Ausübungspreis mit K[1], dann lautet der Wert der Option bei Fälligkeit

$$(S - K)^+ = \max(S - K,\ 0).$$

[1] Beachten Sie, dass das Symbol K hier und im Folgenden sowohl zur Bezeichnung des Ausübungspreises einer Option als auch zur Bezeichnung der Anzahl der Zustände eines Marktmodells verwendet wird. Die jeweilige Bedeutung erschließt sich aus dem Kontext.

Hier wird unterstellt, dass der Investor rational handelt und nur im Falle von $S > K$ von seinem Optionsrecht Gebrauch macht. Daher ist der Wert einer Option niemals negativ.

Betrachten wir eine Call-Option in einem Ein-Perioden-Modell. Kennzeichnet $S\left(\omega_j\right)$ den Preis des Basiswerts zum Fälligkeitszeitpunkt im Zustand ω_j, dann sind die Werte

$$c_j = \left(S\left(\omega_j\right) - K\right)^+,$$

$j = 1, \ldots, K$, die möglichen Auszahlungen der Option bei Fälligkeit, die sich als Vektor des $\mathbb{R}^K$ oder als Funktion $c : \Omega \to \mathbb{R}$ formalisieren lassen. In jedem Fall wird c als **Auszahlungsprofil** oder als **zustandsabhängige Auszahlung** bezeichnet.

Definition 1.8 Eine **Put-Option** beinhaltet das Recht,

- ein bestimmtes Wertpapier, den **Basiswert,**
- zu einem in der Zukunft liegenden Zeitpunkt, dem **Fälligkeitszeitpunkt,**
- zu einem heute schon festgesetzten Preis, dem **Ausübungspreis** oder **Basispreis,**

zu **verkaufen.** Eine Put-Option heißt daher auch **Verkaufsoption.**

Eine Put-Option ist bei Fälligkeit umso wertvoller, je weiter der Kurs des Basiswerts zu diesem Zeitpunkt unterhalb des Ausübungspreises liegt. In diesen Situationen kann der Basiswert am Markt gekauft und anschließend zum – höheren – Ausübungspreis mithilfe des Optionsrechts verkauft werden. Der Wert einer Put-Option bei Fälligkeit lautet dementsprechend

$$(K - S)^+ = \max(K - S, 0),$$

wobei S wieder den Kurs des Basiswerts zum Fälligkeitszeitpunkt bezeichnet. Somit gilt für das Auszahlungsprofil $c \in \mathbb{R}^K$ einer Put-Option in einem Ein-Perioden-Modell

$$c_j = \left(K - S\left(\omega_j\right)\right)^+$$

für $j = 1, \ldots, K$.

Beispiel 1.9 Wir wählen wieder das Ein-Perioden-Zwei-Zustands-Modell aus Beispiel 1.1 und betrachten eine Call-Option auf S^2 mit Ausübungspreis $K = 10{,}5$. Zum Fälligkeitszeitpunkt 1 besitzt die Option je nach eintretendem Zustand die Werte

$$\begin{aligned} c\left(\omega_1\right) &= \left(S_1^2\left(\omega_1\right) - K\right)^+ = (12 - 10{,}5)^+ = 1{,}5 \\ c\left(\omega_2\right) &= \left(S_1^2\left(\omega_2\right) - K\right)^+ = (9 - 10{,}5)^+ = 0. \end{aligned}$$

Die zustandsabhängige Auszahlung c der Call-Option beträgt damit

$$c = \begin{pmatrix} 1,5 \\ 0 \end{pmatrix}.$$

Betrachten wir in diesem Beispiel dagegen eine Put-Option mit Ausübungspreis $K = 11$, dann ergeben sich je nach Zustand die Auszahlungen

$$c(\omega_1) = \left(K - S_1^2(\omega_1)\right)^+ = (11 - 12)^+ = 0$$
$$c(\omega_2) = \left(K - S_1^2(\omega_2)\right)^+ = (11 - 9)^+ = 2,$$

also

$$c = \begin{pmatrix} 0 \\ 2 \end{pmatrix}.$$

△

Da die Auszahlungsprofile von Call- und Put-Optionen nicht negativ sind, hat der Käufer einer Option zum Zeitpunkt $t = 1$ niemals eine Zahlungsverpflichtung gegenüber dem Verkäufer. Aus Sicht des Käufers verfällt die Option im ungünstigsten Fall wertlos oder aber er besitzt gegenüber dem Verkäufer einen Zahlungsanspruch.

Kann ein Optionsrecht wie oben definiert nur zu einem zuvor festgelegten zukünftigen Zeitpunkt, dem Fälligkeitszeitpunkt, ausgeübt werden, dann heißt die Option **europäisch.** Kann es dagegen zu einem beliebigen Zeitpunkt während der Laufzeit bis zum Fälligkeitszeitpunkt ausgeübt werden, dann heißt die Option **amerikanisch.** Im Rahmen der Ein-Perioden-Modelle, die nur einen einzigen zukünftigen Zeitpunkt beinhalten, können europäische und amerikanische Optionen nicht voneinander unterschieden werden.

Warum könnte es sinnvoll sein, Optionen zu erwerben? Angenommen, ein Investor möchte in der Zukunft ein Wertpapier kaufen. Mit einer Call-Option, die dieses Wertpapier als Basiswert besitzt, kann er sich heute gegen einen unerwarteten Preisanstieg versichern. Denn steigt der Preis des betrachteten Wertpapiers am Markt an, dann muss der Investor aufgrund seines Optionsrechts nur den vereinbarten Basispreis bezahlen. Sinkt dagegen der Kurs unter den Ausübungspreis, dann lässt der Investor sein Optionsrecht verfallen und kauft das Wertpapier günstiger am Markt. Sei weiter angenommen, ein Investor verfügt heute über einen Wertpapierbestand. Mit einer Reihe von Put-Optionen auf diesen Bestand kann er sich gegen einen unerwarteten Preisverfall absichern. Sollte nämlich der Kurs der Wertpapiere einbrechen, dann garantieren ihm die Optionen die Möglichkeit des Verkaufs dieser Wertpapiere zum vereinbarten Ausübungspreis. Damit wirkt eine Put-Option wie eine Versicherung gegenüber negativen Kursentwicklungen. Das Optionsrecht hat einen Preis, der in diesem Fall als Versicherungsprämie interpretiert werden kann.

Optionen können nicht nur zur Reduzierung des Preisänderungsrisikos oder zur Absicherung eines Wertpapierbestands eingesetzt werden, sondern auch zu Spekulationszwecken. Erwartet ein Marktteilnehmer den Preisverfall eines Wertpapiers, dann kann er versuchen, Put-Optionen zu erwerben, die dieses Wertpapier als Basiswert besitzen. Bricht der Kurs daraufhin tatsächlich ein, dann können die Wertpapiere billig an der Börse gekauft und anschließend mithilfe der Put-Optionen teuer verkauft werden. Auf diese Weise lassen sich hohe Profite erzielen. Tritt jedoch der erhoffte Kurseinbruch nicht ein, dann können die Optionen wertlos verfallen, und das gesamte, für den Kauf der Optionen aufgewendete Kapital ist verloren.

Ein zentrales Thema dieses Buches ist die Entwicklung und Analyse einer sinnvollen Strategie zur Preisfindung für Optionen und für andere Derivate.

Forward-Kontrakte

Definition 1.10 Ein **Forward-Kontrakt** ist eine zum Zeitpunkt 0 eingegangene Verpflichtung,

- einen bestimmten Vermögenswert, den **Basiswert,**
- zu einem in der Zukunft liegenden Zeitpunkt, dem **Fälligkeitszeitpunkt,**
- zu einem heute, bei $t = 0$, festgesetzten Preis F, dem **Forward-Preis,**

zu **kaufen.** Dabei wird der Forward-Preis F üblicherweise so festgelegt, dass das Eingehen des Forward-Kontrakts zum Zeitpunkt 0 kostenfrei ist.

Auch bei Forward-Kontrakten wird zum Zeitpunkt 0 der Preis F vereinbart, der für den Basiswert zum Zeitpunkt 1 zu bezahlen ist. Aber im Gegensatz zur Situation bei Optionen ist der Kauf des Vermögenswerts, auf den sich der Forward-Kontrakt bezieht, verbindlich. Während der Käufer einer Option entscheiden kann, ob er von seinem Optionsrecht Gebrauch macht oder nicht, hat sich der Käufer eines Forward-Kontrakts verpflichtet, den Basiswert zum Fälligkeitszeitpunkt zu erwerben. Der Kauf zum Preis F ist also auch dann verbindlich, wenn der betreffende Vermögenswert zum Fälligkeitszeitpunkt billiger als F erhalten werden kann.

Der Forward-Preis F ist nach Definition so zu wählen, dass der Forward-Kontrakt zum Zeitpunkt 0 kostenfrei ist, während demgegenüber der Käufer einer Option beim Kauf eine positive Optionsprämie zu bezahlen hat.

Kennzeichnet S wieder den Kurs des Basiswerts zum Fälligkeitszeitpunkt, dann lautet die Auszahlung eines Forward-Kontrakts bei Fälligkeit einfach

$$S - F.$$

Also ist das Auszahlungsprofil $c \in \mathbb{R}^K$ eines Forward-Kontrakts in einem Ein-Perioden-Modell gegeben durch

$$c_j = S\left(\omega_j\right) - F,$$

wobei $S\left(\omega_j\right)$ den Preis des Basiswerts zum Fälligkeitszeitpunkt im Zustand ω_j bezeichnet. Forward-Kontrakte werden häufig nicht auf Aktien, sondern auf Fremdwährungen oder auf

Güter gehandelt und können, wie Optionen, dazu dienen, Risiken zu kontrollieren. Wenn beispielsweise ein Unternehmen in einem halben Jahr Maschinen in einer Fremdwährung erwerben möchte, dann kann durch einen Forward-Kontrakt auf die Fremdwährung das Wechselkursrisiko ausgeschlossen werden. Das Unternehmen gewinnt damit Planungssicherheit.

Andererseits können auch Forward-Kontrakte, analog zur beschriebenen Verwendung von Optionen, zu Spekulationszwecken eingesetzt werden.

Beispiel 1.11 Im Marktmodell des Beispiels 1.1 betrachten wir einen Forward-Kontrakt auf die Aktie S^2 mit Forward-Preis F. Dann gilt für die zugehörige Auszahlung c

$$\begin{aligned} c(\omega_1) &= S_1^2(\omega_1) - F = 12 - F \\ c(\omega_2) &= S_1^2(\omega_2) - F = 9 - F. \end{aligned}$$

Der Forward-Preis F ist nun so anzupassen, dass der Wert des Kontraktes zum Zeitpunkt 0 gerade null beträgt.

Legen wir den Forward-Preis beispielsweise auf einen willkürlichen Wert, etwa $F = 10$, fest, dann ergeben sich für die Auszahlung c des Forward-Kontrakts die Werte

$$\begin{aligned} c(\omega_1) &= S_1^2(\omega_1) - F = 12 - 10 = 2 \\ c(\omega_2) &= S_1^2(\omega_2) - F = 9 - 10 = -1, \end{aligned}$$

also

$$c = \begin{pmatrix} 2 \\ -1 \end{pmatrix}.$$

Aber welchen Wert besitzt die Auszahlung c zum Zeitpunkt 0? Und wie kann der Forward-Preis so angepasst werden, dass der Wert der auf diese Weise entstehenden Auszahlung gleich null ist? △

Für Forward-Kontrakte gibt es eine einfache Strategie, um den Forward-Preis F festzulegen. Angenommen, ein Kontrahent kauft von uns einen Forward-Kontrakt auf eine Aktie S mit Fälligkeit $t = 1$ und Forward-Preis F. Die Aktie habe heute, zum Zeitpunkt 0, einen Wert S_0. Hier bezeichnet S_0 also ausnahmsweise den Anfangskurs einer Aktie und keinen Preisvektor. Wir sind nun verpflichtet, dem Kontrahenten zum Zeitpunkt 1 eine Aktie S zum Preis F zu verkaufen. Um dies garantieren zu können, kaufen wir die Aktie bereits heute, zum Zeitpunkt 0, und finanzieren die Kaufsumme durch einen Kredit in Höhe von S_0 Geldeinheiten, sodass kein eigenes Kapital eingesetzt werden muss. Dieses Portfolio, Leihe von S_0 Geldeinheiten und Kauf einer Aktie S, ist zum Zeitpunkt 0 kostenfrei; siehe dazu auch Beispiel 1.6.

Zum Zeitpunkt 1 verkaufen wir die Aktie S zum Forward-Preis F an den Kontrahenten. Wählen wir F so, dass mit diesem Betrag die entstandene Verpflichtung in Höhe von $(1 + r) S_0$, die sich aus dem Kreditbetrag S_0 und aus den Zinskosten $r S_0$ zusammensetzt, beglichen werden kann, dann lässt sich der Kontrakt ohne Gewinn oder Verlust erfüllen. Daher sollte $F = (1 + r)\, S_0$ gewählt werden.

Bemerkenswert ist, dass der Forward-Preis lediglich vom risikolosen Zinssatz r abhängt und nicht, wie zunächst vermutet werden könnte, von den modellierten Preisen des Basiswerts zum Zeitpunkt 1.

Beispiel 1.12 Für den Forward-Kontrakt aus Beispiel 1.11 ergibt sich wegen $r = 2\%$ ein Forward-Preis von $F = (1 + r)\, S_0^2 = (1 + 0{,}02) \cdot 10 = 10{,}2$. △

1.4 Die Bewertung von Auszahlungsprofilen

Allen Beispielen des vorigen Abschnitts ist gemeinsam, dass der Wert des jeweiligen Finanzkontrakts zum Endzeitpunkt 1 leicht zu ermitteln und für jedes mögliche Szenario bekannt ist. In allen Fällen ergibt sich eine zustandsabhängige Auszahlung $c \in \mathbb{R}^K$ zum Zeitpunkt 1, wobei K die Anzahl der Zustände zum Endzeitpunkt bezeichnet. Das zu lösende Problem besteht darin, für eine möglichst große Klasse von Auszahlungsprofilen $c \in \mathbb{R}^K$ einen sinnvollen Preis zum Zeitpunkt 0 anzugeben.

Wir werden im Folgenden das Problem der Bewertung von Auszahlungsprofilen ganz allgemein behandeln. Es wird sich zeigen, dass es nicht erforderlich ist, Call- und Put-Optionen sowie Forward-Kontrakte getrennt zu behandeln, obwohl für Forward-Kontrakte die im letzten Abschnitt vorgestellte einfache Bewertungsstrategie existiert, für Optionen dagegen nicht.

Bei der Entwicklung eines Verfahrens zur Preisbestimmung lassen wir uns von einem vertrauten deterministischen Beispiel leiten.

Die Bewertung deterministischer Auszahlungen

Angenommen, eine Bank bietet ein Finanzprodukt an, das dem Käufer zu einem zukünftigen Zeitpunkt 1 die Zahlung eines fest vereinbarten Kapitalbetrags $c > 0$ garantiert:

Zu welchem Preis sollte die Bank dieses Produkt zum Zeitpunkt 0 verkaufen? Die Bank könnte wie folgt vorgehen:

1. Sie sucht eine festverzinsliche Geldanlage B, die zum Zeitpunkt 1 fällig wird und dann den Betrag $B_1 = c$ auszahlt.
2. Als Kaufpreis c_0 des Produkts definiert sie den aktuellen Preis B_0 von B, also $c_0 = B_0$.

Nachdem die Bank durch den Verkauf des Produkts $c_0 = B_0$ eingenommen hat, kauft sie für diesen Betrag die festverzinsliche Geldanlage. Zum Zeitpunkt 1 zahlt B den Betrag $c = B_1$ aus, der dann an den Käufer des Produkts weitergereicht wird:

$c_0 = B_0$	$c = B_1$
$t = 0$	$t = 1$

Die festverzinsliche Geldanlage B repliziert also die Auszahlung c und der Preis c_0 von c zum Zeitpunkt 0 wird festgelegt als der aktuelle Preis $c_0 = B_0$ der replizierenden Geldanlage. Wir werden sehen, dass sich diese Idee der Bewertung durch Replikation auf zustandsabhängige Auszahlungen verallgemeinern lässt.

Wird der Zinssatz für den Zeitraum von $t = 0$ bis $t = 1$ mit r bezeichnet, dann gilt $B_1 = (1 + r)\, B_0$, also

$$c_0 = dc,$$

wobei $d = \frac{1}{1+r}$ den zugehörigen Diskontfaktor bezeichnet:

$c_0 = dc$	c
$t = 0$	$t = 1$

Bei der Angabe des Preises c_0 mithilfe eines Diskontfaktors d, d. h. $c_0 = dc$, tritt die zur Realisierung erforderliche Geldanlage B nicht mehr auf. Wir werden sehen, dass sich auch das Konzept der Bewertung durch Diskontierung auf zustandsabhängige Auszahlungen verallgemeinern lässt.

Die Bewertung zustandsabhängiger Auszahlungen

Die Idee, zukünftige Zahlungsströme durch Handelsaktivitäten nachzubilden, übertragen wir nun auf zustandsabhängige Auszahlungen. Wir setzen ein Ein-Perioden-Modell $(b,\ D)$ mit K Zuständen $\omega_1, \ldots, \omega_K$ voraus und nehmen an, dass eine Bank eine Call-Option auf ein Wertpapier des Modells verkaufen möchte. Zum Fälligkeitszeitpunkt 1 hat die Call-Option je nach eintretendem Zustand einen Wert $c_j = c\left(\omega_j\right),\ j = 1, \ldots, K$:

$$t = 0 \qquad\qquad t = 1$$

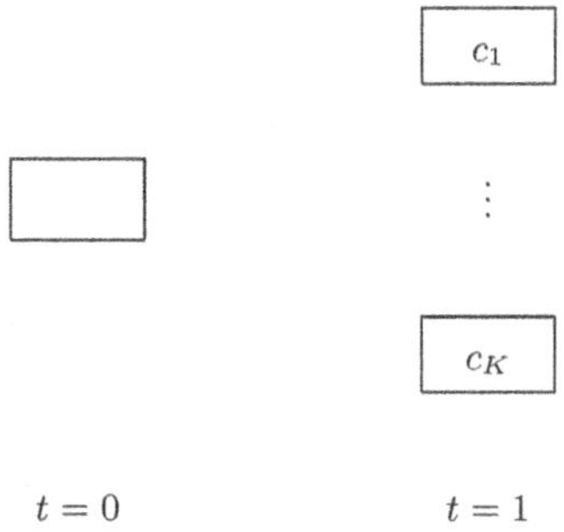

Zu welchem Preis sollte die Option zum Zeitpunkt 0 verkauft werden? Die Bank geht analog zur im vorigen Abschnitt beschriebenen deterministischen Situation vor:

1. Sie sucht ein Portfolio $h \in \mathbb{R}^N$, das zum Zeitpunkt 1 in jedem Zustand ω_j gerade c_j wert ist.
2. Als Kaufpreis c_0 der Option definiert die Bank den aktuellen Preis $h \cdot S_0$ des Portfolios, also $c_0 = h \cdot S_0$.

Nachdem die Bank durch den Verkauf der Option $c_0 = h \cdot S_0$ eingenommen hat, kauft sie für diesen Betrag das Portfolio h. Zum Zeitpunkt 1 tritt dann ein Zustand ω_j ein. In diesem Zustand hat das Portfolio h gerade den Wert $c_j = h \cdot S_1\left(\omega_j\right)$, der vom Käufer der Option gefordert wird und nach Verkauf des Portfolios an diesen ausgezahlt werden kann:

$$\boxed{c_1 = h \cdot S_1\left(\omega_1\right)}$$

$$\boxed{c_0 = h \cdot S_0} \qquad\qquad \vdots$$

$$\boxed{c_K = h \cdot S_1\left(\omega_K\right)}$$

$$t = 0 \qquad\qquad t = 1$$

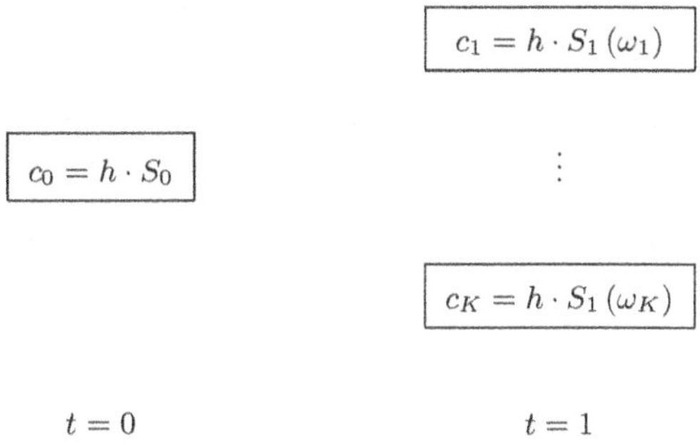

Nach Lemma 1.5 gilt $h \cdot S_1 = D^t h$ und wir sehen, dass Schritt 1. der Bewertungsstrategie für Auszahlungsprofile $c \in \mathbb{R}^K$ auf das Standardproblem der Linearen Algebra führt, das lineare Gleichungssystem

$$D^t h = c \tag{1.5}$$

zu lösen. Der in diesem Abschnitt entwickelte Ansatz zur Bewertung zustandsabhängiger Auszahlungen $c \in \mathbb{R}^K$ lautet also:

- Löse das Gleichungssystem $D^t h = c$ und
- definiere den Preis c_0 von c zum Zeitpunkt 0 durch $c_0 = h \cdot S_0$.

Im Rahmen dieser **Replikationsstrategie** wird zu einer gegebenen Auszahlung $c \in \mathbb{R}^K$ also ein Portfolio $h \in \mathbb{R}^N$ gesucht, das $c_j = c(\omega_j)$ in jedem zukünftigen Szenario ω_j als Wert besitzt,

$$c = D^t h = V_1(h).$$

Als Preis c_0 von c wird dann der aktuelle Wert dieses Portfolios definiert, also

$$c_0 = h \cdot S_0 = V_0(h).$$

Bemerkung 1.13 Bei der Lösung von (1.5) werden in der Regel nicht-ganzzahlige Werte für die Komponenten des Portfoliovektors h auftreten, die für die Anwendung in der Praxis dann auf geeignete ganzzahlige Werte gerundet werden. Wir lassen im Folgenden nicht-ganzzahlige Werte als Lösungen zu.

Bei der Umsetzung der Bewertungsstrategie können folgende Probleme auftreten: Wenn das Gleichungssystem $D^t h = c$ nicht lösbar ist, dann kann die zu bewertende Auszahlung c nicht mithilfe eines Portfolios in jedem Zustand nachgebildet werden.

Definition 1.14 Ein Auszahlungsprofil $c \in \mathbb{R}^K$ heißt **replizierbar** oder **erreichbar,** wenn c im Bildbereich der Abbildung $D^t : \mathbb{R}^N \to \mathbb{R}^K$ liegt, wenn also gilt

$$c \in \operatorname{Im} D^t.$$

Ist $h \in \mathbb{R}^N$ eine Lösung von (1.5), dann sagen wir, h **repliziert** c. Ein Marktmodell (b, D) heißt **vollständig,** wenn D^t surjektiv ist, wenn also gilt

$$\operatorname{Im} D^t = \mathbb{R}^K.$$

Wenn (b, D) vollständig ist, dann ist jedes Auszahlungsprofil c replizierbar, d. h., in diesem Fall gibt es zu jedem $c \in \mathbb{R}^K$ ein $h \in \mathbb{R}^N$ mit $c = D^t h$. Wir werden in diesem Buch nur vollständige Marktmodelle zugrunde legen. In Abschn. 1.6 werden jedoch kurz einige Ideen zur Bewertung in nicht vollständigen Märkten angesprochen.

Ein weitere Schwierigkeit kann dann auftreten, wenn es mehr als ein Portfolio gibt, das eine gegebene Auszahlung repliziert. Wenn aber alle replizierenden Portfolios denselben Preis besitzen, dann ist die Mehrdeutigkeit unproblematisch, und dies führt zum Konzept des *Law of One Price,* siehe Abschn. 1.6. Im nächsten Abschnitt wird gezeigt, dass die Replikationspreise insbesondere in arbitragefreien Marktmodellen eindeutig bestimmt sind.

Eine wichtige Situation liegt vor, wenn D^t nicht nur surjektiv, sondern auch injektiv ist, also jede Auszahlung auf eindeutig bestimmte Weise durch ein Portfolio repliziert werden kann. In diesem Fall ist D^t, und damit die Auszahlungsmatrix D selbst, regulär, und im betreffenden Marktmodell stimmt die Anzahl K der Endzustände mit der Anzahl N der modellierten Finanzinstrumente überein. Von besonderer Bedeutung ist die Konstellation $K = N = 2$.

Beispiele

Beispiel 1.15 Wir betrachten das Ein-Perioden-Modell

$$(b,\ D) = \left(\begin{pmatrix} 1 \\ 10 \end{pmatrix}, \begin{pmatrix} 1{,}02 & 1{,}02 \\ 12 & 9 \end{pmatrix} \right)$$

und versuchen, mit der Replikationsstrategie den Preis einer Call-Option auf Finanzinstrument S^2 mit Ausübungspreis $K = 10{,}5$ zu ermitteln. Das Auszahlungsprofil dieser Option lautet

$$c = \begin{pmatrix} 1{,}5 \\ 0 \end{pmatrix}.$$

Da D regulär ist, ist $(b,\ D)$ vollständig und das Gleichungssystem $c = D^t h$, gegeben durch

$$\begin{pmatrix} 1{,}5 \\ 0 \end{pmatrix} = \begin{pmatrix} 1{,}02 & 12 \\ 1{,}02 & 9 \end{pmatrix} \begin{pmatrix} h^1 \\ h^2 \end{pmatrix},$$

besitzt die eindeutig bestimmte Lösung

$$h = \begin{pmatrix} -4{,}41 \\ 0{,}5 \end{pmatrix}.$$

Für den Preis $c_0 = h \cdot S_0$ der Call-Option zum Zeitpunkt 0 erhalten wir daher

$$c_0 = \begin{pmatrix} -4{,}41 \\ 0{,}5 \end{pmatrix} \cdot \begin{pmatrix} 1 \\ 10 \end{pmatrix} = 0{,}59.$$

Analog lässt sich der Preis einer Put-Option auf Finanzinstrument S^2 berechnen. △

Beispiel 1.16 Mit dem Modell des Beispiels 1.15 wird nun der Wert eines Forward-Kontrakts auf S^2 mit Forward-Preis F mithilfe der Replikationsstrategie berechnet. Für das Auszahlungsprofil c des Forward-Kontrakts gilt

$$c = \begin{pmatrix} 12 - F \\ 9 - F \end{pmatrix}.$$

Das replizierende Portfolio h löst das Gleichungssystem

$$\begin{pmatrix} 12-F \\ 9-F \end{pmatrix} = \begin{pmatrix} 1{,}02 & 12 \\ 1{,}02 & 9 \end{pmatrix} \begin{pmatrix} h^1 \\ h^2 \end{pmatrix},$$

d. h., es gilt

$$h = \begin{pmatrix} -\frac{1}{1{,}02}F \\ 1 \end{pmatrix}.$$

Der Preis $c_0 = h \cdot S_0$ von h zum Zeitpunkt 0 beträgt daher

$$c_0 = \begin{pmatrix} -\frac{1}{1{,}02}F \\ 1 \end{pmatrix} \cdot \begin{pmatrix} 1 \\ 10 \end{pmatrix} = 10 - \frac{1}{1{,}02}F.$$

Wir bestimmen F so, dass $c_0 = 0$ wird, also $F = 10 \cdot 1{,}02 = S_0^2\,(1+r)$. Der Forward-Preis F ergibt sich also als aufgezinster Anfangskurs der Aktie. Für das replizierende Portfolio gilt in diesem Fall

$$h = \begin{pmatrix} -10 \\ 1 \end{pmatrix}.$$

Zum Zeitpunkt 0 wird also ein Kredit von 10 aufgenommen, und für diesen Betrag wird eine Aktie S^2 gekauft. Das Portfolio ist zum Zeitpunkt 0 kostenfrei, $c_0 = h \cdot S_0 = 0$. Diese Strategie wurde bereits im Anschluss an Beispiel 1.11 diskutiert. △

Das vorangegangene Beispiel zeigt auch, wie Forward-Kontrakte bewertet werden, wenn $F \neq S_0^2\,(1+r)$ gilt. In der Praxis tritt dieser Fall z. B. dann auf, wenn ein Forward-Kontrakt abgeschlossen wurde und der Wert zu einem späteren Zeitpunkt, aber vor dem Fälligkeitszeitpunkt, erneut bestimmt werden muss. Im Handelsgeschäft beispielsweise werden sämtliche Handelspositionen am Ende jedes Handelstages bewertet, und im Rahmen dessen muss der Wert jedes gehandelten Finanzinstruments täglich neu ermittelt werden.

Das folgende Beispiel ist das wichtigste von allen, weil das dort auftretende Ein-Perioden-Modell der Grundbaustein der für die Praxis wichtigen Binomialbaum-Modelle ist. Es ist eine allgemeine Version des vorhergehenden Beispielmodells mit zwei Finanzinstrumenten und zwei Zuständen.

Beispiel 1.17 Es sei $(b,\ D)$ ein Ein-Perioden-Zwei-Zustands-Modell. Das erste Finanzinstrument sei eine festverzinsliche Kapitalanlage mit Zinssatz $r > -1$, das zweite repräsentiere eine Aktie, die durch positive, variable Kurse gekennzeichnet ist. Mithilfe des Zinssatzes definieren wir den **Verzinsungsfaktor** $\rho = 1 + r$, der nach Voraussetzung an r positiv ist. Für den Kurs $S > 0$ der Aktie zum Anfangszeitpunkt 0 und für $0 < d < u$ gelte

$$b = \begin{pmatrix} 1 \\ S \end{pmatrix}, \quad D = \begin{pmatrix} \rho & \rho \\ uS & dS \end{pmatrix},$$

wobei u für *up* und d für *down* steht[2]. Die Auszahlungsmatrix D ist regulär, also ist das Modell $(b,\ D)$ vollständig und jede zukünftige zustandsabhängige Auszahlung lässt sich auf eindeutig bestimmte Weise replizieren. Sei

$$c = \begin{pmatrix} c_1 \\ c_2 \end{pmatrix}$$

ein beliebiges Auszahlungsprofil. Zur Preisbestimmung mithilfe der Replikationsstrategie betrachten wir das Gleichungssystem

$$D^t h = \begin{pmatrix} h^1 \rho + h^2 u S \\ h^1 \rho + h^2 d S \end{pmatrix} = \begin{pmatrix} c_1 \\ c_2 \end{pmatrix}.$$

Durch Subtraktion der zweiten von der ersten Gleichung folgt

$$h^2 = \frac{1}{S} \frac{c_1 - c_2}{u - d}.$$

Multiplizieren wir nun die erste Gleichung mit d und die zweite mit u, dann erhalten wir nach Subtraktion

$$h^1 = \frac{1}{\rho} \frac{u c_2 - d c_1}{u - d}.$$

Damit lautet der Wert $c_0 = V_0(h)$ des replizierenden Portfolios

$$\begin{aligned} c_0 &= h \cdot S_0 \\ &= h^1 + h^2 S \\ &= \frac{1}{\rho} \left(\frac{\rho - d}{u - d} c_1 + \frac{u - \rho}{u - d} c_2 \right). \end{aligned}$$

Mit

$$\psi = \begin{pmatrix} \psi_1 \\ \psi_2 \end{pmatrix} = \frac{1}{\rho\,(u - d)} \begin{pmatrix} \rho - d \\ u - \rho \end{pmatrix} \tag{1.6}$$

lässt sich der Preis c_0 der Auszahlung c schreiben als

$$c_0 = \langle \psi,\ c \rangle .$$

In dieser Preisformel tritt das replizierende Portfolio h nicht mehr auf und es sieht so aus, als ob die Auszahlung c mit dem Vektor ψ auf eine verallgemeinerte Weise abdiskontiert würde. Dies ist kein Zufall, sondern ein allgemeines Prinzip, wie wir sehen werden. △

[2] Beachten Sie, dass das Symbol d hier und im Folgenden sowohl zur Kennzeichnung eines Veränderungsfaktors für den Aktienkurs als auch für Diskontfaktoren verwendet wird. Die jeweilige Bedeutung erschließt sich aus dem Kontext.

1.5 Arbitrage

Eine Möglichkeit, risikolos Gewinne ohne eigenen Kapitaleinsatz erzielen zu können, wird *Arbitragegelegenheit* genannt.

Definition 1.18 Ein Portfolio h heißt **Arbitragegelegenheit**, falls

$$h \cdot b \leq 0 \text{ und } D^{\mathrm{t}} h > 0 \tag{1.7}$$

oder

$$h \cdot b < 0 \text{ und } D^{\mathrm{t}} h \geq 0 \tag{1.8}$$

gilt. Existieren in einem Marktmodell (b, D) keine Arbitragegelegenheiten, dann wird das Modell **arbitragefrei** genannt.

Gilt $V_0(h) = h \cdot b > 0$, dann ist das der Wert des Portfolios zum Anfangszeitpunkt oder auch der Betrag, der für den Kauf des Portfolios h aufzuwenden ist. Ist $V_0(h) < 0$, dann wird zum Anfangszeitpunkt Kapital per Verschuldung, also ohne den Einsatz eigenen Vermögens, finanziert und dem Portfolio entnommen.

Beispiel 1.19 Wir betrachten erneut das Marktmodell (b, D) der Beispiele 1.1 und 1.6. Das Portfolio

$$h = \begin{pmatrix} -10 \\ 0 \end{pmatrix}$$

besitzt den Wert $V_0(h) = h \cdot b = -10$ und kann als Kreditaufnahme von 10 Geldeinheiten interpretiert werden, die aber nicht in das Portfolio durch Aktienkauf investiert, sondern entnommen wurden. Entsprechend kann das Portfolio

$$h = \begin{pmatrix} 0 \\ -1 \end{pmatrix}$$

als Aktienleihe interpretiert werden, wobei der durch den Verkauf oder durch die Entnahme der geliehenen Aktie entstandene Vermögenswert nicht in das Portfolio investiert wurde. Auch dieses Portfolio besitzt einen negativen Anfangswert, $V_0(h) = -10$. Das Portfolio

$$h = \begin{pmatrix} -10 \\ 1 \end{pmatrix}$$

dagegen kann als Kreditaufnahme von 10 Geldeinheiten interpretiert werden, wobei mit der Kreditsumme eine Aktie erworben und in das Portfolio aufgenommen wurde. Das Portfolio hat in diesem Fall den Wert $V_0(h) = 0$. △

Der Betrag $V_1(h)$ stellt den zustandsabhängigen Wert des Portfolios zum Zeitpunkt 1 dar. Gilt $V_1(h)\left(\omega_j\right) = h \cdot S_1\left(\omega_j\right) = \left(D^t h\right)_j > 0$, dann bezeichnet dies den Ertrag, der beim Verkauf des Portfolios erzielt wird, falls zum Zeitpunkt 1 der Zustand ω_j realisiert wird. Gilt $V_1(h)\left(\omega_j\right) < 0$, dann bedeutet dies eine Zahlungsverpflichtung für den Inhaber des Portfolios im Zustand ω_j.

In (1.7) kostet das Portfolio also anfangs nichts oder es erfolgt eine kreditfinanzierte Kapitalentnahme, $V_0(h) \leq 0$. Zum Zeitpunkt 1 bestehen dagegen in keinem Zustand Zahlungsverpflichtungen, aber es gibt die Chance auf einen positiven Ertrag, $V_1(h) > 0$. In (1.8) wird zu Beginn kreditfinanziert Kapital entnommen, $V_0(h) < 0$, und später bestehen keine Zahlungsverpflichtungen, eventuell kann sogar ein positiver Ertrag realisiert werden, $V_1(h) \geq 0$.

Dass in Definition 1.18 eine zum Zeitpunkt 0 *kostenlose* Investition h betrachtet wird, ist wesentlich. Denn das risikolose Erzielen von Erträgen ist mit einem positiven Kapitaleinsatz bei jeder festverzinslichen Geldanlage mit positivem Zinssatz möglich: Bei der Anlage eines Kapitalbetrags K, der sich bis zum Zeitpunkt 1 mit einem Zinssatz $r > 0$ verzinst, beträgt das Endkapital $K\,(1 + r)$. Also wird hier unabhängig vom eintretenden Zustand zum Zeitpunkt 1 der Gewinn rK erzielt.

In arbitragefreien Marktmodellen ist der Preis einer replizierbaren Auszahlung unabhängig vom replizierenden Portfolio:

Satz 1.20 *Sei (b, D) ein arbitragefreies Marktmodell und sei $c = D^t h$ eine replizierbare Auszahlung. Sei h' ein weiteres Portfolio, das c repliziert. Dann gilt $h \cdot b = h' \cdot b$, die beiden Portfolios haben also denselben Preis.*

Beweis Angenommen, es wäre $h \cdot b < h' \cdot b$. Dann wäre $f = h - h'$ ein Portfolio mit den Eigenschaften $f \cdot b < 0$ und $D^t f = D^t h - D^t h' = c - c = 0$. Also wäre f eine Arbitragegelegenheit, was nicht sein kann. □

Für die Bewertung von Auszahlungsprofilen wird die Arbitragefreiheit des zugrundeliegenden Marktmodells in der Praxis üblicherweise vorausgesetzt. Denn Händler und Computerprogramme suchen weltweit nach derartigen Profitmöglichkeiten und nutzen sie aus. Die auf diese Weise auftretenden Änderungen von Angebot und Nachfrage der betroffenen Produkte haben aber eine Verschiebung der Preise, und damit eine Änderung des Modells, zur Folge. Die durch Ausnutzung von Arbitragegelegenheiten verursachten Preisverschiebungen treten so lange auf, bis die risikolosen, ohne Einsatz eigenen Kapitals erzielbaren Gewinnmöglichkeiten wieder verschwunden sind.

Definition 1.21 Sei (b, D) ein Marktmodell. Ein Vektor $\psi \in \mathbb{R}^K$, $\psi \gg 0$, mit $D\psi = b$ wird ein **Diskontvektor** des Modells genannt.

Satz 1.22 *Existiert in einem Marktmodell ein Diskontvektor, dann folgt daraus die Arbitragefreiheit des Modells.*

Beweis Sei ψ ein Diskontvektor in einem Marktmodell (b, D). Aus $D\psi = b$ folgt für jedes beliebige Portfolio $h \in \mathbb{R}^N$

$$h \cdot b = h \cdot D\psi = \langle D^t h, \psi \rangle .$$

Ist nun $D^t h > 0$, dann folgt $h \cdot b > 0$ wegen $\psi \gg 0$. Ist dagegen $D^t h \geq 0$, dann folgt entsprechend $h \cdot b \geq 0$. Damit ist h aber keine Arbitragegelegenheit. □

Nun folgt ein grundlegender Struktursatz, der Fundamentalsatz der Preistheorie:

Satz 1.23 ***(Fundamentalsatz der Preistheorie)*** *In einem Ein-Perioden-Modell (b, D) sind folgende Aussagen äquivalent:*

1. *(b, D) ist arbitragefrei.*
2. *Es gibt in (b, D) einen Diskontvektor.*

ψ ist genau dann eindeutig bestimmt, wenn (b, D) vollständig ist.

Beweis Die Implikation 2. $\Rightarrow$ 1. folgt aus Satz 1.22. Die übrigen Aussagen des Satzes werden in Abschn. 1.6 bewiesen. □

Für einen wichtigen Spezialfall lässt sich der Fundamentalsatz leicht nachweisen:

Satz 1.24 ***(Fundamentalsatz der Preistheorie für reguläre Auszahlungsmatrizen)*** *Sei (b, D) ein Ein-Perioden-Modell mit N Zuständen und N Finanzinstrumenten. Angenommen, die $N \times N$-Matrix D ist regulär. Dann sind folgende Aussagen äquivalent:*

1. (b, D) ist arbitragefrei.
2. Es gibt in (b, D) einen eindeutig bestimmten Diskontvektor.

Beweis Sei (b, D) ein Ein-Perioden-Modell mit regulärer $N \times N$-Auszahlungsmatrix D.

1\. $\Rightarrow$ 2. Da D regulär ist, gibt es eine eindeutig bestimmte Lösung ψ der Gleichung $D\psi = b$. Betrachten wir die Auszahlung $e_i = (0, \ldots, 0, \underset{i}{1}, 0, \ldots, 0) \in \mathbb{R}^N$, dann gibt es ein eindeutig bestimmtes Portfolio h mit der Eigenschaft $D^t h = e_i$, denn mit

D ist auch D^t regulär. Nun gilt $e_i > 0$, und daraus folgt $h \cdot b > 0$, denn (b, D) ist arbitragefrei. Dies bedeutet aber

$$\psi_i = \langle \psi, e_i \rangle = \langle \psi, D^t h \rangle = D\psi \cdot h = h \cdot b > 0.$$

Da $1 \leq i \leq N$ beliebig war, folgt $\psi \gg 0$. Damit ist ψ ein Diskontvektor, der zudem eindeutig bestimmt ist.

2. $\Rightarrow$ 1. Die Behauptung folgt aus Satz 1.22. □

Beispiel 1.25 Der durch (1.6) in Beispiel 1.17 definierte Vektor ψ hat die Eigenschaft

$$D\psi = \frac{1}{\rho\,(u-d)} \begin{pmatrix} \rho & \rho \\ uS & dS \end{pmatrix} \begin{pmatrix} \rho - d \\ u - \rho \end{pmatrix} = \begin{pmatrix} 1 \\ S \end{pmatrix} = b.$$

Das Ein-Perioden-Modell (b, D) ist aufgrund von Satz 1.24 also genau dann arbitragefrei, wenn

$$d < \rho < u$$

gilt, denn genau dann sind beide Komponenten von ψ positiv, und in diesem Fall ist ψ der eindeutig bestimmte Diskontvektor des Modells. △

Aus dem Fundamentalsatz der Preistheorie lässt sich für die Bewertung replizierbarer Auszahlungsprofile in arbitragefreien Marktmodellen folgende alternative Vorgehensweise ableiten:

Satz 1.26 *Sei (b, D) ein arbitragefreies Ein-Perioden-Modell. Dann lässt sich der Preis c_0 jeder replizierbaren Auszahlung $c \in \mathbb{R}^K$ berechnen durch:*

- Finde eine Lösung $\psi \gg 0$ des Gleichungssystems $D\psi = b$
- und berechne $c_0 = \langle \psi, c \rangle$.

Beweis Nach dem Fundamentalsatz der Preistheorie existiert eine strikt positive Lösung ψ des Gleichungssystems $D\psi = b$. Sei c eine replizierbare Auszahlung. Dann gibt es ein Portfolio h mit $c = D^t h$ und es folgt

$$c_0 = h \cdot b = h \cdot D\psi = \langle D^t h, \psi \rangle = \langle c, \psi \rangle . \tag{1.9}$$

□

Der Vektor ψ hängt nur vom Marktmodell, nicht aber von einer zu bewertenden Auszahlung ab. Ist er einmal berechnet, dann gilt $c_0 = \langle\psi, c\rangle$ für den Preis *jeder replizierbaren Auszahlung* $c \in \mathbb{R}^K$. Aus (1.9) folgt, dass jedes eine Auszahlung c replizierende Portfolio h denselben Preis $c_0 = h \cdot b = \langle c, \psi\rangle$ besitzt, siehe auch Abschn. 1.6.

Beispiel 1.27 In Beispiel 1.15 wurde im Ein-Perioden-Modell

$$(b, D) = \left(\begin{pmatrix} 1 \\ 10 \end{pmatrix}, \begin{pmatrix} 1{,}02 & 1{,}02 \\ 12 & 9 \end{pmatrix}\right)$$

der Preis einer Call-Option auf Finanzinstrument S^2 mit Ausübungspreis $K = 10{,}5$ ermittelt. Für das zugehörige Auszahlungsprofil

$$c = \begin{pmatrix} 1{,}5 \\ 0 \end{pmatrix}$$

dieser Option ergab sich der Replikationspreis $c_0 = 0{,}59$. Wird andererseits $D\psi = b$ gelöst, dann erhalten wir den Diskontvektor $\psi = \begin{pmatrix} 0{,}39 \\ 0{,}59 \end{pmatrix}$, und das in Satz 1.26 beschriebene Verfahren liefert wiederum den Wert $c_0 = \langle\psi, c\rangle = 0{,}59$ als Preis für c. △

Beispiel 1.28 Es sei das Ein-Perioden-Modell

$$(b, D) = \left(\begin{pmatrix} 1 \\ 10 \\ 25 \end{pmatrix}, \begin{pmatrix} 1{,}02 & 1{,}02 & 1{,}02 \\ 12 & 9 & 11 \\ 20 & 28 & 26 \end{pmatrix}\right)$$

gegeben. Wegen $\det D \neq 0$ ist D regulär und (b, D) ist vollständig. Die eindeutig bestimmte Lösung von $D\psi = b$ lautet

$$\psi = \begin{pmatrix} 0{,}25 \\ 0{,}52 \\ 0{,}21 \end{pmatrix}.$$

Da $\psi \gg 0$ gilt, ist (b, D) arbitragefrei. Sei $c = \left(S_1^2 - 10\right)^+ = (2, 0, 1)^t$ die Auszahlung einer Call-Option auf S^2 mit Ausübungspreis $K = 10$. Dann ist der Replikationspreis c_0 von c gegeben durch

$$c_0 = \langle\psi, c\rangle = 0{,}72.$$

Zur Prüfung verifizieren wir, dass $h = (-0{,}78, 0{,}4, -0{,}1)^t$ die Auszahlung c repliziert, also $c = D^t h$ löst. Der Anfangswert $h \cdot b$ dieses Portfolios stimmt mit c_0 überein. △

Korollar 1.29 *Sei (b, D) ein arbitragefreies Marktmodell und sei ψ ein Diskontvektor. Dann gilt für jedes Portfolio h*

$$V_0(h) = \langle\psi, V_1(h)\rangle. \tag{1.10}$$

Beweis Die Behauptung folgt mit $V_1(h) = h \cdot S_1 = D^{\mathrm{t}} h$ und wegen $V_0(h) = h \cdot S_0$ unmittelbar aus Satz 1.26. □

Korollar 1.30 *Sei (b, D) ein arbitragefreies Marktmodell und sei ψ ein Diskontvektor. Dann gilt für jedes Finanzinstrument S^i des Modells*

$$S_0^i = \langle \psi, S_1^i \rangle. \tag{1.11}$$

Beweis Wähle als Portfolio $h = (0, \dots, 0, \underset{i}{1}, 0, \dots, 0) \in \mathbb{R}^N$ und verwende Korollar 1.29 oder schreibe $D\psi = b$ als

$$S_0 = b = D\psi = \psi_1 S_1(\omega_1) + \cdots + \psi_K S_1(\omega_K). \tag{1.12}$$

□

Aufgrund der Linearität des Skalarprodukts folgt (1.10) umgekehrt aus (1.11).

Bemerkung 1.31 Bereits dann, wenn in einem Marktmodell das *Law of One Price* gilt, existieren Lösungen des Gleichungssystems $D\psi = b$, siehe Abschn. 1.6, die allerdings nicht strikt positiv sein müssen. Der Beweis von Satz 1.26 zeigt, dass der Preis c_0 einer replizierbaren Auszahlung $c = D^{\mathrm{t}} h$ für *jede* Lösung ψ von $D\psi = b$ eindeutig bestimmt und durch

$$c_0 = h \cdot b = \langle \psi, c \rangle$$

gegeben ist. Dies gilt insbesondere auch für solche ψ, die nicht strikt positiv sind und die in arbitragefreien Modellen, die nicht vollständig sind, stets existieren; siehe Aufgabe 1.9.

Interpretation von ψ und $d = \psi_1 + \cdots + \psi_K$

Zur Interpretation des Diskontvektors betrachten wir zunächst die Bewertung einer deterministischen zukünftigen Auszahlung $c \in \mathbb{R}$, wie sie in Abschn. 1.4 dargestellt wurde. In Abb. 1.6 wurde dem Preis c_0 von c und der zukünftigen Auszahlung c jeweils ein Knoten zugeordnet. Die beiden Knoten verbindet eine Kante, die mit dem Diskontfaktor d für den betrachteten Zeitraum beschriftet wurde. Der Anfangspreis c_0 von c wird berechnet, indem c mit dem Diskontfaktor d multipliziert wird, $c_0 = dc$.

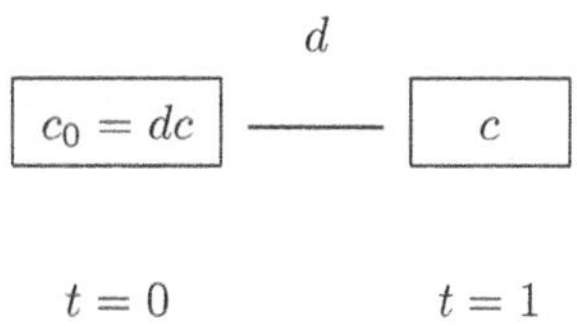

Abb. 1.6 Diskontierung im deterministischen Fall

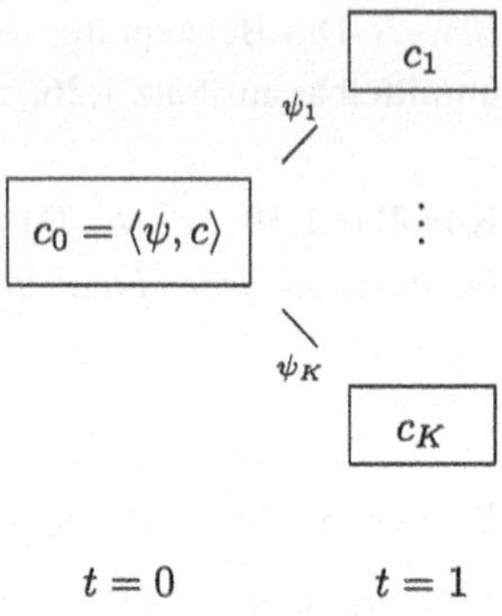

Abb. 1.7 Diskontierung im zustandsabhängigen Fall

Sei nun (b, D) ein arbitragefreies Ein-Perioden-Modell mit Diskontvektor ψ. Nach Satz 1.26 lässt sich der Preis c_0 jeder replizierbaren Auszahlung $c \in \mathbb{R}^K$ schreiben als $c_0 = \langle \psi, c \rangle$. Dies wird in Abb. 1.7 dadurch veranschaulicht, dass der Anfangsknoten c_0 mit jeder Komponente c_j der Endauszahlung c durch eine Kante verbunden wird und dass jede Kante mit der zugehörigen Komponente ψ_j des Diskontvektors ψ beschriftet wird. Zur Berechnung von $c_0 = \langle \psi, c \rangle$ wird jede Komponente c_j mit dem entsprechenden Kantenwert ψ_j multipliziert, und diese Produkte werden anschließend aufsummiert. Für $K = 1$ spezialisiert sich dieses Vorgehen auf die oben beschriebene deterministische Situation.

Wir sagen, dass der Preis der Auszahlung c dadurch bestimmt wird, dass c durch $c_0 = \langle \psi, c \rangle$ *auf eine verallgemeinerte Weise auf den Zeitpunkt* 0 *abdiskontiert wird*. Der bei deterministischen Zahlungsströmen auftretende Diskontfaktor $d \in \mathbb{R}$ wird bei zustandsabhängigen Auszahlungen $c \in \mathbb{R}^K$ durch einen Diskontvektor $\psi \in \mathbb{R}^K$ ersetzt. Dabei bedeutet *Diskontieren,* den aktuellen Preis zukünftiger Auszahlungen ohne Kenntnis oder Verwendung einer replizierenden Handelsstrategie zu bestimmen.

Nach dem Fundamentalsatz, Satz 1.23, ist die Arbitragefreiheit eines Marktmodells $(S_0, S_1) \hat{=} (b, D)$ äquivalent zur Existenz eines Diskontvektors $\psi \gg 0$, der das Gleichungssystem $D\psi = b$ löst. Dies ist nach (1.11) bzw. (1.12) äquivalent dazu, dass sich die aktuellen Preise S_0^i der Finanzinstrumente des Modells als Linearkombination der zukünftigen Preise $S_1^i(\omega_j)$ mit positiven Koeffizienten ψ_j darstellen lassen. Dieser Zusammenhang lässt sich so interpretieren, dass die aktuellen Kurse der Wertpapiere des Modells durch verallgemeinerte Diskontierung der zukünftigen Kurse berechnet werden können. Aus der Linearität des Skalarprodukts folgt, dass sich die aktuellen Werte $V_0(h)$ beliebiger Portfolios h durch verallgemeinerte Diskontierung der zukünftigen Portfoliowerte $V_1(h)(\omega_j)$ bestimmen lassen, und dies ist äquivalent zur Aussage, dass sich die Preise beliebiger replizierbarer Auszahlungen durch verallgemeinerte Diskontierung berechnen lassen.

Auch in allgemeinen Ein-Perioden-Modellen lassen sich deterministische Auszahlungen modellieren, und für diese gilt die deterministische Bewertungsformel:

Lemma 1.32 *Sei (b, D) ein arbitragefreies Marktmodell mit Diskontvektor ψ. Sei weiter die deterministische Auszahlung $(c, c, \ldots, c) \in \mathbb{R}^K$ replizierbar. Dann ist der Preis c_0 dieser Auszahlung gegeben durch*

$$c_0 = dc,$$

wobei $d = \psi_1 + \cdots + \psi_K$ definiert wurde.

Beweis Nach Satz 1.26 gilt

$$c_0 = \langle \psi, (c, c, \ldots, c) \rangle = \psi_1 c + \cdots + \psi_K c = dc. \qquad \square$$

Ist also die zukünftige Auszahlung c deterministisch und replizierbar, dann lässt sich der Preis c_0 von c mithilfe der klassischen Diskontierungsformel als $c_0 = dc$ schreiben, wobei der Diskontfaktor $d = \psi_1 + \cdots + \psi_K$ durch die Komponentensumme des Diskontvektors definiert ist. Das folgende Ergebnis zeigt, dass d positiv und eindeutig bestimmt ist.

Lemma 1.33 *Sei (b, D) ein arbitragefreies Marktmodell. Angenommen, deterministische Auszahlungen $(c, c, \ldots, c) \in \mathbb{R}^K$ sind replizierbar. Sei $\psi \in \mathbb{R}^K$ eine beliebige Lösung von $D\psi = b$. Dann ist $d = \psi_1 + \cdots + \psi_K$ der eindeutig bestimmte Diskontfaktor des Modells und es gilt $d > 0$.*

Beweis Aufgrund der Arbitragefreiheit des Modells gibt es wenigstens einen Diskontvektor, also eine strikt positive Lösung $\psi \in \mathbb{R}^K$ von $D\psi = b$, und daraus folgt $\psi_1 + \cdots + \psi_K > 0$. Angenommen, es gibt zwei Vektoren $\psi, \psi' \in \mathbb{R}^K$ mit $D\psi = D\psi' = b$. Sei $(c, c, \ldots, c) \in \mathbb{R}^K$ gegeben und sei h ein Portfolio mit der Eigenschaft $D^{\mathrm{t}} h = (c, c, \ldots, c)$. Dann gilt

$$c \sum_{j=1}^{K} \psi_j = \left\langle \psi, D^{\mathrm{t}} h \right\rangle = D\psi \cdot h = b \cdot h = D\psi' \cdot h = \left\langle \psi', D^{\mathrm{t}} h \right\rangle = c \sum_{j=1}^{K} \psi'_j.$$

Daraus folgt $d = \sum_{j=1}^{K} \psi_j = \sum_{j=1}^{K} \psi'_j$, und d hat für jede Lösung von $D\psi = b$ denselben Wert. $\square$

Lemma 1.34 *Sei (b, D) ein arbitragefreies Marktmodell mit Diskontvektor ψ. Angenommen, das Modell enthält ein festverzinsliches Finanzinstrument S^i mit $S_0^i > 0$ und mit $S_1^i(\omega) = (1 + r)\, S_0^i$ für alle $\omega \in \Omega$, wobei $r > -1$ angenommen wird. Dann gilt*

$$d = \frac{1}{1 + r}.$$

Beweis Nach Korollar 1.30 gilt

$$S_0^i = \left\langle \psi,\, S_1^i \right\rangle = (1+r)\, S_0^i\, \langle \psi,\, (1,\, 1, \ldots,\, 1)\rangle = (1+r)\, d S_0^i. \qquad \square$$

$d = \frac{1}{1+r}$ ist der aus der elementaren Finanzmathematik vertraute Diskontfaktor.

1.6 Ergänzungen und der Fundamentalsatz der Preistheorie

Dieser Abschnitt kann beim ersten Lesen übergangen werden.

Lemma 1.35 *Für eine lineare Abbildung* $D : \mathbb{R}^K \to \mathbb{R}^N$ *gilt*

$$\operatorname{Ker} D^{\mathrm{t}} \perp \operatorname{Im} D \tag{1.13}$$

und

$$\mathbb{R}^N = \operatorname{Ker} D^{\mathrm{t}} \oplus \operatorname{Im} D \tag{1.14}$$

Beweis Seien $f \in \operatorname{Ker} D^{\mathrm{t}}$ und $w \in \operatorname{Im} D$ beliebig. Nach Definition gilt $w = Dv$ für ein $v \in \mathbb{R}^K$. Damit erhalten wir

$$f \cdot w = f \cdot (Dv) = \left\langle D^{\mathrm{t}} f,\, v \right\rangle = 0.$$

Also folgt $\operatorname{Ker} D^{\mathrm{t}} \perp \operatorname{Im} D$. Nach Definition ist $\operatorname{Ker} D^{\mathrm{t}} \oplus \operatorname{Im} D$ ein Untervektorraum des $\mathbb{R}^N$. Aus dem Dimensionssatz folgt

$$N = \dim \operatorname{Ker} D^{\mathrm{t}} + \dim \operatorname{Im} D^{\mathrm{t}}.$$

Da bei Matrizen der Zeilenrang gleich dem Spaltenrang ist, gilt $\dim \operatorname{Im} D^{\mathrm{t}} = \dim \operatorname{Im} D$. Also erhalten wir

$$\dim \left(\operatorname{Ker} D^{\mathrm{t}} \oplus \operatorname{Im} D \right) = N,$$

woraus (1.14) folgt. $\square$

Die Anwendung des Lemmas auf die transponierte Abbildung $D^{\mathrm{t}} : \mathbb{R}^N \to \mathbb{R}^K$ liefert

$$\operatorname{Ker} D \perp \operatorname{Im} D^{\mathrm{t}} \tag{1.15}$$

und

$$\mathbb{R}^K = \operatorname{Ker} D \oplus \operatorname{Im} D^{\mathrm{t}}. \tag{1.16}$$

Das Law of One Price

Wir betrachten den Fall, dass eine Auszahlung c zwar replizierbar ist, jedoch nicht auf eindeutig bestimmte Weise.

Lemma 1.36 *Sei (b, D) ein Ein-Perioden-Modell und sei $c \in \operatorname{Im} D^{\mathrm{t}}$ eine replizierbare Auszahlung. Angenommen, es gibt ein $f \in \operatorname{Ker} D^{\mathrm{t}}$ mit $f \cdot b \neq 0$. Dann gibt es zu jedem $c_0 \in \mathbb{R}$ ein Portfolio h mit $c = D^{\mathrm{t}} h$ und $c_0 = h \cdot b$.*

Beweis Nach Voraussetzung existiert ein $h \in \mathbb{R}^N$ mit $c = D^{\mathrm{t}} h$. Für beliebiges $\lambda \in \mathbb{R}$ sei $h_\lambda = h + \lambda f$. Dann gilt $D^{\mathrm{t}} h_\lambda = c$ und $h_\lambda \cdot b = h \cdot b + \lambda f \cdot b$. Wegen $f \cdot b \neq 0$ lässt sich zu jedem $c_0 \in \mathbb{R}$ ein λ finden mit $c_0 = h_\lambda \cdot b$. □

Die Replikationsstrategie führt in der Situation des Lemma 1.36 also nicht zu einer sinnvollen Preisfindung. Sollten jedoch alle replizierenden Portfolios denselben Preis besitzen, dann kann die Replikationsstrategie zur Bewertung verwendet werden. Der nachfolgende Satz 1.37 charakterisiert diese Situation.

Satz 1.37 ***(Law of One Price)*** *Sei (b, D) ein Marktmodell. Dann sind folgende Aussagen äquivalent:*

1. *Es gilt das* Law of One Price*: Sei $c = D^{\mathrm{t}} h \in \operatorname{Im} D^{\mathrm{t}}$ ein beliebiges replizierbares Auszahlungsprofil. Dann ist der mithilfe der Replikationsstrategie definierte Preis $c_0 = h \cdot b$ von c eindeutig bestimmt, d. h. unabhängig vom replizierenden Portfolio h.*
2. *$b \perp \operatorname{Ker} D^{\mathrm{t}}$.*
3. *$b \in \operatorname{Im} D$, d. h., es gilt $b = D\psi$ für ein $\psi \in \mathbb{R}^K$.*
4. *Es gibt ein $\psi \in \mathbb{R}^K$, sodass für jede replizierbare Auszahlung $c = D^{\mathrm{t}} h \in \operatorname{Im} D^{\mathrm{t}}$ gilt $h \cdot b = \langle \psi, c \rangle$.*
5. *Es gibt ein $\psi \in \mathbb{R}^K$, sodass für alle $h \in \mathbb{R}^N$ gilt*

$$V_0(h) = \langle \psi, V_1(h) \rangle .$$

Beweis

1. ⇔ 2. Sei h eine spezielle Lösung von $c = D^{\mathrm{t}} h$. Die allgemeine Lösung lautet dann $h' = h + f$ für ein beliebiges $f \in \operatorname{Ker} D^{\mathrm{t}}$. Nun gilt $h' \cdot b = h \cdot b$ genau dann, wenn $f \cdot b = 0$ gilt. Da $f \in \operatorname{Ker} D^{\mathrm{t}}$ beliebig gewählt werden kann, ist dies gleichbedeutend mit $b \perp \operatorname{Ker} D^{\mathrm{t}}$.

2. ⇔ 3. Diese Äquivalenz folgt unmittelbar aus (1.13) und (1.14).

3. ⇒ 4. Nach Voraussetzung existiert ein $\psi \in \mathbb{R}^K$ mit $b = D\psi$. Mit $c = D^{\mathrm{t}} h$ gilt $h \cdot b = h \cdot D\psi = \left\langle D^{\mathrm{t}} h, \psi \right\rangle = \langle c, \psi \rangle$.

4. $\Rightarrow$ 3. Sei $h \in \mathbb{R}^N$ ein beliebiges Portfolio und sei $c = D^t h$. Nach Voraussetzung gilt $h \cdot b = \langle c, \psi \rangle = \langle D^t h, \psi \rangle = h \cdot D\psi$. Da h beliebig gewählt wurde, folgt $b = D\psi$.

4. $\Leftrightarrow$ 5. Die Äquivalenz folgt unmittelbar aus $V_0(h) = h \cdot b$ und $V_1(h) = D^t h$ für beliebige $h \in \mathbb{R}^N$. □

Korollar 1.38 *Sei (b, D) ein Marktmodell. Das Law of One Price gilt, wenn eine der beiden folgenden äquivalenten Bedingungen erfüllt ist:*

1. *$D^t : \mathbb{R}^N \to \mathbb{R}^K$ ist injektiv.*
2. *$D : \mathbb{R}^K \to \mathbb{R}^N$ ist surjektiv.*

Beweis Zunächst gilt 1. $\Leftrightarrow$ 2. wegen (1.14). Wenn D surjektiv ist, dann existiert ein $\psi \in \mathbb{R}^K$ mit $D\psi = b$, und damit folgt das *Law of One Price* aus Satz 1.37. □

Satz 1.39 *In einem arbitragefreien Marktmodell gilt das Law of One Price.*

Beweis Sei (b, D) ein arbitragefreies Marktmodell. Nach dem Fundamentalsatz der Preistheorie, Satz 1.23, gibt es in (b, D) einen Diskontvektor, also gilt

$$b \in \operatorname{Im} D,$$

und die Behauptung folgt aus Satz 1.37. □

Gilt umgekehrt das *Law of One Price*, dann kann daraus nicht geschlossen werden, dass das Marktmodell (b, D) arbitragefrei ist, wie das folgende Beispiel zeigt.

Beispiel 1.40 Betrachten Sie das Marktmodell

$$(b, D) = \left(\begin{pmatrix} 0{,}99 \\ 7 \\ 2{,}1 \end{pmatrix}, \begin{pmatrix} 1{,}1 & 1{,}1 \\ 10 & 9 \\ 9 & 6 \end{pmatrix} \right).$$

Für $D^t = \begin{pmatrix} 1{,}1 & 10 & 9 \\ 1{,}1 & 9 & 6 \end{pmatrix} : \mathbb{R}^3 \to \mathbb{R}^2$ gilt $\operatorname{Rang} D^t = 2$, das Modell ist also vollständig. Ferner gilt $\dim \operatorname{Ker} D^t = 1$ und $f = (19{,}09, \ -3, \ 1)^t$ löst das Gleichungssystem $D^t f = 0$. Damit ist $\operatorname{Ker} D^t = \{\lambda f \mid \lambda \in \mathbb{R}\}$. Wegen

$$f \cdot b = 0$$

gilt $\operatorname{Ker} D^t \perp b$. Mit Satz 1.37 folgt daraus, dass in (b, D) das *Law of One Price* gilt. Dennoch ist leicht zu sehen, dass das Marktmodell nicht arbitragefrei ist, denn eine Verschuldung im ersten und eine Investition des geliehenen Betrages in das dritte Finanzinstrument führt in jedem Szenario zu einem positiven Gewinn.

Alternativ zu dieser Argumentation kann $\psi = (-1, 1, 2)^{\mathrm{t}}$ als Lösung von $D\psi = b$ verifiziert werden, und somit gilt in (b, D) das *Law of One Price*. Weiter gilt $D : \mathbb{R}^2 \to \mathbb{R}^3$ mit $\mathrm{Rang} D = \mathrm{Rang} D^{\mathrm{t}} = 2$, also folgt $\mathrm{Ker} D = \{0\}$, und die obige Lösung ψ von $D\psi = b$ ist eindeutig bestimmt. Also existiert keine strikt positive Lösung von $D\psi = b$, und (b, D) ist nach dem Fundamentalsatz, Satz 1.23, nicht arbitragefrei. △

Analog zu Satz 1.26 gilt:

Lemma 1.41 *Angenommen, in einem Marktmodell (b, D) gilt das Law of One Price. Dann ist der Preis $c_0 = h \cdot b$ jedes replizierbaren Auszahlungsprofils $c = D^{\mathrm{t}} h$ vom replizierenden Portfolio unabhängig und lässt sich ohne Kenntnis von h durch*

$$c_0 = \langle \psi, c \rangle \tag{1.17}$$

berechnen, wobei ψ eine beliebige Lösung von $D\psi = b$ ist. □

Weiter gilt analog zu Korollar 1.30:

Lemma 1.42 *Sei $(b, D) \mathrel{\hat{=}} (S_0, S_1)$ ein Marktmodell, in dem das Law of One Price gilt. Dann gilt für alle $i = 1, \ldots, N$*

$$S_0^i = \left\langle \psi, S_1^i \right\rangle,$$

wobei ψ eine beliebige Lösung von $D\psi = b$ ist. □

In einem Marktmodell gilt das *Law of One Price* also genau dann, wenn der Vektor S_0 der aktuellen Preise der Finanzinstrumente des Modells eine Linearkombination der Vektoren $S_1(\omega_j)$ der zukünftigen Preise für jedes Szenario ω_j, $j = 1, \ldots, K$, ist. Umgekehrt folgt daraus auch

$$h \cdot S_0 = \langle \psi, h \cdot S_1 \rangle$$

für jedes $h \in \mathbb{R}^N$.

Die Beziehung (1.17) kann wie im Falle arbitragefreier Modelle als verallgemeinerte Diskontierung interpretiert werden. Wir reservieren den Namen Diskontvektor jedoch für strikt positive Lösungen von $D\psi = b$, verwenden ihn also nur in arbitragefreien Modellen.

Wenn konstante Auszahlungen $c(\omega) = c$ replizierbar sind, dann folgt aus Satz 1.37, dass $c_0 = dc$ unabhängig vom replizierenden Portfolio ist. Dies bedeutet auch, dass die Komponentensumme $d = \psi_1 + \cdots + \psi_K$ nicht von der Auswahl einer Lösung von $D\psi = b$

abhängt. Es gilt also $\operatorname{Ker} D \perp \mathbf{1}$, wobei $\mathbf{1} = (1, \ldots, 1)$. Dies ist ein Spezialfall des folgenden Satzes 1.43.

Satz 1.43 *Sei (b, D) ein Marktmodell, in dem das Law of One Price gilt, und sei $c \in \mathbb{R}^K$ ein Auszahlungsprofil. Dann sind folgende Aussagen äquivalent:*

1. *c ist replizierbar.*
2. $c \in \operatorname{Im} D^{\mathrm{t}}$.
3. $c \perp \operatorname{Ker} D$.
4. *Für jede Lösung ψ von $D\psi = b$ besitzt $\langle \psi, c \rangle$ denselben Wert.*

Beweis

1. ⇔ 2. Dies ist gerade die Definition von Replizierbarkeit.
2. ⇔ 3. Die Äquivalenz folgt unmittelbar aus (1.15) und (1.16).
3. ⇔ 4. Nach Satz 1.37 existiert wenigstens eine Lösung ψ von $D\psi = b$. Für jede weitere Lösung ψ' von $D\psi' = b$ gilt $\psi' = \psi + f$ für ein $f \in \operatorname{Ker} D$. Dann folgt $\langle \psi', c \rangle = \langle \psi, c \rangle$ genau dann, wenn $c \perp f$. Da f beliebig gewählt werden kann, ist dies gleichbedeutend mit $c \perp \operatorname{Ker} D$. □

Satz 1.44 *Sei (b, D) ein Marktmodell, in dem das Law of One Price gilt. Dann sind folgende Aussagen äquivalent:*

1. *Das Marktmodell (b, D) ist vollständig.*
2. $\operatorname{Im} D^{\mathrm{t}} = \mathbb{R}^K$.
3. $\operatorname{Ker} D = \{0\}$.
4. *Die Lösung ψ von $D\psi = b$ ist eindeutig bestimmt.*

Beweis

1. ⇔ 2. Dies gilt nach Definition.
2. ⇔ 3. Dies folgt unmittelbar aus (1.15) und (1.16).
3. ⇔ 4. Da im betrachteten Marktmodell das *Law of One Price* gilt, existieren nach Satz 1.37 Lösungen ψ von $D\psi = b$. Daraus folgt die Äquivalenz von 3. und 4. unmittelbar. □

Der Fundamentalsatz der Preistheorie

Satz 1.45 *Sei (b, D) ein arbitragefreies und vollständiges Marktmodell. Dann gibt es in (b, D) einen Diskontvektor.*

Beweis Im arbitragefreien Modell (b, D) gilt das Law of One Price, also gibt es ein $\psi \in \mathbb{R}^K$ mit $D\psi = b$. Sei $e_i \in \mathbb{R}^K$ der i-te Standardbasisvektor. Aufgrund der Vollständigkeit des Marktmodells gibt es ein $h \in \mathbb{R}^N$ mit $e_i = D^t h$. Damit gilt

$$\psi_i = \langle \psi, e_i \rangle = h \cdot b.$$

Wäre $\psi_i = h \cdot b \leq 0$, dann wäre h wegen $D^t h = e_i > 0$ eine Arbitragegelegenheit. Da das Marktmodell (b, D) aber nach Voraussetzung arbitragefrei ist, folgt $\psi_i > 0$ für alle $i = 1, \ldots, K$. □

Im Folgenden wird gezeigt, wie aus der Arbitragefreiheit eines Marktmodells ganz allgemein, also ohne die Voraussetzung der Vollständigkeit, die Existenz eines Diskontvektors nachgewiesen werden kann. Dazu werden zunächst zwei *Trennungssätze* bewiesen.

Satz 1.46 *Sei $C \subset \mathbb{R}^n$ eine abgeschlossene, konvexe Menge, die den Ursprung nicht enthält. Dann gibt es ein $x_0 \in \mathbb{R}^n$ und ein $\alpha > 0$, sodass*

$$\langle x_0, x \rangle \geq \alpha$$

für jedes $x \in C$. Insbesondere schneidet C nicht die Hyperebene $\langle x_0, x \rangle = 0$.

Beweis Die Voraussetzungen und die Aussage des Satzes werden in Abb. 1.8 veranschaulicht. Sei $\lambda > 0$ so gewählt, dass $A = C \cap \overline{B_\lambda(0)} \neq \emptyset$, wobei $\overline{B_\lambda(0)} = \{x \in \mathbb{R}^n | \, \|x\| \leq \lambda\}$ die abgeschlossene Kugel um 0 vom Radius λ ist. Sei $x_0 \in C$ der Punkt, an dem die stetige

Abb. 1.8 Erster Trennungssatz

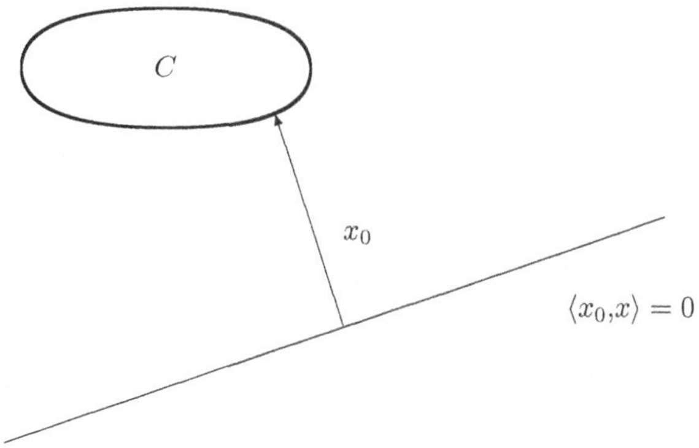

Abbildung $x \longmapsto \|x\|$ auf der kompakten Menge A ihr Minimum annimmt. Daraus folgt

$$\|x\| \geq \|x_0\|$$

für jedes $x \in C$. Für beliebiges $x \in C$ gilt für alle $t \in [0, 1]$

$$x_0 + t(x - x_0) \in C,$$

da C konvex ist. Definieren wir $f : \mathbb{R} \to \mathbb{R}$ durch

$$f(t) = \|x_0 + t(x - x_0)\|^2 = \|x_0\|^2 + 2t\langle x_0, x - x_0\rangle + t^2 \|(x - x_0)\|^2,$$

dann ist f differenzierbar und es gilt $\|x_0\|^2 = f(0) \leq f(t)$ für alle $t \in [0, 1]$. Daher ist $f'(0) = \lim_{t \downarrow 0} \frac{f(t) - f(0)}{t} \geq 0$. Wegen $f'(0) = 2\langle x_0, x - x_0\rangle = 2\left(\langle x_0, x\rangle - \|x_0\|^2\right)$ folgt $\langle x_0, x\rangle \geq \alpha > 0$ für jedes $x \in C$, wobei $\alpha = \|x_0\|^2$ definiert wurde. □

Wegen $0 < \langle x_0, x\rangle = \|x_0\| \|x\| \cos\measuredangle(x_0, x)$ besitzen alle $x \in C$ in Satz 1.46 einen spitzen Winkel mit x_0. Dies bedeutet, dass C in einer Hälfte des durch die Hyperebene $x_0^{\perp} = \{x \in \mathbb{R}^n \,|\langle x_0, x\rangle = 0\}$ getrennten Raumes liegt.

Satz 1.47 *Sei K eine kompakte und konvexe Teilmenge des $\mathbb{R}^n$ und sei V ein Untervektorraum des $\mathbb{R}^n$. Wenn V und K disjunkt sind, dann gibt es ein $x_0 \in \mathbb{R}^n$ mit folgenden Eigenschaften:*

1. $\langle x_0, x\rangle > 0$ *für alle* $x \in K$.
2. $\langle x_0, x\rangle = 0$ *für alle* $x \in V$.

Daher ist der Untervektorraum V in einer Hyperebene enthalten, die K nicht schneidet.

Beweis Die Voraussetzungen und die Aussagen des Satzes werden in Abb. 1.9 veranschaulicht. Die Menge

$$C = K - V = \left\{x \in \mathbb{R}^n \,|\exists(k, v) \in K \times V,\, x = k - v\right\}$$

ist konvex, da V als Untervektorraum und K nach Voraussetzung konvex ist. Ferner ist C abgeschlossen, da V abgeschlossen und da K kompakt ist. Weiter enthält C nicht den Ursprung, da K und V disjunkt sind. Auf Grund des letzten Satzes existieren ein $x_0 \in \mathbb{R}^n$ und ein $\alpha > 0$ mit

$$\langle x_0, x\rangle > \alpha \text{ für alle } x \in C.$$

Daher gilt für alle $k \in K$ und für alle $v \in V$

$$\langle x_0, k\rangle - \langle x_0, v\rangle \geq \alpha.$$

Abb. 1.9 Zweiter Trennungssatz

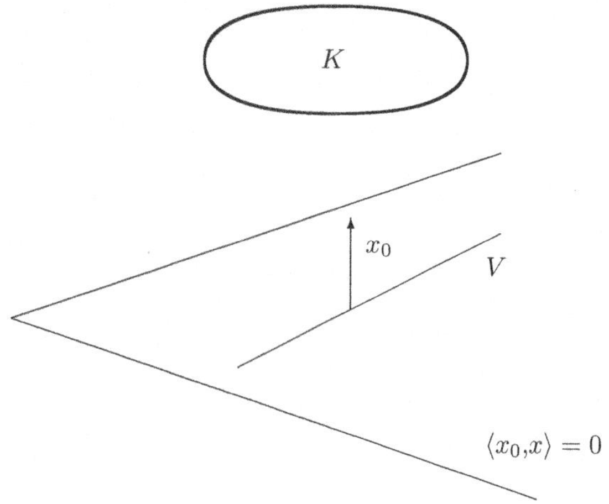

Für festes $k \in K$ gilt daher für jedes $v \in V$ und für alle $\lambda \in \mathbb{R}$ die Ungleichung

$$\lambda\langle x_0,\ v\rangle \leq \langle x_0,\ k\rangle - \alpha.$$

Dies ist aber nur für $\langle x_0,\ v\rangle = 0$ möglich. Dann folgt aber

$$\langle x_0,\ k\rangle \geq \alpha > 0 \text{ für alle } k \in K.$$

□

Äquivalent zu Definition 1.18 kann eine Arbitragegelegenheit als ein Portfolio $h \in \mathbb{R}^N$ definiert werden, für das gilt

$$\left(-h \cdot b,\ D^{\mathrm{t}}h\right) > 0. \tag{1.18}$$

Dabei werden das Negative des Anfangswertes $h \cdot b$ des Portfolios h und die zustandsabhängige Auszahlung $D^{\mathrm{t}}h$ des Portfolios zu einem Vektor

$$L(h) = \left(-h \cdot b,\ D^{\mathrm{t}}h\right) \in \mathbb{R} \times \mathbb{R}^K = \mathbb{R}^{K+1}$$

zusammengefasst.

Es folgt einer der grundlegenden Sätze der zeitdiskreten Finanzmathematik:

Satz 1.48 ***(Fundamentalsatz der Preistheorie)*** *In einem Ein-Perioden-Modell $(b,\ D)$ sind folgende Aussagen äquivalent:*

1. *$(b,\ D)$ ist arbitragefrei.*
2. *Es gibt ein $\phi \in \mathbb{R}^{K+1}$, $\phi \gg 0$, mit*

$$\langle \phi,\ L(h) \rangle = 0$$

für alle $h \in \mathbb{R}^N$.

3. *Es gibt einen Diskontvektor* $\psi \in \mathbb{R}^K$, $\psi \gg 0$, *mit*

$$D\psi = b.$$

Beweis Sei $(b,\ D)$ ein Ein-Perioden-Modell.

1. $\Rightarrow$ 2. Angenommen, $(b,\ D)$ ist arbitragefrei. Dann gilt nach (1.18) für jedes $h \in \mathbb{R}^N$

$$L(h) = \left(-h \cdot b,\ D^{\mathrm{t}} h\right) \not> 0. \tag{1.19}$$

Aufgrund der Linearität von $L : \mathbb{R}^N \to \mathbb{R}^{K+1}$ ist $\mathrm{Im} L$ ein Untervektorraum des $\mathbb{R}^{K+1}$, der wegen (1.19) den positiven Quadranten $\{x \in \mathbb{R}^{K+1}\,|x > 0\}$ nicht schneidet. Insbesondere schneidet $\mathrm{Im} L$ nicht die kompakte und konvexe Menge $M = \{x \in \mathbb{R}^{K+1}\,|x > 0,\ x_0 + \cdots + x_K = 1\}$, siehe Abb. 1.10. Also folgt aus Satz 1.47 die Existenz eines $\phi \in \mathbb{R}^{K+1}$ mit $\langle \phi,\ x \rangle = 0$ für alle $x \in \mathrm{Im} L$ und $\langle \phi,\ x \rangle > 0$ für alle $x \in M$. Daraus folgt $\phi \gg 0$, wie für $j = 0, \ldots, K$ die Wahl $x = e_j \in M$ zeigt, wobei $e_j \in \mathbb{R}^{K+1}$ den j-ten Standardbasisvektor bezeichnet.

2. $\Rightarrow$ 3. Sei $\phi \in \mathbb{R}^{K+1}$, $\phi \gg 0$, mit $\langle \phi,\ L(h) \rangle = 0$. Wir schreiben $\phi = (\phi_0,\ \phi_1)$ mit $\phi_0 \in \mathbb{R}$ und $\phi_1 \in \mathbb{R}^K$. Wegen $\phi \gg 0$ folgt $\phi_0 > 0$ und $\phi_1 \gg 0$. Damit erhalten wir

$$\begin{aligned} 0 &= \langle \phi,\ L(h) \rangle \\ &= \left\langle (\phi_0,\ \phi_1),\ (-h \cdot b,\ D^{\mathrm{t}} h) \right\rangle \\ &= -\phi_0 (h \cdot b) + \left\langle \phi_1,\ D^{\mathrm{t}} h \right\rangle, \end{aligned}$$

also

$$h \cdot b = \left\langle \frac{\phi_1}{\phi_0},\ D^{\mathrm{t}} h \right\rangle.$$

Mit der Definition $\psi = \frac{\phi_1}{\phi_0}$ gilt $\psi \in \mathbb{R}^K$, $\psi \gg 0$ und

$$h \cdot b = \left\langle \psi,\ D^{\mathrm{t}} h \right\rangle = D\psi \cdot h$$

für alle $h \in \mathbb{R}^N$. Daraus folgt aber $b = D\psi$.

3. $\Rightarrow$ 1. Dies ist die Aussage von Satz 1.22. □

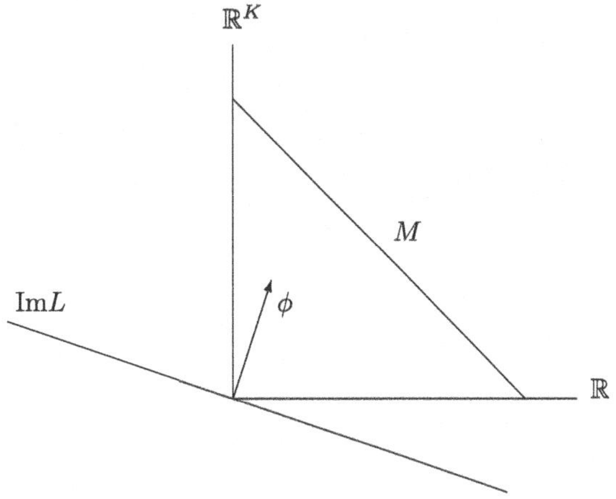

Abb. 1.10 Der Fundamentalsatz der Preistheorie

Der Fundamentalsatz 1.48 besagt, dass ein Marktmodell genau dann arbitragefrei ist, wenn eine strikt positive Lösung ψ von $D\psi = b$ existiert. Er sagt *nicht,* dass in arbitragefreien Märkten *jede* Lösung von $D\psi = b$ strikt positiv ist. Wenn $\mathrm{Ker}D \neq \{0\}$ gilt, dann gibt es ein $f \in \mathrm{Ker}D$ mit $f \neq 0$. Ist ψ ein Diskontvektor, dann kann durch geeignete Wahl von $\lambda \in \mathbb{R}$ stets erreicht werden, dass $\psi' = \psi + \lambda f \not\gg 0$ gilt. Aber es gilt natürlich $D\psi' = b$.

Replizierbarkeit und Vollständigkeit

Die beiden folgenden Ergebnisse übertragen die Aussagen der Sätze 1.43 und 1.44 auf arbitragefreie Marktmodelle.

Satz 1.49 *Sei $(b,\ D)$ ein arbitragefreies Marktmodell und sei $c \in \mathbb{R}^K$ ein Auszahlungsprofil. Dann sind folgende Aussagen äquivalent:*

1. *c ist replizierbar.*
2. $c \in \mathrm{Im}D^{\mathrm{t}}$.
3. *$c \perp \mathrm{Ker}D$.*
4. *Für jeden Diskontvektor ψ besitzt $\langle\psi,\ c\rangle$ denselben Wert.*

Beweis Die Beweise der Äquivalenzen 1. $\Leftrightarrow$ 2. $\Leftrightarrow$ 3. und der Nachweis der Implikation 3. $\Rightarrow$ 4. stimmen mit den Beweisen der entsprechenden Aussagen aus Satz 1.43 überein.

4. $\Rightarrow$ 3. Sei ein Diskontvektor ψ fest gewählt und sei $f \in \mathrm{Ker}D$ beliebig. Für $\psi_0 = \min\left\{\psi_j \mid j = 1, \ldots, K\right\}$ gilt $\psi_0 > 0$. Mit

$$\lambda = \frac{\psi_0}{1 + |f_1| + \cdots + |f_K|}$$

folgt $\lambda > 0$, und für alle $j = 1, \ldots, K$ gilt die Abschätzung

$$\psi_j + \lambda f_j \geq \psi_0 \frac{1 + |f_1| + \cdots + \left(|f_j| + f_j\right) + \cdots + |f_K|}{1 + |f_1| + \cdots + |f_K|} > 0,$$

also $\psi + \lambda f \gg 0$. Damit ist aber $\psi + \lambda f$ ein Diskontvektor. Nach Voraussetzung gilt $\langle \psi, c \rangle = \langle \psi + \lambda f, c \rangle$, also $\langle f, c \rangle = 0$. Da f beliebig war, folgt $\mathrm{Ker} D \perp c$.

□

Satz 1.50 *In einem arbitragefreien Marktmodell (b, D) sind folgende Aussagen äquivalent:*

1. *Das Marktmodell (b, D) ist vollständig.*
2. $\mathrm{Im} D^{\mathrm{t}} = \mathbb{R}^K$.
3. $\mathrm{Ker} D = \{0\}$.
4. *Der Diskontvektor ψ ist eindeutig bestimmt.*

Beweis Die Beweise der Äquivalenzen 1. ⇔ 2. ⇔ 3. und der Nachweis der Implikation 3. ⇒ 4. stimmen mit den Beweisen der entsprechenden Aussagen aus Satz 1.44 überein.

4. ⇒ 3. Sei ψ ein Diskontvektor in (b, D). Angenommen, $\mathrm{Ker} D \neq \{0\}$. Dann existiert ein $f \in \mathrm{Ker} D$ mit $f \neq 0$, und der Beweis von Satz 1.49 zeigt, dass es ein $\lambda > 0$ gibt, sodass $\psi + \lambda f$ ebenfalls ein Diskontvektor ist. Damit ist aber der Diskontvektor nicht eindeutig bestimmt.

□

Korollar 1.51 *Sei (b, D) ein Ein-Perioden-Modell. Dann ist die Vollständigkeit des Modells äquivalent zu $\mathrm{Im} D^{\mathrm{t}} = \mathbb{R}^K$. Aus $N = \dim \mathrm{Ker} D^{\mathrm{t}} + \dim \mathrm{Im} D^{\mathrm{t}}$ folgt die Beziehung $N \geq K$. Daher muss in einem vollständigen Marktmodell die Zahl der im Modell spezifizierten Finanzinstrumente stets größer oder gleich der Anzahl der modellierten Zustände sein.*

Liegt in einem vollständigen, arbitragefreien Modell speziell die Situation $K = N$ vor, existieren also genau so viele Zustände, wie es Finanzinstrumente im Marktmodell gibt, dann ist $D^{\mathrm{t}} : \mathbb{R}^N \to \mathbb{R}^K = \mathbb{R}^N$ ein Isomorphismus. □

Strategien im Falle nicht-replizierbarer Auszahlungen

Wenn eine Auszahlung $c \in \mathbb{R}^K$ nicht replizierbar ist, $c \notin \operatorname{Im} D^{\mathrm{t}}$, dann kann c nicht mithilfe eines replizierenden Portfolios in eine äquivalente Zahlung zum Zeitpunkt 0 transformiert werden. Hier werden einige mögliche Bewertungsansätze für diesen Fall angesprochen.

Projektionsansatz Für $c \notin \operatorname{Im} D^{\mathrm{t}}$ besteht ein Ansatz zur Preisfindung darin, ein Portfolio h zu suchen, dessen Auszahlung $D^{\mathrm{t}}h$ möglichst nahe bei c liegt. Es ist also die Funktion

$$\left\| D^{\mathrm{t}}h - c \right\|^2 = \sum_{j=1}^{K} \left(\left(D^{\mathrm{t}}h \right)_j - c_j \right)^2 \tag{1.20}$$

über $h \in \mathbb{R}^N$ zu minimieren. Dies entspricht der Bestimmung der Projektion von c auf den Bildraum $\operatorname{Im} D^{\mathrm{t}}$. Zur Berechnung der Projektion kann die Normalengleichung $DD^{\mathrm{t}}h = Dc$ verwendet werden. Nach (1.16) gilt $c = f + v$ für ein $f \in \operatorname{Ker} D$ und für ein $v \in \operatorname{Im} D^{\mathrm{t}}$. Weiter existiert ein $h \in \mathbb{R}^N$ mit $v = D^{\mathrm{t}}h$. Jedes derartige h löst die Normalengleichung und es gilt $D^{\mathrm{t}}h - c \perp \operatorname{Im} D^{\mathrm{t}}$.

Minimale mittlere quadratische Abweichung Ein weiterer Ansatz lautet: Minimiere die mittlere quadratische Abweichung von $D^{\mathrm{t}}h$ und c,

$$\mathbf{E}\left[\left(D^{\mathrm{t}}h - c \right)^2 \right] = \sum_{j=1}^{K} p_j \left(\left(D^{\mathrm{t}}h \right)_j - c_j \right)^2 ,$$

über alle Portfolios $h \in \mathbb{R}^N$. Die Idee besteht hier darin, eine Zahlung c_j, die in einem Szenario ω_j fällig wird, umso stärker zu berücksichtigen, je höher die Eintrittswahrscheinlichkeit $P(\omega_j) = p_j$ für diesen Zustand ist. Dieser Ansatz erfordert, dass das Marktmodell um die Modellierung der Wahrscheinlichkeiten $p_j \geq 0$ ergänzt wird, mit denen die jeweiligen Zustände ω_j zum Zeitpunkt 1 für $j = 1, \ldots, K$ mit $\sum_{j=1}^{K} p_j = 1$ eintreten werden[3].

Der Ansatz, die mittlere quadratische Abweichung zu minimieren, kann auf den Projektionsansatz zurückgeführt werden. Dazu wird

$$A = \begin{pmatrix} \sqrt{p_1} & \cdots & 0 \\ \vdots & \ddots & \vdots \\ 0 & \cdots & \sqrt{p_K} \end{pmatrix} D^{\mathrm{t}} = \begin{pmatrix} \sqrt{p_1} S_1^1(\omega_1) & \cdots & \sqrt{p_1} S_1^N(\omega_1) \\ \vdots & & \vdots \\ \sqrt{p_K} S_1^1(\omega_K) & \cdots & \sqrt{p_K} S_1^N(\omega_K) \end{pmatrix}$$

definiert. Mit

[3] Im Gegensatz zum Fall $c \notin \operatorname{Im} D^{\mathrm{t}}$ wird bei der Replikationsstrategie eine zu bewertende zukünftige Auszahlung in jedem Zustand mit Hilfe eines Portfolios repliziert und es ist für die Bewertung ohne Bedeutung, welcher Zustand zum Zeitpunkt 1 eintreten wird. Daher spielen die Eintrittswahrscheinlichkeiten zukünftiger Zustände keine Rolle und werden im Rahmen der Replikationsstrategie nicht modelliert.

$$z = \begin{pmatrix} \sqrt{p_1} \cdots & 0 \\ \vdots & \ddots & \vdots \\ 0 & \cdots & \sqrt{p_K} \end{pmatrix} c = \begin{pmatrix} \sqrt{p_1}c_1 \\ \vdots \\ \sqrt{p_K}c_K \end{pmatrix}$$

gilt dann

$$\mathbf{E}\left[\left(D^t h - c\right)^2\right] = \|Ah - z\|^2,$$

und wir erhalten ein Problem vom Typ (1.20).

Erwartungswert-Ansatz Wurden die Eintrittswahrscheinlichkeiten p_j für jeden zukünftigen Zustand ω_j modelliert, dann ist eine weitere mögliche Strategie für die Bewertung einer zustandsabhängigen Auszahlung $c \in \mathbb{R}^K$ gegeben durch

$$c_0 = d \sum_{j=1}^{K} p_j c_j = d\mathbf{E}[c].$$

Der Preis c_0 wird in diesem Fall also definiert als diskontierter Erwartungswert der zukünftigen Auszahlung c.

Untersuchungen von Bewertungsstrategien in unvollständigen Märkten finden sich in Cutland/Roux [8], Föllmer/Schied [11] und in Pliska [18].

Partielle Absicherung

Wir betrachten ein arbitragefreies Ein-Perioden-Modell $(b,\ D)$ mit Diskontvektor ψ, in dem deterministische, d. h. zustandsunabhängige, Auszahlungen, replizierbar sind. Weiter nehmen wir an, dass Wahrscheinlichkeiten $p_j \geq 0$ für das Eintreten der jeweiligen Zustände ω_j für $j = 1, \ldots, K$ mit $\sum_{j=1}^{K} p_j = 1$ modelliert wurden. Sei $c \in \mathbb{R}^K$, $c > 0$, eine replizierbare Auszahlung, beispielsweise die einer Call- oder Put-Option. Wir fragen uns, wie die Kenntnis der Eintrittswahrscheinlichkeiten genutzt werden könnte, um die Absicherungskosten für c zu reduzieren.

Dazu versuchen wir, statt c eine abweichende Auszahlung $c' \in \mathbb{R}^K$ mit $0 \leq c' < c$ zu replizieren, jedoch so, dass der Erwartungswert der auf diese Weise auftretenden Zahlungsverpflichtungen zum Endzeitpunkt niedriger ist, als die durch die Replikation von c' anstelle von c erzielte Einsparung.

Der erwartete Verlust bei Absicherung von c' beträgt zum Zeitpunkt 1

$$\mathbf{E}[\Delta] = \sum_{j=1}^{K} p_j \Delta_j,$$

wobei $\Delta = c - c'$definiert wurde, sodass Verluste als positive Zahlen angegeben werden. Wird dieser Betrag auf den Zeitpunkt 0 abdiskontiert, dann erhalten wir

$$d\mathbf{E}[\Delta],$$

wobei $d = \psi_1 + \cdots + \psi_K$ den Diskontfaktor des Modells bezeichnet. Die Einsparung, die zum Zeitpunkt 0 durch die Absicherung von c' anstelle von c erzielt werden kann, beträgt

$$\langle \psi, \Delta \rangle .$$

Die **partielle Absicherung** von c durch c' lohnt sich nach den hier vorgestellten Überlegungen im Mittel dann, wenn die durch die Absicherung von c' erzielte Einsparung $\langle \psi, \Delta \rangle$ den erwarteten Verlust $d\mathbf{E}[\Delta]$ übersteigt. Wir erhalten so die Bedingung

$$\langle \psi, \Delta \rangle > d\mathbf{E}[\Delta] . \tag{1.21}$$

Beispiel 1.52 In Beispiel 1.27 wurde im Ein-Perioden-Modell

$$(b, D) = \left(\begin{pmatrix} 1 \\ 10 \end{pmatrix}, \begin{pmatrix} 1{,}02 & 1{,}02 \\ 12 & 9 \end{pmatrix} \right)$$

der Preis einer Call-Option auf Finanzinstrument S^2 mit Ausübungspreis $K = 10{,}5$ ermittelt. Für das zugehörige Auszahlungsprofil $c = \begin{pmatrix} 1{,}5 \\ 0 \end{pmatrix}$ ergab sich mit dem Diskontvektor $\psi = \begin{pmatrix} 0{,}39 \\ 0{,}59 \end{pmatrix}$ der Optionspreis $c_0 = \langle \psi, c \rangle = 0{,}59$.

Angenommen, für das Eintreten des ersten Zustands ω_1 wird eine Wahrscheinlichkeit von $p_1 = 0{,}1$ geschätzt. In diesem Fall könnte erwogen werden, auf die Absicherung der Option gänzlich zu verzichten, also $c' = 0$ zu setzen. Tatsächlich ist in diesem Fall (1.21) erfüllt, denn mit $\Delta = c$ folgt $\langle \psi, \Delta \rangle = 0{,}59$ und $d\mathbf{E}[\Delta] = \frac{1}{1{,}02}(0{,}1 \cdot 1{,}5) = 0{,}147$. △

1.7 Das Wichtigste im Überblick

Mithilfe der in diesem ersten Kapitel definierten Ein-Perioden-Modelle werden Finanzmärkte modelliert, für deren zukünftige Entwicklung ein überschaubares Maß an Unsicherheit zugelassen wird. Zunächst gibt es bei diesen Modellen nur die beiden mit 0 und 1 bezeichneten Zeitpunkte. Dabei kennzeichnet 0 den aktuellen und 1 einen zukünftigen Zeitpunkt. Darüber hinaus wird angenommen, dass es nur endlich viele Möglichkeiten gibt, wie sich der modellierte Finanzmarkt vom Zeitpunkt 0 bis zum zukünftigen Zeitpunkt 1 entwickeln kann.

Ein Ein-Perioden-Modell ist formal ein Tupel $(b, D) \in \mathbb{R}^N \times M_{N\times K}(\mathbb{R})$, wobei

$$b = S_0 = \begin{pmatrix} S_0^1 \\ \vdots \\ S_0^N \end{pmatrix} \in \mathbb{R}^N$$

der Vektor der Anfangspreise der N Finanzinstrumente des Modells ist und

$$D = \begin{pmatrix} S_1^1(\omega_1) & \cdots & S_1^1(\omega_K) \\ \vdots & & \vdots \\ S_1^N(\omega_1) & \cdots & S_1^N(\omega_K) \end{pmatrix} \in M_{N\times K}(\mathbb{R})$$

die Auszahlungsmatrix, also die Zusammenstellung der zukünftigen Preise der Finanzinstrumente in jedem modellierten Szenario $\omega_1, \ldots, \omega_K$.

Es sei $c \in \mathbb{R}^K$ eine zukünftige zustandsabhängige Auszahlung, etwa die Auszahlung einer Option zum zukünftigen Zeitpunkt. Die zentrale Fragestellung lautet, wie zum aktuellen Zeitpunkt 0 ein sinnvoller Preis c_0 für die zukünftige Auszahlung c definiert werden kann. Die grundlegende Bewertungsstrategie besteht darin, eine gegebene Auszahlung c mithilfe eines Portfolios $h \in \mathbb{R}^N$ nachzubilden, sodass der Wert von h zum zukünftigen Zeitpunkt mit dem Wert von c in jedem modellierten Szenario übereinstimmt. Dies ist genau dann der Fall, wenn

$$c = D^{\mathrm{t}}h$$

gilt und wir sagen, dass das Portfolio h in diesem Fall die Auszahlung c repliziert. Der Preis c_0 von c wird dann als aktueller Wert des replizierenden Portfolios definiert, also als

$$c_0 = h \cdot b.$$

Diese Bewertungsstrategie setzt voraus, dass $c \in \operatorname{Im} D^{\mathrm{t}}$ gilt. Dies ist insbesondere dann erfüllt, wenn das Modell (b, D) vollständig ist. Dies bedeutet, dass D^{t} surjektiv ist, dass also jede Auszahlung c mithilfe eines Portfolios repliziert werden kann.

Für realistische Marktmodelle wird zudem gefordert, dass sie keine Arbitragegelegenheiten bieten sollen und somit keine Möglichkeit, risikolos Gewinne ohne eigenen Kapitaleinsatz erzielen zu können. Nach dem Fundamentalsatz der Preistheorie ist die Arbitragefreiheit eines Modells äquivalent zur Existenz eines Diskontvektors, also eines Vektors $\psi \in \mathbb{R}^K$ mit den Eigenschaften

$$D\psi = b \quad \text{und} \quad \psi \gg 0.$$

In diesem Fall kann der Replikationspreis c_0 einer replizierbaren Auszahlung c auch durch verallgemeinertes Diskontieren, also durch

$$c_0 = \langle \psi, c \rangle ,$$

berechnet werden, denn für $c = D^{\mathrm{t}}h$ gilt

$$\langle \psi, c \rangle = \left\langle \psi, D^{\mathrm{t}}h \right\rangle = D\psi \cdot h = b \cdot h.$$

Das wichtigste Ein-Perioden-Modell ist das Modell mit zwei Finanzinstrumenten und mit zwei Zuständen,

$$(b,\ D) = \left(\begin{pmatrix} 1 \\ S \end{pmatrix}, \begin{pmatrix} \rho & \rho \\ uS & dS \end{pmatrix} \right),$$

das in Beispiel 1.17 vorgestellt wurde. Dieses Modell ist der Grundbaustein für die im folgenden Kapitel definierten Binomialbäume. Das erste Finanzinstrument ist festverzinslich mit Verzinsungsfaktor $\rho > 0$. Das zweite Finanzinstrument modelliert mithilfe der Faktoren $0 < d < u$ eine Aktie. Die eindeutig bestimmte Lösung des Gleichungssystems $D\psi = b$ lautet

$$\psi = \frac{1}{\rho\,(u-d)} \begin{pmatrix} \rho - d \\ u - \rho \end{pmatrix}.$$

Nach dem Fundamentalsatz der Preistheorie ist das Modell genau dann arbitragefrei, wenn jede der beiden Komponenten von ψ positiv ist. Dies ist genau dann der Fall, wenn

$$d < \rho < u$$

gilt.

1.8 Aufgaben

Aufgabe 1.1 Mit $S > 0$, Faktoren $0 < d < u$ und einem Verzinsungsfaktor $\rho > 0$ sei ein Ein-Perioden-Modell $(b,\ D)$ gegeben durch

$$b = \begin{pmatrix} 1 \\ S \end{pmatrix}, \quad D = \begin{pmatrix} \rho & \rho \\ uS & dS \end{pmatrix}.$$

1. Zeigen Sie, dass das Modell vollständig ist und dass das *Law of One Price* gilt.
2. Nach Beispiel 1.17 ist der Preis c_0 eines beliebigen zukünftigen Auszahlungsprofils

   $$c = \begin{pmatrix} c_1 \\ c_2 \end{pmatrix}$$

   gegeben durch

   $$c_0 = \langle \psi,\ c \rangle,$$

   wobei der Vektor ψ durch

   $$\psi = \begin{pmatrix} \psi_1 \\ \psi_2 \end{pmatrix} = \frac{1}{\rho\,(u-d)} \begin{pmatrix} \rho - d \\ u - \rho \end{pmatrix}$$

   definiert ist. Beweisen Sie mithilfe der Definition 1.18 einer Arbitragegelegenheit und ohne Verwendung des Fundamentalsatzes der Preistheorie, dass die Arbitragefreiheit des Modells äquivalent ist zu

   $$d < \rho < u.$$

Aufgabe 1.2 Gegeben sei das Ein-Perioden-Modell

$$(b,\ D) = \left(\begin{pmatrix} 1 \\ 10 \end{pmatrix}, \begin{pmatrix} 1,02 & 1,02 \\ 11 & 9 \end{pmatrix} \right).$$

1. Weisen Sie nach, dass das Modell vollständig und arbitragefrei ist.
2. Sei eine zustandsabhängige Auszahlung c gegeben durch

$$c = \begin{pmatrix} 2 \\ 1 \end{pmatrix}.$$

   a) Bestimmen Sie den Preis c_0 von c mithilfe eines Replikationsportfolios.
   b) Bestimmen Sie den Preis c_0 von c mithilfe des Diskontvektors des Modells.

Aufgabe 1.3 Betrachten Sie das Ein-Perioden-Modell

$$(b,\ D) = \left(\begin{pmatrix} 1 \\ 10 \end{pmatrix}, \begin{pmatrix} 1{,}1 & 1{,}1 \\ 12 & 8 \end{pmatrix} \right).$$

1. Ist das Modell vollständig? Ist es arbitragefrei?
2. Bestimmen Sie den Forward-Preis F eines Forward-Kontrakts auf die Aktie, sodass der Wert des Kontrakts zum Zeitpunkt 0 null ist
   a) nach Beispiel 1.12 als aufgezinsten Anfangskurs der Aktie,
   b) nach Beispiel 1.16 mithilfe eines die Auszahlung des Kontrakts replizierenden Portfolios und
   c) indem die Auszahlung des Forward-Kontrakts mithilfe des Diskontvektors ψ des Modells nach Satz 1.26 durch verallgemeinerte Diskontierung bewertet wird.

Aufgabe 1.4 Betrachten Sie das Ein-Perioden-Modell

$$(b,\ D) = \left(\begin{pmatrix} 4 \\ 8 \end{pmatrix}, \begin{pmatrix} 7 & 3 \\ 12 & 8 \end{pmatrix} \right).$$

1. Ist das Modell vollständig? Ist es arbitragefrei?
2. Das Marktmodell selbst besitzt zwar kein festverzinsliches Finanzinstrument, aber es lassen sich festverzinsliche Portfolios definieren. Finden Sie ein solches Portfolio und bestimmen Sie den zugehörigen Zinssatz.

Aufgabe 1.5 Betrachten Sie das Ein-Perioden-Modell

$$(b,\ D) = \left(\begin{pmatrix} 1 \\ 10 \end{pmatrix}, \begin{pmatrix} 2 & 2 \\ 12 & 8 \end{pmatrix} \right).$$

1. Ist das Modell vollständig?
2. Zeigen Sie, dass das Modell nicht arbitragefrei ist und finden Sie eine Arbitragegelegenheit.
3. Zeigen Sie weiter, dass im Modell das *Law of One Price* gilt.

Aufgabe 1.6 Betrachten Sie für $S > 0$, $\rho > 0$ und $0 < d < u$ das Ein-Perioden-Modell

$$(b, D) = \left(\begin{pmatrix} 1 \\ S \end{pmatrix}, \begin{pmatrix} \rho & \rho \\ uS & dS \end{pmatrix} \right).$$

1. Zeigen Sie dass das Modell vollständig ist.
2. Zeigen Sie, dass für eine zustandsunabhängige, also fest verzinsliche, Auszahlung

$$c = \begin{pmatrix} a \\ a \end{pmatrix},$$

a konstant, der Replikationspreis c_0 von c gegeben ist durch

$$c_0 = \frac{1}{\rho} a.$$

Bestimmen Sie das zugehörige Replikationsportfolio.
3. Betrachten Sie die Auszahlung

$$c = \begin{pmatrix} uS \\ dS \end{pmatrix},$$

also die Auszahlung der Aktie zum Endzeitpunkt 1. Zeigen Sie, dass der Wert dieser Auszahlung c_0 zum Zeitpunkt 0 gegeben ist durch

$$c_0 = S.$$

Bestimmen Sie auch hier das zugehörige Replikationsportfolio.

Aufgabe 1.7 Betrachten Sie für $S > 0$, $\rho > 0$ und $0 < d < u$ das Ein-Perioden-Modell

$$(b, D) = \left(\begin{pmatrix} 1 \\ S \end{pmatrix}, \begin{pmatrix} \rho & \rho \\ uS & dS \end{pmatrix} \right).$$

Sei $K > 0$ vorgegeben und sei $S_1 = \begin{pmatrix} uS \\ dS \end{pmatrix}$ die zustandsabhängige Auszahlung der Aktie zum Zeitpunkt 1. Seien $c = (S_1 - K)^+$ und $p = (K - S_1)^+$ die Auszahlungen je einer Call- und Put-Option auf die Aktie mit Ausübungspreis K. Bezeichnen c_0 und p_0 die Preise der Call- und Put-Option zum Zeitpunkt 0, dann zeigen Sie, dass die **Put-Call-Parität**

$$c_0 - p_0 = S - \frac{1}{\rho} K .$$

Hinweis: Prüfen und verwenden Sie, dass für $a,\ b \in \mathbb{R}$ gilt

$$a - b = (a - b)^+ - (b - a)^+ .$$

Verwenden Sie weiter die Ergebnisse der vorherigen Aufgabe 1.6.

Aufgabe 1.8 Zeigen Sie: In einem arbitragefreien Marktmodell $(b,\ D)$ beinhaltet jede zum Zeitpunkt 0 getätigte kostenlose Investition in ein Portfolio h mit $D^t h \neq 0$ ein Verlustrisiko.

Aufgabe 1.9 Zeigen Sie: Sei $c = D^t h$ ein replizierbares Auszahlungsprofil in einem arbitragefreien Marktmodell $(b,\ D)$. Dann ist $h \cdot b$ der einzig mögliche arbitragefreie Preis für c.

Aufgabe 1.10 Sei $(b,\ D)$ ein Ein-Perioden-Modell. Zeigen Sie:

1. Angenommen, es gibt ein Portfolio θ mit $\theta \cdot b > 0$ und $D^t\theta > 0$, dann existieren genau dann Arbitragegelegenheiten, wenn es ein Portfolio h gibt mit $h \cdot b = 0$ und $D^t h > 0$.
2. Enthält das Modell ein Finanzinstrument S^i mit $S^i_0 > 0$ und $S^i_1 > 0$, dann existieren genau dann Arbitragegelegenheiten, wenn es ein Portfolio h gibt mit $h \cdot b = 0$ und $D^t h > 0$.

Aufgabe 1.11 Sei $(b,\ D)$ ein Ein-Perioden-Modell mit der Eigenschaft

$$b \notin \mathrm{Im} D .$$

Wird die Projektion von b auf $\mathrm{Ker} D^t$ mit b_K bezeichnet, dann zeigen Sie, dass

$$h = -b_K$$

eine Arbitragegelegenheit ist.

Aufgabe 1.12 Sei $(b,\ D)$ ein vollständiges Ein-Perioden-Modell mit den Eigenschaften

$$b \in \mathrm{Im} D,\ b \neq 0 .$$

Weiter sei $\psi \in \mathbb{R}^K$ die eindeutig bestimmte Lösung von $D\psi = b$. Angenommen, es gilt $\psi \not\gg 0$. Konstruieren Sie dann mithilfe von ψ eine Arbitragegelegenheit.

Aufgabe 1.13 Sei $(b,\ D)$ ein Ein-Perioden-Modell. Angenommen, $S^1_0 > 0$ und $S^1_1(\omega) > 0$ für alle $\omega \in \Omega$. Dann werde definiert

$$\tilde{S}^i = \frac{S^i}{S^1} \quad (1 \leq i \leq N),$$

und das zugehörige Ein-Perioden-Modell werde mit $\left(\tilde{b},\, \tilde{D}\right)$ bezeichnet. Zeigen Sie:

1. $(b,\, D)$ ist genau dann arbitragefrei, wenn $\left(\tilde{b},\, \tilde{D}\right)$ arbitragefrei ist.
2. Sei ψ ein Diskontvektor in $(b,\, D)$. Dann ist $\tilde{\psi}$, definiert durch $\tilde{\psi}_j = \psi_j \frac{S_1^1(\omega_j)}{S_0^1}$, ein Diskontvektor in $\left(\tilde{b},\, \tilde{D}\right)$.
3. Der Diskontfaktor in $\left(\tilde{b},\, \tilde{D}\right)$ hat den Wert $\tilde{d} = 1$.

Aufgabe 1.14 Sei $(b,\, D)$ ein Ein-Perioden-Modell mit zwei Finanzinstrumenten, wobei das erste ein Vielfaches des zweiten ist. Zeigen Sie, dass in diesem Fall für jedes replizierbare Auszahlungsprofil unendlich viele replizierende Portfolios mit gleichem Anfangspreis existieren.

Aufgabe 1.15 Sei $(b,\, D)$ ein Ein-Perioden-Modell, das arbitragefrei, aber nicht vollständig ist. Zeigen Sie, dass dann Vektoren $\psi \in \mathbb{R}^K$ mit $D\psi = b$ und mit $\psi \not\gg 0$ existieren.

Aufgabe 1.16 Sei V ein Untervektorraum des $\mathbb{R}^n$ und sei $K \subset V$ kompakt.

1. Zeigen Sie, dass V eine abgeschlossene Teilmenge des $\mathbb{R}^n$ ist.
2. Zeigen Sie, dass $C = K - V = \{x \in \mathbb{R}^n \mid \exists (k,\, v) \in K \times V,\, x = k - v\}$ abgeschlossen ist.

Aufgabe 1.17 Betrachten Sie im Marktmodell

$$(b,\, D,\, p) = \left(\begin{pmatrix} 1 \\ 5 \\ 10 \end{pmatrix}, \begin{pmatrix} 1{,}1 & 1{,}1 & 1{,}1 \\ 2 & 4 & 7 \\ 15 & 9 & 11 \end{pmatrix}, \begin{pmatrix} 0{,}1 \\ 0{,}6 \\ 0{,}3 \end{pmatrix} \right)$$

eine Call-Option c auf S^3 mit Ausübungspreis $K = 10$. Dann gilt $c = \left(S_1^3 - 10\right)^+ = (5,\, 0,\, 1)^t$. Da das Eintreten des ersten Zustands ω_1 mit $p_1 = 10\%$ als eher unwahrscheinlich angenommen wird, könnte entschieden werden, anstelle des Wertes $c\,(\omega_1) = 5$ lediglich den Betrag $c'\,(\omega_1) = 2$ abzusichern. Prüfen Sie, ob in diesem Fall mit

$$c = \begin{pmatrix} 5 \\ 0 \\ 1 \end{pmatrix}, \quad c' = \begin{pmatrix} 2 \\ 0 \\ 1 \end{pmatrix}$$

die Kostenersparnis größer ist als die mittleren Verluste, dass also mit $\Delta = c - c'$ die Ungleichung (1.21) gilt,

$$\langle \psi, \Delta \rangle > d\mathbf{E}[\Delta].$$

Aufgabe 1.18 Sei (b, D) ein arbitragefreies Ein-Perioden-Modell mit Diskontvektor ψ. Sei weiter $c \in \mathbb{R}^K$ ein replizierbares Auszahlungsprofil. Zeigen Sie, dass sich der Replikationspreis c_0 von c mit $d = \psi_1 + \cdots + \psi_K$ schreiben lässt als

$$c_0 = d\mathbf{E}^Q[c],$$

also als abdiskontierter Erwartungswert der Auszahlung c bezüglich eines Wahrscheinlichkeitsmaßes Q. Dabei ist Q gegeben durch

$$Q(\{\omega_j\}) = \frac{\psi_j}{d}.$$

Mehr-Perioden-Modelle 2

Mehr-Perioden-Modelle beschreiben Wertpapiermärkte realistischer als Ein-Perioden-Modelle und werden in der Praxis vielfach eingesetzt. Die verbreiteten Binomialbäume sind die wichtigsten Vertreter der Mehr-Perioden-Modelle.

2.1 Das Modell

Mehr-Perioden-Modelle werden durch folgende Eigenschaften charakterisiert:

- Zu vorgegebenem $n \in \mathbb{N}$ gibt es $n+1$ Handelszeitpunkte $0, \ldots, n$ und damit n Perioden $[t-1, t]$ für $t = 1, \ldots, n$.
- Es wird angenommen, dass genau ein Zustand aus einem *endlichen* Zustandsraum $\Omega = \{\omega_1, \ldots, \omega_K\}$ zum Endzeitpunkt $t = n$ realisiert wird. Alle diese Zustände sind zum Zeitpunkt $t = 0$ bekannt, unbekannt ist jedoch, welcher Zustand zum Zeitpunkt $t = n$ eintreten wird.
- Im Laufe der Zeit nimmt die Information über den zum Endzeitpunkt $t = n$ eintretenden Zustand zu. Diese Informationszunahme wird mithilfe einer *Filtration* $\mathcal{F} = (\mathcal{F}_t)_{0 \le t \le n}$ modelliert.
- Es gibt eine endliche Anzahl N von Finanzinstrumenten $S^1, \ldots, S^N$, deren Preise als an die Filtration $\mathcal{F}$ *adaptierte stochastische Prozesse* modelliert werden.

Mehr-Perioden-Modelle besitzen zwei Bestandteile, die gegenüber den Ein-Perioden-Modellen konzeptionell neu sind: eine die Informationszunahme beschreibende *Filtration* und die an diese Filtration *adaptierten Preisprozesse.*

Beispiel 2.1 Wir betrachten das in Abb. 2.1 dargestellte Baum-Modell mit drei Zeitpunkten $t = 0, 1, 2$, d. h. zwei Perioden, und vier Endzuständen $\omega_1, \omega_2, \omega_3, \omega_4$. Jeder Knoten des

J. Kremer, *Preise in Finanzmärkten*,
https://doi.org/10.1007/978-3-662-67148-1_2

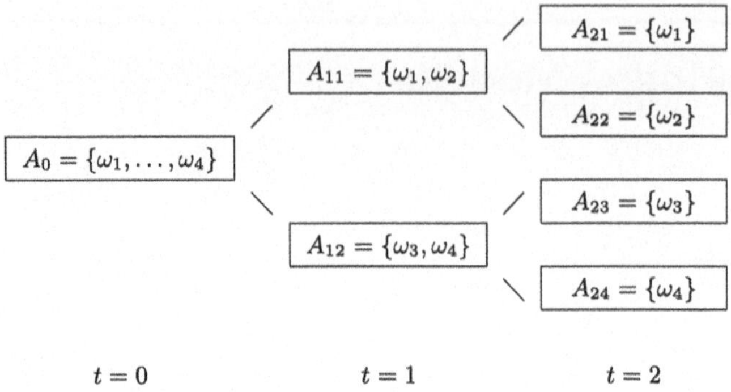

Abb. 2.1 Baum-Modell des Beispiels 2.1

Baums wird als ein Ereignis interpretiert, das zum zugehörigen Zeitpunkt eintreten kann und durch diejenigen Endzustände charakterisiert ist, die dann noch möglich sind. Zum Anfangszeitpunkt 0 ist jeder Zustand als Endzustand möglich, daher wird der Anfangsknoten des Baums mit $A_0 = \Omega = \{\omega_1, \ldots, \omega_4\}$ gekennzeichnet. Zum Zeitpunkt 1 kann einer der beiden Zustände A_{11} und A_{12} eintreten. Sollte A_{11} realisiert werden, dann sind noch ω_1 und ω_2 als Endzustände möglich, und es wird $A_{11} = \{\omega_1, \omega_2\}$ gesetzt. Entsprechend wird A_{12} mit $\{\omega_3, \omega_4\}$ identifiziert. Zum Endzeitpunkt 2 zerfällt A_{11} in $A_{21} = \{\omega_1\}$ und $A_{22} = \{\omega_2\}$, während A_{12} sich zum nachfolgenden Zeitpunkt in $A_{23} = \{\omega_3\}$ und $A_{24} = \{\omega_4\}$ aufspaltet. Insgesamt tritt zum Endzeitpunkt genau einer der vier Zustände aus Ω ein. △

Ein Mengensystem $\{A_1, \ldots, A_k\}$ von Teilmengen von Ω heißt **Partition** von Ω, wenn jedes A_j nicht leer ist, wenn die Mengen paarweise disjunkt sind, d. h. $A_i \cap A_j = \emptyset$ für $i \neq j$, und wenn $\Omega = \bigcup_{j=1}^{k} A_j$ gilt. Mehr-Perioden-Modelle werden als Baummodelle definiert, sodass die zu jedem Zeitpunkt t gehörenden Knotenmengen eine Partition $\mathcal{F}_t$ von Ω bilden. Die **Knoten** oder **Knotenmengen** eines Baums werden also mit den Elementen einer Partition identifiziert.

Mehr-Perioden-Modelle werden weiter so definiert, dass jede zu einem Zeitpunkt $t < n$ gehörende Knotenmenge $A_t \in \mathcal{F}_t$ zum nachfolgenden Zeitpunkt $t + 1$ in disjunkte, nicht leere Teilmengen zerfällt. Man sagt, dass $\mathcal{F}_{t+1}$ **feiner als** $\mathcal{F}_t$ ist, wenn es zu jeder Knotenmenge $A_{t+1} \in \mathcal{F}_{t+1}$ genau eine Knotenmenge $A_t \in \mathcal{F}_t$ gibt mit $A_t \supset A_{t+1}$.

Definition 2.2 Eine Folge feiner werdender Partitionen $\mathcal{F} = (\mathcal{F}_t)_{0 \le t \le n}$ wird als **Filtration von Partitionen** oder einfach als **Filtration** bezeichnet. Darüber hinaus wird $\mathcal{F}_0 = \{\Omega\}$ und $\mathcal{F}_n = \{\{\omega_1\}, \ldots, \{\omega_K\}\}$ vorausgesetzt.

Filtrationen mit Anfangsknoten Ω und mit den einelementigen Teilmengen von Ω als Endknoten definieren die **Bäume** der Mehr-Perioden-Modelle. Jeder solche Baum wird auch **Informationsbaum** genannt.

Beispiel 2.3 Dem Informationsbaum in Abb. 2.1 entspricht die Filtration $(\mathcal{F}_t)_{0\leq t\leq 2}$ mit $\mathcal{F}_0 = \{A_0\}$, $\mathcal{F}_1 = \{A_{11}, A_{12}\}$ und $\mathcal{F}_2 = \{A_{21}, A_{22}, A_{23}, A_{24}\}$. △

Definition 2.4 Sei $(\mathcal{F}_t)_{0\leq t\leq n}$ eine Filtration. Jede einelementige Teilmenge $\{\omega\} = A_n \in \mathcal{F}_n$ von Ω definiert eine eindeutig bestimmte endliche Folge

$$\Omega = A_0 \supset A_1 \supset \cdots \supset A_n = \{\omega\}$$

von Partitionsmengen $A_t \in \mathcal{F}_t$, $t = 0, \ldots, n$, die als **Pfad** durch den Baum vom Anfangsknoten Ω bis zum Endknoten $\{\omega\}$ bezeichnet wird.

Eine Filtration bildet das Strukturgerüst eines Mehr-Perioden-Modells, das um Finanzinstrumente und deren Kurse ergänzt wird. Für jedes Wertpapier $S^1, \ldots, S^N$ des Modells wird in jedem Knoten des Baums ein Kurs festgelegt. Wir sagen dann, dass die Kurse als **an die Filtration adaptierte stochastische Prozesse** modelliert sind. Eine Funktion $X : \mathcal{F}_t \to \mathbb{R}$, die jedem Element $A_t \in \mathcal{F}_t$ einen Wert $X(A_t)$ zuordnet, wird $\mathcal{F}_t$**-messbar** genannt. Die an eine Filtration adaptierten Kurse werden also durch $\mathcal{F}_t$-messbare Funktionen $S_t^j : \mathcal{F}_t \to \mathbb{R}$, $j = 1, \ldots, N$, $t = 0, \ldots, n$, definiert. Die Kursprozesse der Wertpapiere des Mehr-Perioden-Modells können zu einem adaptierten vektorwertigen **Kursprozess** $(S_t)_{0\leq t\leq n} = \left(S_t^1, \ldots, S_t^N\right)_{0\leq t\leq n}$ zusammengefasst werden.

Ein Mehr-Perioden-Modell ist durch die Vorgabe einer Filtration und durch die Festlegung eines Kursprozesses, der an diese Filtration adaptiert ist, vollständig bestimmt.

Beispiel 2.5 Der Informationsbaum aus Abb. 2.1 wird um die Kurse zweier Wertpapiere ergänzt. Das erste Wertpapier S^1 wird als festverzinsliche Kapitalanlage mit Periodenzinssatz r definiert. Der Verzinsungsfaktor pro Periode lautet also $\rho = 1 + r$. Das zweite Finanzinstrument S^2 modelliert eine Aktie mit Anfangskurs S. In jeder Periode kann sich der Aktienkurs entweder mit dem Faktor u oder mit dem Faktor d verändern. Die möglichen Kursszenarien wurden in Abb. 2.2 in den Informationsbaum eingetragen. Im Knoten A_{11} haben beispielsweise die beiden Finanzinstrumente die Werte $S_1^1(A_{11}) = 1 + r = \rho$ und $S_1^2(A_{11}) = uS$. △

Definition 2.6 Ein Mehr-Perioden-Modell wird **Binomialbaum** genannt, wenn es folgende Eigenschaften besitzt:

- Jeder Knoten vor dem Endzeitpunkt zerfällt zum nachfolgenden Zeitpunkt in zwei Teilknoten.
- Es werden zwei Wertpapiere modelliert; eine festverzinsliche Geldanlage mit Periodenzins $r > -1$ und eine Aktie mit Anfangskurs $S > 0$. Für die Aktie gibt es zwei Faktoren,

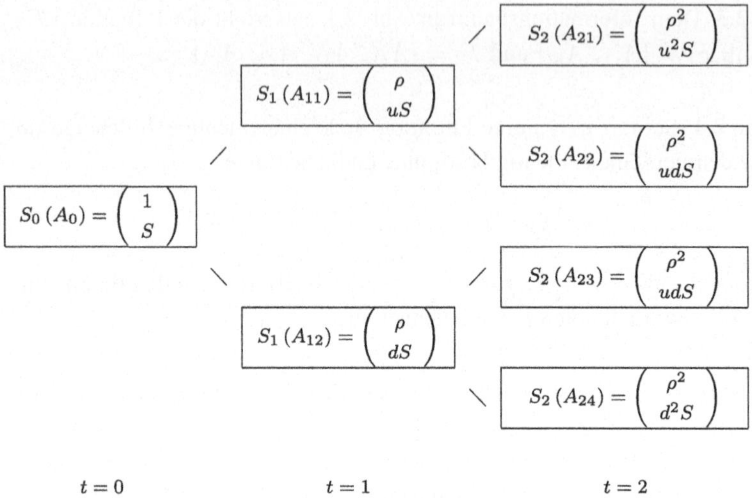

Abb. 2.2 Binomialbaum des Beispiels 2.5 mit zwei Perioden

einen Aufstiegsfaktor u und einen Abstiegsfaktor d mit $0 < d < u$. In jeder Periode kann sich der Aktienkurs entweder mit dem Faktor u oder mit dem Faktor d verändern.

Ein Binomialbaum wird gekennzeichnet durch ein Tupel (S, n, r, u, d), wobei n die Anzahl der Perioden bezeichnet.

Beispiel 2.7 Das Mehr-Perioden-Modell des Beispiels 2.5 ist ein Binomialbaum mit zwei Perioden. △

Bemerkung 2.8 Eine $\mathcal{F}_t$-messbare Funktion X kann auch als Abbildung $X : \Omega \to \mathbb{R}$ definiert werden, die auf den $A_t \in \mathcal{F}_t$ konstant ist, d. h., es gilt $X(\omega) = X(\omega')$ für alle $\omega, \omega' \in A_t$. Der gemeinsame Funktionswert von X auf A_t wird dann wie bisher auch mit $X(A_t)$ bezeichnet, sodass $X(\omega) = X(A_t)$ gilt, falls $\omega \in A_t$. Ist X auf A_t konstant, dann ist X auch auf jeder Teilmenge $B \subset A_t$ von A_t konstant, sodass $X(B) = X(A_t)$ gilt. Insbesondere gilt also für $A_{t+1} \in \mathcal{F}_{t+1}$ mit $A_{t+1} \subset A_t$ die Eigenschaft $X(A_{t+1}) = X(A_t)$. In Beispiel 2.5 gilt etwa $S_1^1(\omega_1) = S_1^1(\omega_2) = \rho$ und $S_1^2(\omega_1) = S_1^2(\omega_2) = uS$ für die beiden Elemente ω_1, ω_2 von A_{11}.

Bezeichnet $\left(S_t^i\right)_{0 \le t \le n}$ den Kursprozess für das i-te Wertpapier des Modells, dann hat diese Definition der Messbarkeit zur Konsequenz, dass $S_t^i : \Omega \to \mathbb{R}$ für jedes t gilt und nicht $S_t^i : \mathcal{F}_t \to \mathbb{R}$. Die S_t^i haben dann für alle t denselben Definitionsbereich Ω.

Wir wenden uns nun der Frage zu, wie zustandsabhängige Zahlungen c, die zum Endzeitpunkt stattfinden, bewertet werden können. In Beispiel 2.5 könnte c die Auszahlung

Abb. 2.3 Diskontierung von c_1 und c_2 auf den Knoten A_{11} zum Zeitpunkt 1

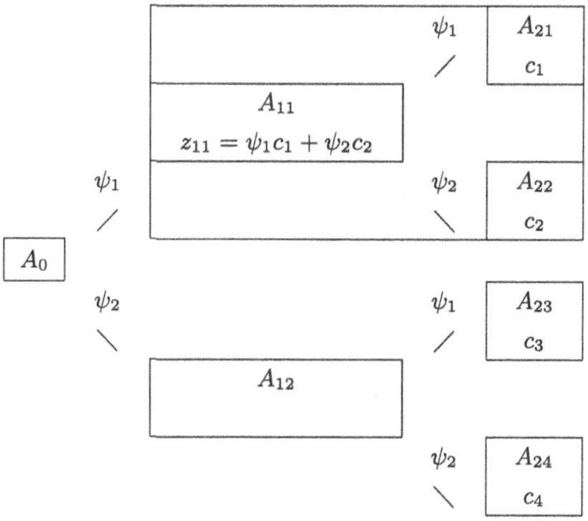

einer Call-Option auf die Aktie mit Fälligkeitszeitpunkt $t = 2$ und Ausübungspreis K sein, und in diesem Fall wäre $c(A_{21}) = \left(u^2 S - K\right)^+$, $c(A_{22}) = c(A_{23}) = (udS - K)^+$ und $c(A_{24}) = \left(d^2 S - K\right)^+$. Das Binomialbaum-Modell des Beispiels 2.5 besteht aus den drei **Ein-Perioden-Teilmodellen**

$$(b, D)_{A_{11}} = \left(\begin{pmatrix} \rho \\ uS \end{pmatrix}, \begin{pmatrix} \rho^2 & \rho^2 \\ u^2 S & udS \end{pmatrix}\right)$$

$$(b, D)_{A_{12}} = \left(\begin{pmatrix} \rho \\ dS \end{pmatrix}, \begin{pmatrix} \rho^2 & \rho^2 \\ udS & d^2 S \end{pmatrix}\right)$$

$$(b, D)_{A_0} = \left(\begin{pmatrix} 1 \\ S \end{pmatrix}, \begin{pmatrix} \rho & \rho \\ uS & dS \end{pmatrix}\right),$$

wobei die Indices A_{11}, A_{12}, A_0 die jeweiligen Anfangsknoten der Teilmodelle bezeichnen. Zur Bewertung von c berechnen wir zunächst für jedes Teilmodell den zugehörigen Diskontvektor ψ. Es stellt sich heraus, dass die Gleichungssysteme $D\psi = b$ für alle Teilmodelle identisch sind. Sie lauten

$$\begin{aligned} u\psi_1 + d\psi_2 &= 1 \\ \rho\psi_1 + \rho\psi_2 &= 1 \end{aligned} \tag{2.1}$$

und haben die eindeutig bestimmte Lösung

$$\psi = \begin{pmatrix} \psi_1 \\ \psi_2 \end{pmatrix} = \frac{1}{\rho} \frac{1}{u - d} \begin{pmatrix} \rho - d \\ u - \rho \end{pmatrix}.$$

Unter der Voraussetzung $d < \rho < u$ ist jedes Teilmodell arbitragefrei, denn dann ist jede Komponente von ψ positiv. Außerdem ist jedes Teilmodell vollständig, denn die jeweils zugehörige 2×2-Auszahlungsmatrix ist regulär.

Nun diskontieren wir die Auszahlungen $c_1 = c\,(A_{21})$, $c_2 = c\,(A_{22})$ und $c_3 = c\,(A_{23})$, $c_4 = c\,(A_{24})$ der beiden hinteren Ein-Perioden-Teilmodelle auf den Zeitpunkt 1 ab. Für den Knoten A_{11} erhalten wir den Wert

$$z_{11} = \psi_1 c_1 + \psi_2 c_2, \tag{2.2}$$

siehe Abb. 2.3, und für den Knoten A_{12} folgt

$$z_{12} = \psi_1 c_3 + \psi_2 c_4, \tag{2.3}$$

siehe Abb. 2.4. Die beiden Auszahlungen z_{11} und z_{12} diskontieren wir schließlich im vorderen Ein-Perioden-Teilmodell auf den Zeitpunkt 0 ab und erhalten so für den Knoten $A_0 = \Omega$ den Wert

$$c_0 = \psi_1 z_{11} + \psi_2 z_{12}, \tag{2.4}$$

siehe Abb. 2.5. c_0 ist der gesuchte Preis der Auszahlung c, also im gewählten Beispiel der Preis der Call-Option.

Setzen wir (2.2) und (2.3) in (2.4) ein, dann erhalten wir

$$c_0 = \psi_1^2 c_1 + \psi_1 \psi_2 c_2 + \psi_1 \psi_2 c_3 + \psi_2^2 c_4 = \langle \phi_2,\, c \rangle\,, \tag{2.5}$$

wobei

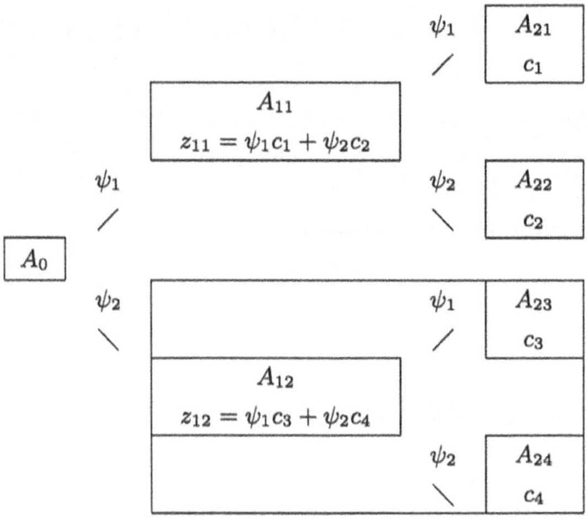

Abb. 2.4 Diskontierung von c_3 und c_4 auf den Knoten A_{12} zum Zeitpunkt 1

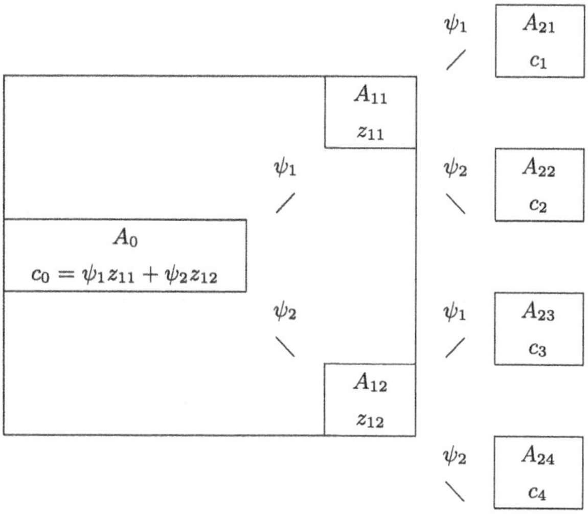

Abb. 2.5 Diskontierung von z_{11} und z_{12} auf den Knoten A_0 zum Zeitpunkt 0. Das Ergebnis c_0 ist der Preis von c

$$\phi_2 = \begin{pmatrix} \psi_1^2 \\ \psi_1\psi_2 \\ \psi_1\psi_2 \\ \psi_2^2 \end{pmatrix}, \quad c = \begin{pmatrix} c_1 \\ c_2 \\ c_3 \\ c_4 \end{pmatrix}$$

definiert wurde. Zu jedem Endknoten führt vom Anfangsknoten aus genau ein Pfad. Werden die Komponenten ψ_1 und ψ_2 des Diskontvektors ψ wie oben abgebildet an die Kanten des Informationsbaums geschrieben und entlang jedes Pfades miteinander multipliziert, dann erhalten wir für jeden Endzustand die zugehörige Komponente von ϕ_2.

Wie bei den Ein-Perioden-Modellen lässt sich also auch in diesem Beispiel eines Mehr-Perioden-Modells der Preis c_0 einer zustandsabhängigen Auszahlung c, die zum Zeitpunkt 2 stattfindet, durch die Auswertung eines Skalarprodukts, $c_0 = \langle \phi_2, c \rangle$, berechnen, und ϕ_2 kann als Diskontvektor des Baums interpretiert werden.

Beispiel 2.9 Wir betrachten einen Binomialbaum mit zwei Perioden. Es gelte $S = 100$, $r = 2\%$, $u = 1{,}2$, $d = 1/u = 0{,}83$. Damit gilt $\psi_1 = 0{,}4991$ und $\psi_2 = 0{,}4813$, und wir erhalten

$$\phi_2 = \left(\psi_1^2,\ \psi_1\psi_2,\ \psi_1\psi_2,\ \psi_2^2\right)^{\mathrm{t}} = (0{,}2491,\ 0{,}2402,\ 0{,}2402,\ 0{,}2316)^{\mathrm{t}}.$$

Wir möchten eine Call- und eine Put-Option auf die Aktie mit Fälligkeitszeitpunkt $t = 2$ und Ausübungspreis $K = 100$ bewerten. Für die Auszahlung des Calls gilt

$$c = (S_2 - K)^+ = (44,\ 0,\ 0,\ 0)^{\mathrm{t}},$$

für die des Puts folgt

$$p = (K - S_2)^+ = (0, 0, 0, 30, 56)^t .$$

Damit erhalten wir für die Preise c_0 und p_0 der Call- und Put-Option die Werte

$$c_0 = \langle \phi_2, c \rangle = 0{,}2491 \cdot 44 = 10{,}96$$
$$p_0 = \langle \phi_2, p \rangle = 0{,}2316 \cdot 30{,}56 = 7{,}08.$$

△

2.2 Diskontierung im Binomialbaum

Wir betrachten einen Binomialbaum mit n Perioden und möchten eine zustandsabhängige Auszahlung c, die zum Endzeitpunkt stattfindet, bewerten. Die Vorgehensweise des vorangegangenen Abschnitts lässt sich auf n Perioden verallgemeinern: Zunächst sind die Gleichungssysteme $D\psi = b$ aller Ein-Perioden-Teilmodelle identisch, liefern also denselben Diskontvektor ψ. Wir nehmen an, dass an jede nach oben führende Kante des Baums die Komponente ψ_1 des Diskontvektors geschrieben und an jeder nach unten führenden Kante ψ_2 notiert wird. Für jeden der 2^n Pfade vom Anfangsknoten bis zu einem Endknoten ω werden die Komponenten der Diskontvektoren nun längs der Kanten des Pfads miteinander multipliziert, und dies liefert die Komponente

$$\phi_n(\omega) = \psi_1^{n-j} \psi_2^j \tag{2.6}$$

eines Diskontvektors ϕ_n, wenn bei dem zu ω gehörenden Pfad $n - j$ Aufwärts- und j Abwärtsbewegungen auftreten. Damit lässt sich der Preis c_0 von c durch

$$c_0 = \sum_{\omega \in \Omega} \phi_n(\omega)\, c(\omega) = \langle \phi_n, c \rangle \tag{2.7}$$

berechnen. Die Anzahl 2^n der Summanden der rechten Seite von (2.7) wächst exponentiell mit der Periodenzahl n. Wir betrachten daher den Spezialfall, dass der Wert c der Auszahlung eine Funktion $f(S_n)$ des Aktienkurses zum Endzeitpunkt ist, wie das etwa bei europäischen Call- und Put-Optionen oder bei Forward-Kontrakten der Fall ist. Unter dieser Voraussetzung gibt es nur die $n + 1$ verschiedenen Auszahlungswerte

$$f\left(u^{n-j} d^j S\right) \quad (0 \le j \le n).$$

Für eine Call-Option gilt beispielsweise $f\left(u^{n-j} d^j S\right) = \left(u^{n-j} d^j S - K\right)^+$. Angenommen, ein durch einen Endknoten $\{\omega\}$ bestimmter Pfad enthält $n - j$ Aufwärts- und j Abwärtsbewegungen, dann lautet der zugehörige Summand in (2.7)

$$\phi_n(\omega)\, c(\omega) = \psi_1^{n-j} \psi_2^j f\left(u^{n-j} d^j S\right).$$

Insgesamt gibt es im Binomialbaum $\binom{n}{j}$ Pfade mit $n - j$ Aufwärts- und j Abwärtsbewegungen[1]. Der Beitrag aller dieser Pfade lautet also

$$\binom{n}{j} \psi_1^{n-j} \psi_2^j f\left(u^{n-j} d^j S\right),$$

sodass sich (2.7) auf

$$c_0 = \sum_{j=0}^{n} \binom{n}{j} \psi_1^{n-j} \psi_2^j f\left(u^{n-j} d^j S\right) \tag{2.8}$$

reduziert, also auf eine Summe mit $n + 1$ Summanden.

Spezialfälle

1. Die Endauszahlung ist deterministisch.

Sei $K > 0$ eine Konstante und

$$f\left(u^{n-j} d^j S\right) = K \quad (0 \leq j \leq n).$$

Dann berechnen wir mithilfe der Binomialformel[2]

$$\begin{aligned} c_0 &= \sum_{j=0}^{n} \binom{n}{j} \psi_1^{n-j} \psi_2^j f\left(u^{n-j} d^j S\right) \\ &= K \sum_{j=0}^{n} \binom{n}{j} \psi_1^{n-j} \psi_2^j \\ &= K \left(\psi_1 + \psi_2\right)^n \\ &= \frac{1}{\rho^n} K, \end{aligned}$$

denn nach (2.1) gilt $\psi_1 + \psi_2 = \frac{1}{\rho}$. Der Wert der auf den Zeitpunkt 0 abdiskontierten deterministischen Endauszahlung K beträgt mit $d = \frac{1}{\rho^n} = \frac{1}{(1+r)^n}$ also dK, und wir erhalten die klassische Diskontierungsformel $c_0 = dK$, wobei d den Diskontfaktor für den Zeitraum von 0 bis n bezeichnet[3].

---

[1] Es gibt $\binom{n}{j} = \frac{n!}{j!(n-j)!}$ Möglichkeiten, aus n Objekten j Objekte auszuwählen, also aus n Perioden j Perioden mit einer Abwärtsbewegung zu wählen.

[2] Es gilt $(x + y)^n = \sum_{j=0}^{n} \binom{n}{j} x^{n-j} y^j$.

[3] Das Symbol d bezeichnet an dieser Stelle wieder einen Diskontfaktor und nicht den gleichlautenden Veränderungsfaktor für den Aktienkurs.

Die Replikationsstrategie lautet wie folgt: Wird $c_0 = dK$ für n Perioden zum Periodenzins r angelegt, dann ergibt sich der Wert $\rho^n dK = K$, also ist dK der Replikationspreis für die zum Endzeitpunkt stattfindende konstante Auszahlung K.

2. Die Endauszahlung stimmt mit den Aktienkursen zum Endzeitpunkt überein.
Für

$$f\left(u^{n-j}d^jS\right) = u^{n-j}d^jS \quad (0 \le j \le n)$$

folgt

$$\begin{aligned} c_0 &= S\sum_{j=0}^{n}\binom{n}{j}(u\psi_1)^{n-j}(d\psi_2)^j \\ &= S(u\psi_1 + d\psi_2)^n \\ &= S, \end{aligned}$$

denn nach (2.1) gilt $u\psi_1 + d\psi_2 = 1$. Die auf den Zeitpunkt 0 abdiskontierte zustandsabhängige Auszahlung der Aktie zum Endzeitpunkt ist gerade der Anfangskurs S der Aktie.

Die Replikationsstrategie lautet wie folgt: Wird zum Zeitpunkt 0 eine Aktie zum Preis von S gekauft und gehalten, dann hat diese nach n Perioden je nach eintretendem Zustand den Wert $c_{nj} = u^{n-j}d^jS$, $j = 0, \ldots, n$, also ist S der Replikationspreis für die Aktienkurse zum Endzeitpunkt.

Diskontierte Endauszahlungen sind auch in Mehr-Perioden-Modellen Replikationspreise. Anders als bei den beiden diskutierten Spezialfällen müssen die replizierenden Portfolios der Ein-Perioden-Teilmodelle im Regelfall jedoch im Zeitverlauf umgeschichtet werden. Dies führt zu replizierenden Handelsstrategien, die in Abschn. 2.7 untersucht werden.

2.3 Verallgemeinerung auf beliebige Mehr-Perioden-Modelle

Wir verallgemeinern das oben beschriebene Bewertungsverfahren in diesem Abschnitt auf beliebige Mehr-Perioden-Modelle, deren Ein-Perioden-Teilmodelle arbitragefrei und vollständig sind. Seien $\mathcal{F} = (\mathcal{F}_t)_{0 \le t \le n}$ eine Filtration und $S = (S^1, \ldots, S^N)$ ein an $\mathcal{F}$ adaptierter Preisprozess. Dann ist ein **Mehr-Perioden-Modell** durch das Tupel $(S, \mathcal{F})$ definiert. Für ein $1 \le t \le n$ sei $A_{t-1} \in \mathcal{F}_{t-1}$ ein beliebiger Knoten des Informationsbaums vor dem Endzeitpunkt, und $A_{ts_1}, \ldots, A_{ts_k} \in \mathcal{F}_t$ sei eine Aufzählung derjenigen Elemente aus $\mathcal{F}_t$, in die A_{t-1} zum Zeitpunkt t zerfällt. Es gilt also $A_{ts_1} \cup \cdots \cup A_{ts_k} = A_{t-1}$. Wir definieren

$$b = S_{t-1}(A_{t-1}) \in \mathbb{R}^N$$

und eine $N \times k$-Matrix D durch

$$D_{ij} = S_t^i\left(A_{ts_j}\right)$$

für $i = 1, \ldots, N$ und $j = 1, \ldots, k$. Das auf diese Weise erhaltene Ein-Perioden-Modell wird mit $(b, D)_{A_{t-1}}$ bezeichnet und **Ein-Perioden-Teilmodell** des Mehr-Perioden-Modells mit Anfangsknoten A_{t-1} genannt.

Nach Voraussetzung ist jedes Teilmodell arbitragefrei und vollständig, also folgt aus dem Fundamentalsatz der Preistheorie, Satz 1.23, die Existenz eines eindeutig bestimmten Diskontvektors $\psi \in \mathbb{R}^k$ mit den Eigenschaften $D\psi = b$ und $\psi \gg 0$. Die j-te Komponente ψ_j von ψ wird der Kante, die A_{t-1} mit A_{ts_j} verbindet, zugeordnet und mit $\psi_t\left(A_{ts_j}\right)$ bezeichnet.

Beispiel 2.10 Wird im Beispiel der Abb. 2.6 als Anfangsknoten eines Ein-Perioden-Teilmodells der Knoten $A_1 = A_{12} \in \mathcal{F}_1$ zum Zeitpunkt $t = 1$ gewählt und wird $s_1 = 3$, $s_2 = 4$ und $s_3 = 5$ definiert, dann ist $A_{2s_1} = A_{23}$, $A_{2s_2} = A_{24}$ und $A_{2s_3} = A_{25}$ eine Aufzählung der Knoten, in die A_1 zum Zeitpunkt 2 zerfällt. Weiter gilt $\psi_j = \psi_2\left(A_{2s_j}\right)$ für $j = 1, 2, 3$. △

Beispiel 2.11 Im Falle eines Binomialbaums gilt

$$\psi_t\left(A_{ts_j}\right) = \begin{cases} \psi_1 & \text{falls } j = 1 \\ \psi_2 & \text{falls } j = 2. \end{cases}$$

△

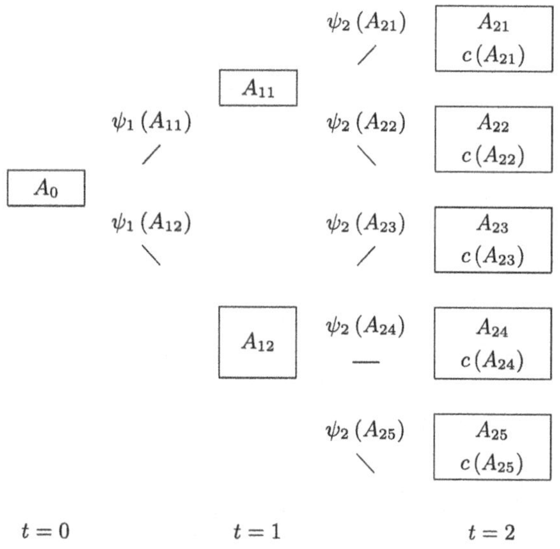

Abb. 2.6 Diskontvektoren in allgemeinen Mehr-Perioden-Modellen

Im Folgenden wird eine Notation verwendet, bei der das Abzählen der Knoten jeweils zu den einzelnen Zeitpunkten vermieden wird. Für den Endzeitpunkt n sei eine beliebige zustandsabhängige Auszahlung $c(A_n)$, $A_n \in \mathcal{F}_n$, vorgegeben. c kann nun mithilfe der Diskontvektoren der Ein-Perioden-Teilmodelle auf den Zeitpunkt $n-1$ zurückgerechnet werden. Dazu werden für jedes $A_{n-1} \in \mathcal{F}_{n-1}$ die zu A_{n-1} gehörenden Auszahlungen $c(A_n)$, $A_{n-1} \supset A_n$, auf den Zeitpunkt $n-1$ abdiskontiert,

$$z_{n-1}(A_{n-1}) = \sum_{\substack{A_n \in \mathcal{F}_n \\ A_{n-1} \supset A_n}} \psi_n(A_n)\, c(A_n).$$

Auf diese Weise wird für jeden Knoten $A_{n-1} \in \mathcal{F}_{n-1}$ zum Zeitpunkt $n-1$ eine Auszahlung $z_{n-1}(A_{n-1})$ bestimmt. Anschließend werden entsprechend für jedes $A_{n-2} \in \mathcal{F}_{n-2}$ die zu A_{n-2} gehörenden Zahlungen $z_{n-1}(A_{n-1})$, $A_{n-2} \supset A_{n-1}$, auf den Zeitpunkt $n-2$ abdiskontiert,

$$\begin{aligned} z_{n-2}(A_{n-2}) &= \sum_{\substack{A_{n-1} \in \mathcal{F}_{n-1} \\ A_{n-2} \supset A_{n-1}}} \psi_{n-1}(A_{n-1})\, z_{n-1}(A_{n-1}) \\ &= \sum_{\substack{A_t \in \mathcal{F}_t,\, n-1 \le t \le n \\ A_{n-2} \supset A_{n-1} \supset A_n}} \psi_{n-1}(A_{n-1})\, \psi_n(A_n)\, c(A_n). \end{aligned}$$

Induktiv folgt daraus für $0 \le s \le n$ und für beliebiges $A_s \in \mathcal{F}_s$

$$\begin{aligned} z_s(A_s) &= \sum_{\substack{A_t \in \mathcal{F}_t,\, s+1 \le t \le n \\ A_s \supset A_{s+1} \cdots \supset A_n}} \psi_{s+1}(A_{s+1}) \cdots \psi_n(A_n)\, c(A_n) \\ &= \frac{1}{\phi_s(A_s)} \sum_{\substack{A_n \in \mathcal{F}_n \\ A_s \supset A_n}} \phi_n(A_n)\, c(A_n), \end{aligned}$$

wobei in der zweiten Zeile der vorherigen Gleichung für jedes $0 \le t \le n$ und für alle $A_t \in \mathcal{F}_t$

$$\phi_t(A_t) = \psi_0(A_0)\, \psi_1(A_1) \cdots \psi_t(A_t) \quad (A_0 \supset \cdots \supset A_t) \tag{2.9}$$

mit $\psi_0(A_0) = 1$ definiert wurde. Diese Konstruktion bedeutet, dass die Komponenten der Diskontvektoren der Ein-Perioden-Teilmodelle längs der Kanten des eindeutig bestimmten Pfades vom Anfangsknoten $A_0 = \Omega$ bis zu A_t miteinander multipliziert werden. Für jedes $A_t \in \mathcal{F}_t$ ist $\phi_t(A_t)$ als Produkt positiver Zahlen positiv.

Für $s = 0$ erhalten wir mit $\phi_0(A_0) = \psi_0(A_0) = 1$

$$c_0 = z_0(A_0) = \sum_{A_n \in \mathcal{F}_n} \phi_n(A_n)\, c(A_n) \tag{2.10}$$

als Preis des Auszahlungsprofils c. Beachten wir, dass die A_n die einelementigen Teilmengen von Ω sind, dann kann (2.10) analog zu (2.7) geschrieben werden als

$$c_0 = \sum_{\omega \in \Omega} \phi_n(\omega)\, c(\omega) = \langle \phi_n, c \rangle, \tag{2.11}$$

und ϕ_n kann auch in diesem allgemeinen Fall als **Diskontvektor** interpretiert werden. Die Gesamtheit $(\phi_t)_{0 \le t \le n} = (\phi_0, \phi_1, \ldots, \phi_n) = (1, \phi_1, \ldots, \phi_n)$ wird als **Diskontprozess** bezeichnet.

Beispiel 2.12 Für das in Abb. 2.6 dargestellte Modell berechnen wir zunächst die Replikationspreise der Endauszahlung c zum Zeitpunkt 1 und erhalten

$$\begin{aligned}
z_1(A_{11}) &= \psi_2(A_{21})\, c(A_{21}) + \psi_2(A_{22})\, c(A_{22}), \\
z_1(A_{12}) &= \psi_2(A_{23})\, c(A_{23}) + \psi_2(A_{24})\, c(A_{24}) + \psi_2(A_{25})\, c(A_{25}).
\end{aligned}$$

Für die Replikationspreise von $z_1(A_{11})$ und $z_1(A_{12})$ zum Zeitpunkt 0 gilt

$$c_0 = z_0(A_0) = \psi_1(A_{11})\, z_1(A_{11}) + \psi_1(A_{12})\, z_1(A_{12})$$

und daher

$$\begin{aligned}
c_0 = {} & \psi_1(A_{11})\, \psi_2(A_{21})\, c(A_{21}) \\
& + \psi_1(A_{11})\, \psi_2(A_{22})\, c(A_{22}) \\
& + \psi_1(A_{12})\, \psi_2(A_{23})\, c(A_{23}) \\
& + \psi_1(A_{12})\, \psi_2(A_{24})\, c(A_{24}) \\
& + \psi_1(A_{12})\, \psi_2(A_{25})\, c(A_{25}).
\end{aligned}$$

Mit $\psi_0(A_0) = 1$ und $\phi_2(A_2) = \psi_0(A_0)\, \psi(A_1)\, \psi(A_2)$ für einen beliebigen Pfad $A_0 \supset A_1 \supset A_2$ kann dies auch geschrieben werden als

$$c_0 = \sum_{A_2 \in \mathcal{F}_2} \phi_2(A_2)\, c(A_2).$$

In jedem Fall wird über jeden Pfad im Baum summiert. △

Beispiel 2.13 In einem Binomialbaum, in dem jedes Ein-Perioden-Teilmodell arbitragefrei und vollständig ist und einen gemeinsamen Diskontvektor $\psi = (\psi_1, \psi_2)^{\mathrm{t}}$ besitzt, ist der Diskontprozess $(\phi_t)_{0 \le t \le n}$ für $t = 0, \ldots, n$ gegeben durch

$$\phi_t(A_t) = \psi_1^{t-j} \psi_2^{j}, \tag{2.12}$$

wenn $A_t \in \mathcal{F}_t$ einen Knoten zum Zeitpunkt t bezeichnet, dessen Pfad vom Anfangszeitpunkt 0 bis zum Zeitpunkt t über $t - j$ Aufwärts- und j Abwärtsbewegungen verfügt. △

2.4 Die Berücksichtigung von Dividendenzahlungen

In einem letzten Verallgemeinerungsschritt berücksichtigen wir schließlich, dass Wertpapiere *Dividenden* auszahlen können[4]. In diesem Fall wird ein Tupel $((S, \delta), \mathcal{F})$ als **Mehr-Perioden-Modell** oder einfach als **Marktmodell** definiert. Dabei ist $\mathcal{F} = (\mathcal{F}_t)_{0 \le t \le n}$ eine Filtration, und das Tupel (S, δ) besteht aus einem an $\mathcal{F}$ adaptierten **Preisprozess** $S_t = (S_t^1, \ldots, S_t^N)$ und aus einem an $\mathcal{F}$ adaptierten **Dividendenprozess** $\delta_t = (\delta_t^1, \ldots, \delta_t^N)$. Dabei bezeichnet δ_t^i die Dividenden, die vom i-ten Wertpapier zum Zeitpunkt t ausgezahlt werden. S_t^i bezeichnet die **ex-dividend Kurse** dieses Wertpapiers zum Zeitpunkt t. Dies bedeutet, dass das Wertpapier i zum Zeitpunkt t nach Auszahlung der Dividende δ_t^i zum Preis von S_t^i am Markt erhältlich ist. Zur Vereinfachung der Notation setzen wir

$$S_t^\delta = S_t + \delta_t.$$

Die S_t^δ werden auch **cum-dividend Kurse** genannt. Zum Zeitpunkt einer Dividendenzahlung sinkt der Kurs des betreffenden Wertpapiers um den Dividendenbetrag.

Die Kurse entwickeln sich im Laufe der Zeit wie folgt: Zu einem Zeitpunkt $t-1$ werden zunächst die Kurse S_{t-1}^δ angenommen. Dann werden etwaige Dividenden δ_{t-1} ausgezahlt, und die Kurse S_{t-1} gelten für die nachfolgende Periode von $t-1$ bis t. Zum Zeitpunkt t werden dann die Kurse S_t^δ angenommen, usw. Zahlt das i-te Wertpapier zu einem Zeitpunkt t in einem Zustand $A_t \in \mathcal{F}_t$ keine Dividende, dann gilt $\delta_t^i(A_t) = 0$.

Für ein $t = 1, \ldots, n$ sei $A_{t-1} \in \mathcal{F}_{t-1}$ ein beliebiger Knoten des Informationsbaums vor dem Endzeitpunkt, und $A_{ts_1}, \ldots, A_{ts_k} \in \mathcal{F}_t$ sei eine Aufzählung derjenigen Elemente aus $\mathcal{F}_t$, in die A_{t-1} zum Zeitpunkt t zerfällt. Wie in Abschn. 2.3 sei

$$b = S_{t-1}(A_{t-1}) \in \mathbb{R}^N,$$

während die $N \times k$-Auszahlungsmatrix D mithilfe der cum-dividend-Kurse durch

$$D_{ij} = S_t^{\delta i}\left(A_{ts_j}\right)$$

definiert wird für $i = 1, \ldots, N$ und $j = 1, \ldots, k$. Das auf diese Weise erhaltene Ein-Perioden-Modell wird wieder mit $(b, D)_{A_{t-1}}$ bezeichnet und **Ein-Perioden-Teilmodell** von $((S, \delta), \mathcal{F})$ mit Anfangsknoten A_{t-1} genannt.

Wir setzen wie in Abschn. 2.3 voraus, dass alle Ein-Perioden-Teilmodelle arbitragefrei und vollständig sind, sodass $D\psi = b$ für jedes Teilmodell eine eindeutig bestimmte, strikt positive Lösung ψ besitzt. Wiederum wird die Komponente $\psi_j = \psi_t\left(A_{tj}\right)$ des Diskontvektors ψ im Teilmodell $(b, D)_{A_{t-1}}$ dem Zustand A_{tj} zugeordnet und damit der Kante, die A_{t-1} mit A_{tj} verbindet.

[4] Allgemeiner werden Zahlungen während der Laufzeit zugelassen, die auch negativ sein können, siehe beispielsweise die Modellierung von Futures in Abschn. 3.12.

Die Bewertung einer Auszahlung c, die zum Zeitpunkt n stattfindet, verläuft dann so, wie im vorherigen Abschnitt beschrieben: Für jedes $A_{n-1} \in \mathcal{F}_{n-1}$ werden die zu A_{n-1} gehörenden Auszahlungen $c(A_n)$, $A_{n-1} \supset A_n$, auf den Zeitpunkt $n-1$ abdiskontiert,

$$z_{n-1}(A_{n-1}) = \sum_{\substack{A_n \in \mathcal{F}_n \\ A_{n-1} \supset A_n}} \psi_n(A_n)\, c(A_n)\,.$$

Dies wird rekursiv fortgesetzt, bis

$$c_0 = z_0(A_0) = \sum_{A_n \in \mathcal{F}_n} \phi_n(A_n)\, c(A_n)$$

als Preis für c erhalten wird, wobei wieder $\psi_0(A_0) = 1$ und

$$\phi_n(A_n) = \psi_0(A_0)\, \psi_1(A_1) \cdots \psi_n(A_n) \qquad (A_0 \supset \cdots \supset A_n)$$

definiert wird.

Beispiel 2.14 Für den Preis c_0 der Auszahlung c in Abb. 2.7 erhalten wir dieselbe Formel

$$c_0 = \sum_{A_2 \in \mathcal{F}_2} \phi_2(A_2)\, c(A_2)$$

wie in Beispiel 2.12. △

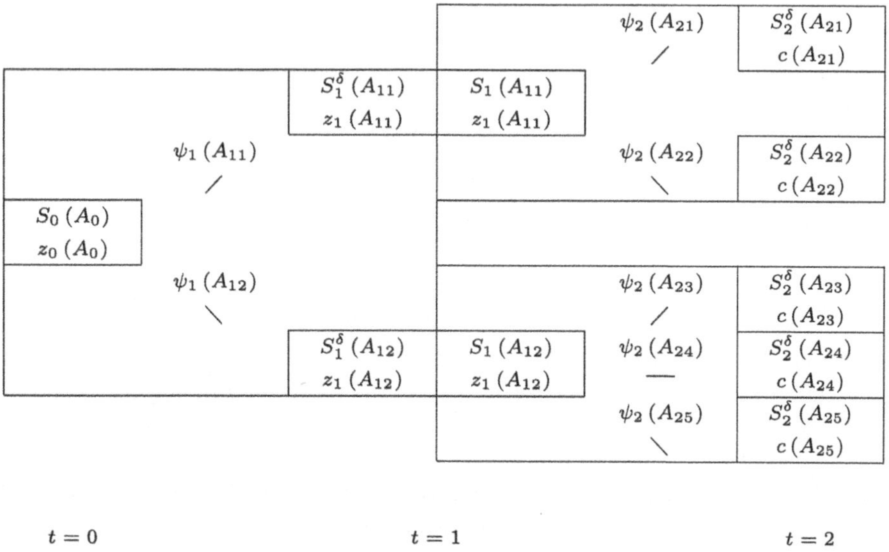

Abb. 2.7 Beispiel 2.14. Bewertung einer Auszahlung c unter Berücksichtigung von Dividendenzahlungen

2.5 Der Diskontierungsoperator

Sei ein beliebiges Mehr-Perioden-Modell $((S,\ \delta)\ ,\ \mathcal{F})$ mit arbitragefreien und vollständigen Ein-Perioden-Teilmodellen und Diskontprozess ϕ gegeben. Sei $0 \le s \le t \le n$ und sei c_t eine beliebige $\mathcal{F}_t$-messbare Auszahlung. Dann ist der **Diskontierungsoperator D** definiert durch

$$\mathbf{D}_{s,t}\left[c_t\right] = \sum_{A_s \in \mathcal{F}_s} \left(\frac{1}{\phi_s\left(A_s\right)} \sum_{\substack{A_t \in \mathcal{F}_t \\ A_s \supset A_t}} \phi_t\left(A_t\right) c_t\left(A_t\right) \right) \mathbf{1}_{A_s}. \tag{2.13}$$

Dabei bezeichnet $\mathbf{1}_{A_s}$ die charakteristische Funktion von A_s, sodass für $A_s,\ A_s' \in \mathcal{F}_s$ gilt

$$\mathbf{1}_{A_s}\left(A_s'\right) = \begin{cases} 1 \text{ falls} & A_s' = A_s \\ 0 \text{ sonst.} \end{cases}$$

Weiter kennzeichnet

$$\frac{\phi_t\left(A_t\right)}{\phi_s\left(A_s\right)} = \psi_{s+1}\left(A_{s+1}\right) \cdots \psi_t\left(A_t\right) \qquad \left(A_s \supset A_{s+1} \supset \cdots \supset A_t\right)$$

das Produkt der Komponenten der Diskontvektoren der Ein-Perioden-Teilmodelle längs des eindeutig bestimmten Pfades von A_s zu A_t.

Mit $\mathbf{D}_{s,t}\left[c_t\right]$ wird eine zustandsabhängige Auszahlung c_t, die zum Zeitpunkt t stattfindet, auf den Zeitpunkt $s \le t$ abdiskontiert und liefert für jeden zum Zeitpunkt s gehörenden Knoten $A_s \in \mathcal{F}_s$ den Wert

$$\mathbf{D}_{s,t}\left[c_t\right]\left(A_s\right) = \frac{1}{\phi_s\left(A_s\right)} \sum_{\substack{A_t \in \mathcal{F}_t \\ A_s \supset A_t}} \phi_t\left(A_t\right) c_t\left(A_t\right). \tag{2.14}$$

Eine Funktion X ist genau dann $\mathcal{F}_t$-messbar, wenn sie geschrieben werden kann als

$$X = \sum_{A_t \in \mathcal{F}_t} X\left(A_t\right) \mathbf{1}_{A_t},$$

wobei $X\left(A_t\right)$ den Funktionswert von X auf A_t bezeichnet. Nach Definition ist also $\mathbf{D}_{s,t}\left[c_t\right]$ eine $\mathcal{F}_s$-messbare Funktion.

Für alle $0 \le s \le t \le n$ ist $\mathbf{D}_{s,t}$ eine lineare Abbildung, die den Vektorraum der $\mathcal{F}_t$-messbaren Funktionen surjektiv auf den Vektorraum der $\mathcal{F}_s$-messbaren Funktionen abbildet, siehe Aufgabe 2.5.

Weiter ist $\mathbf{D}_{s,t}$ positiv, d. h., für $c_t > 0$ gilt $\mathbf{D}_{s,t}\left[c_t\right] > 0$, denn für jeden Zeitpunkt t und für jeden Knoten $A_t \in \mathcal{F}_t$ ist $\phi_t\left(A_t\right) > 0$. Aus der Linearität und der Positivität folgt die Monotonie des Diskontierungsoperators. Für zwei $\mathcal{F}_t$-messbare Funktionen c_t und c_t' mit $c_t < c_t'$ gilt $0 < \mathbf{D}_{s,t}\left[c_t' - c_t\right] = \mathbf{D}_{s,t}\left[c_t'\right] - \mathbf{D}_{s,t}\left[c_t\right]$, also

$$\mathbf{D}_{s,t}\left[c_t\right] < \mathbf{D}_{s,t}\left[c_t'\right] \quad \left(c_t < c_t'\right).$$

Da $\mathcal{F}_0 = \{A_0\} = \{\Omega\}$ nur den Anfangsknoten Ω enthält und da $\mathcal{F}_n$ aus den einelementigen Teilmengen von Ω besteht, gilt wegen $\phi_0\left(A_0\right) = \psi_0\left(A_0\right) = 1$

$$\begin{aligned}\mathbf{D}_{0,n}\left[c_n\right] &= \left(\sum_{A_n \in \mathcal{F}_n} \phi_n\left(A_n\right) c_n\left(A_n\right)\right) \mathbf{1}_{A_0} \\ &= \sum_{\omega \in \Omega} \phi_n\left(\omega\right) c_n\left(\omega\right) \\ &= \left\langle \phi_n, c_n \right\rangle \\ &= c_0,\end{aligned}$$

wobei die konstante Funktion $\mathbf{1}_\Omega$ mit ihrem Funktionswert 1 identifiziert wurde.

Ist c eine deterministische, also zustandsunabhängige, Auszahlung zum Zeitpunkt n, dann gilt

$$c_0 = \mathbf{D}_{0,n}\left[c\right] = c \sum_{\omega \in \Omega} \phi_n\left(\omega\right) = dc, \tag{2.15}$$

wobei

$$d = \sum_{\omega \in \Omega} \phi_n\left(\omega\right) \tag{2.16}$$

definiert wurde. Wir erhalten für deterministische Auszahlungen also auch in allgemeinen Mehr-Perioden-Modellen die klassische Diskontierungsformel $c_0 = dc$, wobei d als Diskontfaktor interpretiert wird.

Weiter folgt für jedes $A_t \in \mathcal{F}_t$

$$\mathbf{D}_{t,t}\left[c_t\right]\left(A_t\right) = \frac{1}{\phi_t\left(A_t\right)} \sum_{\substack{A_t' \in \mathcal{F}_t \\ A_t \supset A_t'}} \phi_t\left(A_t'\right) c_t\left(A_t'\right) = c_t\left(A_t\right),$$

denn die Bedingungen $A_t' \in \mathcal{F}_t$ und $A_t \supset A_t'$ sind äquivalent zu $A_t' = A_t$. Das bedeutet

$$\mathbf{D}_{t,t}\left[c_t\right] = \sum_{A_t \in \mathcal{F}_t} c_t\left(A_t\right) \mathbf{1}_{A_t} = c_t. \tag{2.17}$$

Ob eine Auszahlung c_t für $0 \leq r \leq s \leq t \leq n$ von t auf s und dann von s auf r oder direkt von t auf r abdiskontiert wird, führt zum selben Ergebnis:

Satz 2.15 ***(Tower-Property)*** *Für $0 \leq r \leq s \leq t \leq n$ und für eine $\mathcal{F}_t$-messbare Abbildung c_t gilt*

$$\mathbf{D}_{r,s}\left[\mathbf{D}_{s,t}\left[c_t\right]\right] = \mathbf{D}_{r,t}\left[c_t\right]. \tag{2.18}$$

Beweis Für $A_r \in \mathcal{F}_r$ gilt mit (2.14)

$$\begin{aligned}
\mathbf{D}_{r,s}\left[\mathbf{D}_{s,t}[c_t]\right](A_r) &= \frac{1}{\phi_r(A_r)} \sum_{\substack{A_s \in \mathcal{F}_s \\ A_r \supset A_s}} \phi_s(A_s)\,\mathbf{D}_{s,t}[c_t](A_s) \\
&= \frac{1}{\phi_r(A_r)} \sum_{\substack{A_s \in \mathcal{F}_s \\ A_r \supset A_s}} \phi_s(A_s) \left(\frac{1}{\phi_s(A_s)} \sum_{\substack{A_t \in \mathcal{F}_t \\ A_s \supset A_t}} \phi_t(A_t)\, c_t(A_t) \right) \\
&= \frac{1}{\phi_r(A_r)} \sum_{\substack{A_s \in \mathcal{F}_s \\ A_r \supset A_s}} \sum_{\substack{A_t \in \mathcal{F}_t \\ A_s \supset A_t}} \phi_t(A_t)\, c_t(A_t) \\
&= \frac{1}{\phi_r(A_r)} \sum_{\substack{A_t \in \mathcal{F}_t \\ A_r \supset A_t}} \phi_t(A_t)\, c_t(A_t) \\
&= \mathbf{D}_{r,t}[c_t](A_r).
\end{aligned}$$

Da A_r beliebig war, folgt die Behauptung. □

Korollar 2.16 *Für jedes Finanzinstrument S^j und für $1 \le t \le n$ gilt*

$$\mathbf{D}_{t-1,t}\left[S_t^{\delta j}\right] = S_{t-1}^j. \tag{2.19}$$

Für $0 \le s \le t \le n$ gilt

$$\mathbf{D}_{s,t}\left[S_t^{\delta j}\right] = S_s^j - \sum_{i=s+1}^{t-1} \mathbf{D}_{s,i}\left[\delta_i^j\right]. \tag{2.20}$$

Beweis Mit (1.11) gilt für $A_{t-1} \in \mathcal{F}_{t-1}$

$$\begin{aligned}
\mathbf{D}_{t-1,t}\left[S_t^{\delta j}\right](A_{t-1}) &= \frac{1}{\phi_{t-1}(A_{t-1})} \sum_{\substack{A_t \in \mathcal{F}_t \\ A_{t-1} \supset A_t}} \phi_t(A_t)\, S_t^{\delta j}(A_t) \\
&= \sum_{\substack{A_t \in \mathcal{F}_t \\ A_{t-1} \supset A_t}} \psi_t(A_t)\, S_t^{\delta j}(A_t) \\
&= S_{t-1}^j(A_{t-1}),
\end{aligned}$$

also (2.19). Mithilfe von (2.18) lässt sich schreiben

$$\begin{aligned}\mathbf{D}_{t-2,t}\left[S_t^{\delta j}\right] &= \mathbf{D}_{t-2,t-1}\left[\mathbf{D}_{t-1,t}\left[S_t^{\delta j}\right]\right]\\ &= \mathbf{D}_{t-2,t-1}\left[S_{t-1}^j\right]\\ &= \mathbf{D}_{t-2,t-1}\left[S_{t-1}^{\delta j} - \delta_{t-1}^j\right]\\ &= \mathbf{D}_{t-2,t-1}\left[S_{t-1}^{\delta j}\right] - \mathbf{D}_{t-2,t-1}\left[\delta_{t-1}^j\right]\\ &= S_{t-2}^j - \mathbf{D}_{t-2,t-1}\left[\delta_{t-1}^j\right],\end{aligned}$$

und daraus folgt (2.20) induktiv. □

Nach (2.20) gilt insbesondere

$$\mathbf{D}_{0,n}\left[S_n^{\delta j}\right] = S_0^j - \sum_{t=1}^{n-1} \mathbf{D}_{0,t}\left[\delta_t^j\right]. \tag{2.21}$$

Der Replikationspreis $\mathbf{D}_{0,n}\left[S_n^{\delta j}\right]$ für die Auszahlung $S_n^{\delta j}$ ist also kleiner als der Anfangskurs S_0^j, wenn S^j zu gewissen Zeitpunkten $0 < t < n$ Dividenden auszahlt, denn wenn lediglich $S_n^{\delta j}$ repliziert werden soll, dann können die Anschaffungskosten S_0^j für eine Aktie um den Betrag $\sum_{t=1}^{n-1} \mathbf{D}_{0,t}\left[\delta_t^j\right] > 0$ an Eigenmitteln gesenkt werden, da dieser Betrag per Kredit finanziert und im Laufe der Zeit mithilfe der gezahlten Dividenden getilgt werden kann.

(2.21) lässt sich umschreiben zu

$$S_0^j = \mathbf{D}_{0,n}\left[S_n^{\delta j}\right] + \sum_{t=1}^{n-1} \mathbf{D}_{0,t}\left[\delta_t^j\right] = \mathbf{D}_{0,n}\left[S_n^j\right] + \sum_{t=1}^{n} \mathbf{D}_{0,t}\left[\delta_t^j\right], \tag{2.22}$$

wobei $S_n^{\delta j} = S_n^j + \delta_n^j$ verwendet wurde. Der aktuelle ex-dividend Kurs S_0^j des Wertpapiers ist also der Replikationspreis für die ex-dividend Kurse S_n^j zum Endzeitpunkt zuzüglich der Summe der auf den Anfangszeitpunkt abdiskontierten zwischenzeitlichen Dividendenzahlungen δ_t^j, $1 \le t \le n$. Zahlt ein Wertpapier S^j keine Dividenden, dann gilt einfach

$$S_0^j = \mathbf{D}_{0,n}\left[S_n^j\right], \tag{2.23}$$

und der Replikationspreis für S_n^j stimmt mit dem aktuellen Aktienkurs S_0^j überein.

Beispiel 2.17 Ein Forward-Kontrakt auf S^j mit Forward-Preis F besitzt die Auszahlung $c = S_n^{\delta j} - F$. Der aktuelle Wert c_0 dieser Auszahlung lautet

$$c_0 = \mathbf{D}_{0,n}[c] = \mathbf{D}_{0,n}\left[S_n^{\delta j}\right] - \mathbf{D}_{0,n}[F] = S_0^j - \sum_{t=1}^{n-1} \mathbf{D}_{0,t}\left[\delta_t^j\right] - dF.$$

Unter der Bedingung $c_0 = 0$ ergibt sich der Forward-Preis F als

$$F = \frac{1}{d}\left(S_0^j - \sum_{t=1}^{n-1} \mathbf{D}_{0,t}\left[\delta_t^j\right]\right). \tag{2.24}$$

△

Satz 2.18 ***(Taking out what is known)*** *Sei Y $\mathcal{F}_s$-messbar und X $\mathcal{F}_t$-messbar, $0 \le s \le t \le n$, dann gilt*

$$\mathbf{D}_{s,t}\left[YX\right] = Y\mathbf{D}_{s,t}\left[X\right]. \tag{2.25}$$

Beweis Nach Definition gilt für $A_s \in \mathcal{F}_s$

$$\begin{aligned}\mathbf{D}_{s,t}\left[YX\right](A_s) &= \frac{1}{\phi_s(A_s)} \sum_{\substack{A_t \in \mathcal{F}_t \\ A_s \supset A_t}} \phi_t(A_t)\, Y(A_t)\, X(A_t) \\ &= Y(A_s)\left(\frac{1}{\phi_s(A_s)} \sum_{\substack{A_t \in \mathcal{F}_t \\ A_s \supset A_t}} \phi_t(A_t)\, X(A_t)\right) \\ &= Y(A_s)\,\mathbf{D}_{s,t}\left[X\right](A_s).\end{aligned}$$

Hier wurde die $\mathcal{F}_s$-Messbarkeit von Y verwendet, also $Y(A_t) = Y(A_s)$ für alle $A_t \subset A_s$. Da $A_s \in \mathcal{F}_s$ beliebig war, folgt die Behauptung. □

Angenommen, X_t und Y_t sind $\mathcal{F}_t$-messbar für $0 \le t \le n$, dann wird durch

$$\langle X_t, Y_t \rangle = \sum_{A_t \in \mathcal{F}_t} X_t(A_t)\, Y_t(A_t) \tag{2.26}$$

ein Skalarprodukt auf dem Raum der $\mathcal{F}_t$-messbaren Funktionen definiert. Für zwei reellwertige adaptierte Prozesse X und Y wird durch

$$\langle X, Y \rangle = \sum_{0 \le t \le n} \langle X_t, Y_t \rangle = \sum_{0 \le t \le n} \sum_{A_t \in \mathcal{F}_t} X_t(A_t)\, Y_t(A_t) \tag{2.27}$$

ein Skalarprodukt auf dem Vektorraum der adaptierten Prozesse definiert.

Sei $((S, \delta), \mathcal{F})$ ein Mehr-Perioden-Modell, in dem jedes Ein-Perioden-Teilmodell arbitragefrei und vollständig ist, mit Diskontprozess ϕ. Sei $c = (c_t)_{0 \le t \le n}$ ein reellwertiger, an $\mathcal{F}$ adaptierter Prozess, der als zustandsabhängige Auszahlung interpretiert wird. Dann ist der Preis V_0 von c gegeben durch

$$\begin{aligned} V_0 &= \sum_{0 \le t \le n} \mathbf{D}_{0,t}\left[c_t\right] \\ &= \sum_{0 \le t \le n} \langle \phi_t, c_t \rangle \\ &= \sum_{0 \le t \le n} \sum_{A_t \in \mathcal{F}_t} \phi_t\left(A_t\right) c_t\left(A_t\right) \\ &= \langle \phi, c \rangle . \end{aligned} \tag{2.28}$$

2.6 Preisschranken und die Put-Call-Parität

Es ist sowohl von theoretischem als auch von praktischem Interesse, einfach berechenbare obere und untere Schranken für Optionspreise angeben zu können. Dazu betrachten wir ein Mehr-Perioden-Modell mit arbitragefreien und vollständigen Ein-Perioden-Teilmodellen, das eine Aktie S enthält. Sei ϕ der Diskontprozess und $d = \sum_{\omega \in \Omega} \phi_n(\omega)$ der Diskontfaktor des Modells.

Wir betrachten das Auszahlungsprofil

$$c = \left(S_n^{\delta} - K\right)^+$$

einer Call-Option mit Ausübungspreis $K \ge 0$. Es gilt $0 \le c$ und

$$S_n^{\delta} - K \le c \le S_n^{\delta}.$$

Daraus folgt aufgrund der Linearität und Positivität des Diskontierungsoperators $0 \le \mathbf{D}_{0,n}[c] = c_0$ sowie

$$\mathbf{D}_{0,n}\left[S_n^{\delta}\right] - \mathbf{D}_{0,n}[K] \le \mathbf{D}_{0,n}[c] \le \mathbf{D}_{0,n}\left[S_n^{\delta}\right].$$

Die Anwendung von (2.15) und (2.21) liefert

$$\left(S_0 - \sum_{t=1}^{n-1} \mathbf{D}_{0,t}\left[\delta_t\right] - dK\right)^+ \le c_0 \le S_0 - \sum_{t=1}^{n-1} \mathbf{D}_{0,t}\left[\delta_t\right]. \tag{2.29}$$

Zahlt die Aktie keine Dividenden aus, dann reduziert sich (2.29) auf

$$\left(S_0 - dK\right)^+ \le c_0 \le S_0.$$

Beispiel 2.19 Wir betrachten eine Call-Option auf eine Aktie S, die keine Dividenden zahlt, mit Ausübungspreis $K = 27$. Sei $S_0 = 29$, und der Diskontfaktor habe den Wert $d = 0{,}97$. Dann erhalten wir für den Preis c_0 der Call-Option die Abschätzung

$$2,7 = 29 - 0{,}97 \cdot 27 \le c_0 \le 29.$$

△

Das Auszahlungsprofil einer Put-Option mit Ausübungspreis K lautet

$$p = \left(K - S_n^\delta\right)^+.$$

Hier gilt

$$0 \leq p \leq K,$$

woraus $0 \leq \mathbf{D}_{0,n}[p] = p_0 \leq \mathbf{D}_{0,n}[K] = dK$, also

$$0 \leq p_0 \leq dK$$

folgt.

Beispiel 2.20 Wir betrachten eine Put-Option auf eine Aktie S mit Ausübungspreis $K = 32$. Sei $S_0 = 30$, und der Diskontfaktor habe wieder den Wert $d = 0{,}97$. Für den Wert p_0 der Put-Option gilt dann

$$0 \leq p_0 \leq 0.97 \cdot 32 = 31,17.$$

△

Schließlich folgt aus der Identität

$$c - p = \left(S_n^\delta - K\right)^+ - \left(K - S_n^\delta\right)^+ = S_n^\delta - K$$

die Beziehung

$$c_0 - p_0 = \mathbf{D}_{0,n}[c] - \mathbf{D}_{0,n}[p] = \mathbf{D}_{0,n}\left[S_n^\delta\right] - \mathbf{D}_{0,n}[K] = S_0 - \sum_{i=1}^{n-1} \mathbf{D}_{0,i}[\delta_i] - dK. \quad (2.30)$$

Der Zusammenhang (2.30) wird **Put-Call-Parität** genannt und zeigt, wie die Preise von Call- und Put-Optionen mit gleichem Basiswert, identischen Ausübungspreisen und identischen Fälligkeitszeitpunkten miteinander zusammenhängen. Falls die Aktie keine Dividenden auszahlt, dann lautet die Put-Call-Parität

$$c_0 - p_0 = S_0 - dK. \quad (2.31)$$

2.7 Replizierende Handelsstrategien und der Fundamentalsatz

Dieser Abschnitt kann beim ersten Lesen übergangen werden.

Die Replikationsstrategie für Mehr-Perioden-Modelle

Die durch verallgemeinerte Diskontierung berechneten Preise zustandsabhängiger Auszahlungen sind auch in Mehr-Perioden-Modellen Replikationspreise. Die Replikation erfolgt mithilfe von Handelsstrategien, die sich aus den Replikationsportfolios für die Ein-Perioden-Teilmodelle zusammensetzen.

Für den gesamten Abschnitt bezeichnen wir wie üblich mit $((S, \delta), \mathcal{F})$ ein Marktmodell, in dem jedes Ein-Perioden-Teilmodell arbitragefrei und vollständig ist. Ein **stochastischer Prozess** $(X_t)_{0 \leq t \leq n}$ ist eine $\mathbb{R}^m$-wertige Funktion

$$X : \{0, \ldots, n\} \times \Omega \to \mathbb{R}^m, \qquad (t, \omega) \mapsto X_t(\omega),$$

von t und ω. Für $m = 1$ heißt X reellwertig. X_t heißt **messbar** bezüglich $\mathcal{F}_t$, oder $\mathcal{F}_t$-**messbar,** falls X_t auf jedem Element von $\mathcal{F}_t$ konstant ist. X heißt **adaptiert** an $\mathcal{F}$, falls $X_t : \Omega \to \mathbb{R}^m$ für jedes $0 \leq t \leq n$ messbar ist bezüglich $\mathcal{F}_t$.

Definition 2.21 Ein stochastischer Prozess $X = (X_t)_{0 \leq t \leq n}$ heißt **vorhersehbar,** wenn gilt

$$X_0 \text{ ist } \mathcal{F}_0\text{-messbar, also konstant,}$$

und

$$X_t \text{ ist } \mathcal{F}_{t-1}\text{-messbarfür alle } t = 1, \ldots, n.$$

Da jede $\mathcal{F}_{t-1}$-messbare Funktion insbesondere $\mathcal{F}_t$-messbar ist, sind vorhersehbare Prozesse adaptiert.

Definition 2.22 Eine **Handelsstrategie** $h = (h_t)_{0 \leq t \leq n}$ ist ein vorhersehbarer, $\mathbb{R}^N$-wertiger stochastischer Prozess. Dabei repräsentiert $h_t(A_{t-1}) \in \mathbb{R}^N$ für jedes $A_{t-1} \in \mathcal{F}_{t-1}$ ein Portfolio, das im Ein-Perioden-Teilmodell $(b, D)_{A_{t-1}}$ zwischen dem Zeitpunkt $t - 1$ nach dem Handeln und dem Zeitpunkt t vor dem nächsten Handeln gültig ist.

Sei c ein an $\mathcal{F}$ adaptierter reellwertiger Prozess, der als zustandsabhängige Auszahlung interpretiert wird. Bei dieser Definition wird zugelassen, dass zu jedem Zeitpunkt Auszahlungen auftreten können. Dabei sind negative Entnahmen $c_t(A_t) < 0$, $A_t \in \mathcal{F}_t$, zugelassen, die einer Kapitalzufuhr entsprechen. Angenommen, h ist eine Handelsstrategie, die c repliziert. Zur Beschreibung der Replikationseigenschaft werden jedem Zeitpunkt t die beiden in Tab. 2.1 dargestellten Zustände zugeordnet, die zur Vereinfachung der Formulierungen ebenfalls als Zeitpunkte bezeichnet werden.

Tab. 2.1 Jedem Zeitpunkt t werden die beiden Zustände t_- und t_+ zugeordnet

Zustand	Bedeutung
t_-	Zeitpunkt t vor dem Handeln und vor Dividendenzahlungen
t_+	Zeitpunkt t nach dem Handeln und nach Dividendenzahlungen

Die zeitliche Entwicklung von h kann dann wie in Abb. 2.8 veranschaulicht werden. Der Betrag $h_0 \cdot S_0^\delta$ zum Zeitpunkt 0_- ist der Anfangswert der Handelsstrategie und damit definitionsgemäß der Preis von c. Dann wird c_0 entnommen, und der verbleibende Rest wird zum Zeitpunkt 0_+ in ein Portfolio h_1 mit Wert $h_1 \cdot S_0$ investiert. Zum Zeitpunkt 1_- treten die Preise S_1^δ ein, und das Portfolio hat den Wert $h_1 \cdot S_1^\delta$. Dann wird c_1 entnommen, und der Rest wird zum Zeitpunkt 1_+ in ein Portfolio h_2 mit Wert $h_2 \cdot S_1$ investiert. Dies wird fortgesetzt, bis die Handelsstrategie zum Zeitpunkt n_- den Wert $h_n \cdot S_n^\delta = c_n$ besitzt.

Für eine gegebene Auszahlung c wird die replizierende Handelsstrategie h rekursiv konstruiert, indem zunächst die Replikationsportfolios für die letzte Periode berechnet werden: Sei dazu $A_{n-1} \in \mathcal{F}_{n-1}$ beliebig. A_{n-1} zerfalle zum Endzeitpunkt n in $A_{n1}, \ldots, A_{nk} \in \mathcal{F}_n$. Dann gibt es für das Ein-Perioden-Teilmodell $(b, D)_{A_{n-1}}$ ein Portfolio $h_n(A_{n-1})$ mit der Eigenschaft

$$D^{\mathrm{t}} h_n (A_{n-1}) = (c_n (A_{n1}), \ldots, c_n (A_{nk}))^{\mathrm{t}}.$$

Weiter wird dem Knoten A_{n-1} der Replikationspreis

$$z_{n-1} (A_{n-1}) = h_n (A_{n-1}) \cdot b + c_{n-1} (A_{n-1})$$

zugeordnet. Nachdem für jeden Knoten A_{n-1} zum Zeitpunkt $n-1$ der Replikationspreis $z_{n-1}(A_{n-1})$ bestimmt wurde, wird ein Knoten $A_{n-2} \in \mathcal{F}_{n-2}$ beliebig gewählt. A_{n-2} zerfalle zum Zeitpunkt $n-1$ in $A_{n-1,1}, \ldots, A_{n-1,l} \in \mathcal{F}_{n-1}$. Dann gibt es für das Ein-Perioden-Teilmodell $(b, D)_{A_{n-2}}$ ein Portfolio $h_{n-1}(A_{n-2})$ mit der Eigenschaft

$$D^{\mathrm{t}} h_{n-1} (A_{n-2}) = \left(z_{n-1} \left(A_{n-1,1}\right), \ldots, z_{n-1} \left(A_{n-1,l}\right)\right)^{\mathrm{t}},$$

und dem Knoten A_{n-2} wird der Replikationspreis

$$z_{n-2} (A_{n-2}) = h_{n-1} (A_{n-2}) \cdot b + c_{n-2} (A_{n-2})$$

zugewiesen. Dieses Verfahren wird rekursiv fortgesetzt, bis der Zeitpunkt 0 erreicht wird. Angenommen, A_0 zerfällt zum Zeitpunkt 1 in $A_{11}, \ldots, A_{1r} \in \mathcal{F}_1$, dann gibt es für das Ein-Perioden-Teilmodell $(b, D)_{A_0}$ ein Portfolio $h_1(A_0)$ mit der Eigenschaft

$$D^{\mathrm{t}} h_1 (A_0) = (z_1 (A_{11}), \ldots, z_1 (A_{1r}))^{\mathrm{t}}.$$

Der Wert

$$z_0 (A_0) = h_1 (A_0) \cdot b + c_0 (A_0)$$

wird als Preis V_0 von c definiert, es wird also $V_0 = z_0(A_0)$ gesetzt. Da jedes Ein-Perioden-Teilmodell nach Voraussetzung arbitragefrei und vollständig ist, ist V_0 eindeutig bestimmt.

Dem Wert V_0 wird schließlich ein beliebiges Portfolio $h_0(A_0)$ mit

$$h_0 (A_0) \cdot S_0^\delta (A_0) = V_0$$

zugeordnet.

t	0_-	0_+		1_-	1_+		$\cdots$		n_-
Portfoliowert	$h_0 \cdot S_0^\delta$	$h_1 \cdot S_0$	$\rightarrow$	$h_1 \cdot S_1^\delta$	$h_2 \cdot S_1$	$\rightarrow$	$\cdots$	$\rightarrow$	$h_n \cdot S_n^\delta$
	$\downarrow$			$\downarrow$					$\downarrow$
Auszahlung	c_0			c_1					c_n

Abb. 2.8 Veranschaulichung der Wertentwicklung einer Handelsstrategie

Die auf diese Weise definierten Portfolios für die Ein-Perioden-Teilmodelle bilden zusammen eine vorhersehbare Handelsstrategie h, die c repliziert, vergleiche mit Abb. 2.8.

Bemerkung Mithilfe des Diskontprozesses ϕ des Mehr-Perioden-Modells kann der Preis von c auch durch verallgemeinerte Diskontierung, d. h. durch (2.28),

$$V_0 = \sum_{t=0}^{n} \mathbf{D}_{0,t} [c_t] ,$$

berechnet werden, ohne dass die replizierende Handelsstrategie bestimmt werden muss.

Definition 2.23 Sei $((S, \delta), \mathcal{F})$ ein Marktmodell. Der durch (S, δ) und eine Handelsstrategie h definierte **Wertprozess** $V(h)$ ist gegeben durch

$$V_t(h) = h_t \cdot S_t^\delta$$

für alle $t = 0, \ldots, n$. Entsprechend wird der **Investitionsprozess** $I(h)$ definiert durch

$$I_t(h) = h_{t+1} \cdot S_t$$

für alle $t = 0, \ldots, n$, wobei $h_{n+1} = 0$ gesetzt wird. Es gilt also stets $I_n(h) = 0$. Der durch die Differenzen

$$L_t(h) = V_t(h) - I_t(h) \tag{2.32}$$

für alle $t = 0, \ldots, n$ definierte Prozess $L(h)$ wird **Entnahmeprozess** von h genannt.

Mithilfe des Entnahmeprozesses wird die Replikation zustandsabhängiger Auszahlungen formal wie folgt definiert:

Definition 2.24 Ein Auszahlungsprofil c heißt **replizierbar,** falls es eine Handelsstrategie h gibt mit

$$c = L(h) .$$

Der Anfangswert

$$V_0(h) = h_0 \cdot S_0^\delta$$

von h wird als **Preis** von c zum Zeitpunkt 0 definiert. Ein Mehr-Perioden-Modell $((S, \delta), \mathcal{F})$ heißt **vollständig,** wenn jede zustandsabhängige Auszahlung repliziert werden kann.

Aus dem beschriebenen Konstruktionsverfahren für die replizierende Handelsstrategie mithilfe der Ein-Perioden-Teilmodelle folgt:

Lemma 2.25 *Ein Mehr-Perioden-Modell* $((S, \delta), \mathcal{F})$ *ist genau dann vollständig, wenn jedes Ein-Perioden-Teilmodell vollständig ist.* □

Wir betrachten nun für jeden Zeitpunkt $0 \leq t \leq n$ die Differenz

$$\begin{aligned} L_t(h) &= V_t(h) - I_t(h) \\ &= h_t \cdot S_t^\delta - h_{t+1} \cdot S_t \end{aligned}$$

des Portfoliowerts vor und nach dem Handeln zu diesem Zeitpunkt. Ist diese Differenz gleich null, dann wird der gesamte, zum Zeitpunkt t_- vorhandene Wert $V_t(h) = h_t \cdot S_t^\delta$ des Portfolios zum Zeitpunkt t_+ als $I_t(h) = h_{t+1} \cdot S_t$ reinvestiert. Gilt $L_t(h) > 0$, so wird dem Portfolio zum Zeitpunkt t dieser Differenzbetrag entnommen. Gilt dagegen $L_t(h) < 0$, dann wird dem Portfolio zum Zeitpunkt t Kapital zugeführt. Wegen $I_n(h) = 0$ gilt $L_n(h) = V_n(h)$. Zum Endzeitpunkt n wird also keine Reinvestition vorgenommen, sondern der gesamte zur Verfügung stehende Wert des Portfolios wird entnommen, d. h., das Portfolio wird aufgelöst.

Für alle $t = 0, \ldots, n$ gilt

$$L_t(h) = h_t \cdot \delta_t + (h_t - h_{t+1}) \cdot S_t.$$

Der Wert von $L_t(h)$ setzt sich somit zusammen aus den Dividendenerträgen $h_t \cdot \delta_t$ des Portfolios plus der durch Umschichtung des Portfolios verursachten Wertänderung $(h_t - h_{t+1}) \cdot S_t$ zum Zeitpunkt t. Wird die Portfoliozusammensetzung zum Zeitpunkt t nicht verändert, gilt also $h_t = h_{t+1}$, dann folgt $L_t(h) = h_t \cdot \delta_t$, und dies ist der zum Zeitpunkt t ausgeschüttete Dividendenertrag. Werden zum Zeitpunkt t Dividenden gezahlt, gilt aber $L_t(h) = 0$, dann werden alle ausgeschütteten Dividenden für die kommende Handelsperiode $(t, t+1)$ reinvestiert.

Definition 2.26 Eine Handelsstrategie h heißt **selbstfinanzierend,** wenn für alle $t = 0, \ldots, n-1$ gilt

$$L_t(h) = 0.$$

Eine Handelsstrategie h ist also selbstfinanzierend, wenn der gesamte Portfoliowert zu jedem Zeitpunkt $t = 0, \ldots, n-1$ für die nachfolgende Periode reinvestiert wird. Selbstfinanzierende Handelsstrategien haben daher höchstens zum Endzeitpunkt eine von null verschiedene Auszahlung. Die Behandlung von Dividenden in Abschn. 2.4 entspricht der Zugrundelegung einer selbstfinanzierenden replizierenden Handelsstrategie, denn jeder diskontierte Wert eines nicht zum Zeitpunkt 0 beginnenden Ein-Perioden-Teilmodells wird dort im Rahmen der Rückwärtsrekursion unverändert als Endauszahlung des vorherigen Teilmodells übernommen.

Lemma 2.27 *Sei h eine Handelsstrategie in einem Mehr-Perioden-Modell $((S, \delta), \mathcal{F})$. Dann gilt für $t = 1, \ldots, n$*

$$\mathbf{D}_{t-1,t}\left[V_t(h)\right] = I_{t-1}(h). \tag{2.33}$$

□

Beweis Die Diskontvektoren der Ein-Perioden-Teilmodelle lassen sich wie in Abschn. 2.4 dargestellt zu einem Diskontprozess ϕ zusammensetzen, mit dem der Diskontierungsoperator wie in Abschn. 2.5 definiert wird. Nach (2.19) gilt für jedes $t = 1, \ldots, n$ und für jedes $j = 1, \ldots, N$

$$\mathbf{D}_{t-1,t}\left[S_t^{\delta j}\right] = S_{t-1}^j,$$

was wir schreiben als

$$\mathbf{D}_{t-1,t}\left[S_t^{\delta}\right] = S_{t-1}.$$

Sei h eine Handelsstrategie. Dann ist h vorhersehbar und h_t ist $\mathcal{F}_{t-1}$-messbar. Mit der Linearität des Diskontierungsoperators und mit der Eigenschaft (2.25) folgt nun die Behauptung

$$\mathbf{D}_{t-1,t}\left[V_t(h)\right] = \mathbf{D}_{t-1,t}\left[h_t \cdot S_t^{\delta}\right] = h_t \cdot \mathbf{D}_{t-1,t}\left[S_t^{\delta}\right] = h_t \cdot S_{t-1} = I_{t-1}(h).$$

□

Satz 2.28 *Für alle k mit $t + k \leq n$ gilt*

$$I_t(h) = \sum_{i=1}^{k} \mathbf{D}_{t,t+i}\left[L_{t+i}(h)\right] + \mathbf{D}_{t,t+k}\left[I_{t+k}(h)\right]. \tag{2.34}$$

□

Beweis Wir beweisen (2.34) durch Induktion über k. Mit (2.33) und (2.32) gilt

$$I_t(h) = \mathbf{D}_{t,t+1}\left[V_{t+1}(h)\right] = \mathbf{D}_{t,t+1}\left[L_{t+1}(h)\right] + \mathbf{D}_{t,t+1}\left[I_{t+1}(h)\right]. \tag{2.35}$$

Angenommen, für ein $k \geq 1$ wurde (2.34) bereits nachgewiesen. (2.35) lautet nach Ersetzung von t durch $t + k$

$$I_{t+k}(h) = \mathbf{D}_{t+k,t+k+1}\left[L_{t+k+1}(h)\right] + \mathbf{D}_{t+k,t+k+1}\left[I_{t+k+1}(h)\right].$$

Mit der Tower-Property (2.18) folgt daraus die Beziehung

$$\mathbf{D}_{t,t+k}\left[I_{t+k}(h)\right] = \mathbf{D}_{t,t+k+1}\left[L_{t+k+1}(h)\right] + \mathbf{D}_{t,t+k+1}\left[I_{t+k+1}(h)\right]. \tag{2.36}$$

Einsetzen von (2.36) in (2.34) liefert

$$I_t(h) = \sum_{i=1}^{k} \mathbf{D}_{t,t+i}\left[L_{t+i}(h)\right] + \mathbf{D}_{t,t+k}\left[I_{t+k}(h)\right]$$
$$= \sum_{i=1}^{k+1} \mathbf{D}_{t,t+i}\left[L_{t+i}(h)\right] + \mathbf{D}_{t,t+k+1}\left[I_{t+k+1}(h)\right],$$

was zu zeigen war. □

Speziell für $k = n - t$ lautet (2.34) wegen $I_n(h) = 0$

$$I_t(h) = \sum_{i=t+1}^{n} \mathbf{D}_{t,i}\left[L_i(h)\right]. \tag{2.37}$$

(2.37) kann so interpretiert werden, dass für alle $t = 0, \ldots, n-1$ gilt:

$$\begin{aligned} \text{Investition}_t &= I_t(h) \\ &= \sum_{i=t+1}^{n} \mathbf{D}_{t,i}\left[L_i(h)\right] \\ &= \sum_{i=t+1}^{n} \mathbf{D}_{t,i}\left[\text{Entnahme}_i\right]. \end{aligned}$$

Die zum Zeitpunkt t_+ vorzunehmende Investition $I_t(h) = h_{t+1} \cdot S_t$ in eine Handelsstrategie, die $L_i(h)$ für alle $i = t+1, \ldots, n$ auszahlt, entspricht also der Summe aller auf den Zeitpunkt t diskontierten zukünftigen Entnahmen $\mathbf{D}_{t,i}\left[L_i(h)\right]$, $i = t+1, \ldots, n$.

Wird in (2.37) $t = 0$ gesetzt, dann folgt

$$I_0(h) = \sum_{t=1}^{n} \mathbf{D}_{0,t}\left[L_t(h)\right]. \tag{2.38}$$

Ist h selbstfinanzierend, dann gilt $L_i(h) = 0$ für alle $i = 0, \ldots, n-1$ und (2.38) spezialisiert sich weiter zu

$$I_0(h) = \mathbf{D}_{0,n}\left[L_n(h)\right] = \mathbf{D}_{0,n}\left[V_n(h)\right].$$

Satz 2.29 *Für alle k mit $t + k \leq n$ gilt*

$$V_t(h) = \sum_{i=t}^{t+k} \mathbf{D}_{t,i}\left[L_i(h)\right] + \mathbf{D}_{t,t+k}\left[I_{t+k}(h)\right]. \tag{2.39}$$

Speziell für $k = n - t$ erhalten wir

$$V_t(h) = \sum_{i=t}^{n} \mathbf{D}_{t,i}[L_i(h)]. \tag{2.40}$$

Beweis Mit $V_t(h) = L_t(h) + I_t(h)$ und $L_t(h) = \mathbf{D}_{t,t}[L_t(h)]$ folgt (2.39) aus (2.34). Entsprechend folgt (2.40) mithilfe von (2.37). □

(2.40) kann so interpretiert werden, dass für alle $t = 0, \ldots, n-1$ gilt:

$$\begin{aligned}\text{Wert}_t &= V_t(h)\\ &= \sum_{i=t}^{n} \mathbf{D}_{t,i}[L_i(h)]\\ &= \sum_{i=t}^{n} \mathbf{D}_{t,i}[\text{Entnahme}_i].\end{aligned}$$

Der Portfoliowert $V_t(h)$ entspricht der Summe aller zukünftigen diskontierten Entnahmen einschließlich der Entnahme zum Zeitpunkt t.

Für $t = 0$ spezialisiert sich (2.40) zu

$$V_0(h) = \sum_{t=0}^{n} \mathbf{D}_{0,t}[L_t(h)]. \tag{2.41}$$

Korollar 2.30 *Sei h eine selbstfinanzierende Handelsstrategie. Dann gilt*

$$V_t(h) = \mathbf{D}_{t,n}[V_n(h)] \tag{2.42}$$

für alle $t = 0, \ldots, n$.

Beweis Dass h selbstfinanzierend ist, bedeutet $L_t(h) = 0$ für alle $t = 0, \ldots, n-1$. Wegen $L_n(h) = V_n(h)$ folgt (2.42) aus (2.40). □

Wegen $V_t(h) = h_t \cdot S_t^\delta$ lässt sich (2.42) auch schreiben als

$$h_t \cdot S_t^\delta = \mathbf{D}_{t,n}\left[h_n \cdot S_n^\delta\right].$$

Der Fundamentalsatz der Preistheorie für Mehr-Perioden-Modelle

Definition 2.31 Sei $((S, \delta), \mathcal{F})$ ein Marktmodell. Eine Handelsstrategie h heißt **Arbitragegelegenheit,** falls

$$V_0(h) = 0$$

und

$$L(h) > 0$$

gilt. Das Marktmodell heißt **arbitragefrei,** wenn keine Arbitragegelegenheiten existieren.

Dabei bedeutet $L(h) > 0$, dass $L_t(h)(\omega) \geq 0$ gilt für alle $t = 0, \ldots, n$ und für alle $\omega \in \Omega$, und dass $L_{t_0}(h)(\omega_0) > 0$ gilt für wenigstens ein $t_0 \in \{0, \ldots, n\}$ und für wenigstens ein $\omega_0 \in \Omega$. Eine Handelsstrategie h ist also genau dann eine Arbitragegelegenheit, wenn

- zu Beginn kein Kapitaleinsatz erforderlich ist,
- zu keinem Zeitpunkt Kapital zugeführt wird,
- aber zu mindestens einem Zeitpunkt in wenigstens einem Zustand eine Kapitalentnahme stattfindet.

Satz 2.32 ***(Fundamentalsatz der Preistheorie für Mehr-Perioden-Modelle)*** *Sei $((S, \delta), \mathcal{F})$ ein Mehr-Perioden-Modell. Dann sind folgende Aussagen äquivalent.*

1. $((S, \delta), \mathcal{F})$ ist arbitragefrei.
2. Es existiert ein reellwertiger, adaptierter, strikt positiver Prozess ϕ mit
$$\langle \phi, L(h) \rangle = 0 \tag{2.43}$$
für alle Handelsstrategien h mit $V_0(h) = 0$.
3. Es existiert ein reellwertiger, adaptierter, strikt positiver Prozess ϕ, sodass für alle Handelsstrategien h gilt
$$V_0(h) = \frac{1}{\phi_0} \langle \phi, L(h) \rangle . \tag{2.44}$$

Beweis Sei $\mathcal{W}$ der Vektorraum der reellwertigen, an $\mathcal{F}$ adaptierten Prozesse.

1. $\Rightarrow$2. Sei $\mathcal{W}_+ = \{c \in \mathcal{W} \,|\, c \geq 0\} \subset \mathcal{W}$. Dann existieren genau dann keine Arbitragegelegenheiten, wenn der Kegel $\mathcal{W}_+$ den Untervektorraum
$$\mathcal{W}_0 = \{L(h) \,|\, h \text{ Handelsstrategie}, \ V_0(h) = 0\} \subset \mathcal{W}$$
von ImL nur im Nullpunkt schneidet. Zur Veranschaulichung siehe Abb. 1.10. Wir betrachten nun die Teilmenge
$$M = \{c \in \mathcal{W}_+ \,|\, \|c\|_1 = 1\} \subset \mathcal{W}_+,$$
wobei $\|c\|_1 = \sum_{t=0}^{n} \sum_{A_t \in \mathcal{F}_t} |c_t(A_t)|$ definiert wird. Die Menge M ist konvex und kompakt. Angenommen, es gibt keine Arbitragegelegenheiten. Dann gilt $\mathcal{W}_0 \cap M = \emptyset$, und aus dem zweiten Trennungssatz, Satz 1.47, folgt die Existenz eines adaptierten Prozesses ϕ mit $\langle \phi, x \rangle < \langle \phi, y \rangle$ für alle $x \in \mathcal{W}_0$ und für alle $y \in M$. Da $\mathcal{W}_0$ ein linearer

Raum ist, folgt daraus $\langle \phi, x \rangle = 0$ für alle $x \in \mathcal{W}_0$. Dies wiederum impliziert $\langle \phi, y \rangle > 0$ für alle $y \in M$. Mit $1_{A_t} \in M$, $A_t \in \mathcal{F}_t$, $0 \leq t \leq n$, gilt $\phi_t(A_t) = \langle \phi, 1_{A_t} \rangle > 0$, also ist $\phi \gg 0$.

2. $\Rightarrow$3. Für eine beliebige Handelsstrategie h definieren wir $\tilde{h} = (0, h_1, \ldots, h_n)$. Wegen $V_0(\tilde{h}) = \tilde{h}_0 \cdot S_0^\delta = 0$ gilt nach Voraussetzung die Gleichung (2.43), also

$$\left\langle \phi, L(\tilde{h}) \right\rangle = 0,$$

für ein $\phi \in \mathcal{W}$ mit $\phi \gg 0$. Nach Definition gilt

$$L_0(h) = h_0 \cdot S_0^\delta - h_1 \cdot S_0 = V_0(h) + L_0(\tilde{h}),$$
$$L_t(h) = L_t(\tilde{h}) \quad (t > 0).$$

Daraus folgt

$$\langle \phi, L(h) \rangle = \phi_0 V_0(h) + \left\langle \phi, L(\tilde{h}) \right\rangle$$
$$= \phi_0 V_0(h),$$

also (2.44).

3. $\Rightarrow$1. Angenommen, für eine Handelsstrategie h gilt $L(h) > 0$. Dann folgt wegen $\phi \gg 0$ aus (2.44) $V_0(h) > 0$. Also ist h keine Arbitragegelegenheit, und das Marktmodell $((S, \delta), \mathcal{F})$ ist arbitragefrei. □

Ist ϕ ein Prozess, der (2.43) oder (2.44) erfüllt, dann erfüllt für jedes $\lambda > 0$ auch $\lambda\phi$ diese beiden Gleichungen. Insbesondere kann der Prozess stets so gewählt werden, dass $\phi_0(A_0) = 1$ gilt, und in diesem Fall ist ϕ ein Diskontprozess.

Satz 2.33 *Ein Marktmodell $((S, \delta), \mathcal{F})$ ist genau dann arbitragefrei, wenn jedes Ein-Perioden-Teilmodell arbitragefrei ist.*

Beweis Nach Definition besitzt jedes Mehr-Perioden-Modell $((S, \delta), \mathcal{F})$ arbitragefreie und vollständige Ein-Perioden-Teilmodelle.

Zu zeigen bleibt, dass das Marktmodell $((S, \delta), \mathcal{F})$ arbitragefrei ist im Sinne der Definition 2.31. Zunächst lassen sich die aufgrund der vorausgesetzten Arbitragefreiheit und Vollständigkeit der Ein-Perioden-Teilmodelle eindeutig bestimmten Diskontvektoren der Teilmodelle wie in Abschn. 2.4 dargestellt zu einem Prozess ϕ zusammensetzen. Mit $\psi_0(A_0) = 1$ gilt also definitionsgemäß für jeden Pfad von $A_0 = \Omega$ bis zu einem beliebigen $A_t \in \mathcal{F}_t$

$$\phi_t(A_t) = \psi_0(A_0)\, \psi_1(A_1) \cdots \psi_t(A_t) \quad (A_0 \supset \cdots \supset A_t).$$

Da alle Diskontvektoren strikt positiv sind, folgt

$$\phi_t(A_t) > 0 \quad (A_t \in \mathcal{F}_t),$$

also ist ϕ strikt positiv. Bezeichnet $\mathbf{D}$ den mithilfe von ϕ definierten Diskontierungsoperator, dann wurde vorher in diesem Abschnitt für beliebige Handelsstrategien h der Zusammenhang (2.41), also

$$V_0(h) = \sum_{t=0}^{n} \mathbf{D}_{0,t}[L_t(h)] = \langle \phi, L(h) \rangle,$$

abgeleitet, wobei für die zweite Gleichheit (2.28) verwendet wurde. Die Arbitragefreiheit des Mehr-Perioden-Modells $((S, \delta), \mathcal{F})$ folgt nun aus dem Fundamentalsatz 2.32. □

2.8 Das Wichtigste im Überblick

Mehr-Perioden-Modelle sind Verkettungen von Ein-Perioden-Modellen. Die wichtigsten Mehr-Perioden-Modelle sind die Binomialbäume, für die gilt:

- Jeder Knoten vor dem Endzeitpunkt zerfällt zum nachfolgenden Zeitpunkt in zwei Teilknoten.
- Es werden zwei Wertpapiere modelliert, eine festverzinsliche Geldanlage mit Periodenzins $r > -1$ und eine Aktie mit Anfangskurs $S > 0$. Für die Aktie gibt es zwei Faktoren, einen Aufstiegsfaktor u und einen Abstiegsfaktor d mit $0 < d < u$. In jeder Periode kann sich der Aktienkurs entweder mit dem Faktor u oder mit dem Faktor d verändern.
- Mehr-Perioden-Modelle sind nach Satz 2.33 genau dann arbitragefrei, wenn jedes Ein-Perioden-Teilmodell arbitragefrei ist. Ein Binomialbaum ist daher genau dann arbitragefrei, wenn

  $$d < \rho < u$$

  gilt, wobei $\rho = 1 + r$ den Verzinsungsfaktor pro Periode bezeichnet.

Ein Binomialbaum wird gekennzeichnet durch ein Tupel (S, n, r, u, d), wobei n die Anzahl der Perioden im Baum bezeichnet. In einem derartigen Binomialbaum sei c eine zustandsabhängige Auszahlung, die sich als Funktion der Aktienkurse zum Endzeitpunkt darstellen lässt, sodass gilt

$$c_j = f\left(u^{n-j} d^j S\right) \quad (0 \le j \le n).$$

Beispielsweise sind die Endauszahlungen c für Call-Optionen, Put-Optionen und Forward-Kontrakte von diesem Typ und lauten jeweils

$$c_j = \max\left(u^{n-j}d^j S - K,\ 0\right)$$

$$c_j = \max\left(K - u^{n-j}d^j S,\ 0\right)$$

$$c_j = u^{n-j}d^j S - F,$$

wenn K den entsprechenden Ausübungspreis und F den Forwardpreis bezeichnet.

Die Diskontvektoren ψ aller Ein-Perioden-Teilmodelle eines Binomialbaums stimmen überein und sind gegeben durch

$$\psi = \begin{pmatrix} \psi_1 \\ \psi_2 \end{pmatrix} = \frac{1}{\rho}\frac{1}{u-d}\begin{pmatrix} \rho - d \\ u - \rho \end{pmatrix}.$$

Damit ist der Replikationspreis c_0 von c gegeben durch (2.8), also durch

$$c_0 = \sum_{j=0}^{n} \binom{n}{j} \psi_1^{n-j} \psi_2^j c_j = \langle \phi_n,\ c\rangle,$$

wenn

$$\phi_{nj} = \binom{n}{j} \psi_1^{n-j} \psi_2^j$$

definiert wird. Der Vektor ϕ_n kann als Diskontvektor des Binomialbaums interpretiert werden, die Formel

$$c_0 = \langle \phi_n,\ c\rangle$$

als verallgemeinerte Diskontierung.

Die Bewertung durch verallgemeinerte Diskontierung lässt sich nicht nur für Binomialbäume durchführen, sondern für beliebige Mehr-Perioden-Modelle, deren Ein-Perioden-Teilmodelle arbitragefrei und vollständig sind, siehe Abschn. 2.3 und Abschn. 2.5. Dabei lassen sich auch Dividendenzahlungen der Finanzinstrumente der jeweiligen Modelle berücksichtigen, siehe Abschn. 2.4.

Anders als bei den Ein-Perioden-Modellen, wo zur Replikation einer Endauszahlung lediglich ein Replikationsportfolio bestimmt werden muss, erfordert die Replikation einer Endauszahlung in Mehr-Perioden-Modellen die Berechnung einer replizierenden Handelsstrategie. Dabei muss das Anfangsportfolio in der Regel in jedem Knoten zu jedem Zeitpunkt vor dem Endzeitpunkt umgeschichtet werden. Die Methode der verallgemeinerten Diskontierung ermöglicht zwar die Berechnung des Replikationspreises c_0 einer zustandsabhängigen Endauszahlung c, jedoch wird auf diese Weise nicht die replizierende Handelsstrategie ermittelt. Dies ist analog zur Situation bei den Ein-Perioden-Modellen, wo im Rahmen der Bewertung einer zustandsabhängigen Endauszahlung c durch verallgemeinerte Diskontierung zwar der Preis c_0 von c, aber kein Replikationsportfolio ermittelt wird. Der Zusammenhang zwischen Replikationspreis und replizierender Handelsstrategie wird in Abschn. 2.7 dargestellt.

2.9 Aufgaben

Aufgabe 2.1 Betrachten Sie einen Binomialbaum mit zwei Perioden, der durch die Parameter $S = 100$, $r = 2\%$, $u = 1{,}1$ und $d = 1/u = 0{,}91$ definiert ist. Sei weiter c das Auszahlungsprofil einer Call-Option auf die Aktie mit Ausübungspreis $K = 90$ und mit Fälligkeitszeitpunkt am Ende der zweiten Periode.

1. Bestimmen Sie den Preis der Call-Option mithilfe verallgemeinerter Diskontierung.
2. Bewerten Sie die Call-Optionen mithilfe replizierender Portfolios für die jeweiligen Ein-Perioden-Teilmodelle und überzeugen Sie sich davon, dass der auf diese Weise ermittelte Preis mit dem übereinstimmt, der durch verallgemeinerte Diskontierung erhalten wurde.
3. Beschreiben Sie die Replikationsstrategie mithilfe der berechneten Replikationsportfolios für die Ein-Perioden-Teilmodelle unter der Annahme, dass der Aktienkurs zum Zeitpunkt 1 von S auf uS steigt und dann zum Zeitpunkt 2 auf $udS = S$ fällt.

Aufgabe 2.2 (Put-Call-Parität im Binomialbaum) Verwenden Sie die Binomialbaum-Formel

$$c_0 = \sum_{j=0}^{n} \binom{n}{j} \psi_1^{n-j} \psi_2^j f\left(u^{n-j} d^j S\right)$$

für Auszahlungen, die nur von den Kursen zum Endzeitpunkt abhängen, zum Nachweis der **Put-Call-Parität**

$$S - dK = c_0 - p_0$$

für Call- und Put-Optionen im Binomialbaum (S, n, r, u, d). In der Formel bezeichnet S den Aktienkurs zum Zeitpunkt 0, K den Ausübungspreis, $d = \frac{1}{\rho^n}$, $\rho = 1 + r$, den Diskontfaktor für den Gesamtzeitraum und c_0 sowie p_0 die Preise je einer Call- und Put-Option auf die Aktie des Modells mit Ausübungspreis K und Fälligkeit zum Endzeitpunkt n.

Hinweis Verifizieren Sie, dass für alle reellen Zahlen S und K gilt

$$S - K = (S - K)^+ - (K - S)^+ .$$

Aufgabe 2.3 Betrachten Sie den in Abb. 2.9 dargestellten Binomialbaum mit 2 Perioden. Der Anfangskurs der Aktie werde mit S bezeichnet, der Zinssatz pro Periode mit r und die Auf- und Abstiegsfaktoren für die Aktie wie üblich mit u und d, wobei $0 < d < \rho = 1 + r < u$ gelten soll. Dabei zahle die Aktie zum Zeitpunkt 1 im Knoten A_{11} eine Dividende in Höhe von $\delta_1(A_{11})$ aus und im Knoten A_{12} eine Dividende in Höhe von $\delta_1(A_{12})$.

1. Zeigen Sie, dass die Diskontvektoren der drei Ein-Perioden-Teilmodelle identisch sind und mit dem Diskontvektor für den Fall übereinstimmen, dass keine Dividenden gezahlt werden.
2. Zeigen Sie, dass der Baum im vorliegenden Fall im Allgemeinen **nicht rekombiniert,** d. h., dass im Allgemeinen gilt

$$S_2^\delta(A_{22}) = dS_1(A_{11}) \neq uS_1(A_{12}) = S_2^\delta(A_{23}).$$

   Was bedeutet das für die Bewertung von Auszahlungsprofilen bei einer größeren Anzahl von Perioden?
3. Sei c eine zustandsabhängige Auszahlung zum Zeitpunkt 2. Geben Sie für den in Abb. 2.9 skizzierten Fall, dass zum Zeitpunkt 1 alle ausgeschütteten Dividenden reinvestiert werden, eine Formel für den Replikationspreis c_0 von c zum Zeitpunkt 0 mithilfe des zugehörigen Diskontprozesses an.
4. Betrachten Sie für $S = 100$, $r = 2\%$, $u = 1,2$, $d = 1/u$ sowie $\delta_1(A_{11}) = 2$ und $\delta_1(A_{12}) = 1$ eine Call-Option auf die Aktie mit Ausübungspreis $K = 100$. Bestimmen Sie das zugehörige Auszahlungsprofil c und den Replikationspreis c_0 für den Fall, dass alle Dividendenerträge im Rahmen der Replikationsstrategie reinvestiert werden.

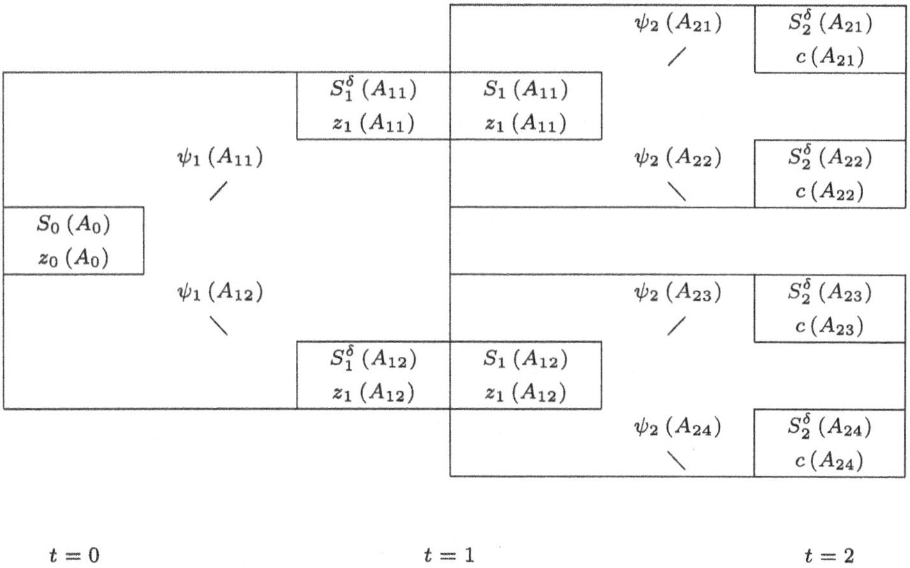

Abb. 2.9 Bewertung einer Auszahlung c unter Berücksichtigung von Dividendenzahlungen in Aufgabe 2.3

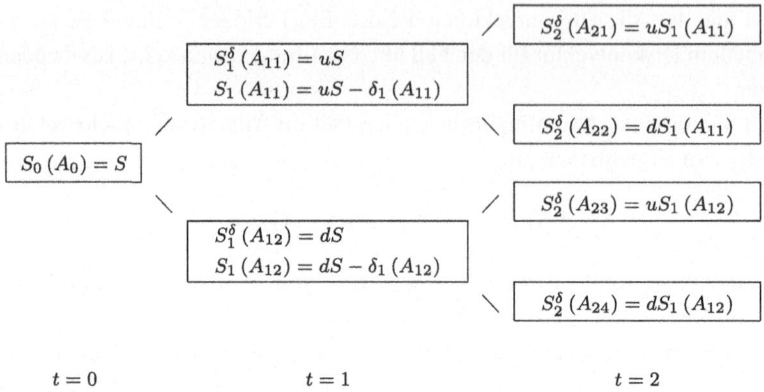

Abb. 2.10 Kurse der Aktie in Aufgabe 2.3

In Abb. 2.10 werden die Kurse der Aktie im Baum unter Berücksichtigung der Dividendenzahlungen angegeben.

Aufgabe 2.4 Betrachten Sie einen durch $S = 100$, $r = 2\%$, $u = 1,2$ und $d = 1/u$ gegebenen Binomialbaums mit 3 Perioden. Bestimmen Sie den Replikationspreis c_0 der Auszahlung

$$c(\omega) = (S_3(\omega) - K(\omega))^+,$$

wobei $K(\omega)$ die Mittelwerte der Aktienkurse längs der zu ω führenden Pfade, jeweils beginnend beim Anfangszeitpunkt 0, bezeichnet.

Dies ist ein Beispiel einer pfadabhängigen Option, deren Auszahlung sich nicht als Funktion der Kurse zum Endzeitpunkt darstellen lässt. Schon bei der hier vorliegenden geringen Zahl von nur acht Pfaden vermittelt das Beispiel einen guten Eindruck davon, welche Schwierigkeiten die Bewertung pfadabhängiger Optionen bereiten kann.

Aufgabe 2.5 (Umgang mit dem Diskontierungsoperator) Sei $((S, \delta), \mathcal{F})$ ein Binomialbaum mit wenigstens zwei Perioden, mit arbitragefreien und vollständigen Ein-Perioden-Teilmodellen, mit Diskontvektor ψ und mit Diskontprozess ϕ. Weiter sei $\mathcal{F}_0 = \{A_0\} = \{\Omega\}$ und $\mathcal{F}_t = \{A_{tj} \mid j = 1, \ldots, 2^t\}$ für $t > 0$. Schließlich sei c eine beliebige Auszahlung zum Zeitpunkt 2. Zeigen Sie mithilfe der Definition des Diskontierungsoperators:

1. $\mathbf{D}_{1,2}[c](A_{11}) = \psi_1 c(A_{21}) + \psi_2 c(A_{22})$, $\mathbf{D}_{1,2}[c](A_{12}) = \psi_1 c(A_{23}) + \psi_2 c(A_{24})$,
2. $\mathbf{D}_{0,2}[c](A_0) = \psi_1^2 c(A_{21}) + \psi_1\psi_2 c(A_{22}) + \psi_1\psi_2 c(A_{23}) + \psi_2^2 c(A_{24})$.
3. $\mathbf{D}_{0,1}\left[\mathbf{D}_{1,2}[c]\right](A_0) = \mathbf{D}_{0,2}[c](A_0)$.

Aufgabe 2.6 Sei $((S, \delta), \mathcal{F})$ ein Mehr-Perioden-Modell mit arbitragefreien und vollständigen Ein-Perioden-Teilmodellen und Diskontprozess ϕ. Sei $(b, D)_{A_{t-1}}$ für $1 \leq t \leq n$

und $A_{t-1} \in \mathcal{F}_{t-1}$ ein beliebiges Ein-Perioden-Teilmodell des Marktmodells $((S, \delta), \mathcal{F})$. Zeigen Sie: Bezeichnet $A_{ts_1}, \ldots, A_{ts_k} \in \mathcal{F}_t$ eine Aufzählung der Knoten, in die A_{t-1} zum Zeitpunkt t zerfällt, dann gilt

$$\psi = \begin{pmatrix} \psi_t\left(A_{ts_1}\right) \\ \vdots \\ \psi_t\left(A_{ts_k}\right) \end{pmatrix} = \frac{1}{\phi_{t-1}\left(A_{t-1}\right)} \begin{pmatrix} \phi_t\left(A_{ts_1}\right) \\ \vdots \\ \phi_t\left(A_{ts_k}\right) \end{pmatrix}$$

für den Diskontvektor ψ des Ein-Perioden-Teilmodell $(b, D)_{A_{t-1}}$ sowie

$$D\psi = b = S_{t-1}\left(A_{t-1}\right) = \mathbf{D}_{t-1,t}\left[S_t^\delta\right]\left(A_{t-1}\right),$$

wobei $\mathbf{D}$ den mithilfe von ϕ definierten Diskontierungsoperator bezeichnet.

Aufgabe 2.7 (Charakterisierung des Diskontprozesses) Sei $(S, \mathcal{F})$ ein arbitragefreies und vollständiges Mehr-Perioden-Modell.

1. Sei $0 \leq s \leq t \leq n$ und sei A eine beliebige Vereinigung von Elementen $A_s \in \mathcal{F}_s$. Zeigen Sie, dass gilt
$$\langle \phi_t, S_t 1_A \rangle = \langle \phi_s, S_s 1_A \rangle, \tag{2.45}$$
wobei ϕ den Diskontprozess bezeichnet.
2. Angenommen, für einen adaptierten stochastischen Prozess $\phi \gg 0$ gilt (2.45). Zeigen Sie, dass ϕ der Diskontprozess des Modells ist.

Aufgabe 2.8 Sei (S, n, r, u, d) ein Binomialbaum mit $d < \rho < u$ für $\rho = 1 + r$ und Diskontvektor $(\psi_1, \psi_2)^{\mathrm{t}}$. Die Auszahlungsfunktion f eines Derivats sei ein Polynom $f(x) = a_0 + a_1 x + \cdots + a_m x^m$. Zeigen Sie, dass der Preis c_0 von f gegeben ist durch

$$c_0 = \sum_{k=0}^{m} a_k q_k S^k, \quad q_k = \left(u^k \psi_1 + d^k \psi_2\right)^n,$$

mit $q_0 = \frac{1}{\rho^n}$ und $q_1 = 1$.

Aufgabe 2.9 (Stetige Abhängigkeit der Preise von der Endauszahlung) Sei $((S, \delta), \mathcal{F})$ ein Mehr-Perioden-Modell, dessen Ein-Perioden-Teilmodelle arbitragefrei und vollständig sind, und sei ϕ der zugehörige Diskontprozess. Seien f und g zwei Auszahlungsfunktionen. Bezeichnen $c_0(f)$ und $c_0(g)$ die Preise von f und g, dann zeigen Sie

$$|c_0(f) - c_0(g)| \leq d \, \|f - g\|_\infty,$$

wobei

$$d = \sum_{\omega \in \Omega} \phi_n(\omega)$$

definiert wurde und wobei $\|\cdot\|_\infty$ die Supremumsnorm bezeichnet.

Aufgabe 2.10 (Surjektivität des Diskontierungsoperators) Zeigen Sie, dass der Diskontierungsoperator $\mathbf{D}_{s,t}$ für alle $0 \le s \le t \le n$ eine surjektive lineare Abbildung vom Vektorraum der $\mathcal{F}_t$-messbaren Funktionen auf den Vektorraum der $\mathcal{F}_s$-messbaren Funktionen definiert.

Aufgabe 2.11 (Diskontierungsoperator und deterministische Diskontierung) Sei $((S, \delta), \mathcal{F})$ ein Mehr-Perioden-Modell mit arbitragefreien und vollständigen Ein-Perioden-Teilmodellen. Sei weiter c_t eine deterministische Auszahlung zum Zeitpunkt $0 \le t \le n$, d. h., es gilt $c_t(A_t) = K$, $K \in \mathbb{R}$, für alle $A_t \in \mathcal{F}_t$.

1. Weisen Sie für $0 \le s \le t \le n$ und $A_s \in \mathcal{F}_s$ die Beziehung

   $$\mathbf{D}_{s,t}[c_t](A_s) = d_{s,t}(A_s)\, K$$

   nach, wobei

   $$d_{s,t}(A_s) = \begin{cases} \sum_{\substack{A_r \in \mathcal{F}_r,\, s<r\le t \\ A_s \supset A_{s+1} \supset \cdots \supset A_t}} \psi_{s+1}(A_{s+1}) \cdots \psi_t(A_t) & (s < t) \\ 1 & (s = t) \end{cases}$$

   definiert wird. Die Komponenten der Diskontvektoren der Ein-Perioden-Teilmodelle werden für $s < t$ also jeweils längs aller von A_s ausgehenden und bis zum Zeitpunkt t verlaufenden Teilpfade miteinander multipliziert, und die Produkte werden anschließend aufsummiert.
2. Sei (S, n, r, u, d) ein arbitragefreier und vollständiger Binomialbaum. Zeigen Sie, dass in diesem Fall für $0 \le s \le t \le n$ die Darstellung

   $$d_{s,t}(A_s) = \frac{d_t}{d_s} = \frac{1}{\rho^{t-s}}$$

   gilt, wobei $d_t = \frac{1}{\rho^t}$ mit $\rho = 1 + r$ definiert wurde. Im Falle eines Binomialbaums hängen die Diskontfaktoren $d_{s,t}(A_s)$ also nicht von den Knoten $A_s \in \mathcal{F}_s$ im Baum ab, sondern nur von der Zeitdifferenz $t - s$, und es gilt die klassische Diskontierungsformel für deterministische Auszahlungen.

Aufgabe 2.12 (Multinomialbäume) $(S, \mathcal{F})$ sei ein arbitragefreies und vollständiges Mehr-Perioden-Modell mit k Wertpapieren und mit n Perioden. Jedes Ein-Perioden-Teilmodell $(b, D)_{A_t}$ sei für beliebige $0 \le t < n$ und $A_t \in \mathcal{F}_t$ gegeben durch

$$\left(\begin{pmatrix} S_t^1 \\ \vdots \\ S_t^k \end{pmatrix}, \begin{pmatrix} u_{11}S_t^1 & \cdots & u_{1k}S_t^1 \\ \vdots & & \vdots \\ u_{k1}S_t^k & \cdots & u_{kk}S_t^k \end{pmatrix}\right), \tag{2.46}$$

wobei die u_{ij}, $1 \leq i, j \leq k$, Konstanten sind. Derartige Mehr-Perioden-Modelle werden **Multinomialbäume** genannt.

1. Zeigen Sie, dass der Preis c_0 einer Auszahlung

$$c = f\left(u_{11}^{j_1} \cdots u_{1k}^{j_k} S_0^1, \ldots, u_{k1}^{j_1} \cdots u_{kk}^{j_k} S_0^k\right) \quad (j_1 + \cdots + j_k = n),$$

die nur von den Kursen der modellierten Wertpapiere $S^1, \ldots, S^k$ zum Endzeitpunkt abhängt, dargestellt werden kann als

$$c_0 = \sum_{j_1+\cdots+j_k=n} \binom{n}{j_1, j_2, \ldots, j_k} \psi_1^{j_1} \cdots \psi_k^{j_k} f\left(u_{11}^{j_1} \cdots u_{1k}^{j_k} S_0^1, \ldots, u_{k1}^{j_1} \cdots u_{kk}^{j_k} S_0^k\right).$$

Dabei bezeichnen $\binom{n}{j_1, j_2, \ldots, j_k} = \frac{n!}{j_1! \cdots j_k!}$, $j_1 + \cdots + j_k = n$, die Multinomialkoeffizienten.

2. Bestimmen Sie die Anzahl der Summanden in der Formel für c_0 in 1.
3. Sei $k = 3$. Angenommen, eine Endauszahlung c hängt nur vom Preis von S^2 zum Endzeitpunkt n ab. Weiter sei jedes Ein-Perioden-Teilmodell $(b, D)_{A_t}$ für beliebige $0 \leq t < n$ und $A_t \in \mathcal{F}_t$ arbitragefrei und vollständig und gegeben durch

$$\left(\begin{pmatrix} S_t^1 \\ S_t^2 \\ S_t^3 \end{pmatrix}, \begin{pmatrix} u_{11}S_t^1 & u_{12}S_t^1 & u_{13}S_t^1 \\ uS_t^2 & dS_t^2 & dS_t^2 \\ u_{31}S_t^3 & u_{32}S_t^3 & u_{33}S_t^3 \end{pmatrix}\right).$$

Zeigen Sie, dass der Preis c_0 von c dargestellt werden kann als

$$c_0 = \sum_{j=0}^{n} \binom{n}{j} \psi_1^j (\psi_2 + \psi_3)^{n-j} f\left(u^j d^{n-j} S_0^2\right).$$

Aufgabe 2.13 (Multinomialbäume) $(S, \mathcal{F})$ sei ein Multinomialbaum mit n Perioden und $k > 2$ Wertpapieren. Das Finanzinstrument S^1 sei festverzinslich mit Periodenzins r. Bezeichnet $R_i = \frac{S_1^i - S_0^i}{S_0^i}$ die Rendite des i-ten Finanzinstruments, dann seien die Erwartungswerte

$$\mu_i = \mathbf{E}[R_i] = \sum_{l=1}^{k} p_l R_i(\omega_l)$$

für die $k-1$ Wertpapiere $S^2, \ldots, S^k$ gegeben, wobei $p_l > 0$ für $1 \leq l \leq k$ die Eintrittswahrscheinlichkeit für Szenario ω_l bezeichnet. Weiter sei eine positiv definite Kovarianzmatrix

C mit

$$C_{ij} = \mathbf{Cov}\left(R_i,\ R_j\right) = \mathbf{E}\left[R_i R_j\right] - \mathbf{E}\left[R_i\right]\mathbf{E}\left[R_j\right] \quad (2 \le i,\ j \le k)$$

gegeben. Die μ_i und p_l sowie C werden für jedes Ein-Perioden-Teilmodell vorausgesetzt. Das Ziel der Aufgabe besteht darin, mithilfe dieser Informationen geeignete Faktoren u_{ij}, $1 \le i,\ j \le k$, für die Ein-Perioden-Teilmodelle (2.46) zu definieren.

1. Der Vektor $e_1 = (1,\ 1, \ldots,\ 1) \in \mathbb{R}^k$ werde zunächst zu einer Orthonormalbasis $(e_1,\ e_2, \ldots,\ e_k)$ des $\mathbb{R}^k$ bezüglich des Skalarprodukts

$$(x,\ y) = \sum_{l=1}^{k} p_l x_l y_l$$

   ergänzt. Definieren Sie nun für $i = 2, \ldots,\ k$ Zufallsvariable Z_i durch

$$Z_i\left(\omega_j\right) = e_{ij} \quad (1 \le j \le k),$$

   wobei e_{ij} die j-te Komponente von e_i bezeichnet. Zeigen Sie, dass für $2 \le i,\ j \le k$ gilt

$$\mathbf{E}\left[Z_i\right] = 0, \quad \mathbf{Cov}\left(Z_i,\ Z_j\right) = \delta_{ij},$$

   wobei $\delta_{ij} = 1$ für $i = j$ und $\delta_{ij} = 0$ sonst gilt. Die Zufallsvariablen Z_i sind also unkorreliert mit Erwartungswert 0 und Varianz 1.
2. Bezeichnet

$$C = LL^{\mathrm{t}}$$

   die Cholesky-Zerlegung von C, dann werden für $2 \le i \le k$ die Zufallsvariablen

$$Y_i = \mu_i + L_{i2} Z_2 + \cdots + L_{ii} Z_i$$

   unter Beachtung, dass L eine untere Dreiecksmatrix ist, definiert, was auch als

$$Y = \mu + LZ$$

   geschrieben wird. Zeigen Sie, dass für $2 \le i,\ j \le k$ gilt

$$\mathbf{E}\left[Y_i\right] = \mu_i, \quad \mathbf{Cov}\left(Y_i,\ Y_j\right) = C_{ij}.$$

   Die Y_i besitzen also die Erwartungswerte und Kovarianzen, die für die Renditen der Wertpapiere des Modells angenommen werden.
3. Definieren Sie nun mithilfe des Ansatzes

$$Y_i = R_i = \frac{S_1^i - S_0^i}{S_0^i}$$

die gesuchten Faktoren u_{ij}, $1 \leq i, j \leq k$, für (2.46). Sind diese Faktoren durch die Vorgabe der μ_i, $1 \leq i \leq k$, p_l, $1 \leq l \leq k$, und C eindeutig bestimmt?

4. Sind die auf diese Weise entstehenden Ein-Perioden-Modelle

$$\left(\begin{pmatrix} 1 \\ \vdots \\ 1 \end{pmatrix}, \begin{pmatrix} u_{11} & \cdots & u_{1k} \\ \vdots & & \vdots \\ k1 & \cdots & u_{kk} \end{pmatrix} \right)$$

vollständig?

3 Optionen, Futures und andere Derivate

In diesem Kapitel wird zunächst gezeigt, wie sich die Parameter eines Binomialbaums an reale Marktdaten anpassen lassen. Anschließend wird die Bewertung europäischer und amerikanischer Standard-Derivate mit und ohne Dividendenzahlungen der zugrundeliegenden Aktie dargestellt. In Abschn. 3.5 wird gezeigt, dass die Binomialbaumformeln für Call- und Put-Optionen gegen die Black-Scholes-Formeln konvergieren, wenn die Periodenlänge im Baum gegen null konvergiert. Für die Bewertung aller genannten Optionstypen werden in Abschn. 3.6 vollständige Octave-Programme angegeben. Schließlich werden eine Reihe weiterer Optionen und Finanzinstrumente, wie Forward-Start-Optionen, Anleihen, Aktienanleihen, Barrier-Optionen, Futures und Swaps besprochen.

3.1 Kalibrierung der Parameter des Binomialbaums

Bisher waren die Anzahl n der betrachteten Perioden und die Parameter S, r, u und d in einem Binomialbaum willkürlich vorgegebene Größen. In diesem Abschnitt wird dargestellt, wie diese Parameter bei vorgegebener Periodenzahl n so bestimmt werden können, dass der Baum an reale Zinsen und an reale Aktienkursentwicklungen angepasst ist.

Optionen, Futures, Forward-Kontrakte und andere Derivate besitzen in der Zukunft liegende Fälligkeitszeitpunkte, die im Folgenden mit dem Buchstaben T gekennzeichnet werden. Die Einheit der Zeit wird als *ein Jahr* definiert, sodass beispielsweise $T = 1$ den gegenüber dem Bewertungszeitpunkt $t = 0$ ein Jahr in der Zukunft liegenden Zeitpunkt bezeichnet. Wird ein Finanzinstrument mit Fälligkeitszeitpunkt T mithilfe eines Binomialbaums bewertet, dann wird das Zeitintervall $[0,\ T]$ in n gleiche Abschnitte mit Periodenlänge $\Delta t = T/n$ unterteilt.

J. Kremer, *Preise in Finanzmärkten*,
https://doi.org/10.1007/978-3-662-67148-1_3

Die Definition des Zinssatzes r pro Periode

Definition 3.1 Angenommen, der Verzinsungsfaktor für den modellierten Zeitbereich $[0, T]$ lautet ρ_T. Dann wird der **Verzinsungsfaktor** ρ **pro Periode** definiert durch

$$\rho^n = \rho_T,$$

also durch

$$\rho = \sqrt[n]{\rho_T}.$$

Der Zinssatz pro Periode, der **Periodenzins** r, ist damit gegeben durch

$$r = \rho - 1 = \sqrt[n]{\rho_T} - 1.$$

Damit gilt

$$\rho_T = \rho^n = (1 + r)^n .$$

Beispiel 3.2 Angenommen, der Verzinsungsfaktor ρ_T für den Zeitraum $[0, T]$ ist mithilfe eines Jahreszinses R gegeben durch

$$\rho_T = (1 + R)^T .$$

Dann lautet der Verzinsungsfaktor ρ pro Periode

$$\rho = \sqrt[n]{\rho_T} = (1 + R)^{\frac{T}{n}} ,$$

und damit der Periodenzins $r = (1 + R)^{\frac{T}{n}} - 1.$ △

Die Definition der Auf- und Abstiegsfaktoren u und d pro Periode

Zur Bestimmung der Faktoren u und d wird zunächst eine Annahme über die Verteilung der Renditen der Aktienkurse gemacht. Die in diesem Zusammenhang wesentliche Größe ist die Volatilität σ der Kursrenditen, die für die Vergangenheit aus Kurszeitreihen geschätzt werden kann. σ wird im Folgenden mit den Faktoren u und d in Zusammenhang gebracht.

Die Modellierung der Aktienkurse

Die **logarithmische Rendite** $R_{s,t}^{\log}$ des Aktienkurses zwischen den Zeitpunkten s und t, $0 \leq s < t$, ist definiert durch

$$R_{s,t}^{\log} = \ln \frac{S_t}{S_s},$$

wobei S_t wie üblich den Kurs der Aktie S zum Zeitpunkt $t \in \mathbb{R}$ bezeichnet[1]. Seien S_{t_i} Aktienkurse zu Zeitpunkten $t_0 < t_1 < \cdots < t_n$. Dann gilt

$$\frac{S_{t_n}}{S_{t_0}} = \frac{S_{t_n}}{S_{t_{n-1}}} \frac{S_{t_{n-1}}}{S_{t_{n-2}}} \cdots \frac{S_{t_1}}{S_{t_0}},$$

also

$$R^{\log}_{t_0,t_n} = R^{\log}_{t_0,t_1} + \cdots + R^{\log}_{t_{n-1},t_n}.$$

Nehmen wir an, dass alle Zeitintervalle $\left[t_{i-1},\, t_i\right]$ für $i = 1, \ldots, n$ die gleiche Länge $t_i - t_{i-1}$ besitzen und dass die $R^{\log}_{t_{i-1},t_i}$ identisch verteilt und unabhängig sind mit $R^{\log}_{t_{i-1},t_i} \sim R^{\log}$ und

$$\mathbf{E}\left[R^{\log}\right] = \mu, \quad \mathbf{V}\left[R^{\log}\right] = \sigma^2,$$

dann folgt

$$\mathbf{E}\left[R^{\log}_{t_0,t_n}\right] = \sum_{i=1}^{n} \mathbf{E}\left[R^{\log}_{t_{i-1},t_i}\right] = n\,\mathbf{E}\left[R^{\log}\right] = n\mu$$

$$\mathbf{V}\left[R^{\log}_{t_0,t_n}\right] = \sum_{i=1}^{n} \mathbf{V}\left[R^{\log}_{t_{i-1},t_i}\right] = n\,\mathbf{V}\left[R^{\log}\right] = n\sigma^2.$$

Aufgrund des zentralen Grenzwertsatzes erwarten wir, dass $R^{\log}_{t_0,t_n}$ näherungsweise normalverteilt ist. Dies motiviert folgende

Verteilungsannahme Wir nehmen an, dass es zwei Parameter μ und $\sigma > 0$ gibt, sodass für alle $0 \le s < t$ gilt

$$\ln \frac{S_t}{S_s} \sim \mathcal{N}\left(\mu\,(t-s),\, \sigma^2\,(t-s)\right). \tag{3.1}$$

Die Eigenschaft (3.1) bedeutet, dass die logarithmischen Renditen der Aktienkurse normalerteilt sind mit

$$\mathbf{E}\left[R^{\log}_{s,t}\right] = \mu\,(t-s) \tag{3.2}$$

und

$$\mathbf{V}\left[R^{\log}_{s,t}\right] = \sigma^2\,(t-s). \tag{3.3}$$

---

[1] Wegen $\ln(1+x) \approx x$ für $|x| \ll 1$ folgt mit $x = \frac{S_t}{S_s} - 1$ die Näherung

$$R^{\log}_{s,t} = \ln \frac{S_t}{S_s} = \ln\left(1 + \left(\frac{S_t}{S_s} - 1\right)\right) \approx \frac{S_t}{S_s} - 1 = R_{s,t},$$

falls $\left|\frac{S_t}{S_s} - 1\right| \ll 1$. Unter dieser Voraussetzung stimmen also die logarithmischen Renditen $R^{\log}_{s,t}$ mit den gewöhnlichen Renditen $R_{s,t}$ näherungsweise überein.

Sowohl der Erwartungswert als auch die Varianz der logarithmischen Renditen hängen unter den angegebenen Voraussetzungen also linear vom betrachteten Zeitraum ab.

Anpassung des Binomialbaums an das Kursmodell der Aktien
Wir betrachten ein beliebiges Ein-Perioden-Teilmodell des Binomialbaums (S, n, r, u, d), siehe Abb. 3.1. Weiter sei $[0, T]$ der Zeitbereich, der mithilfe des Baums modelliert werden soll. Für die logarithmische Rendite

$$R^{\log} = \ln \frac{S_{i+1}}{S_i} = \begin{cases} \ln u & \text{(oberer Endknoten)} \\ \ln d & \text{(unterer Endknoten)} \end{cases}$$

des Teilmodells machen wir mit $\Delta t = T/n$ den Ansatz

$$R^{\log} = \mu \Delta t + \sigma \sqrt{\Delta t} Z,$$

wobei Z eine Zufallsvariable ist, für die $P(Z = 1) = P(Z = -1) = \frac{1}{2}$ gilt. Damit folgt $\mathbf{E}[Z] = 0$ sowie $\mathbf{V}[Z] = 1$, und (3.2) sowie (3.3) sind erfüllt. Weiter gilt

$$\begin{aligned} \ln u &= \mu \Delta t + \sigma \sqrt{\Delta t} \\ \ln d &= \mu \Delta t - \sigma \sqrt{\Delta t}, \end{aligned}$$

also

$$\begin{aligned} u &= \exp\left(\mu \Delta t + \sigma \sqrt{\Delta t}\right) \\ d &= \exp\left(\mu \Delta t - \sigma \sqrt{\Delta t}\right). \end{aligned}$$

Nun gilt für eine genügend große Anzahl n von Perioden $|\mu| \Delta t \ll \sigma \sqrt{\Delta t} \ll 1$ und damit

$$u \approx \exp\left(\sigma \sqrt{\Delta t}\right), \quad d \approx \exp\left(-\sigma \sqrt{\Delta t}\right). \tag{3.4}$$

Die Faktoren u und d für die Aktienkurse lassen sich daher auch mit den Näherungen (3.4) modellieren, bei denen die erwartete Aktienrendite μ nicht geschätzt werden muss.

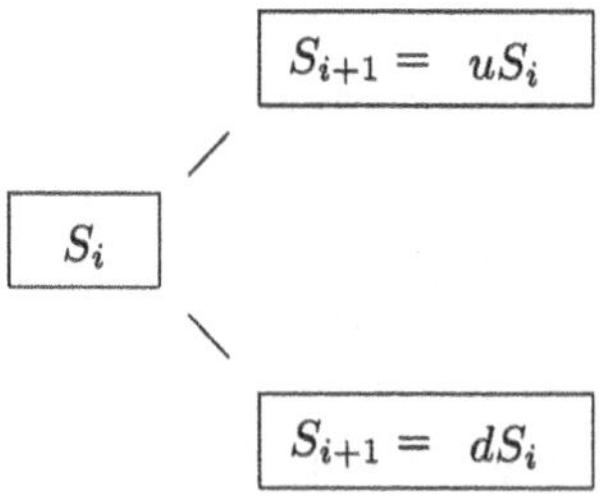

Abb. 3.1 Aktienkurse eines Ein-Perioden-Teilmodells im Binomialbaum

Definition 3.3 Wir definieren die einen Binomialbaum (S, n, r, u, d) bestimmenden Parameter u und d durch

$$u = e^{\sigma\sqrt{\frac{T}{n}}}, \tag{3.5}$$
$$d = \frac{1}{u} = e^{-\sigma\sqrt{\frac{T}{n}}}.$$

Dabei bezeichnet σ die Jahresvolatilität der Aktienrendite und $[0, T]$ den Zeitraum, der mithilfe des Baums modelliert wird.

3.2 Die Bewertung europäischer Standard-Derivate

Wir betrachten einen Binomialbaum (S, n, r, u, d) mit n Perioden. Zu jedem Zeitpunkt i werden die $i + 1$ paarweise verschiedenen Kurse $S_{ij} = u^{i-j}d^jS$, $0 \leq j \leq i$, modelliert. Insbesondere treten zum Endzeitpunkt n die $n + 1$ Kurse $S_{nj} = u^{n-j}d^jS$, $0 \leq j \leq n$, auf. Dennoch existieren im Baum 2^n verschiedene Pfade. In der Praxis ist eine Periodenanzahl von 100 oder 1000 keine Seltenheit. Soll beispielsweise eine Option mit einer Laufzeit von einem Jahr bewertet werden, dann bedeutet eine Periodenzahl von 365, dass lediglich eine Kursbewegung pro Tag modelliert wird. Eine Verwaltung von 2^{365} Summanden und ihre Summation ist jedoch nicht möglich[2]. Werden dagegen Auszahlungen betrachtet, die nur vom Kurs der Aktie zum Endzeitpunkt abhängen, dann lässt sich die Summe in (2.11) auf $n + 1$ Summanden reduzieren, siehe (2.8).

Wir setzen also voraus, dass eine zustandsabhängige Auszahlung c eine Funktion des Aktienkurses zum Endzeitpunkt n ist, d. h., dass

$$c = f(S_n) \tag{3.6}$$

für eine Funktion $f : \mathbb{R} \to \mathbb{R}$ gilt. Call- und Put-Optionen sowie Forward-Kontrakte haben Auszahlungen, die von diesem Typ sind.

Das direkte Bewertungsverfahren

Die Auswertung von (2.8),

$$c_0 = \sum_{j=0}^{n} \binom{n}{j} \psi_1^{n-j}\psi_2^j f\left(u^{n-j}d^jS\right), \tag{3.7}$$

wird **direktes Bewertungsverfahren** genannt.

Das rekursive Bewertungsverfahren

Alternativ lassen sich die Preise von Auszahlungen des Typs (3.6) durch eine einfache Rückwärtsrekursion berechnen.

[2] Die Anzahl der Atome im Universum wird auf die Größenordnung 2^{260} geschätzt.

Satz 3.4 *Für $j = 0, \ldots, n$ sei*

$$z_{nj} = f\left(S_{nj}\right)$$

gegeben. Wird für $t = n, n-1, \ldots, 1$ die Rückwärtsrekursion

$$z_{t-1,j} = \psi_1 z_{tj} + \psi_2 z_{t,j+1} \quad (0 \leq j \leq t-1) \tag{3.8}$$

durchgeführt, dann gilt für $m \leq n$ und für $j = 0, \ldots, n-m$

$$z_{n-m,j} = \sum_{k=0}^{m} \binom{m}{k} \psi_1^{m-k} \psi_2^k z_{n,j+k}. \tag{3.9}$$

Beweis Der Beweis wird induktiv über $m = 1, \ldots, n$ geführt.

Induktionsanfang: Für $m = 1$ und $j = 0, \ldots, n-1$ gilt nach (3.8)

$$z_{n-1,j} = \psi_1 z_{nj} + \psi_2 z_{n,j+1} = \sum_{k=0}^{1} \binom{1}{k} \psi_1^{1-k} \psi_2^k z_{n,j+k}.$$

Induktionsvoraussetzung: Für ein $1 \leq m < n$ und für alle $j = 0, \ldots, n-m$ sei bereits gezeigt

$$z_{n-m,j} = \sum_{k=0}^{m} \binom{m}{k} \psi_1^{m-k} \psi_2^k z_{n,j+k}. \tag{3.10}$$

Induktionsschluss: Für $j = 0, \ldots, n-(m+1)$ gilt mit (3.8) und (3.10)

$$\begin{aligned} z_{n-m-1,j} &= \psi_1 z_{n-m,j} + \psi_2 z_{n-m,j+1} \\ &= \sum_{k=0}^{m} \binom{m}{k} \psi_1^{m+1-k} \psi_2^k z_{n,j+k} + \sum_{k=0}^{m} \binom{m}{k} \psi_1^{m-k} \psi_2^{k+1} z_{n,j+k+1}. \end{aligned}$$

Die zweite Summe der vorherigen Zeile lautet mit der Indextransformation $l = k + 1$

$$\sum_{l=1}^{m+1} \binom{m}{l-1} \psi_1^{m+1-l} \psi_2^l z_{n,j+l},$$

und daher gilt, wenn der Index l nach der Transformation wieder in k umbenannt wird,

$$z_{n-m-1,j} = \binom{m}{0} \psi_1^{m+1} \psi_2^0 z_{n,j}$$

$$+ \sum_{k=1}^{m} \left[\binom{m}{k} + \binom{m}{k-1} \right] \psi_1^{m+1-k} \psi_2^k z_{n,j+k}$$

$$+ \binom{m}{m} \psi_1^0 \psi_2^{m+1} z_{n,j+m+1}$$

$$= \sum_{k=0}^{m+1} \binom{m+1}{k} \psi_1^{m+1-k} \psi_2^k z_{n,j+k},$$

wobei $\binom{m}{0} = 1 = \binom{m+1}{0}$ sowie $\binom{m}{k} + \binom{m}{k-1} = \binom{m+1}{k}$ und $\binom{m}{m} = 1 = \binom{m+1}{m+1}$ verwendet wurde. $\qquad\qquad\qquad\qquad\qquad\qquad\qquad\qquad\qquad\qquad\qquad\qquad\qquad\square$

Speziell für $m = n$ liefert (3.9) den Wert

$$z_{00} = \sum_{k=0}^{n} \binom{n}{k} \psi_1^{n-k} \psi_2^k z_{nk},$$

und dies stimmt mit c_0 in (3.7) überein. Also lässt sich der Preis der Endauszahlung (3.6) alternativ auch mithilfe von (3.8) berechnen. Dieser in Abb. 3.2 schematisch dargestellte Algorithmus wird **rekursives Bewertungsverfahren** genannt.

Bei einem Forward-Kontrakt ist die Auszahlung c gegeben durch

z_{n0} $\qquad\qquad$ z_{n1} $\qquad\qquad$ z_{n2} $\qquad$ $\cdots$ $\qquad$ $z_{n,n-1}$ $\qquad\qquad$ z_{nn}

$\psi_1 \downarrow$ $\quad$ $\swarrow \psi_2$ $\quad$ $\psi_1 \downarrow$ $\quad$ $\swarrow \psi_2$ $\quad$ $\psi_1 \downarrow$ $\qquad\qquad\qquad$ $\psi_1 \downarrow$ $\quad$ $\swarrow \psi_2$

$z_{n-1,0}$ $\qquad\quad$ $z_{n-1,1}$ $\qquad\quad$ $z_{n-1,2}$ $\qquad\qquad\qquad$ $z_{n-1,n-1}$

$\vdots$ $\qquad\qquad\qquad\qquad\qquad\qquad\qquad$ $\cdot^{\cdot^{\cdot}}$

z_{10} $\qquad\qquad$ z_{11}

$\psi_1 \downarrow$ $\quad$ $\swarrow \psi_2$

z_{00}

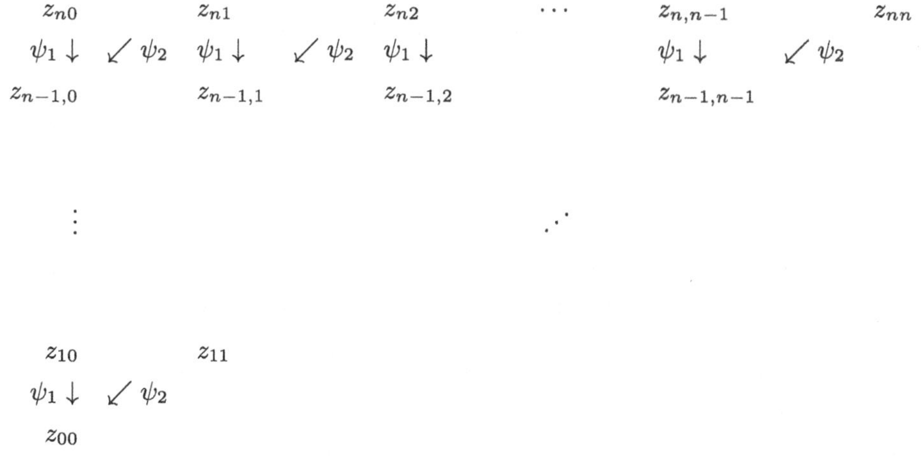

Abb. 3.2 Schematische Darstellung des rekursiven Bewertungsverfahrens

$$c_j = f\left(S_{nj}\right) = S_{nj} - F \quad (j = 0, \ldots, n),$$

wobei F den Forward-Preis bezeichnet. Dann gilt mit (3.7) und den beiden Spezialfällen aus Abschn. 2.2

$$\begin{aligned} c_0 &= \sum_{j=0}^{n} \binom{n}{j} \psi_1^{n-j} \psi_2^j \left(u^{n-j} d^j S - F\right) \\ &= S - \frac{1}{\rho^n} F, \end{aligned}$$

wobei $\rho = 1 + r$ den Verzinsungsfaktor für eine Periode im Baum bezeichnet. Dieses Ergebnis folgt alternativ auch aus Beispiel 2.17. Für die Bewertung eines Forward-Kontrakts ist also kein Algorithmus erforderlich, sondern es existiert eine einfache Formel.

3.3 Die Berücksichtigung von Dividendenzahlungen

Wird für eine Aktie S eine Dividende δ zu einem Zeitpunkt $0 < \tau \leq T$ gezahlt, dann reduziert sich der Aktienkurs zum Zeitpunkt τ um den Dividendenbetrag δ. Wir nehmen im Folgenden an,

- dass die Höhe einer Dividendenzahlung nur vom Zeitpunkt, nicht aber vom Zustand zu diesem Zeitpunkt abhängt
- und dass sowohl der Betrag als auch der Zahlungszeitpunkt jeder Dividende während des betrachteten Zeitintervalls $[0,\ T]$ vorab bekannt ist.
- Wie bisher wird die Bewertung zustandsabhängiger Auszahlungen im Rahmen selbstfinanzierender Handelsstrategien vorgenommen, und das bedeutet insbesondere, dass alle während der Laufzeit anfallenden Dividendenerträge reinvestiert werden.

Formal stellt die Berücksichtigung von Dividendenzahlungen unter den genannten Voraussetzungen kein Problem dar, wie Abschn. 2.4 zeigt. Für die Anwendungen ist es jedoch wesentlich, die Aktienkursprozesse so zu modellieren, dass die Kurse im Baum für eine beliebige Anzahl von Dividendenzahlungen rekombinieren und dass eine handhabbare Struktur der Diskontvektoren der Ein-Perioden-Teilmodelle entsteht. Dies ist wie folgt möglich:

Ist ein Jahreszins $R > -1$ gegeben, dann hat der Verzinsungsfaktor für den Zeitraum von einem Jahr den Wert $1 + R$. Wird zu einem Zeitpunkt τ eine Dividende der Höhe δ gezahlt, dann hat die auf den Zeitpunkt 0 abdiskontierte Dividende den Wert

$$\delta\,(1 + R)^{-\tau}.$$

Mit der Definition

$$r = \ln(1 + R)$$

kann dies auch geschrieben werden als

$$\delta e^{-r\tau}.$$

Wir nehmen an, dass im Binomialbaum n Perioden mit Periodenlänge $\Delta t = \frac{T}{n}$ vorliegen. Treten bis zum Endzeitpunkt m Dividendenzahlungen $\delta_1, \ldots, \delta_m$ der Aktie zu den Zeitpunkten $0 < \tau_1 < \cdots < \tau_m \leq T$ auf, dann definieren wir zunächst

$$D_i = \sum_{\substack{l=1 \\ \tau_l > i\Delta t}}^{m} \delta_l e^{-r\tau_l}.$$

Die Größe D_i bezeichnet die Summe aller nach dem Zeitpunkt $i\Delta t$ auftretenden und auf den Zeitpunkt 0 abdiskontierten Dividenden. Damit gilt $D_0 = \sum_{l=1}^{m} \delta_l \cdot e^{-r\tau_l}$ und $D_n = 0$. Weiter sei $D_{i-1,i}$ die Summe aller auf den Zeitpunkt 0 abgezinsten Dividenden, die nach $(i-1)\,\Delta t$ bis einschließlich $i\Delta t$ auftreten, also

$$D_{i-1,i} = \sum_{\substack{l=1 \\ (i-1)\Delta t < \tau_l \leq i\Delta t}}^{m} \delta_l e^{-r\tau_l}.$$

Wir definieren nun

$$\tilde{S} = S - D_0 \tag{3.11}$$

und setzen $\tilde{S} > 0$ voraus. Mit

$$\rho = (1+R)^{\frac{T}{n}} = e^{r\Delta t},$$

dem Verzinsungsfaktor pro Periode, werden die ex-dividend und die cum-dividend Aktienkurse im Binomialbaum für $i = 0, \ldots, n$ und $j = 0, \ldots, i$ durch

$$S_{ij} = u^{i-j} d^j \tilde{S} + \rho^i D_i \tag{3.12}$$

und

$$\begin{aligned} S_{ij}^{\delta} &= S_{ij} + \rho^i D_{i-1,i} \\ &= u^{i-j} d^j \tilde{S} + \rho^i D_{i-1} \end{aligned} \tag{3.13}$$

modelliert, wobei $D_{i-1,i} + D_i = D_{i-1}$ verwendet wurde. Diese Modellierung der Aktienkurse führt zu rekombinierenden Bäumen, denn zu jedem Zeitpunkt i gibt es genau $i+1$ verschiedene Kurswerte S_{ij} bzw. S_{ij}^{δ}, $j = 0, \ldots, i$.

Die Diskontvektoren der Ein-Perioden-Teilmodelle

Zur Berechnung der Diskontvektoren betrachten wir ein Ein-Perioden-Teilmodell im Baum, siehe Abb. 3.3. Dies lässt sich schreiben als

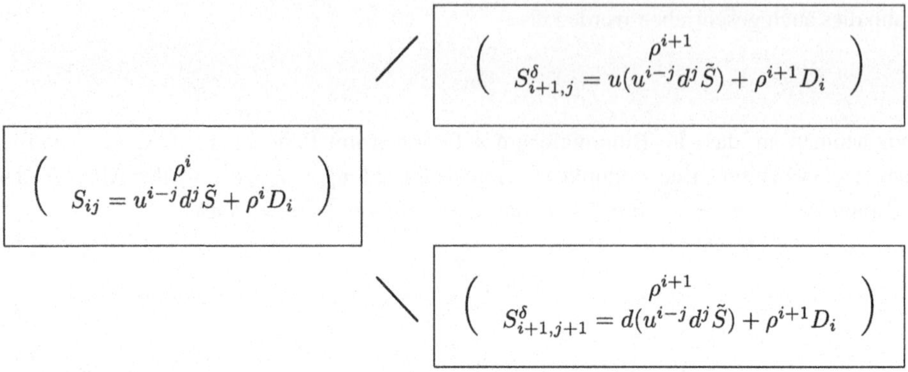

Abb. 3.3 Ein-Perioden-Teilmodell im Binomialbaum unter Berücksichtigung von Dividendenzahlungen

$$(b,\ D) = \left(\begin{pmatrix} \rho^i \\ S_{ij} \end{pmatrix}, \begin{pmatrix} \rho^{i+1} & \rho^{i+1} \\ S^{\delta}_{i+1,j} & S^{\delta}_{i+1,j+1} \end{pmatrix} \right).$$

Das Gleichungssystem $D\psi = b$ für den Diskontvektor ψ führt auf die beiden Gleichungen

$$\psi_1 + \psi_2 = \frac{1}{\rho} \tag{3.14}$$

und, mit (3.13) und (3.14),

$$\begin{aligned} S_{ij} &= S^{\delta}_{i+1,j}\psi_1 + S^{\delta}_{i+1,j+1}\psi_2 \\ &= (u\psi_1 + d\psi_2)\, u^{i-j} d^j\, \tilde{S} + \rho^i D_i . \end{aligned} \tag{3.15}$$

Aus (3.15) folgt mit (3.12)

$$u\psi_1 + d\psi_2 = 1,$$

und wir erhalten den Diskontvektor

$$\psi = \frac{1}{\rho}\frac{1}{u-d}\begin{pmatrix} \rho - d \\ u - \rho \end{pmatrix}$$

eines Ein-Perioden-Modells ohne Dividendenzahlungen. Die angegebene Modellierung führt also zu rekombinierenden Binomialbäumen und besitzt die Eigenschaft, dass alle Diskontvektoren der Ein-Perioden-Teilmodelle identisch sind und mit dem Diskontvektor eines Ein-Perioden-Modells ohne Dividendenzahlungen der Aktie übereinstimmen. Insbesondere hängen die Arbitragefreiheit und die Vollständigkeit des Marktmodells nicht von den Zeitpunkten und Werten der Dividendenzahlungen ab; arbitragefrei und vollständig ist das Modell genau dann, wenn

$$d < \rho < u$$

gilt.

Die Zeitpunkte und die Beträge der Dividendenzahlungen gehen zwar nicht in die Diskontvektoren ein, jedoch in die Berechnung der Endauszahlung $f\left(S_{nj}^{\delta}\right)$ zum Fälligkeitszeitpunkt $T = n\Delta t$. Im Falle einer Call-Option gilt

$$f\left(S_{nj}^{\delta}\right) = \left(S_{nj}^{\delta} - K\right)^{+} = \left(u^{n-j} d^{j} \tilde{S} + \rho^{n} D_{n-1} - K\right)^{+}$$

und im Falle einer Put-Option

$$f\left(S_{nj}^{\delta}\right) = \left(K - S_{nj}^{\delta}\right)^{+} = \left(K - u^{n-j} d^{j} \tilde{S} - \rho^{n} D_{n-1}\right)^{+}.$$

Findet in der letzten Periode des Binomialbaums keine Dividendenzahlung statt, dann gilt $D_{n-1} = 0$, und in diesem Fall ist bei der Berechnung der Endauszahlung gegenüber der Situation ohne Dividendenzahlungen der Anfangskurs S der Aktie lediglich durch $\tilde{S} = S - D_0$ zu ersetzen. Wegen $\tilde{S} < S$ gilt dann

$$\left(u^{n-j} d^{j} \tilde{S} - K\right)^{+} \leq \left(u^{n-j} d^{j} S - K\right)^{+}$$

und

$$\left(K - u^{n-j} d^{j} \tilde{S}\right)^{+} \geq \left(K - u^{n-j} d^{j} S\right)^{+}.$$

Daraus und aus der Monotonie des Diskontierungsoperators folgt, dass, ceteris paribus, Dividendenzahlungen einen Call-Preis verringern und einen Put-Preis erhöhen.

Für die Preise c_0 und p_0 einer europäischen Call-Option und einer europäischen Put-Option mit gleichen Basiswerten, identischen Fälligkeitszeitpunkten und identischen Ausübungspreisen lautet die Put-Call-Parität (2.30) mit der hier verwendeten Modellierung

$$c_0 = p_0 + \tilde{S} + D_{n-1} - dK, \tag{3.16}$$

wobei $d = \rho^{-n}$ den Diskontfaktor für den Zeitraum $[0,\ T]$ bezeichnet. Findet in der letzten Periode des Binomialbaums keine Dividendenzahlung statt, dann unterscheiden sich (3.16) und (2.31) nur dadurch, dass auch hier zur Berücksichtigung von Dividendenzahlungen der Anfangskurs S der Aktie durch $\tilde{S} = S - D_0$ zu ersetzen ist.

Im Fall eines Forward-Kontrakts mit Forward-Preis F lautet die Endauszahlung

$$f\left(S_{nj}^{\delta}\right) = S_{nj}^{\delta} - F = u^{n-j} d^{j} \tilde{S} + \rho^{n} D_{n-1} - F. \tag{3.17}$$

Der Wert c_0 dieser Auszahlung zum Zeitpunkt 0 lautet mit (2.21) und (2.16)

$$c_0 = \mathbf{D}_{0,n}\left[S_{n}^{\delta} - F\right] = S - \sum_{t=1}^{n-1} \mathbf{D}_{0,t}\left[\delta_t\right] - dF.$$

Da δ_t für alle t nur vom Zeitpunkt, nicht aber vom Zustand zu diesem Zeitpunkt, abhängt, gilt

$$\mathbf{D}_{0,t}\left[\delta_t\right] = \delta_t \mathbf{D}_{0,t}\left[1_\Omega\right] = \delta_t \left(\sum_{A_t \in \mathcal{F}_t} \phi_t\left(A_t\right) \right) \mathbf{1}_\Omega = d_t \delta_t,$$

wobei die **Diskontfaktoren**

$$d_t = \sum_{A_t \in \mathcal{F}_t} \phi_t\left(A_t\right) \quad (0 \leq t \leq 1)$$

für die Zeiträume $[0,\ t]$ definiert wurden und wobei die konstante Funktion $d_t \delta_t \mathbf{1}_\Omega$ durch ihren Funktionswert $d_t \delta_t$ ersetzt wurde. Damit lautet der Preis des Forward-Kontrakts

$$c_0 = \mathbf{D}_{0,n}\left[S_n^\delta - F\right] = S - \sum_{t=1}^{n-1} d_t \delta_t - d_n F = \tilde{S} + d_n \delta_n - d_n F.$$

Findet zum Endzeitpunkt n keine Dividendenzahlung statt, dann gilt $\delta_n = 0$, also

$$c_0 = \tilde{S} - d_n F.$$

Unter der Bedingung $c_0 = 0$ ergibt sich der Forward-Preis in diesem Fall als

$$F = \frac{1}{d_n} \tilde{S},$$

und dies stimmt mit (2.24) überein.

3.4 Amerikanische Optionen

Amerikanische Optionen besitzen alle Eigenschaften europäischer Optionen, dürfen aber zu einem beliebigen Zeitpunkt zwischen 0 und dem Fälligkeitszeitpunkt n einmalig ausgeübt werden. Wir nehmen zunächst an, dass die Aktie S, auf die sich das Optionsrecht bezieht, keine Dividenden auszahlt. Wird eine amerikanische Option zu einem Zeitpunkt i ausgeübt, dann erhält der Inhaber den Betrag $(S_i - K)^+$ oder $(K - S_i)^+$ ausgezahlt, je nachdem, ob es sich um eine Call- oder Put-Option handelt, wenn S_i den Aktienkurs zum Zeitpunkt i bezeichnet. Nach Ausübung wird die Option wertlos. Die Größe $(S_i - K)^+$ bzw. $(K - S_i)^+$ wird als **innerer Wert** der Option zum Zeitpunkt i bezeichnet.

Die Bewertung amerikanischer Optionen ohne Dividendenzahlungen

Wir analysieren nun, wann eine vorzeitige Ausübung einer amerikanischen Option sinnvoll ist, und wir werden sehen, dass die Antwort auf diese Frage bereits den Schlüssel zu ihrer Bewertung beinhaltet. Im Folgenden werden amerikanische Call-Optionen betrachtet, die Argumentation für amerikanische Put-Optionen erfolgt analog.

Würde eine amerikanische Call-Option bis zum Fälligkeitszeitpunkt n gehalten, dann wäre der Wert der Auszahlung wie bei einer europäischen Call-Option durch $c_n = (S_n - K)^+$ gegeben. Dieser Betrag kann vom Käufer der Option zum Zeitpunkt n gefordert werden und muss also vom Verkäufer der Option bereitgehalten werden.

Zum Zeitpunkt $n-1$ beträgt der Wert der Auszahlung c_n gerade $\mathbf{D}_{n-1,n}[c_n]$. Der Inhaber der Option wird diese genau dann ausüben, wenn er durch die Ausübung mehr erhält als $\mathbf{D}_{n-1,n}[c_n]$. Er könnte beispielsweise den Differenzbetrag zu $\mathbf{D}_{n-1,n}[c_n]$ entnehmen und $\mathbf{D}_{n-1,n}[c_n]$ in den Kauf einer Call-Option mit Auszahlung c_n zum Zeitpunkt n investieren. Damit besitzt eine amerikanische Call-Option zum Zeitpunkt $n-1$ den Wert

$$z_{n-1} = \max\left((S_{n-1} - K)^+ \,,\, \mathbf{D}_{n-1,n}[c_n]\right).$$

Die Auszahlung z_{n-1} zum Zeitpunkt $n-1$ besitzt zum Zeitpunkt $n-2$ den Wert

$$\mathbf{D}_{n-2,n-1}\left[z_{n-1}\right].$$

Zum Zeitpunkt $n-2$ sollte der Inhaber die Option genau dann ausüben, wenn er durch die Ausübung mehr erhält als $\mathbf{D}_{n-2,n-1}\left[z_{n-1}\right]$. Daher besitzt die Option zum Zeitpunkt $n-2$ den Wert

$$z_{n-2} = \max\left((S_{n-2} - K)^+ \,,\, \mathbf{D}_{n-2,n-1}\left[z_{n-1}\right]\right).$$

Dieses Berechnungsverfahren wird rekursiv bis zum Zeitpunkt 0 fortgesetzt. Der auf diese Weise erhaltene Wert z_0 ist dann definitionsgemäß der Preis der amerikanischen Call-Option.

Bemerkung 3.5 Wegen $c_n \geq 0$ folgt mit $z_n = c_n$ rekursiv auch $z_i \geq 0$ für alle $i = 0, \ldots, n$. Aufgrund der Positivität des Diskontierungsoperators gilt $\mathbf{D}_{i-1,i}[z_i] \geq 0$ und daher

$$z_{i-1} = \max\left(S_{i-1} - K, \mathbf{D}_{i-1,i}[z_i]\right) \tag{3.18}$$

für eine amerikanische Call- und entsprechend

$$z_{i-1} = \max\left(K - S_{i-1}, \mathbf{D}_{i-1,i}[z_i]\right) \tag{3.19}$$

für eine amerikanische Put-Option.

Beispiel 3.6 (Amerikanische Put-Option in einem Zwei-Perioden-Modell) Ein Zwei-Perioden-Binomialbaum-Modell sei durch folgende Daten gegeben

$$S = 100, \quad T = 1, \quad n = 2, \quad R = 2\,\%, \quad \sigma = 35\,\%.$$

Damit lauten die berechneten Parameter

$$\Delta t = \frac{T}{n} = \frac{1}{2}, \quad r = \sqrt{1{,}02} - 1 = 0{,}995\,\%,$$

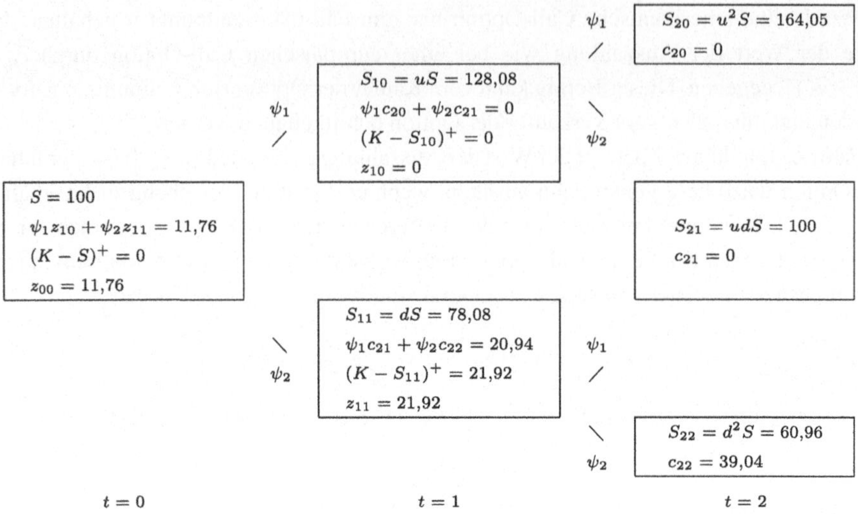

Abb. 3.4 Bewertung einer amerikanischen Put-Option in einem Zwei-Perioden-Modell

$$u = \exp\left(\frac{0{,}35}{\sqrt{2}}\right) = 1{,}2808, \quad d = \frac{1}{u} = 0{,}7808,$$

und die Komponenten des Diskontvektors ergeben sich zu

$$\psi_1 = 0{,}4538, \quad \psi_2 = 0{,}5363.$$

Wir betrachten eine amerikanische Put-Option auf die Aktie mit Ausübungspreis $K = 100$. In Abb. 3.4 wurden alle für die Bewertung relevanten Größen eingetragen, und wir sehen, dass es sinnvoll ist, die Option im unteren Knoten zum Zeitpunkt 1 auszuüben. Hier ist der aus der Rückwärtsrekursion gewonnene Wert $\psi_1 c_{21} + \psi_2 c_{22} = 20{,}94$ kleiner als der innere Wert $(K - S_{11})^+ = 21{,}92$. Der Preis der amerikanischen Option zum Anfangszeitpunkt 0 beträgt

$$c_0 = z_{00} = 11{,}76.$$

Der Preis der entsprechenden europäischen Put-Option lautet

$$c_0 = \psi_2^2 \cdot c_{22} = 0{,}5363^2 \cdot 39{,}04 = 11{,}23.$$

△

Eine amerikanische Option ist nicht billiger als ihr europäisches Gegenstück. Bezeichnen wir mit z_i^A amerikanische und mit z_i^E europäische Replikationswerte zum Zeitpunkt i, dann gilt für Call-Optionen mit der Endauszahlung $c_n = (S_n - K)^+$

$$z_{n-1}^{A} = \max\left((S_{n-1} - K)^{+},\, \mathbf{D}_{n-1,n}\left[c_n\right]\right) \geq \mathbf{D}_{n-1,n}\left[c_n\right] = z_{n-1}^{E}.$$

Daraus folgt aufgrund der Monotonie des Diskontierungsoperators

$$\begin{aligned}
z_{n-2}^{A} &= \max\left((S_{n-2} - K)^{+},\, \mathbf{D}_{n-2,n-1}\left[z_{n-1}^{A}\right]\right) \\
&\geq \mathbf{D}_{n-2,n-1}\left[z_{n-1}^{A}\right] \\
&\geq \mathbf{D}_{n-2,n-1}\left[z_{n-1}^{E}\right] \\
&= z_{n-2}^{E}.
\end{aligned}$$

Induktiv folgt so $z_0^A \geq z_0^E$. Entsprechend wird für Put-Optionen argumentiert. Es gilt aber folgender Satz, der auf R. Merton zurückgeht.

Satz 3.7 *Seien z_0^A und z_0^E die Preise je einer amerikanischen und einer europäischen Call-Option mit Basiswert S, Fälligkeitszeitpunkt n und Ausübungspreis K. Angenommen, S zahlt während der Laufzeit der Optionen keine Dividenden aus. Dann gilt*

$$z_0^A = z_0^E$$

falls das zugrunde liegende Marktmodell über gewöhnliche, d. h. nicht-negative, Zinsen verfügt.

Beweis Wir wissen bereits, dass

$$z_0^A \geq z_0^E$$

gilt. Angenommen, es wäre

$$z_0^A > z_0^E.$$

Mit $z_n^A = z_n^E = (S_n - K)^+$ gibt es in diesem Fall ein größtes t, $0 < t \leq n$, mit

$$z_t^A = z_t^E$$

aber mit $z_{t-1}^A \geq z_{t-1}^E$ und $z_{t-1}^A \neq z_{t-1}^E$, was als

$$z_{t-1}^A \gneqq z_{t-1}^E$$

geschrieben wird. Das bedeutet mit (3.18)

$$\begin{aligned}
\max\left(S_{t-1} - K,\, \mathbf{D}_{t-1,t}\left[z_t^E\right]\right) &= \max\left(S_{t-1} - K,\, \mathbf{D}_{t-1,t}\left[z_t^A\right]\right) \\
&= z_{t-1}^A \\
&\gneqq z_{t-1}^E \\
&= \mathbf{D}_{t-1,t}\left[z_t^E\right],
\end{aligned}$$

also

$$S_{t-1} - K \gneqq \mathbf{D}_{t-1,t}\left[z_t^E\right].$$

Andererseits gilt

$$\begin{aligned}
\mathbf{D}_{t-1,t}\left[z_t^E\right] &= \mathbf{D}_{t-1,n}\left[z_n^E\right] \\
&= \mathbf{D}_{t-1,n}\left[(S_n - K)^+\right] \\
&\geq \mathbf{D}_{t-1,n}\left[S_n - K\right] \\
&= S_{t-1} - d_{t-1,n}K,
\end{aligned}$$

und wir erhalten damit

$$K \lneqq S_{t-1} - \mathbf{D}_{t-1,t}\left[z_t^E\right] \leq d_{t-1,n}K,$$

also

$$K < d_{t-1,n}K.$$

Dies führt für den Fall $d_{t-1,n} \leq 1$, also im Falle nicht-negativer Zinsen, zu einem Widerspruch. □

Ein alternativer, auf einem Arbitrageargument basierender Beweis des Satzes von Merton lautet wie folgt: Seien c^A eine amerikanische und c^E eine europäische Call-Option mit Basiswert S, Fälligkeitszeitpunkt n und Ausübungspreis K. Angenommen, S zahlt während der Laufzeit der Optionen keine Dividenden aus. Betrachten Sie das Portfolio $c^E - c^A$. Wird die amerikanische Call-Option c^A niemals ausgeübt, dann hat das Portfolio zum Endzeitpunkt n den Wert $c_n^E = (S_n - K)^+ \geq 0$. Wird c^A zu einem Zeitpunkt $0 \leq t \leq n$ ausgeübt, dann leiht sich der Portfolioinhaber den Basiswert S und erfüllt damit seine Verpflichtung aus dem Verkauf von c^A gegen Bezug des Betrages K, der festverzinslich angelegt wird. Das Portfolio lautet nach Ausübung der Call-Option also $c_t^E - S_t + K$, wobei c_t^E den Wert des europäischen Calls zum Zeitpunkt t bezeichnet. Zum Endzeitpunkt n hat dieses Portfolio den Wert

$$\begin{aligned}
c_n^E - S_n + \frac{1}{d_{t,n}}K &= (S_n - K)^+ - (S_n - K) + \left(\frac{1}{d_{t,n}} - 1\right)K \\
&= (K - S_n)^+ + \left(\frac{1}{d_{t,n}} - 1\right)K \\
&\geq 0.
\end{aligned}$$

Also besitzt das Portfolio $c^E - c^A$ in jedem Zustand zum Zeitpunkt n einen nicht-negativen Wert. Da das zugrunde liegende Marktmodell arbitragefrei ist, muss auch der Anfangspreis des Portfolios nicht-negativ sein, d. h. $c_0^E - c_0^A \geq 0$ gelten. Zusammen mit $c_0^A \geq c_0^E$ folgt $c_0^A = c_0^E$, was zu zeigen war.

Amerikanische Optionen mit Dividendenzahlungen
Wenn während der Laufzeit der amerikanischen Option Dividendenzahlungen des Basiswerts auftreten, dann wird die Modellierung (3.12) und (3.13) des Aktienkursprozesses verwendet. Für die Kurse zum Endzeitpunkt gilt also

$$S_{nj}^{\delta} = u^{n-j} d^j \tilde{S} + \rho^n D_{n-1},$$

und mit diesen Kursen sind die Endauszahlungen $z_{nj} = \left(S_{nj}^{\delta} - K\right)^+$ bei einer Call-Option bzw. $z_{nj} = \left(K - S_{nj}^{\delta}\right)^+$ bei einer Put-Option zu bestimmen. Im Rahmen der Rückwärtsrekursion ist zu jedem Zeitpunkt $i < n$ der Ausdruck

$$z_i = \max\left((S_i - K)^+, \mathbf{D}_{i,i+1}\left[z_{i+1}\right]\right)$$

bzw.

$$z_i = \max\left((K - S_i)^+, \mathbf{D}_{i,i+1}\left[z_{i+1}\right]\right)$$

mit

$$S_{ij} = u^{i-j} d^j \tilde{S} + \rho^i D_i$$

zu berechnen. Auch unter Berücksichtigung von Dividendenzahlungen sind amerikanische Optionen nicht preiswerter als ihre europäischen Gegenstücke.

3.5 Die Black-Scholes-Formeln

Im Jahre 1973 entwickelten Fischer Black, Myron Scholes und Robert Merton den Replikationsansatz zur Bewertung von Optionen und die Gleichungen, die heute Black-Scholes-Formeln genannt werden. Nach dem Tod von Black im Jahre 1995 wurde Scholes und Merton im Jahre 1997 der Nobelpreis für Wirtschaftswissenschaften verliehen.

Wir stellen im Folgenden dar, wie sich die klassischen Black-Scholes-Formeln als Grenzfall des Binomialbaum-Preises für europäische Standard-Optionen ergeben.

Bewertungsformeln im Binomialbaum-Modell
Wir betrachten die Bewertungsformel (2.8) für eine Call-Option, d. h.

$$c_0 = \sum_{j=0}^{n} \binom{n}{j} \psi_1^{n-j} \psi_2^j \left(u^{n-j} d^j S - K\right)^+. \tag{3.20}$$

Aus $u > 1 + r > d$ folgt $u^n > u^{n-1}d > u^{n-2}d^2 > \cdots > d^n$. Wir bezeichnen mit j_0 den größten Index $j \in \{0, \ldots, n\}$ mit der Eigenschaft

$$u^{n-j} d^j S > K.$$

Sollte diese Ungleichung bereits für $j = 0$ nicht erfüllt sein, also $u^n S \leq K$ gelten, dann wird $j_0 = -1$ gesetzt.

Nun lässt sich (3.20) schreiben als

$$\begin{aligned} c_0 &= \sum_{j=0}^{j_0} \binom{n}{j} \psi_1^{n-j} \psi_2^j \left(u^{n-j} d^j S - K\right) \\ &= S \sum_{j=0}^{j_0} \binom{n}{j} \psi_1^{n-j} \psi_2^j u^{n-j} d^j - K \sum_{j=0}^{j_0} \binom{n}{j} \psi_1^{n-j} \psi_2^j . \end{aligned} \tag{3.21}$$

Nach (2.1) gilt

$$u\psi_1 + d\psi_2 = 1 \text{ und } (1+r)(\psi_1 + \psi_2) = 1.$$

Mit der Definition

$$p = u\psi_1$$

folgt $1 - p = d\psi_2$, und der erste Summand der zweiten Zeile von (3.21) kann geschrieben werden als

$$S \sum_{j=0}^{j_0} \binom{n}{j} p^{n-j} (1-p)^j .$$

Mit der Definition

$$q = (1+r)\psi_1$$

folgt $1 - q = (1+r)\psi_2$, und der zweite Summand der zweiten Zeile von (3.21) kann umgeformt werden zu

$$-\frac{K}{(1+r)^n} \sum_{j=0}^{j_0} \binom{n}{j} q^{n-j} (1-q)^j .$$

Damit kann (3.21) geschrieben werden als

$$c_0 = S \sum_{j=0}^{j_0} \binom{n}{j} p^{n-j} (1-p)^j - \frac{K}{(1+r)^n} \sum_{j=0}^{j_0} \binom{n}{j} q^{n-j} (1-q)^j .$$

Nun ist

$$B_{n,p}(k) = \sum_{j=0}^{k} \binom{n}{j} p^j (1-p)^{n-j}$$

die *Verteilungsfunktion der Binomialverteilung*. Daraus folgt für den Preis der Call-Option

$$c_0 = S B_{n,1-p}(j_0) - \frac{K}{(1+r)^n} B_{n,1-q}(j_0) . \tag{3.22}$$

Entsprechend gilt für den Preis einer Put-Option

$$p_0 = \frac{K}{(1+r)^n} B_{n,q}(k_0) - S B_{n,p}(k_0), \tag{3.23}$$

wobei $k_0 \in \{0, \ldots, n\}$ die größte Zahl ist mit $K > u^k d^{n-k} S$, oder es wird $k_0 = -1$ gesetzt, falls $K \leq d^n S$ gilt.

Die Black-Scholes-Formeln

Zu gegebenen Daten $T > 0, \sigma > 0$ und r seien (S, n, r_n, u_n, d_n) für $n \in \mathbb{N}$ Binomialbaum-Modelle mit

$$\begin{aligned}
\Delta t &= \frac{T}{n}, \\
u_n &= \exp\left(\sigma\sqrt{\Delta t}\right), \\
d_n &= \frac{1}{u_n} = \exp\left(-\sigma\sqrt{\Delta t}\right), \\
r_n &= \exp(r\Delta t) - 1.
\end{aligned}$$

Weiter seien

$$\begin{aligned}
q_n &= \frac{1 + r_n - d_n}{u_n - d_n} = \frac{\exp(r\Delta t) - d_n}{u_n - d_n}, \\
p_n &= \frac{u_n q_n}{1 + r_n}.
\end{aligned}$$

Im Folgenden benötigen wir das Verhalten der q_n und p_n für den Grenzfall $\Delta t \to 0$.

Lemma 3.8 *Es gilt*

$$q_n = \frac{1}{2} + \left(\frac{r}{2\sigma} - \frac{\sigma}{4}\right)\sqrt{\Delta t} + \mathcal{O}(\Delta t). \tag{3.24}$$

Beweis Wir betrachten die Funktion

$$f(x) = \frac{e^{rx^2} - e^{-\sigma x}}{e^{\sigma x} - e^{-\sigma x}} = \frac{e^{rx^2} - e^{-\sigma x}}{2\sinh(\sigma x)}$$

und nehmen eine Taylorentwicklung um $x = 0$ vor. Mit der Regel von de L'Hospital gilt zunächst

$$\lim_{x\to 0} f(x) = \lim_{x\to 0} \frac{2rxe^{rx^2} + \sigma e^{-\sigma x}}{2\sigma\cosh(\sigma x)} = \frac{1}{2}.$$

Weiter gilt

$$f'(x) = \frac{\left(2rxe^{rx^2} + \sigma e^{-x\sigma}\right)\sinh(\sigma x) - \sigma\left(e^{rx^2} - e^{-x\sigma}\right)\cosh(\sigma x)}{2\sinh^2(\sigma x)}.$$

Sowohl der Zähler als auch der Nenner des Ausdrucks für $f'(x)$ haben den Grenzwert 0 für $x \to 0$. Eine erneute Anwendung der Regel von de L'Hospital liefert nach einer kleinen Rechnung

$$\lim_{x \to 0} f'(x) = \lim_{x \to 0} \frac{e^{rx^2}\left(2r + 4r^2x^2 - \sigma^2\right)}{4\sigma \cosh(\sigma x)} = \frac{2r - \sigma^2}{4\sigma}.$$

Damit erhalten wir

$$f(x) = \frac{1}{2} + \left(\frac{r}{2\sigma} - \frac{\sigma}{4}\right)x + \mathcal{O}\left(x^2\right).$$

Die Behauptung folgt nach Substitution von $x = \sqrt{\Delta t}$. □

Aus der Reihendarstellung $\exp(x) = \sum_{j=0}^{\infty} \frac{x^j}{j!}$ folgt

$$\begin{aligned}
\exp\left(\sigma\sqrt{\Delta t} - r\Delta t\right) &= 1 + \sigma\sqrt{\Delta t} - r\Delta t + \frac{1}{2}\left(\sigma\sqrt{\Delta t} - r\Delta t\right)^2 + \mathcal{O}(\Delta t) \\
&= 1 + \sigma\sqrt{\Delta t} + \mathcal{O}(\Delta t),
\end{aligned}$$

und mit (3.24) erhalten wir folgende Entwicklung von $p_n = \frac{u_n q_n}{1+r_n}$:

$$\begin{aligned}
p_n &= q_n \exp\left(\sigma\sqrt{\Delta t} - r\Delta t\right) \\
&= \frac{1}{2} + \left(\frac{r}{2\sigma} + \frac{\sigma}{4}\right)\sqrt{\Delta t} + \mathcal{O}(\Delta t).
\end{aligned} \tag{3.25}$$

Mit diesen Ergebnissen zeigen wir:

Satz 3.9 ***(Black-Scholes-Formeln)*** *Die Preisformeln (3.22) und (3.23) für europäische Call- und Put-Optionen im Binomialbaum-Modell konvergieren für $n \to \infty$ jeweils gegen die Black-Scholes-Formeln*

$$\begin{aligned}
c_0 &= S\Phi(d_+) - e^{-rT}K\Phi(d_-) \\
p_0 &= e^{-rT}K\Phi(-d_-) - S\Phi(-d_+),
\end{aligned} \tag{3.26}$$

wobei Φ die Verteilungsfunktion der Standard-Normalverteilung bezeichnet,

$$\Phi(x) = \frac{1}{\sqrt{2\pi}} \int_{-\infty}^{x} \exp\left(-\frac{y^2}{2}\right) \mathrm{d}y,$$

und wobei

$$d_{\pm} = \frac{\ln\left(\frac{S}{K}\right) + \left(r \pm \frac{\sigma^2}{2}\right)T}{\sigma\sqrt{T}}$$

gilt.

Beweis Im Binomialbaum-Modell gilt nach (3.22) für eine Call-Option

$$c_0 = SB_{n,1-p_n}(j_0) - \frac{K}{(1+r)^n} B_{n,1-q_n}(j_0). \tag{3.27}$$

Dabei ist j_0 die größte natürliche Zahl mit $u^{n-2j}S - K > 0$. Nach dem Satz von de Moivre-Laplace gilt für q_n

$$\left| B_{n,1-q_n}(j_0) - \Phi\left(\frac{j_0 - n(1-q_n)}{\sqrt{nq_n(1-q_n)}}\right)\right| \to 0 \quad (n \to \infty), \tag{3.28}$$

und es gilt eine entsprechende Formel für p_n. Mit Blick auf (3.27) bleibt somit nur zu zeigen, dass die Argumente von Φ gegen $d_\pm$ konvergieren. Wir lösen die Gleichung $u_n^{n-2j}S - K = 0$ nach j auf und erhalten

$$n - 2j = \frac{\sqrt{n}}{\sigma\sqrt{T}} \ln\frac{K}{S} = -\frac{\sqrt{n}}{\sigma\sqrt{T}} \ln\frac{S}{K}.$$

Mit $j_0 = \lceil j \rceil$ und $0 \leq \alpha_n < 1$ folgt

$$j_0 - n = \frac{1}{2}\left(\frac{\sqrt{n}}{\sigma\sqrt{T}} \ln\frac{S}{K} - n\right) + \alpha_n,$$

und damit lässt sich das Argument von Φ in (3.28) schreiben als

$$\frac{j_0 - n + nq_n}{\sqrt{nq_n(1-q_n)}} = \frac{\frac{1}{2}\frac{1}{\sigma\sqrt{T}}\ln\frac{S}{K}}{\sqrt{q_n(1-q_n)}} + \sqrt{n}\frac{q_n - \frac{1}{2}}{\sqrt{q_n(1-q_n)}} + \frac{\alpha_n}{\sqrt{nq_n(1-q_n)}}. \tag{3.29}$$

Nun gilt mit (3.24):

- Wegen $q_n \to \frac{1}{2}$ für $n \to \infty$ konvergiert der erste Summand in (3.29) gegen $\frac{1}{\sigma\sqrt{T}} \ln\left(\frac{S}{K}\right)$.
- Der zweite Summand in (3.29) konvergiert für $n \to \infty$ gegen $\left(\frac{r}{\sigma} - \frac{\sigma}{2}\right)\sqrt{T}$, da der Nenner gegen $\frac{1}{2}$ und der Zähler unter Beachtung von $\Delta t = \frac{T}{n}$ gegen $\left(\frac{r}{2\sigma} - \frac{\sigma}{4}\right)\sqrt{T}$ konvergiert.
- Der dritte Summand konvergiert für $n \to \infty$ gegen null.

Zusammenfassend folgt

$$\lim_{n\to\infty} \frac{j_0 - n(1-q_n)}{\sqrt{nq_n(1-q_n)}} = \frac{1}{\sigma\sqrt{T}}\left(\ln\frac{S}{K} + \left(r - \frac{\sigma^2}{2}\right)T\right) = d_-.$$

Analog schreiben wir

$$\frac{j_0 - n + np_n}{\sqrt{np_n\left(1 - p_n\right)}} = \frac{\frac{1}{2}\frac{1}{\sigma\sqrt{T}}\ln\frac{S}{K}}{\sqrt{p_n\left(1 - p_n\right)}} + \sqrt{n}\frac{p_n - \frac{1}{2}}{\sqrt{p_n\left(1 - p_n\right)}} + \frac{\alpha_n}{\sqrt{np_n\left(1 - p_n\right)}}. \tag{3.30}$$

Die Entwicklungen (3.24) und (3.25) von q_n und p_n unterscheiden sich nur im Vorfaktor des $\sqrt{\Delta t}$-Terms. Daher ergibt sich als einziger Unterschied zur vorherigen Rechnung, dass der zweite Summand von (3.30) gegen $\left(\frac{r}{2\sigma} + \frac{\sigma}{4}\right)\sqrt{T}$ konvergiert, sodass wir

$$\lim_{n\to\infty}\frac{j_0 - n\left(1 - p_n\right)}{\sqrt{np_n\left(1 - p_n\right)}} = \frac{1}{\sigma\sqrt{T}}\left(\ln\frac{S}{K} + \left(r + \frac{\sigma^2}{2}\right)T\right) = d_+$$

erhalten. Damit ist die Behauptung des Satzes für Call-Optionen bewiesen.

Mit der Put-Call-Parität folgt die Black-Scholes-Formel für europäische Put-Optionen, denn es gilt

$$\begin{aligned} p_0 &= c_0 - S + e^{-rT}K \\ &= -S\left(1 - \Phi\left(d_+\right)\right) + e^{-rT}K\left(1 - \Phi\left(d_-\right)\right) \\ &= e^{-rT}K\Phi\left(-d_-\right) - S\Phi\left(-d_+\right). \end{aligned}$$

Dabei folgt die letzte Gleichung der vorangegangenen Umformungen mit der Dichtefunktion

$$\varphi\left(x\right) = \frac{1}{\sqrt{2\pi}}\exp\left(-\frac{x^2}{2}\right) \tag{3.31}$$

der Standard-Normalverteilung aus

$$\begin{aligned} 1 - \Phi\left(d\right) &= 1 - \int_{-\infty}^{d}\varphi\left(x\right)\,\mathrm{d}x \\ &= \int_{-\infty}^{\infty}\varphi\left(x\right)\,\mathrm{d}x - \int_{-\infty}^{d}\varphi\left(x\right)\,\mathrm{d}x \\ &= \int_{d}^{\infty}\varphi\left(x\right)\,\mathrm{d}x \\ &= \int_{-\infty}^{-d}\varphi\left(x\right)\,\mathrm{d}x \\ &= \Phi\left(-d\right). \end{aligned}$$

Damit ist der Satz bewiesen. □

Zur Bewertung europäischer Optionen, bei denen die zugrundeliegende Aktie während der Laufzeit Dividenden δ_l zu Zeitpunkten τ_l auszahlt, kann die Black-Scholes-Formel ebenfalls verwendet werden. Lediglich der Anfangskurs S ist, wie bei den Binomialbäumen in (3.11), durch

$$\tilde{S} = S - \sum_{l=1}^{m} \delta_l \cdot e^{-r\tau_l} = S - D_0$$

zu ersetzen.

Wir haben gesehen, dass für die Kalibrierung von Binomialbäumen oder der Black-Scholes-Formel lediglich der Parameter σ von Bedeutung ist. In der Praxis wird dieser Parameter bei börsengehandelten Derivaten üblicherweise nicht aus den historischen Zeitreihen für den Basiswert, sondern aus den Preisen der Optionen selbst implizit bestimmt, d. h., σ wird so angepasst, dass die beobachteten Marktpreise bei einer Bewertung im Baum oder mit der Black-Scholes-Formel reproduziert werden. Die auf diese Weise bestimmten σ werden **implizite Volatilitäten** genannt.

3.6 Die numerische Berechnung von Optionspreisen

Im Folgenden werden für die Bewertung europäischer und amerikanischer Call- und Put-Optionen vollständige Octave-Programme angegeben. Um die Programme auszuführen, ist der entsprechende Programmcode in Octave, einer leistungsfähigen, freien Open-Source-Software mit einer an MATLAB angelehnten Syntax, zu editieren, und die zum Algorithmus gehörenden Eingabevariablen sind mit den gewünschten Anwenderdaten zu belegen.

Europäische Call- und Put-Optionen Mit dem folgenden Algorithmus 3.1 lassen sich europäische Call- und Put-Optionen für den Fall bewerten, dass die zugrunde liegende Aktie während der Laufzeit der Optionen keine Dividenden auszahlt. In diesem Algorithmus sind die in Tab. 3.1 aufgeführten Daten vom Anwender zu spezifizieren. Mit den in Algorithmus 3.1 angegebenen Daten lautet die Ausgabe des Programms:

$$\begin{aligned}&\text{Callpreis: } 10{,}86\\&\text{Putpreis: } 8{,}90\end{aligned}$$

Tab. 3.1 Anwenderdaten für Algorithmus 3.1

Variablenname	Bedeutung
T	Fälligkeitszeitpunkt in der Einheit 1 Jahr
R	Jahreszins
S	Anfangskurs der Aktie
sigma	Jahresvolatilität σ
K	Ausübungspreis der zu bewertenden Option
n	Anzahl der Perioden im Baum

Beachten Sie, dass bei Dezimalzahlen in Octave der Punkt . verwendet werden muss.

Algorithmus 3.1 Octave-Programm zur Bewertung europäischer Call- und Put-Optionen mithilfe des direkten Verfahrens und der Put-Call-Parität

```
pkg load statistics
T = 1;
R = 0.02;
S = 100;
sigma = 0.25;
K = 100;

n = 500;

dt = T/n;
u = exp( sigma * sqrt(dt) );
d = 1/u;

rho = (1+R)^dt;
q = (u-rho)/(u-d);
b = binopdf(0:n,n,q)/rho^n;

SL = S*u.^(n:-2:-n);
c = max(SL - K,0);
c0 = dot(b,c);
p0 = c0 - S + K/rho^n;

fprintf('Callpreis: %6.2f\n',c0)
fprintf('Putpreis : %6.2f\n',p0)
```

In Algorithmus 3.1 wurde das direkte Bewertungsverfahren (3.7) implementiert; der Code wird im Folgenden stichpunktartig erläutert:

Algorithmus 3.1

Zeilen	**Erläuterungen**
1	Laden des Statistik-Pakets
2–6,8	Belegung von Programmvariablen mit Anwenderdaten
10–12	Berechnung der Auf- und Abstiegsfaktoren $u = e^{\sigma\sqrt{\Delta t}}$ und $d = 1/u$ für die Aktie
14	Verzinsungsfaktor pro Periode, $\rho = (1 + R)^{\Delta t}$, R Jahreszins
15–16	Berechnung des Vektors b, wobei mit $q = \frac{u-\rho}{u-d}$, $\psi_2 = \frac{1}{\rho}q$ und $\psi_1 = \frac{1}{\rho}(1-q)$ gilt $$b_j = \binom{n}{j} \psi_1^{n-j} \psi_2^j = \frac{1}{\rho^n} \binom{n}{j} (1-q)^{n-j} q^j \quad (j = 0, \dots, n)$$
18	Liste der $n + 1$ verschiedenen Aktienkurse S_{nj} zum Endzeitpunkt, $$S_{nj} = u^{n-j} d^j S = u^{n-2j} S \quad (j = 0, \dots, n)$$
19	Berechnung der Endauszahlung c der Call-Option, $$c_j = \max\left(S_{nj} - K, 0\right)$$
20	Preisberechnung der Call-Option, $c_0 = \sum_{j=0}^{n} b_j c_j$
21	Berechnung des Put-Preises mithilfe der Put-Call-Parität
23–24	Bildschirmausgabe

Algorithmus 3.2 zeigt eine Implementierung des rekursiven Bewertungsverfahrens für europäische Call- und Put-Optionen. Der Code wird im Folgenden wieder stichpunktartig erläutert:

Algorithmus 3.2

Zeilen	**Erläuterungen**
1–5,7	Belegung von Programmvariablen mit Anwenderdaten
9–11	Berechnung der Auf- und Abstiegsfaktoren $u = e^{\sigma\sqrt{\Delta t}}$ und $d = 1/u$ für die Aktie
13–15	Berechnung des Verzinsungsfaktors $\rho = (1 + R)^{\Delta t}$ pro Periode und der Komponenten $\psi_1 = \frac{1}{\rho}\frac{\rho-d}{u-d}$ und $\psi_2 = \frac{1}{\rho}\frac{u-\rho}{u-d}$ des Diskontvektors ψ
17	Liste der $n + 1$ verschiedenen Aktienkurse S_{nj} zum Endzeitpunkt, $$S_{nj} = u^{n-2j} S \quad (j = 0, \dots, n)$$

Algorithmus 3.2 Octave-Programm zur Bewertung europäischer Call- und Put-Optionen mithilfe des rekursiven Verfahrens und der Put-Call-Parität

```
1  T = 1;
2  R = 0.02;
3  S = 100;
4  sigma = 0.25;
5  K = 100;
6
7  n = 500;
8
9  dt = T/n;
10 u = exp(sigma*sqrt(dt));
11 d = 1/u;
12
13 rho = (1+R)^dt;
14 psi1 = (rho-d)/(u-d)/rho;
15 psi2 = (u-rho)/(u-d)/rho;
16
17 SL = S*u.^(n:-2:-n);
18 c = max(SL-K,0);
19
20 for i=n:-1:1
21     c = psi1*c(1:i) + psi2*c(2:i+1);
22 end
23
24 p0 = c(1) - S + K/rho^n;
25
26 fprintf('Callpreis: %6.2f\n',c(1))
27 fprintf('Putpreis : %6.2f\n',p0)
```

18 Endauszahlung c der Call-Option,

$$c_j = \max\left(S_{nj} - K,\ 0\right)$$

20–22 Rückwärtsrekursion
24 Berechnung des Put-Preises mithilfe der Put-Call-Parität
26–27 Bildschirmausgabe

Mit den in Algorithmus 3.2 angegebenen Daten lautet die Ausgabe des Programms:

Callpreis: 10,86
Putpreis: 8,90

Amerikanische Call- und Put-Optionen Mit Algorithmus 3.3 lassen sich amerikanische Call- und Put-Optionen für den Fall bewerten, dass die zugrunde liegende Aktie während der Laufzeit der Optionen keine Dividenden auszahlt. Die für das Programm vom Anwender zu spezifizierenden Daten stimmen mit denen der Algorithmen 3.1 und 3.2 überein.

Mit den in Algorithmus 3.3 angegebenen Daten lautet die Ausgabe des Programms:

$$\text{Callpreis: } 10{,}86$$
$$\text{Putpreis: } 9{,}07$$

Diese Ergebnisse stehen im Einklang mit dem Satz von Merton, Satz 3.7: Der Preis der amerikanischen Call-Option in Höhe von 10,86 stimmt mit dem Preis des europäischen Gegenstücks überein, während der Preis der amerikanischen Put-Option mit 9,07 höher ist als der Preis der europäischen Variante in Höhe von 8,90.

In Algorithmus 3.3 wurde das in Abschn. 3.4 dargestellte rekursive Bewertungsverfahren implementiert; der Code wird nun erläutert:

Algorithmus 3.3

Zeilen	**Erläuterungen**
1–5,7	Belegung von Programmvariablen mit Anwenderdaten
9–11	Berechnung der Auf- und Abstiegsfaktoren $u = e^{\sigma\sqrt{\Delta t}}$ und $d = 1/u$ für die Aktie
13–15	Berechnung des Verzinsungsfaktors $\rho = (1 + R)^{\Delta t}$ pro Periode und der Komponenten $\psi_1 = \frac{1}{\rho}\frac{\rho-d}{u-d}$ und $\psi_2 = \frac{1}{\rho}\frac{u-\rho}{u-d}$ des Diskontvektors ψ
17	Liste der $n + 1$ verschiedenen Aktienkurse S_{nj} zum Endzeitpunkt, $$S_{nj} = u^{n-2j} S \quad (j = 0, \ldots, n)$$
18	Endauszahlung c der Call-Option, $$c_j = \max\left(S_{nj} - K,\, 0\right)$$
19	Endauszahlung p der Put-Option, $$p_j = \max\left(K - S_{nj},\, 0\right)$$
22–23	Rückwärtsrekursionsschritt für Call- und Put-Option
25	Aktienkurse für den um eine Periode vorher liegenden Zeitpunkt
27–28	Maximum von Replikationspreis und innerem Wert für Call- und Put-Option
31–32	Bildschirmausgabe

Algorithmus 3.3 Octave-Programm zur Bewertung amerikanischer Call- und Put-Optionen

```
T = 1;
R = 0.02;
S = 100;
sigma = 0.25;
K = 100;

n = 500;

dt = T/n;
u = exp(sigma*sqrt(dt));
d = 1/u;

rho = (1+R)^dt;
psi1 = (rho-d)/(u-d)/rho;
psi2 = (u-rho)/(u-d)/rho;

SL = S*u.^(n:-2:-n);
c = max(SL-K,0);
p = max(K-SL,0);

for i=n:-1:1
    c = psi1*c(1:i) + psi2*c(2:i+1);
    p = psi1*p(1:i) + psi2*p(2:i+1);

    SL = SL(1:i)/u;

    c = max(c,max(SL-K,0));
    p = max(p,max(K-SL,0));
end

fprintf('Callpreis: %6.2f\n',c(1))
fprintf('Putpreis : %6.2f\n',p(1))
```

Tab. 3.2 Anwenderdaten für Algorithmus 3.4

Variablenname	Bedeutung
T	Fälligkeitszeitpunkt in der Einheit 1 Jahr
R	Jahreszins
S	Anfangskurs der Aktie
sigma	Jahresvolatilität σ
K	Ausübungspreis der zu bewertenden Option
DM	Matrix mit Zahlungszeitpunkten und Beträgen der Dividenden
n	Anzahl der Perioden im Baum

Europäische Call- und Put-Optionen mit Dividendenzahlungen der Aktie Mit dem Programm dieses Abschnitts lassen sich europäische Call- und Put-Optionen auf Aktien bewerten, die während der Laufzeit Dividenden auszahlen. Die vom Anwender vorzugebenden Daten sind die bisherigen, ergänzt durch eine Liste mit den Zeitpunkten der Dividendenzahlungen und eine weitere Liste mit den Beträgen der Dividendenzahlungen, siehe Tab. 3.2.

Die in Algorithmus 3.4 angegebene Matrix

$$\mathrm{DM} = \begin{pmatrix} 0{,}25 & 0{,}5 \\ 0{,}75 & 1 \end{pmatrix}$$

enthält in jeder Zeile an erster Stelle den Zahlungszeitpunkt und an zweiter Stelle den Betrag der entsprechenden Dividende. Da die Einheit der Zeit 1 Jahr beträgt, ist in der ersten Zeile von DM kodiert, dass eine Dividende in Höhe von 0,5 ein Vierteljahr nach dem Bewertungszeitpunkt $t = 0$ gezahlt wird. Entsprechendes gilt für die zweite Zeile.

Die Matrix DM kann durch Hinzufügung von Zeilen um weitere Dividendenzahlungen erweitert werden oder es können Dividendenzahlungen entfernt werden. Die Zahlungszeitpunkte der Dividenden müssen in DM nicht chronologisch geordnet sein.

Der Code wird nun wieder stichpunktartig erläutert:

Algorithmus 3.4 Octave-Programm zur Bewertung europäischer Call- und Put-Optionen mit Dividendenzahlungen der Aktie

```
1  pkg load statistics
2  T = 1;
3  R = 0.02;
4  S = 100;
5  sigma = 0.25;
6  K = 100;
7  DM = [0.25 0.5; 0.75 1];
8
9  n = 500;
10
11 dt = T/n;
12 u = exp( sigma * sqrt(dt) );
13 d = 1/u;
14
15 r = log(1+R);
16 rho = exp(r*dt);
17 q = (u-rho)/(u-d);
18 b = binopdf(0:n,n,q)/rho^n;
19
20 D_0 = dot( exp(-r*DM(:,1)), DM(:,2) );
21 L = (n-1)*dt < DM(:,1);
22 D_L = dot( exp(-r*DM(:,1)), DM(:,2) .* L );
23
24 S = S - D_0;
25 SL = S*u.^(n:-2:-n) + rho^n * D_L;
26
27 c = max(SL-K,0);
28 c0 = dot(b,c);
29
30 p = max(K-SL,0);
31 p0 = dot(b,p);
32
33 fprintf('Callpreis: %6.2f\n',c0)
34 fprintf('Putpreis : %6.2f\n',p0)
```

Algorithmus 3.4

Zeilen	**Erläuterungen**
1	Laden des Statistik-Pakets
2–7,9	Belegung von Programmvariablen mit Anwenderdaten. Dabei bezeichnet DM eine Matrix, die zeilenweise aus Zahlungszeitpunkt und Betrag einer Dividende besteht.
11–13	Berechnung der Auf- und Abstiegsfaktoren $u = e^{\sigma\sqrt{\Delta t}}$ und $d = 1/u$ für die Aktie

15–16 Stetiger Zins $r = \log(1+R)$, R Jahreszins, Verzinsungsfaktor pro Periode $\rho = e^{r\,\Delta t}$

17–18 Berechnung des Vektors b, wobei mit $q = \frac{u-\rho}{u-d}$, $\psi_2 = \frac{1}{\rho} q$ und $\psi_1 = \frac{1}{\rho}(1-q)$ gilt

$$b_j = \binom{n}{j} \psi_1^{n-j} \psi_2^j = \frac{1}{\rho^n} \binom{n}{j} (1-q)^{n-j} q^j \quad (j = 0, \ldots, n)$$

20 Berechnung von

$$D_0 = \sum_{l=1}^{m} \delta_l \cdot e^{-r\tau_l}$$

21–22 Berechnung von

$$D_{n-1,n} = \sum_{\substack{l=1 \\ \tau_l > (n-1)\Delta t}}^{m} \delta_l e^{-r\tau_l}$$

24 Der Anfangskurs der Aktie wird um die Summe der auf den Zeitpunkt null diskontierten Dividenden verringert,

$$\tilde{S} = S - D_0.$$

25 In SL wird die Liste der $n+1$ verschiedenen cum-dividend Aktienkurse zum Endzeitpunkt gemäß (3.13),

$$S_{nj}^{\delta} = u^{n-2j}\,\tilde{S} + \rho^n D_{n-1,n},$$

verwaltet

27 Auszahlung c der Call-Option

28 Preisberechnung der Call-Option, $c_0 = \sum_{j=0}^{n} b_j c_j$

30–31 Analoge Berechnung des Put-Preises

33–34 Bildschirmausgabe

Mit den in Algorithmus 3.4 angegebenen Daten lautet die Ausgabe des Programms:

Callpreis: 10,02

Putpreis: 9,54

In Abschn. 3.3 wurde gezeigt, dass im Falle von Dividendenzahlungen Call-Optionen im Preis sinken und Put-Optionen im Preis steigen. Der Vergleich der Ergebnisse des vorliegenden Beispiels mit den Resultaten des Beispiels 3.1 bestätigt diese Aussage.

In Algorithmus 3.4 wurde das in Abschn. 3.3 dargestellte direkte Bewertungsverfahren implementiert.

Amerikanische Call- und Put-Optionen mit Dividendenzahlungen der Aktie Mit dem Programm dieses Abschnitts lassen sich amerikanische Call- und Put-Optionen auf Aktien bewerten, die während der Laufzeit Dividenden auszahlen. Die vom Anwender vorzugebenden Daten stimmen mit denen des Programms 3.4 überein.

Mit den in Algorithmus 3.5 angegebenen Daten lautet die Ausgabe des Programms:

Callpreis: 10,09

Putpreis : 9,67

Eine amerikanische Option beinhaltet mehr Rechte als ihr europäisches Gegenstück. Daher sind die Preise amerikanischer Optionen mindestens so hoch wie die ihrer europäischen Varianten. Der Vergleich der Ergebnissen des vorliegenden Beispiels mit den Resultaten des Beispiels 3.4 bestätigt diese Aussage.

Algorithmus 3.5 Octave-Programm zur Bewertung amerikanischer Call- und Put-Optionen mit Dividendenzahlungen der Aktie

---

```
1    T = 1;
2    R = 0.02;
3    S = 100;
4    sigma = 0.25;
5    K = 100;
6    DM = [0.25 0.5; 0.75 1];
7
8    n = 500;
9
10   dt = T/n;
11   u = exp(sigma*sqrt(dt));
12   d = 1/u;
13
14   r = log(1+R);
15   rho = exp(r*dt);
16   psi1 = (rho-d)/(u-d)/rho;
17   psi2 = (u-rho)/(u-d)/rho;
18
19   D = zeros(1,n);
20   for i = 1:size(DM,1)
21      L = DM(i,1) <= (1:n)*dt;
22      j = find(L,1,'first');
23      D(j)=D(j) + exp(-r*DM(i,1))*DM(i,2);
24   end
25
```

```
25
26    S = S - sum(D);
27    SL = S*u.^(n:-2:-n);
28    delta = exp(r*T)*D(n);
29
30    c = max(SL + delta - K,0);
31    p = max(K - SL - delta,0);
32
33    for i=n:-1:1
34      c = psi1*c(1:i) + psi2*c(2:i+1);
35      p = psi1*p(1:i) + psi2*p(2:i+1);
36
37      SL = SL(1:i)/u;
38
39      delta = rho^(i-1) * sum(D(i:n));
40
41      iwc = max(SL + delta - K,0);
42      c = max(c,iwc);
43
44      iwp = max(K - SL - delta ,0);
45      p = max(p,iwp);
46    end
47
48    fprintf('Callpreis: %6.2f\n',c(1))
49    fprintf('Putpreis : %6.2f\n',p(1))
```

In Algorithmus 3.5 wurde das in Abschn. 3.4 dargestellte Bewertungsverfahren implementiert; wieder folgt eine kurze Erläuterung des Codes:

Algorithmus 3.5

Zeilen	**Erläuterungen**
1–6,8	Belegung von Programmvariablen mit Anwenderdaten. Dabei bezeichnet DM eine Matrix, die zeilenweise aus Zahlungszeitpunkt und Betrag einer Dividende besteht.
10–12	Berechnung der Auf- und Abstiegsfaktoren $u = e^{\sigma\sqrt{\Delta t}}$ und $d = 1/u$ für die Aktie
14–17	Berechnung des Verzinsungsfaktors $\rho = (1 + R)^{\Delta t}$ pro Periode und der Komponenten $\psi_1 = \frac{1}{\rho}\frac{\rho-d}{u-d}$ und $\psi_2 = \frac{1}{\rho}\frac{u-\rho}{u-d}$ des Diskontvektors ψ
19–24	D ist eine Liste mit n Einträgen, wobei jeder Eintrag mit null initialisiert wird. In D (j) wird die Summe aller auf den Zeitpunkt 0 diskontierten Dividenden gespeichert, die in der j-ten Periode, d. h. im Intervall $](j-1)\,\Delta t,\ j\Delta t]$, auftreten. Es gilt also mit den Bezeichnungen aus Abschn. 3.3 $$\mathrm{D\,(j)} = D_{j-1,j}.$$

26 Der Anfangskurs der Aktie wird um die Summe der auf den Zeitpunkt null diskontierten Dividenden verringert

27 Stochastischer Anteil

$$u^{n-2j}\tilde{S} \quad (0 \leq j \leq n)$$

der Aktienkurse zum Endzeitpunkt, wobei $\tilde{S} = S - D_0$ gilt.

28 Die Summe der in der letzten, also n-ten, Periode auftretenden und auf den Zeitpunkt 0 abdiskontierten Dividendenzahlungen wird auf den Endzeitpunkt aufgezinst und in der Variablen delta gespeichert.

30–31 Berechnung der Endauszahlung $c_j = \left(S^{\delta}_{nj} - K\right)^+$ der Call-Option und der Endauszahlung $p_j = \left(K - S^{\delta}_{nj}\right)^+$ der Put-Option mit den cum-dividend-Kursen zum Endzeitpunkt.

33–46 Im Rahmen der Rückwärtsrekursion werden für jeden Zeitpunkt das Maximum zwischen Replikationspreis und innerem Wert der Call- und der Put-Option berechnet.

48–49 Bildschirmausgabe

Die Implementierung der Black-Scholes-Formeln

Ein Programmcode zur Optionsbewertung mithilfe der Black-Scholes-Formeln findet sich in Algorithmus 3.6. Mit den dort angegebenen Daten lautet die Ausgabe des Programms:

$$\text{Callpreis: } 10{,}86$$
$$\text{Putpreis: } 8{,}90$$

und dies stimmt mit der Ausgabe des Algorithmus 3.1 überein. Der Code in Algorithmus 3.6 wird nun kurz erläutert:

Algorithmus 3.6

Zeilen	**Erläuterungen**
1	Laden des Statistik-Pakets
2–6	Belegung von Programmvariablen mit Anwenderdaten
8	Berechnung des stetigen Zinssatzes $r = \ln(1 + R)$, R Jahreszins
10–11	Berechnung von $d_{\pm}$
13–14	Black-Scholes-Formeln für europäische Call- und Put-Optionen unter Verwendung der Verteilungsfunktion der Standardnormalverteilung
16–17	Bildschirmausgabe

Algorithmus 3.6 Octave-Programm zur Bewertung europäischer Call- und Put-Optionen ohne Dividendenzahlungen der Aktie mithilfe der Black-Scholes-Formeln

```
1    pkg load statistics
2    T = 1;
3    R = 0.02;
4    S = 100;
5    sigma = 0.25;
6    K = 100;
7
8    r = log(1+R);
9
10   dp = (log(S/K) + (r+sigma^2/2)*T)/(sigma*sqrt(T));
11   dm = (log(S/K) + (r-sigma^2/2)*T)/(sigma*sqrt(T));
12
13   c0 = S*normcdf(dp,0,1) - exp(-r*T)*K*normcdf(dm,0,1);
14   p0 = exp(-r*T)*K*normcdf(-dm,0,1) - S*normcdf(-dp,0,1);
15
16   fprintf('Callpreis: %.2f\n',c0)
17   fprintf('Putpreis: %.2f\n',p0)
```

3.7 Forward-Start-Optionen

Eine **Forward-Start-Option** ist eine Option mit Basiswert S, deren Ausübungspreis erst zu einem zukünftigen Zeitpunkt $t_0 > 0$ auf den zu diesem Zeitpunkt gültigen Aktienkurs S_{t_0} festgelegt wird. Der Käufer des Derivats verfügt also ab dem Zeitpunkt t_0 über eine gewöhnliche Option auf S mit Ausübungspreis S_{t_0} und Fälligkeit $T > t_0$.

Wir betrachten zunächst eine europäische Call-Option im Black-Scholes-Modell, deren Basiswert während des Zeitraums $[0, T]$ keine Dividenden zahlt. Eine europäische Call-Option mit Ausübungspreis K und Fälligkeitszeitpunkt T hat zu einem Zeitpunkt $0 < t_0 < T$ nach (3.26) den Wert

$$C\left(S_{t_0}, T - t_0, K\right) = S_{t_0}\Phi\left(d_+\right) - e^{-r(T-t_0)}K\Phi\left(d_-\right).$$

Speziell für $K = S_{t_0}$ gilt

$$C\left(S_{t_0}, T - t_0, S_{t_0}\right) = S_{t_0}C\left(1, T - t_0, 1\right) = hS_{t_0},$$

wobei $h = C\left(1, T - t_0, 1\right)$ definiert wurde. Wird h als Stückzahl interpretiert, dann ist hS_{t_0} der Wert des Portfolios hS zum Zeitpunkt t_0, das aus h Stücken von S besteht. Der Wert dieses Portfolios zum Zeitpunkt 0 lautet

$$hS_0 = S_0C\left(1, T - t_0, 1\right) = C\left(S_0, T - t_0, S_0\right),$$

und dies ist der Preis des **Forward-Start-Calls,** der mit dem eines gewöhnlichen Calls, der den Ausübungspreis S_0 und den Fälligkeitszeitpunkt $T - t_0$ besitzt, übereinstimmt. Für den Preis $C(S_0, T - t_0, S_0) = hS_0$ können $h = C(1, T - t_0, 1)$ Aktien S zum Zeitpunkt 0 gekauft werden. Das Portfolio hS besitzt zum Zeitpunkt t_0 den Wert $hS_{t_0} = S_{t_0} C(1, T - t_0, 1) = C(S_{t_0}, T - t_0, S_{t_0})$, und dies ist der Preis der gewöhnlichen Call-Option zum Zeitpunkt t_0. Diese Argumentation gilt unter der Voraussetzung, dass die Volatilität σ der Aktie zum Zeitpunkt t_0 mit der zum Zeitpunkt 0 übereinstimmt.

Entsprechend hat ein **Forward-Start-Put,** dessen Ausübungspreis zum Zeitpunkt $t_0 > 0$ auf S_{t_0} festgelegt wird, zum Zeitpunkt 0 den Wert

$$P(S_0, T - t_0, S_0) = e^{-r(T-t_0)} S_0 \Phi(-d_-) - S_0 \Phi(-d_+).$$

3.8 Forward-Start-Performance-Optionen

Wir betrachten die Auszahlung

$$c = R_T^+ = \left(\frac{S_T - S_0}{S_0}\right)^+ = \frac{1}{S_0}(S_T - S_0)^+. \tag{3.32}$$

Ist die Rendite $R_T = \frac{S_T - S_0}{S_0}$ von S zwischen 0 und T positiv, dann stimmt die Auszahlung c mit dieser Rendite überein. Ist die Rendite R_T dagegen negativ, dann liefert (3.32) den Wert 0. Der Preis dieses Rendite- oder **Performance-Calls** zum Zeitpunkt 0 lautet

$$\frac{1}{S_0} C(S_0, T, S_0) = C(1, T, 1).$$

Wird dagegen die Auszahlung

$$c = R_{t_0,T}^+ = \left(\frac{S_T - S_{t_0}}{S_{t_0}}\right)^+ = \frac{1}{S_{t_0}}\left(S_T - S_{t_0}\right)^+$$

betrachtet, wobei t_0 einen zukünftigen Zeitpunkt mit $0 < t_0 < T$ bezeichnet, dann lautet der Wert dieses **Forward-Start-Performance-Calls** zum Zeitpunkt t_0

$$c_{t_0} = \frac{1}{S_{t_0}} C\left(S_{t_0}, T - t_0, S_{t_0}\right) = C(1, T - t_0, 1).$$

Diese Auszahlung hat unabhängig vom zum Zeitpunkt t_0 eintretenden Kurs S_{t_0} stets denselben Wert, wenn die Volatilität der Aktie zum Zeitpunkt t_0 als bekannt und als konstant vorausgesetzt wird. Unter dieser Voraussetzung erhalten wir für den Preis c_0 von c_{t_0} zum Zeitpunkt 0 dann durch deterministisches Diskontieren den Wert

$$c_0 = e^{-rt_0} c_{t_0} = e^{-rt_0} C(1, T - t_0, 1).$$

Entsprechend hat ein **Forward-Start-Performance-Put** mit der Auszahlung

$$c = \left(\frac{S_{t_0} - S_T}{S_{t_0}}\right)^+$$

für $0 < t_0 < T$ den Preis

$$e^{-rt_0} P(1, T - t_0, 1).$$

3.9 Anleihen

Anleihen sind Wertpapiere, die von Staaten und Unternehmen ausgegeben werden. Der Käufer einer Anleihe gibt dem Verkäufer einen Kredit in Höhe des Kaufpreises der Anleihe. Der Verkäufer zahlt dem Käufer dafür in der Regel einen Zahlungsstrom von folgendem Typ

$$\underbrace{(c, \ldots, c, c + N)}_{n}.$$

Der Käufer erhält also eine feste Anzahl n konstanter periodischer Zahlungen der Höhe c, die **Kuponzahlungen** genannt werden, und zum Ende der Laufzeit, d. h. bei **Fälligkeit der Anleihe,** zusätzlich einen Betrag N, der **Nennwert** der Anleihe genannt wird. Die Kuponhöhe wird in der Regel in Prozent des Nennwerts, der **Kuponrate,** angegeben.

Beispiel 3.10 Eine Anleihe habe einen Nennwert von $N = 1000\,\text{EUR}$. Die Couponrate betrage $5\,\%$, d. h. $c = 50\,\text{EUR}$, und die Kuponzahlungen werden jährlich geleistet. Die Laufzeit n der Anleihe betrage 10 Jahre. Wird die Anleihe zu einem Zeitpunkt $t = 0$ erworben, so fließen zu den Zeitpunkten $t = 1, \ldots, 10$ jeweils 50 EUR. Zum Fälligkeitszeitpunkt $t = 10$ wird jedoch zusätzlich zum Kupon auch der Nennwert in Höhe von 1000 EUR gezahlt. Der Zahlungsstrom der Anleihe lautet also $\underbrace{(50, \ldots, 50, 1050)}_{10}$. △

Grundsätzlich ist die Bewertung einer Anleihe sehr einfach, denn es müssen lediglich deterministische Zahlungen auf den Zeitpunkt 0 abdiskontiert und aufsummiert werden. Durch eine Reihe von Regeln und Konventionen erweisen sich Anleihen jedoch als komplexe Thematik, deren Beherrschung eine intensive Einarbeitung erfordert; für einen Eindruck siehe beispielsweise Luenberger [17]. Komplizierter wird die Bewertung von Anleihen auch dadurch, dass Inhaber von Anleihen Ausfallrisiken tragen. Erleidet das eine Anleihe emittierende Unternehmen während der Laufzeit der Anleihe einen Konkurs, dann können die Inhaber der Anleihen nicht damit rechnen, die ausstehenden Kuponzahlungen und den abschließenden Nennwert in voller Höhe zu erhalten. Je nach Bonität eines Emittenten sind also Preisabschläge in die Bewertung einzubeziehen.

Der Preis einer Anleihe

Sei ein arbitragefreies und vollständiges Mehr-Perioden-Modell $((S, \delta), \mathcal{F})$ mit Diskontprozess ϕ gegeben, dann lautet der Preis c_0 einer durch $\underbrace{(c, \ldots, c, c+N)}_{n}$ definierten Anleihe

$$\begin{aligned} c_0 &= \sum_{t=1}^{n} \mathbf{D}_{0,t}[c] + \mathbf{D}_{0,n}[N] \\ &= c \sum_{t=1}^{n} \mathbf{D}_{0,t}[1] + N\mathbf{D}_{0,n}[1] \\ &= c \sum_{t=1}^{n} d_t + N d_n, \end{aligned}$$

wobei $d_t = \mathbf{D}_{0,t}[1]$ definiert wurde. Liegen konstante Zinssätze vor, dann gilt

$$d_t = \frac{1}{(1+r)^t},$$

und für den Anleihepreis folgt

$$c_0 = c \sum_{t=1}^{n} \frac{1}{(1+r)^t} + \frac{N}{(1+r)^n} = \frac{c}{r}\left(1 - \frac{1}{(1+r)^n}\right) + \frac{N}{(1+r)^n}. \tag{3.33}$$

Aus Gl. (3.33) lesen wir unmittelbar ab, dass eine Erhöhung des Zinsniveaus r zu einer Verringerung des Anleihepreises führen muss und umgekehrt.

Die Rendite einer Anleihe

Die wichtigste Kennzahl einer Anleihe ist die **Rendite.** Angenommen, die Kuponzahlungen finden jährlich statt, dann ist die Rendite λ einer durch den Zahlungsstrom $\underbrace{(c, \ldots, c, c+N)}_{n}$ gegebenen Anleihe definiert durch die Gleichung

$$c_0 = c \sum_{t=1}^{n} \frac{1}{(1+\lambda)^t} + \frac{N}{(1+\lambda)^n} = \frac{c}{\lambda}\left(1 - \frac{1}{(1+\lambda)^n}\right) + \frac{N}{(1+\lambda)^n}, \tag{3.34}$$

wobei c_0 den Kaufpreis der Anleihe bezeichnet.

Beispiel 3.11 Betrachten wir eine Anleihe mit einem Kupon von 5 %, einem Nennwert von 1000 EUR und einer Laufzeit von 2 Jahren. Angenommen, der Preis der Anleihe beträgt aktuell $c_0 = 981{,}67$ EUR. Dann ist die Rendite λ der Anleihe definiert durch

$$981{,}67 = \frac{50}{1+\lambda} + \frac{1050}{(1+\lambda)^2},$$

und das bedeutet $\lambda = 6\,\%$. △

Die Gl. (3.34) für die Rendite einer Anleihe lässt sich in der Regel nicht nach λ auflösen, sondern λ muss mithilfe eines numerischen Verfahrens berechnet werden.

Der Vergleich von (3.33) mit (3.34) zeigt, dass dann, wenn die Zinssätze über die Laufzeit hinweg konstant sind, die Rendite einer Anleihe mit dem Marktzins übereinstimmt. Damit keine Arbitragegelegenheiten entstehen, orientieren sich die Anleiherenditen am jeweils herrschenden Zinsniveau. Bei einer Anleihe sind die Kuponzahlungen und der Nennwert jedoch festgelegt, sodass die einzig variable Größe der Preis der Anleihe ist. Aus dem Zusammenhang (3.33) zwischen Zinssatz r und Preis c_0 einer Anleihe lesen wir unmittelbar ab, dass eine Erhöhung des Zinsniveaus r zu einer Verringerung des Anleihepreises c_0 führen muss und umgekehrt.

Duration

Wir erwarten aufgrund des Zinseszinseffekts, dass die Preise von Anleihen umso empfindlicher auf eine Änderung des Zinsniveaus reagieren, je länger deren Laufzeit ist. Die Abhängigkeit des Anleihepreises von der Anleiherendite wird mithilfe der **modifizierten Duration** quantifiziert, die definiert ist durch

$$D_M(\lambda) = -\frac{c_0'(\lambda)}{c_0(\lambda)},$$

wobei $c_0'(\lambda)$ die Ableitung von c_0 nach λ bezeichnet. Durch das in der Definition der modifizierten Duration auftretende Vorzeichen folgt $D_M(\lambda) > 0$. Mit

$$c_0(\lambda + \Delta\lambda) \approx c_0(\lambda) + c_0'(\lambda)\,\Delta\lambda$$

und mit $\Delta c_0 = c_0(\lambda + \Delta\lambda) - c_0(\lambda)$ gilt bis zur ersten Ordnung in $\Delta\lambda$

$$\frac{\Delta c_0}{c_0} \approx \frac{c_0'(\lambda)}{c_0(\lambda)}\Delta\lambda = -D_M(\lambda)\,\Delta\lambda. \tag{3.35}$$

Die modifizierte Duration gibt an, wie groß die relative Änderung $\frac{\Delta c_0}{c_0}$ des Anleihepreises ist, wenn sich die Rendite der Anleihe um $\Delta\lambda$ verändert.

Nicht nur die Preise von Anleihen, sondern auch die Preise anderer Finanzinstrumente hängen vom Zinsniveau ab. In der Praxis wird häufig versucht, Wertpapiere so zu Portfolios zu kombinieren, dass die Duration dieser Portfolios klein wird und damit nur ein geringes Zinsänderungsrisiko besteht.

Konvexität

Bei der Duration werden nur Veränderungen des Anleihepreises bis zur ersten Ordnung in $\Delta\lambda$ betrachtet. Eine bessere Approximation wird dann erhalten, wenn auch die Terme zweiter Ordnung berücksichtigt werden. Diese werden **Konvexität** genannt. Mit der Definition

$$C(\lambda) = \frac{c_0''(\lambda)}{c_0(\lambda)}$$

und mit

$$c_0(\lambda + \Delta\lambda) \approx c_0(\lambda) + c_0'(\lambda)\,\Delta\lambda + \frac{1}{2}c_0''(\lambda)\,(\Delta\lambda)^2$$

gilt bis zur zweiten Ordnung in $\Delta\lambda$

$$\frac{\Delta c_0}{c_0} \approx -D_M(\lambda)\,\Delta\lambda + \frac{C(\lambda)}{2}\,(\Delta\lambda)^2\,. \tag{3.36}$$

Da Anleiheportfolios mit sehr hohen Werten existieren, spielt die Konvexität in der Praxis zur Abschätzung der relativen Preisänderungen von Anleihen, die durch eine Veränderung der Rendite verursacht werden, eine wichtige Rolle.

3.10 Aktienanleihen

Aktienanleihen, auch *reverse convertible bonds* oder *equity linked bonds* genannt, sind Anleihen, die regelmäßig „hochverzinst" sind und die an einem festgelegten Datum fällig werden. Bei Fälligkeit erhält der Anleger zuzüglich zu den Kuponzahlungen, die in jedem Fall gezahlt werden, entweder den Nennwert der Anleihe oder aber eine bestimmte Anzahl, die **Bezugsmenge,** von Aktien S eines vorher festgelegten Unternehmens.

Die Entscheidung, welche der beiden Alternativen gewählt wird, trifft der Emittent der Aktienanleihe.

Bezeichnen wir mit N den Nennwert der Anleihe und nehmen wir an, dass zum Fälligkeitszeitpunkt T eine Kuponzahlung in Höhe von $r_c N$ stattfindet, dann lautet die Auszahlung c einer Aktienanleihe

$$c = r_c N + \min(N,\, hS_T)\,, \tag{3.37}$$

wobei der Faktor $h > 0$ die Bezugsmenge bezeichnet und im Rahmen der Spezifikation der Aktienanleihe vorgegeben wird.

Die Auszahlung c in (3.37) ist eine Funktion der Kurse S_T der Aktie zum Fälligkeitszeitpunkt T,

$$c = f(S_T)\,.$$

Daher kann eine Aktienanleihe mithilfe der Binomialbaumformel (3.7) bewertet werden.

Alternativ kann c auf Standardauszahlungen zurückgeführt werden, indem die für beliebige $a,\, b \in \mathbb{R}$ gültige Identität

$$\min(a,\, b) = a - (a-b)^+$$

verwendet wird. Damit kann c geschrieben werden als

$$\begin{aligned} c &= r_c N + N - (N - hS_T)^+ \\ &= (1 + r_c)\,N - h\,(K - S_T)^+ , \end{aligned}$$

wobei $K = N/h$ definiert wurde. Die Auszahlung kann daher als Portfolio, bestehend aus dem konstanten Kapitalbetrag $(1 + r_c)\,N$ und aus h verkauften Put-Optionen jeweils mit Ausübungspreis $K = N/h$, interpretiert werden. Damit ergibt sich der Preis c_0 der Aktienanleihe zu

$$c_0 = d\,(1 + r_c)\,N - hp_0, \tag{3.38}$$

wobei d den Diskontfaktor für den Zeitraum $[0, T]$ bezeichnet und p_0 den Preis der Put-Option, der mit (3.7) oder auch mit der entsprechenden Black-Scholes-Formel berechnet werden könnte.

Wird der Ausübungspreis der Put-Option durch die Bedingung

$$K = S_0$$

auf den aktuellen Aktienkurs festgelegt, dann folgt

$$h = \frac{N}{S_0}$$

für die Bezugsmenge sowie

$$c = (1 + r_c)\,N - h\,(S_0 - S_T)^+ . \tag{3.39}$$

Die Auszahlung entspricht also einem Portfolio, bestehend aus dem festen Kapitalbetrag $(1 + q)\,N$ und aus $h = N/S_0$ verkauften Put-Optionen mit Ausübungspreis S_0.

Beispiel 3.12 Wir betrachten eine Aktienanleihe mit $T = 1$, $N = 100$ und $r_c = 10\,\%$. Für den Jahreszins nehmen wir $r = 1\,\%$ an, sodass $d = \frac{1}{1+r} = 0{,}99$ gilt. Für die Aktie sei $S_0 = 20$ und $\sigma = 25\,\%$ gegeben. Weiter werde die Bezugsmenge h durch die Bedingung

$$h = \frac{N}{S_0} = 5$$

festgelegt. Dann gilt $p_0 = 1{,}88$ und aus (3.38) folgt

$$c_0 = \frac{1{,}1}{1{,}01} \cdot 100 - 5 \cdot 1{,}88 = 99{,}50.$$

Es gilt also $c_0 \approx N$. Der Anleger erhält auf den eingezahlten Kapitalbetrag c_0 eine Kuponzahlung in Höhe von $r_c N$, also einen Anteil in Höhe von etwa $r_c = 10\,\%$ des eingesetzten Kapitals. Die Aktienanleihe wird daher als hochverzinst bezeichnet.

Die Kehrseite des Produkts besteht darin, dass zum Fälligkeitszeitpunkt nicht notwendigerweise der Nennwert N der Anleihe zurückgezahlt wird. Die Auszahlung (3.37) der

Aktienanleihe lautet mit $h = N/S_0$

$$c = r_c N + h \min (S_0, S_T),$$

und damit lässt sich die Rendite R der Aktienanleihe schreiben als

$$R = \frac{c - c_0}{c_0} = \frac{r_c N + h \min (S_0, S_T) - c_0}{c_0}.$$

Je nach Kurseinbruch kann die Investition in eine Aktienanleihe daher auch zu Verlusten führen. △

3.11 Barrier-Optionen

Zustandsabhängige Auszahlungen c lassen sich effizient bewerten, wenn sie Funktionen der Kurse eines Basiswerts zum Endzeitpunkt sind, siehe Abschn. 3.2. Die Bewertung wird schwieriger, wenn die Werte $c(\omega)$ nicht nur vom Kurs zum Endzeitpunkt in den Zuständen $\omega \in \Omega$ abhängen, sondern auch von den Kursen längs der Pfade, die zu den jeweiligen Endzuständen ω führen.

Beispiele für derartige pfadabhängige Derivate sind Call- und Put-Optionen, bei denen die Auszahlungen $c(\omega)$ für die Endzustände $\omega \in \Omega$ dann aktiviert oder deaktiviert werden, wenn der Kursprozess durch den Baum bis zu ω gewisse Schwellenwerte erreicht oder nicht erreicht hat. Solche Derivate heißen **Barrier-Optionen,** von denen es vier Typen gibt, die häufig mit den Zusätzen

- down-and-out
- up-and-out
- down-and-in
- up-and-in

bezeichnet werden. Wir werden im Folgenden den Preis

$$c_0 = \sum_{\omega \in \Omega} \phi_n(\omega)\, c(\omega)$$

des down-and-out-Calls

$$c = (S_n - K)^+ \, 1_{\{\min_{0 \le t \le n} S_t > B\}}, \tag{3.40}$$

in einem Binomialbaum (S, n, r, u, d) bestimmen, wobei $\phi_n(\omega) = \psi_1^{n-j} \psi_2^j$ gilt, wenn bei dem zu ω gehörenden Pfad $n - j$ Aufwärts- und j Abwärtsbewegungen auftreten. Die Konstante $B < K$ wird als **Barriere** bezeichnet. Die Auszahlung $c(\omega)$ ist also null, wenn der Kursprozess der Aktie längs des zu ω führenden Pfades die Barriere B trifft oder unterschreitet, und dies gilt insbesondere auch dann, wenn der Kurs $S_n(\omega)$ zum Endzeitpunkt oberhalb von K liegen sollte. Für $B \geq S_0$ folgt $\min_{0 \leq t \leq n} S_t \leq S_0 \leq B$, also $c = 0$. Im Rahmen der folgenden Analyse wird $B \leq S_0$ vorausgesetzt, der Fall $B = S_0$ also zugelassen, obwohl in diesem Fall $c = 0$ gilt.

Aus

$$0 \leq c \leq (S_n - K)^+$$

folgt aufgrund der Linearität und der Positivität des Diskontierungsoperators zunächst, dass ein down-and-out-Call einen Preis größer oder gleich null besitzt und nicht mehr kostet, als eine entsprechende gewöhnliche Call-Option.

Definition 3.13 Es sei $Z_t : \Omega \to \{t, t-2, \ldots, -t\}$ die Funktion, für die gilt

$$Z_t(\omega) = t - 2j,$$

wenn der zu ω gehörende Pfad bis zum Zeitpunkt t über $t - j$ Aufwärts- und über j Abwärtsbewegungen verfügt. Wir bezeichnen $Z_t(\omega)$ als die **Position** des zu ω gehörenden Pfades zum Zeitpunkt t. Weiter sei

$$M_n = \min_{0 \leq t \leq n} Z_t.$$

Ein Pfad kann zum Zeitpunkt 0 nur die Position 0 annehmen, zum Zeitpunkt 1 sind die Positionen 1 und -1 möglich, zum Zeitpunkt 2 können die Positionen 2, 0 und -2 auftreten, usw.

Wir definieren nun

$$A_{e,b} = \{\omega \in \Omega |\, Z_n(\omega) = e,\ M_n(\omega) \leq b\} = \{Z_n = e,\ M_n \leq b\}$$

als die Menge aller Pfade mit Position e zum Endzeitpunkt n, die während ihres Verlaufs die Position b erreichen oder unterschreiten. Im Folgenden werden für verschiedene Fälle Formeln für

$$\phi_n\left(A_{e,b}\right) = \sum_{\omega \in A_{e,b}} \phi_n(\omega)$$

abgeleitet. Im weiteren Verlauf werden auch die Definitionen $A_e = \{\omega \in \Omega |\, Z_n(\omega) = e\} = \{Z_n = e\}$ und $\phi_n(A_e) = \sum_{\omega \in A_e} \phi_n(\omega)$ verwendet werden.

Definition 3.14 Eine Position e in einem Binomialbaum (S, n, r, u, d) zum Endzeitpunkt n heißt **gültig** oder **gültige Endposition,** wenn $e \in \{n, n-2, \ldots, -n\}$ gilt. Eine Barriere b heißt **gültig,** wenn $b \in \{0, -1, \ldots, -n\}$ gilt.

Wir nennen eine Barriere also gültig, wenn $B \leq S_0$ gilt, lassen also den Fall $B = S_0$ zu. Seien b eine feste gültige Barriere und e eine beliebige gültige Endposition im Binomialbaum (S, n, r, u, d). Es sei j_b definiert durch $b = n - 2j_b$, also durch

$$j_b = \frac{n-b}{2}.$$

Für die Mengen $A_{e,b}$ unterscheiden wir folgende Fälle:

1. Die Endposition e stimmt mit der Barriere b überein, $e = b$

Es gilt $A_{b,b} = \{Z_n = b,\ M_n \leq b\} = \{Z_n = b\} = A_b$. Ist j_b nicht ganzzahlig, dann ist b keine gültige Endposition, und in diesem Fall gilt $A_{b,b} = \emptyset$. Dagegen enthält $A_{b,b}$ für den Fall, dass j_b ganzzahlig ist, $|A_{b,b}| = |A_b| = \binom{n}{j_b}$ Elemente. Insgesamt erhalten wir

$$|A_{b,b}| = |A_b| = \begin{cases} \binom{n}{j_b} & (j_b \text{ ganzzahlig}) \\ 0 & (j_b \text{ nicht ganzzahlig}) \end{cases}$$

und

$$\phi_n(A_{b,b}) = \begin{cases} \binom{n}{j_b} \psi_1^{n-j_b} \psi_2^{j_b} & (j_b \text{ ganzzahlig}) \\ 0 & (j_b \text{ nicht ganzzahlig}) . \end{cases}$$

Beispiel 3.15 Für $n = 10$ ist $b = -7$ eine gültige Barriere. Da $j_b = (n-b)/2 = 17/2 = 8{,}5$ nicht ganzzahlig ist, kann $b = -7$ als Endposition nicht auftreten, und daher gilt $A_{-7,-7} = \emptyset$. Für $b = -8$ gilt dagegen $j_b = 9$, und $A_{-8,-8} = A_{-8}$ enthält $\binom{10}{9} = 10$ Elemente. △

2. Die Endposition liegt unterhalb der Barriere, $e < b$

In diesem Fall wird die Barriere b aufgrund der Voraussetzung $e < b$ auf jeden Fall erreicht oder unterschritten. Das bedeutet, dass die Nebenbedingung $M_n \leq b$ für alle diese Pfade erfüllt ist, dass also $A_{e,b} = A_e$ gilt. Mit $e = n - 2j$ folgt $j_b < j \leq n$ und

$$|A_{e,b}| = \binom{n}{j} \quad (j_b < j \leq n)$$

sowie

$$\phi_n(A_{e,b}) = \binom{n}{j} \psi_1^{n-j} \psi_2^{j} \quad (j_b < j \leq n).$$

Beispiel 3.16 Mit den Daten des vorherigen Beispiels, $n = 10$ und $b = -7$, können die Positionen $e = -8$ und $e = -10$ als gültige Endpositionen mit $e < b$ auftreten. Mit $e = n - 2j = 10 - 2j$ ist dies äquivalent zu den Indices $j = 9$ und $j = 10$, für die $j_b = 8{,}5 < j \leq 10 = n$ gilt. △

3. Die Endposition liegt oberhalb der Barriere, $e > b > -n$, und es gilt $e - b = b - e'$ für ein $b > e' \geq -n$

Zu jedem Pfad $\omega \in A_{e,b}$ gehört genau ein Pfad $\omega' \in A_{e',b} = A_{e'}$, der dadurch entsteht, dass ab $\tau_b(\omega) = \min_{0 \leq t < n} Z_t(\omega) = b$, also ab dem Zeitpunkt, zu dem die Barriere b zum ersten Mal erreicht wird, jede Aufwärtsbewegung in ω zu einer Abwärtsbewegung in ω' und jede Abwärtsbewegung in ω zu einer Aufwärtsbewegung in ω' wird.

Liegt also e um $e - b$ Positionen oberhalb der Barriere b, dann liegt die Endposition e' von ω' genau $b - e' = e - b$ Positionen unterhalb der Barriere, siehe Abb. 3.5. Daher haben die beiden Pfadmengen $A_{e,b}$ und $A_{e'}$ dieselbe Anzahl von Elementen. Die hier verwendete Argumentation zu Bestimmung der Anzahl der Elemente von $A_{e,b}$ wird als **Spiegelungsprinzip** bezeichnet.

Aus $n - 2j = e > b > e' = n - 2j'$ folgt zunächst

$$0 \leq j < j_b < j' \leq n$$

und dann, wegen $e - b = b - e'$,

$$j = 2j_b - j'.$$

Nun gilt $j_b < j' \leq n$ genau dann, wenn $2j_b - n \leq j < 2j_b - j_b = j_b$ gilt. Damit erhalten wir

$$\left|A_{e,b}\right| = |A_{e'}| = \binom{n}{j'} = \binom{n}{2j_b - j} \quad (0 \leq j,\ \ 2j_b - n \leq j < j_b)\,.$$

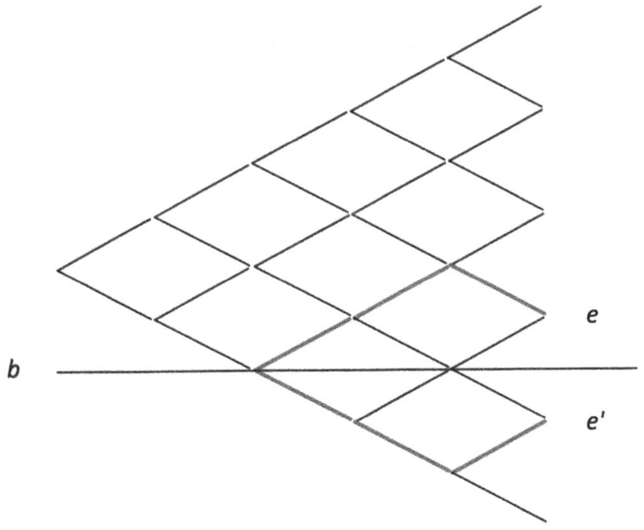

Abb. 3.5 Das Spiegelungsprinzip

Ein gespiegelter Pfad $\omega' \in A_{e'}$ besitzt ab Erreichen der Barriere insgesamt $e - b = (n - 2j) - (n - 2j_b) = 2j_b - 2j$ Bewegungen nach unten, während ein Pfad $\omega \in A_{e,b}$ ab Erreichen der Barriere insgesamt $e - b$ Bewegungen nach oben hat. Durch Multiplikation mit $\psi_1 \psi_2^{-1}$ wird im Diskontprozess eine Bewegung nach unten in eine nach oben verändert, und das bedeutet

$$\begin{aligned}
\phi_n\left(A_{e,b}\right) &= \left(\frac{\psi_1}{\psi_2}\right)^{e-b} \phi_n\left(A_{e'}\right) \\
&= \left(\frac{\psi_1}{\psi_2}\right)^{2j_b-2j} \binom{n}{j'} \psi_1^{n-j'} \psi_2^{j'} \\
&= \left(\frac{\psi_1}{\psi_2}\right)^{2j_b-2j} \binom{n}{2j_b-j} \psi_1^{n-2j_b+j} \psi_2^{2j_b-j} \\
&= \binom{n}{2j_b-j} \psi_1^{n-j} \psi_2^{j} \quad (0 \le j,\ 2j_b - n \le j < j_b)\,.
\end{aligned}$$

Beispiel 3.17 Mit den Daten des vorherigen Beispiels, $n = 10$ und $b = -7$, gilt

$$2j_b - n = 17 - 10 = 7, \qquad j_b = 8{,}5.$$

Die Ungleichung $2j_b - n \le j < j_b$ wird für die beiden Werte $j = 7$ und $j = 8$ erfüllt, die darüber hinaus beide ≥ 0 sind. △

4. Die Endposition liegt oberhalb der Barriere, $e > b$, und es gilt $e > n + 2b$
In diesem Fall gilt $A_{e,b} = \emptyset$, also $\phi_n\left(A_{e,b}\right) = 0$ und, mit $e = n - 2j$ und $b = n - 2j_b$ folgt für die zugehörigen Indices

$$0 \le j < 2j_b - n.$$

Beispiel 3.18 Mit den Daten $n = 10$ und $b = -7$ gilt $2j_b - n = 17 - 10 = 7$, und $0 \le j < 2j_b - n$ gilt für $j = 0, \ldots, 6$. Das bedeutet, dass es für Pfade mit den Endpositionen $e = 10, 8, \ldots, -2$ nicht möglich ist, die Barriere $b = -7$ zu erreichen oder zu unterschreiten. △

Werden die besprochenen Fälle zusammengefaßt, dann erhalten wir:

Satz 3.19 *Sei $e = n - 2j$ eine gültige Endposition im Binomialbaum (S, n, r, u, d), und es sei $b = n - 2j_b$ eine gültige Barriere. Dann gilt*

$$\phi_n\left(A_{n-2j,n-2j_b}\right) = \begin{cases} 0 & (j < 2j_b - n \; und \; 0 \le j) \\ \binom{n}{2j_b - j} \psi_1^{n-j} \psi_2^j & (2j_b - n \le j < j_b \; und \; 0 \le j) \\ 0 & (j_b \; nicht \; ganzzahlig) \\ \binom{n}{j_b} \psi_1^{n-j_b} \psi_2^{j_b} & (j_b \; ganzzahlig) \\ \binom{n}{j} \psi_1^{n-j} \psi_2^j & (j_b < j \le n)\,. \end{cases} \tag{3.41}$$

Zur Bewertung der durch (3.40) gegebenen Auszahlung c schreiben wir den Preis c_0 der Barrier-Option als

$$\begin{aligned} c_0 &= \sum_{\omega\in\Omega} \phi_n(\omega)\, c(\omega) \\ &= \sum_{\omega\in\Omega} \phi_n(\omega)\,(S_n(\omega) - K)^+\, 1_{\{M_n > b\}}(\omega) \\ &= \sum_{\omega\in\Omega} \phi_n(\omega)\,(S_n(\omega) - K)^+ \left(1 - 1_{\{M_n \le b\}}(\omega)\right) \\ &= \sum_{\omega\in\Omega} \phi_n(\omega)\,(S_n(\omega) - K)^+ - \sum_{\omega\in\Omega} \phi_n(\omega)\,(S_n(\omega) - K)^+\, 1_{\{M_n \le b\}}(\omega) \\ &= \gamma_0 - \sum_e (S_n(A_e) - K)^+\, \phi_n\left(A_{e,b}\right) \\ &= \gamma_0 - B(b)\,, \end{aligned}$$

wobei γ_0 den Wert einer gewöhnlichen europäischen Call-Option bezeichnet und

$$B(b) = \sum_e (S_n(A_e) - K)^+\, \phi_n\left(A_{e,b}\right)$$

definiert wurde, wobei über alle gültigen Endpositionen summiert wird.

Schreiben wir $e = n - 2j$ und $b = n - 2j_b$, dann gilt mit $S_n(A_e) = Su^{n-j}d^j$ und (3.41)

$$B(b) = \sum_{j=0}^{n} \left(Su^{n-j}d^j - K\right)^+ \phi_n\left(A_{n-2j,n-2j_b}\right).$$

- Für j_b ganzzahlig erhalten wir

$$
\begin{aligned}
B(b) = & \sum_{j=2j_b-n}^{j_b-1} \binom{n}{2j_b-j} \psi_1^{n-j} \psi_2^j \left(Su^{n-j}d^j - K\right)^+ \\
& + \sum_{j=j_b}^{n} \binom{n}{j} \psi_1^{n-j} \psi_2^j \left(Su^{n-j}d^j - K\right)^+
\end{aligned}
$$

- und für j_b nicht ganzzahlig

$$
\begin{aligned}
B(b) = & \sum_{j=2j_b-n}^{\lfloor j_b \rfloor} \binom{n}{2j_b-j} \psi_1^{n-j} \psi_2^j \left(Su^{n-j}d^j - K\right)^+ \\
& + \sum_{j=\lceil j_b \rceil}^{n} \binom{n}{j} \psi_1^{n-j} \psi_2^j \left(Su^{n-j}d^j - K\right)^+ .
\end{aligned}
$$

Beispiel 3.20 Wir betrachten den down-and-out-Call mit Auszahlung (3.40),

$$
c = (S_n - K)^+ \, 1_{\{\min_{0 \le t \le n} S_t > B\}},
$$

für $n = 100$ und für die Barrieren $B = S$ und $B = Sd^n$, also für $b = 0$ und $b = -n$.

1. Fall: $b = 0$ Jeder Kursprozess beginn an der Position 0, daher gilt $M_n(\omega) \le 0$ für jeden Pfad $\omega \in \Omega$. Das bedeutet $1_{\{M_n > b\}}(\omega) = 0$ für jeden Pfad, also folgt $c = 0$ und daher $c_0 = 0$. Andererseits gilt mit $j_b = \frac{n-b}{2} = 50$

$$
\begin{aligned}
B(b) = & \sum_{j=2\cdot 50-100}^{49} \binom{100}{100-j} \psi_1^{100-j} \psi_2^j \left(Su^{100-j}d^j - K\right)^+ \\
& + \sum_{j=50}^{100} \binom{100}{j} \psi_1^{100-j} \psi_2^j \left(Su^{100-j}d^j - K\right)^+ \\
= & \sum_{j=0}^{n} \binom{n}{j} \psi_1^{n-j} \psi_2^j \left(Su^{n-j}d^j - K\right)^+ \\
= & \gamma_0 ,
\end{aligned}
$$

also

$$
c_0 = \gamma_0 - B(b) = 0.
$$

2. Fall: $b = -n = -100$ Nun gilt $M_n(\omega) > b$ für jeden Pfad, bis auf den, der nur aus Abwärtsbewegungen besteht und für den $M_n(\omega) = b$ gilt. Mit $j_b = 100$ folgt

$$
B(b) = \psi_2^n \left(Sd^n - K\right)^+
$$

also

$$c_0 = \gamma_0 - \psi_2^n \left(Sd^n - K\right)^+ .$$

△

3.12 Futures

Futures sind börsengehandelte Forward-Kontrakte, bei denen der Kauf eines Basiswerts S zu einem zukünftigen Zeitpunkt τ vereinbart wird. Futures werden in der Regel nicht auf Aktien abgeschlossen, sondern auf Aktienindizes oder insbesondere auf Rohstoffe. Es gibt Futures auf Reis, Weizen und auf Schweinebäuche, aber auch auf Edelmetalle, wie Gold und Kupfer. Den Forward-Preisen entsprechen die **Future-Preise,** die allerdings, wie Aktienkurse, im Rahmen von Börsenauktionen festgelegt werden und sich daher laufend ändern. Das Eingehen eines Future-Kontrakts ist, wie beim Forward-Kontrakt, kostenfrei, aber anders als bei Forward-Kontrakten ist der Future-Preis eine zeitlich veränderliche Größe. Beträgt der Future-Preis zu Beginn U_0, dann hat er sich nach einem Tag zu U_1 verändert. Gilt $U_1 > U_0$, dann erhält der Inhaber des Future-Kontrakts den Betrag $U_1 - U_0$ auf seinem Konto gutgeschrieben, gilt dagegen $U_1 < U_0$, so wird sein Konto mit dem Betrag $U_0 - U_1$ belastet. Zur Durchführung dieser Buchungen und zur Gewährleistung, dass die Marktteilnehmer im Falle einer für sie negativen Kursentwicklung ihren Zahlungsverpflichtungen nachkommen, muss jeder, der Futures handelt, ein **Marginkonto** unterhalten, auf dem täglich die oben dargestellten Gewinne und Verluste aus dem Future-Handel gebucht werden. Das bedeutet, dass der Future-Handel de facto tageweise stattfindet. Auf dem Marginkonto muss zu Beginn die **Initial Margin** angelegt werden, die in der Regel 2 %–10 % des Kontraktwerts umfasst, der sich als Produkt von Stückzahl und Future-Preis berechnet. Sinkt der Bestand des Marginkontos unter die **Maintenance Margin,** die etwa 75 % der Initial Margin beträgt, dann erreicht den Investor ein **Margin Call.** Dies ist eine Aufforderung an den Investor, das Marginkonto mindestens auf das Niveau der Initial Margin aufzustocken. Kommt ein Investor einem Margin Call nicht nach, dann wird seine Future-Position geschlossen und dem Investor verbleibt lediglich der Restbestand seines Marginkontos.

Je näher der Fälligkeitszeitpunkt eines Future-Kontrakts rückt, desto näher werden die Future-Preise beim Kurs des Basiswerts liegen, wie bei Forward-Kontrakten auch, und zum Fälligkeitszeitpunkt τ muss der Future-Preis mit dem Preis des Basiswerts übereinstimmen, also $U_\tau = S_\tau^\delta$ gelten.

Für die mathematische Analyse legen wir ein arbitragefreies und vollständiges Marktmodell $((S, \delta), \mathcal{F})$ zugrunde und nehmen an, dass das Modell einen Future-Kontrakt X mit Fälligkeit $0 < \tau \leq n$ auf ein Wertpapier S des Modells enthält, das wir der Einfachheit halber nicht mit einem Index kennzeichnen. Bezeichnen wir wie oben die Future-Preise mit U, dann definieren wir

$$\begin{aligned}
X_t &= 0 && (0 \leq t \leq n) \\
X_0^\delta &= 0 \\
X_t^\delta &= U_t - U_{t-1} = \Delta U_t && (1 \leq t \leq \tau) \\
X_t^\delta &= 0 && (\tau < t \leq n) .
\end{aligned}$$

Die erste Gleichung besagt, dass das Abschließen eines Future-Kontrakts stets kostenfrei ist. Die folgenden Zeilen formalisieren, dass vom Zeitpunkt 1 an bis zur Fälligkeit τ die Differenzen der Future-Preise $\Delta U_t = U_t - U_{t-1}$ auf dem zum Future-Kontrakt gehörenden Margin-Konto gebucht werden. So gilt für $1 \leq t \leq \tau$ einerseits nach Definition $X_t^\delta = \Delta U_t$, andererseits sind die cum-dividend-Kurse X_t^δ eines Wertpapiers X definiert als $X_t^\delta = X_t + \delta_t = \delta_t$, wobei die zweite Gleichheit wegen $X_t = 0$ gilt. Damit folgt $\Delta U_t = X_t^\delta = \delta_t$, also werden die Buchungen ΔU_t auf dem Marginkonto des Futures als Dividendenzahlungen modelliert, die auch negativ sein können und damit Zahlungsverpflichtungen entsprechen.

Im Rahmen dieser Modellierung haben die ex-dividend Kurse des Futures immer den Wert null, $X_t = 0$, während die cum-dividend Kurse $X_t^\delta = \delta_t = \Delta U_t$ nur aus Dividenden bestehen, die der Differenz der Future-Preise entsprechen. Diese Dividenden werden zu jedem Zeitpunkt entnommen und auf das zum Future gehörende Margin-Konto gebucht, wobei die Entnahme bei negativer Dividende einer Abbuchung vom Margin-Konto entspricht.

Da der Future eines der Wertpapiere des Modells ist, gilt nach (2.19)

$$0 = X_{t-1} = \mathbf{D}_{t-1,t}\left[X_t^\delta\right] = \mathbf{D}_{t-1,t}\left[\Delta U_t\right],$$

also, mit (2.25),

$$\mathbf{D}_{t-1,t}\left[U_t\right] = \mathbf{D}_{t-1,t}\left[U_{t-1}\right] = U_{t-1}\mathbf{D}_{t-1,t}\left[1\right] = d_{t-1,t}U_{t-1},$$

wobei $d_{t-1,t} = \mathbf{D}_{t-1,t}\left[1\right]$ definiert wurde. Wir erhalten damit

$$U_{t-1} = \mathbf{D}_{t-1,t}\left[\frac{U_t}{d_{t-1,t}}\right]$$

und weiter, unter Verwendung der Tower-Property (2.18),

$$\begin{aligned}
U_0 &= \mathbf{D}_{0,1}\left[\frac{U_1}{d_{0,1}}\right] = \mathbf{D}_{0,1}\left[\frac{1}{d_{0,1}}\mathbf{D}_{1,2}\left[\frac{U_2}{d_{1,2}}\right]\right] = \mathbf{D}_{0,1}\left[\mathbf{D}_{1,2}\left[\frac{U_2}{d_{0,1}d_{1,2}}\right]\right] \\
&= \mathbf{D}_{0,2}\left[\frac{U_2}{d_{0,1}d_{1,2}}\right].
\end{aligned}$$

Induktiv folgt so wegen $U_\tau = S_\tau^\delta$

$$U_0 = \mathbf{D}_{0,\tau}\left[\frac{U_\tau}{d_{0,1}\cdots d_{\tau-1,\tau}}\right] = \mathbf{D}_{0,\tau}\left[\frac{S_\tau^\delta}{d_{0,1}\cdots d_{\tau-1,\tau}}\right].$$

Für deterministische Zinsen gilt $d_{t-1,t} = \frac{1}{1+r_t}$, wobei r_t konstant ist, und dann folgt mit (2.22) und (2.24)

$$U_0 = (1+r_1)\cdots(1+r_\tau)\,\mathbf{D}_{0,\tau}\left[S_\tau^\delta\right] = (1+r_1)\cdots(1+r_\tau)\left(S_0 - \sum_{t=1}^{\tau-1} d_{0,t}\delta_t^S\right) = F,$$

wobei δ_t^S die von S gezahlten Dividenden bezeichnen. Im Fall deterministischer Zinsen stimmt der Future-Preis U_0 also mit dem Forward-Preis F des betrachteten Basiswerts S überein.

3.13 Swaps

Ein **Swap** bezeichnet ganz allgemein den Austausch zweier Zahlungsströme. Angenommen, Investor A möchte an Investor B den Zahlungsstrom c^A auszahlen und im Gegenzug von B den Zahlungsstrom c^B erhalten. Der Swap wäre dann definiert durch $s = c^B - c^A$.

Was ist dieser Austausch aus Sicht von A wert? Wären $c^A = \left(c_1^A, \ldots, c_n^A\right)$ und $c^B = \left(c_1^B, \ldots, c_m^B\right)$ deterministische Zahlungsströme, dann wären

$$c_0^A = \sum_{t=1}^{n} d_t c_t^A, \quad c_0^B = \sum_{t=1}^{m} d_t c_t^B$$

jeweils die auf den aktuellen Zeitpunkt 0 diskontierten Werte von c^A und c^B. Aus Sicht von A hätte der Swap den Wert $s_0 = c_0^B - c_0^A$.

Sei nun $((S, \delta), \mathcal{F})$ ein vollständiges, arbitragefreies Mehr-Perioden-Modell und seien $c^A = \left(c_1^A, \ldots, c_n^A\right)$ und $c^B = \left(c_1^B, \ldots, c_m^B\right)$ an die Filtration $\mathcal{F}$ adaptierte zustandsabhängige Auszahlungen. Dann gilt für den Wert s_0 des Swaps $s = c^B - c^A$

$$s_0 = \sum_{t=1}^{m} \mathbf{D}_{0,t}\left[c_t^B\right] - \sum_{t=1}^{n} \mathbf{D}_{0,t}\left[c_t^A\right].$$

In der Praxis treten folgende Typen von Swaps auf:

1. **Währungsswap:** Hier werden beispielsweise periodisch gewisse Beträge in Euro an einen Kontrahenten gezahlt und im Gegenzug periodische Beträge in einer anderen Währung vom Kontrahenten geliefert.
2. **Zinsswap:** Hier werden häufig feste Zinsen gezahlt und variable vereinnahmt oder umgekehrt.
3. **Credit Default Swap (CDS):** Hier werden fixe Prämien gezahlt, und im Falle eines Kreditausfalls übernimmt der Kontrahent einen Teil des Kreditausfalls. Auch hier werden also fixe Zahlungen gegen ungewisse, variable Zahlungen getauscht.

3.14 Das Wichtigste im Überblick

Ein Binomialbaum $(S,\ n,\ r,\ u,\ d)$ gelte für den Zeitbereich $[0,\ T]$. Dabei bezeichne S den Kurs einer Aktie zum Anfangszeitpunkt 0.

Bezeichnet weiter ρ_T den Verzinsungsfaktor für den Zeitbereich $[0,\ T]$, dann ist der Zinssatz r pro Periode gegeben durch

$$r = \rho_T^{\frac{1}{n}} - 1.$$

Für eine gegebene Volatilität σ der Aktie sind die Auf- und Abstiegsfaktoren u und d der Aktie pro Periode gegeben durch

$$u = e^{\sigma\sqrt{\Delta t}}, \quad d = e^{-\sigma\sqrt{\Delta t}},$$

wobei $\Delta t = T/n$ die Periodenlänge im Baum bezeichnet. Damit lassen sich die Größen r, u und d im Baum mithilfe der einer Schätzung zugänglichen Parameter ρ_T und σ ausdrücken und es ist damit möglich, realistische Preise für Derivate zu berechnen.

Für Call- und Put-Optionen vom europäischen und amerikanischen Typ mit und ohne Dividendenzahlungen der Aktie werden entsprechende Bewertungsverfahren in den Abschn. 3.2, 3.3 und 3.4 vorgestellt, und in Abschn. 3.5 wird gezeigt, dass die Binomialbaumformeln für europäische Call- und Put-Optionen für Periodenzahl $n \to \infty$ gegen die Black-Scholes-Formeln konvergieren. In Abschn. 3.6 werden für die angegebenen Optionstypen sowie für die Black-Scholes-Formeln vollständige Bewertungsprogramme in MATLAB/Octave angegeben. Darüber hinaus werden die Bewertungen von

- Forward-Start-Optionen,
- Forward-Start-Performance-Optionen,
- Anleihen,
- Aktienanleihen,
- Barrier-Optionen,
- Futures und
- Swaps

in den Abschn. 3.7 bis 3.13 diskutiert.

3.15 Aufgaben

Aufgabe 3.1 Untersuchen Sie für eine Aktie S mit Volatilität $\sigma = 25\,\%$ und erwarteter Rendite $\mu = 12\,\%$ und für einen Jahreszins $R = 2\,\%$ die Parameter r, u und d eines zugehörigen Binomialbaums mit einer Periodenzahl von $n = 500$ für einen Zeitraum von einem Jahr, $T = 1$.

1. Bestimmen Sie zunächst den Verzinsungsfaktor ρ pro Periode und den Periodenzins r.
2. Bestimmen Sie anschließend die Faktoren u und d mithilfe der in Abschn. 3.1 angegebenen Formeln

$$u_{\text{exakt}} = \exp\left(\mu\Delta t + \sigma\sqrt{\Delta t}\right), \quad d_{\text{exakt}} = \exp\left(\mu\Delta t - \sigma\sqrt{\Delta t}\right),$$
$$u = \exp\left(\sigma\sqrt{\Delta t}\right), \quad d = \exp\left(-\sigma\sqrt{\Delta t}\right).$$

Überzeugen Sie sich davon, dass u und u_{exakt} bzw. d und d_{exakt} für die angegebenen Werte für die Parameter μ, σ und n näherungsweise übereinstimmen, indem Sie die relativen Abweichungen

$$\frac{u_{\text{exakt}} - u}{u_{\text{exakt}}} = \frac{d_{\text{exakt}} - d}{d_{\text{exakt}}} = \exp(\mu\Delta t) - 1$$

bestimmen.

Aufgabe 3.2 Seien eine Aktie S mit Volatilität $\sigma > 0$ und ein Jahreszins $R > -1$ gegeben. Zeigen Sie, dass u und d für große Periodenzahlen n nahe bei 1 liegen. Zeigen Sie, dass der Periodenzins r für große n nahe bei 0 liegt. Diese Ergebnisse erlauben bei praktischen Berechnungen eine grobe Prüfung auf Rechenfehler.

Aufgabe 3.3 Betrachten Sie eine Call- und eine Put-Option auf eine Aktie mit Anfangskurs $S = 100$, Jahresvolatilität $\sigma = 22{,}31\,\%$, Fälligkeitszeitpunkt $T = 2$ und Ausübungspreis $K = 100$. Zum Zeitpunkt $\tau = 1{,}5$ zahle die Aktie eine Dividende $\delta = 2$ aus. Der Jahreszins betrage $R = 3\,\%$.

1. Bestimmen Sie die Preise der beiden Optionen in einem Binomialbaum (S, n, r, u, d) mit $n = 2$ Perioden.
2. Bestimmen Sie den Put-Preis p_0 mit Hilfe des Call-Preises c_0 und der Put-Call-Parität $c_0 = p_0 + \tilde{S} + D_{n-1} - dK$.
3. Wie lauten die Optionspreise, wenn die Aktie keine Dividenden zahlt? Bestätigen Sie, dass Dividendenzahlungen ceteris paribus einen Call-Preis verringern und einen Put-Preis erhöhen.

Aufgabe 3.4 Betrachten Sie folgende Variante eines Forward-Start-Performance-Calls, der zu einem zukünftigen Zeitpunkt t_0 beginnt und dann die Auszahlung

$$\alpha\left(\frac{S_T}{S_{t_0}} - \beta\right)^+$$

besitzt, wobei $\alpha,\ \beta > 0$ gilt. Entsprechendes gelte für eine Put-Option. Geben Sie für diesen Optionstyp Preisformeln an.

Aufgabe 3.5 Betrachten Sie einen Binomialbaum mit zwei Perioden. Für die Aktie gelte $S_0 = 100$ und für jedes Teilmodell sei $u = 1{,}25$ und $d = 1/u = 0{,}8$. Der Periodenzins für die beiden Ein-Perioden-Teilmodelle $(b,\ D)_{A_0}$ und $(b,\ D)_{A_{11}}$ betrage $r = 2\,\%$, der Periodenzins für das Teilmodell $(b,\ D)_{A_{12}}$ laute jedoch $r = 4\,\%$. Zwischen den Zeitpunkten 1 und 2 ist der Zinssatz also nicht deterministisch. Rechnen Sie nach, dass in diesem Modell der Forward-Preis nicht mit dem Future-Preis übereinstimmt.

Aufgabe 3.6 Ein Investor kaufe zehn Gold-Futures. Der Future-Preis betrage 1217,10 USD. Auf dem Marginkonto sind 1000 USD zu hinterlegen, die Maintenance-Margin betrage 750 USD. Am nächsten Tag sinke der Future-Preis auf 1206,80 USD und am darauf folgenden Tag auf 1182,50 USD. Welche Buchungen finden auf dem Margin-Konto statt? Wird der Investor mit einem Margin-Call konfrontiert?

Aufgabe 3.7 Betrachten Sie eine Anleihe mit Zahlungsstrom

$$\underbrace{(c, \ldots, c, c + N)}_{n},$$

wobei $c \geq 0$ und $N > 0$ gilt. Sei $c_0 > 0$ der Preis der Anleihe zum Zeitpunkt 0. Zeigen Sie, dass die Rendite λ der Anleihe eindeutig bestimmt ist und dass $\lambda > -1$ gilt.

Aufgabe 3.8 Betrachten Sie Null-Kupon-Anleihen, d. h. Anleihen, die während der Laufzeit $[0,\ n]$ keine Kupons auszahlen, sondern nur am Ende den Nominalbetrag N. Leiten Sie Näherungsformeln für die relative Änderung $\Delta c_0/c_0$ des Anleihepreises $c_0(\lambda)$ her, wenn sich die Rendite der Anleihe um $\Delta\lambda$ verändert?

1. Betrachten Sie zunächst nur eine Taylorentwicklung von $c_0(\lambda)$ bis zur ersten Ordnung, berechnen Sie die modifizierte Duration und leiten Sie eine Näherungsformel für die relative Änderung des Anleihepreises mithilfe der modifizierten Duration ab.
2. Betrachten Sie nun eine Taylorentwicklung von $c_0(\lambda)$ bis zur zweiten Ordnung, berechnen Sie die Konvexität und leiten Sie eine Näherungsformel für die relative Änderung des Anleihepreises unter Berücksichtigung von modifizierter Duration und Konvexität ab.
3. Betrachten Sie zwei Null-Kupon-Anleihen, eine mit einer Laufzeit von einem Jahr und eine weitere mit einer Laufzeit von zehn Jahren. Die Anleiherendite betrage für beide Anleihen $\lambda = 2\,\%$. Um wieviel Prozent ändert sich jeweils der Preis der Anleihe, wenn sich die Rendite um $1\,\%$ verändert? Berechnen Sie die exakte relative Wertänderung sowie die relativen Wertänderungen, die sich mit den beiden Näherungsformeln unter 1. und 2. ergeben. Vergleichen Sie die Ergebnisse für die beiden Laufzeiten $n = 1$ und $n = 10$ und untersuchen Sie den Einfluss der Konvexität auf die näherungsweise Bestimmung der relativen Wertänderung einer Anleihe bei längerer Laufzeit.

Aufgabe 3.9 Betrachten Sie eine Anleihe mit einem Nennwert von $N = 1000$, einer jährlichen Kuponrate von 6 % und einer Laufzeit von 10 Jahren. Die **Zinsstrukturkurve** sei gegeben durch

$$(r_1, \ldots, r_{10})$$
$$= (-0{,}3\,\%,\ -0{,}4\,\%,\ -0{,}45\,\%,\ -0{,}4\,\%,\ -0{,}3\,\%,\ -0{,}2\,\%,\ -0{,}1\,\%,\ 0\,\%,\ 1\,\%,\ 2\,\%)\,.$$

Dabei ist r_t der jährliche Zins für die Laufzeit von t Jahren. Für den Verzinsungsfaktor ρ_t von 0 bis t gilt also

$$\rho_t = (1 + r_t)^t$$

und der Diskontfaktor d_t, mit dem zum Zeitpunkt t erfolgende Zahlungen auf den Zeitpunkt 0 abdiskontiert werden, lautet

$$d_t = (1 + r_t)^{-t}\,.$$

1. Berechnen Sie den aktuellen Wert c_0 der Anleihe.
2. Berechnen Sie die Rendite der Anleihe.
3. Um wieviel Prozent ändert sich der Preis der Anleihe, wenn die Rendite um 1 % ansteigt? Berechnen Sie die exakte relative Wertänderung sowie die näherungsweisen Änderungen, die sich mithilfe der modifizierten Duration alleine und mithilfe der modifizierten Duration und der Konvexität der Anleihe ergeben. Prüfen Sie, ob die zusätzliche Berücksichtigung der Konvexität zu signifikant besseren Ergebnissen führt.

Aufgabe 3.10 Betrachten Sie eine Aktienanleihe mit Fälligkeit $T = 1$, Nominalbetrag $N = 1000$ und Kuponrate $q = 6\,\%$. Der Jahreszins betrage $r = 2\,\%$. Der aktuelle Kurs der Aktie sei $S_0 = 100$, die Jahresvolatilität habe den Wert $\sigma = 20\,\%$. Die Bezugsmenge h sei durch die Bedingung

$$h = \frac{N}{S_0}$$

festgelegt. Bewerten Sie die Aktienanleihe mithilfe der Binomialbaumformel sowie mit der Darstellung

$$c = (1 + q)\,N - h\,(K - S_T)^+$$

unter Verwendung der Black-Scholes-Formel für Put-Optionen. Wieviele Perioden sind im Binomialbaum erforderlich, um den mithilfe der Black-Scholes-Formel berechneten und bis auf zwei Nachkommastellen gerundeten Wert zu erhalten? Wieviele Perioden sind erforderlich, um den mithilfe der Black-Scholes-Formel berechneten Wert mit einer Genauigkeit von unter 1 % zu berechnen.

Untersuchen Sie schließlich Rendite

$$R = \frac{c - c_0}{c_0}$$

der Aktienanleihe für die Fälle $S_T = 110$, $S_T = S_0 = 100$ und $S_T = 90$.

Aufgabe 3.11 Berechnen Sie mithilfe der Black-Scholes-Formeln

$$C = S\Phi(d_+) - e^{-rT} K\Phi(d_-)$$
$$P = e^{-rT} K\Phi(-d_-) - S\Phi(-d_+)$$

die Ableitungen

$$\Delta = \frac{\partial C}{\partial S}, \quad \rho = \frac{\partial C}{\partial r}, \quad \nu = \frac{\partial C}{\partial \sigma}$$

sowie

$$\Delta = \frac{\partial P}{\partial S}, \quad \rho = \frac{\partial P}{\partial r}, \quad \nu = \frac{\partial P}{\partial \sigma}.$$

Diese Größen werden Delta, Rho und Vega der Option genannt und geben an, wie stark der Optionspreis auf eine Änderung von S, r und σ reagiert.

Aufgabe 3.12 Es wird eine Call-oder Put-Option betrachtet, deren Replikationspreis c_0 zum Zeitpunkt 0 durch die Black-Scholes-Formel gegeben ist, die – unter anderem – vom Anfangspreis S des Basiswerts der Option abhängt, was als $c_0 = f(S)$ notiert wird.

1. Zeigen Sie, dass das Anfangsportfolio $h = (\alpha, \gamma)$ der replizierenden Handelsstrategie gegeben ist durch
$$\gamma = \frac{\partial f}{\partial S} = \Delta, \quad \alpha = c_0 - \gamma S.$$
Das Delta der Option kann also als Stückzahl der Aktie im Anfangsportfolio der replizierenden Handelsstrategie interpretiert werden.
2. Sei ein Portfolio c bestehend aus beliebigen Finanzinstrumenten gegeben, dessen Anfangspreis c_0 – unter anderem – vom Anfangspreis einer Aktie S abhängt. Wie muss die Stückzahl dieser Aktie im Portfolio verändert werden, damit c zum Anfangszeitpunkt 0 unabhängig ist gegenüber Preisänderungen von S?

Aufgabe 3.13 (Put-Call-Abschätzungen für amerikanische Optionen) Ein Basiswert S zahle keine Dividenden und es liegen nicht-negative Zinsen vor.

1. Zeigen Sie: Für amerikanische Call- und Put-Optionen c^A und p^A auf S mit gleichen Fälligkeitszeitpunkten und identischen Ausübungspreisen gilt
$$S_0 - dK \geq c_0^A - p_0^A \geq S_0 - K,$$
wobei $d = e^{-rT}$ den Diskontfaktor für den Zeitraum $[0, T]$ bezeichnet.
Hinweis: Betrachten Sie zunächst das Portfolio $S - dK - c^A + p^A$. Zeigen Sie, dass dieses Portfolio dann, wenn die Call-Option zu einem Zeitpunkt $0 \leq t \leq T$ ausgeübt wird, zum Zeitpunkt T einen nicht-negativen Wert besitzt. Der Portfoliowert ist zum Zeitpunkt T auch dann nicht-negativ, wenn die Call-Option niemals ausgeübt wird. Verwenden

Sie nun die Arbitragefreiheit des zugrundeliegenden Marktmodells. Argumentieren Sie entsprechend für das Portfolio $c^A - p^A - S + K$.

2. Nach dem Satz von Merton haben europäische und amerikanische Call-Optionen auf S mit gleichen Fälligkeitszeitpunkten und identischen Ausübungspreisen im Falle nichtnegativer Zinsen denselben Preis. Zeigen Sie, dass dann für europäische und amerikanische Put-Optionen p^E und p^A auf S mit gleichen Fälligkeitszeitpunkten und identischen Ausübungspreisen gilt
$$0 \leq p_0^A - p_0^E \leq (1-d)\,K\,.$$
Hinweis: Verwenden Sie 1.

Aufgabe 3.14 (Put-Call-Abschätzungen für amerikanische Optionen unter Berücksichtigung von Dividendenzahlungen) Angenommen, in Aufgabe 3.10 werden Dividendenzahlungen für S zugelassen.

1. Zeigen Sie: Es gilt
$$S_0 - dK \geq c_0^A - p_0^A \geq S_0 - D_{0,T} - K\,,$$
wobei $D_{0,T}$ die Summe aller auf den Zeitpunkt 0 abdiskontierten Dividenden in diesem Zeitraum bezeichnet.
Hinweis: Passen Sie die Argumentation der vorherigen Aufgabe an.
2. Zeigen Sie: Es gilt
$$c_0^A - c_0^E - D_{0,T} \leq p_0^A - p_0^E \leq c_0^A - c_0^E + (1-d)\,K\,.$$

Aufgabe 3.15 Zeigen Sie folgende **Variante des Satzes von Merton** für Put-Optionen: Seien z_0^A und z_0^E die Preise je einer amerikanischen und einer europäischen Put-Option mit Basiswert S, Fälligkeitszeitpunkt n und Ausübungspreis K. Angenommen, S zahlt während der Laufzeit der Optionen keine Dividenden aus. Dann gilt
$$z_0^A = z_0^E\,,$$
falls das zugrunde liegende Marktmodell über nicht-positive Zinsen verfügt.

Hinweis: Passen Sie die Beweisführung des Satzes von Merton an Put-Optionen an.

Teil II
Stochastische Analysis und verallgemeinerte Diskontierung

Das Konstruktionsverfahren für Diskontprozesse in zeitdiskreten Mehr-Perioden-Modellen lässt sich nicht auf zeitstetige Modelle übertragen, da sich zeitstetige Modelle nicht als Hintereinanderschaltungen von Ein-Perioden-Modellen darstellen lassen.

Mithilfe der diskreten stochastischen Analysis ist es jedoch möglich, Diskontprozesse in Mehr-Perioden-Modellen durch ein alternatives Verfahren zu gewinnen. Dieses Verfahren lässt sich auf die zeitstetigen Modelle verallgemeinern und gestattet auch in diesem Fall die Konstruktion von Diskontprozessen.

In Kap. 4 werden die Grundlagen der diskreten stochastischen Analysis dargestellt, die in Kap. 5 verwendet werden, um Diskontprozesse für Mehr-Perioden-Modelle zu konstruieren. In Kap. 6 wird beschrieben, wie sich diese Vorgehensweise auf zeitstetige Modelle übertragen lässt.

4 Diskrete stochastische Analysis

In diesem Kapitel werden die Grundlagen der diskreten stochastischen Analysis dargestellt, die im darauf folgenden Kapitel die Konstruktion von Diskontprozessen ermöglichen werden.

Als weitere Literatur zur diskreten stochastischen Analysis seien Bauer [3], Dothan [10] und Kallsen [12] empfohlen.

4.1 Algebren, Filtrationen und adaptierte Prozesse

Es bezeichne Ω eine endliche, nichtleere Menge. Die Menge aller Teilmengen von Ω wird mit $\mathcal{P}(\Omega)$ bezeichnet und **Potenzmenge** von Ω genannt.

Algebren

Der Informationsbaum eines Mehr-Perioden-Modells wurde in Kap. 2 als eine Filtration von Partitionen, d. h. als eine Folge feiner werdender Partitionen, definiert. Eine andere, äquivalente Modellierung der Informationsstruktur ist mithilfe von Folgen aufsteigender *Algebren*, die ebenfalls *Filtrationen* genannt werden, möglich.

Definition 4.1 Eine Teilmenge $\mathcal{A} \subset \mathcal{P}(\Omega)$ der Potenzmenge $\mathcal{P}(\Omega)$ von Ω heißt **Algebra** in Ω, wenn $\mathcal{A}$ die Menge Ω selbst enthält und wenn $\mathcal{A}$ abgeschlossen ist gegenüber allen Mengenoperationen, d. h., wenn folgendes gilt:

- $\Omega \in \mathcal{A}$,
- $A \in \mathcal{A} \Rightarrow A^c \in \mathcal{A}$,
- $A,\ B \in \mathcal{A} \Rightarrow A \cup B \in \mathcal{A}$.

Ist $\mathcal{A}$ eine Algebra in Ω, dann wird das Tupel $(\Omega,\ \mathcal{A})$ ein **messbarer Raum** genannt.

J. Kremer, *Preise in Finanzmärkten*,
https://doi.org/10.1007/978-3-662-67148-1_4

Wegen $A \cap B = (A^c \cup B^c)^c$ sind auch Durchschnitte beliebiger Mengen aus $\mathcal{A}$ wieder in $\mathcal{A}$ enthalten. Ferner gilt $A \setminus B = A \cap B^c$, sodass auch relative Komplemente von Mengen aus $\mathcal{A}$ wieder zu $\mathcal{A}$ gehören. Weiter gilt $\emptyset = \Omega^c \in \mathcal{A}$.

Beispiel 4.2 Sei $A \subset \Omega$. Dann ist das Mengensystem $\mathcal{A} = \{\Omega,\ A,\ A^c,\ \emptyset\}$ eine Algebra in Ω. △

Beispiel 4.3 Die Potenzmenge $\mathcal{P}(\Omega)$ ist eine Algebra in Ω. $\mathcal{P}(\Omega)$ ist die größte Algebra in Ω in dem Sinne, dass für jede Algebra $\mathcal{A}$ in Ω gilt: $\mathcal{A} \subset \mathcal{P}(\Omega)$. Weiter ist $\{\Omega,\ \emptyset\}$ ebenfalls eine Algebra in Ω. Sie ist die kleinstmögliche Algebra in dem Sinne, dass für jede Algebra $\mathcal{A}$ in Ω gilt: $\{\Omega,\ \emptyset\} \subset \mathcal{A}$. △

Definition 4.4 Sei $\mathcal{C} \subset \mathcal{P}(\Omega)$ ein Mengensystem. Dann bezeichnen wir mit $\sigma(\mathcal{C})$ die kleinste Algebra in Ω, die $\mathcal{C}$ enthält. Diese ist definiert als der Durchschnitt aller Algebren in Ω, die $\mathcal{C}$ enthalten. Es gilt also

$$\sigma(\mathcal{C}) = \bigcap_{\substack{\mathcal{A} \text{ Algebra in } \Omega \\ \mathcal{C} \subset \mathcal{A}}} \mathcal{A}.$$

Wir nennen $\sigma(\mathcal{C})$ die **von $\mathcal{C}$ erzeugte Algebra.** $\sigma(\mathcal{C})$ ist als Durchschnitt von Algebren in Ω selbst eine Algebra in Ω, siehe Aufgabe 4.1.

Lemma 4.5 *Sei $\mathcal{C} = \{B_1, \ldots, B_m\}$ eine Partition von Ω und sei*

$$\mathcal{A} = \{A \subset \Omega \mid \exists I \subset \{1, \ldots, m\} \text{ mit } A = \bigcup_{j \in I} B_j\},$$

wobei für $I = \emptyset$ bei dieser Definition $A = \emptyset$ vereinbart wird. Dann gilt $\mathcal{A} = \sigma(\mathcal{C})$.

Beweis Für $I = \{i\}$ gilt $\bigcup_{j \in I} B_j = B_i$. Also folgt $\mathcal{C} \subset \mathcal{A}$.

Die Wahl von $I = \{1, \ldots, m\}$ zeigt $\Omega \in \mathcal{A}$. Mit $A = \bigcup_{j \in I} B_j$ gilt ferner $A^c = \bigcup_{j \in I^c} B_j$ für $I^c = \{1, \ldots, m\} \setminus I$, sodass mit $A \in \mathcal{A}$ auch $A^c \in \mathcal{A}$ folgt. Sind schließlich $A = \bigcup_{j \in I} B_j$ und $A' = \bigcup_{j \in I'} B_j$ aus $\mathcal{A}$, dann gilt $A \cup A' = \bigcup_{j \in I \cup I'} B_j \in \mathcal{A}$. Also ist $\mathcal{A}$ eine Algebra in Ω, die $\mathcal{C}$ enthält. Daraus folgt

$$\sigma(\mathcal{C}) \subset \mathcal{A}.$$

Sei umgekehrt $A = \bigcup_{j \in I} B_j \in \mathcal{A}$ für eine beliebige Teilmenge $I \subset \{1, \ldots, m\}$. Dann gilt $A \in \mathcal{A}'$ für jede Algebra $\mathcal{A}'$ in Ω, die $\mathcal{C}$ enthält. Also gilt $A \in \sigma(\mathcal{C})$. Daraus folgt aber

$$\mathcal{A} \subset \sigma(\mathcal{C}).$$

Damit ist die behauptete Gleichheit $\mathcal{A} = \sigma(\mathcal{C})$ nachgewiesen. □

Die Menge aller möglichen Vereinigungen von Elementen einer Partition $\mathcal{C}$ bildet also die von $\mathcal{C}$ erzeugte Algebra. Jedes $A \in \sigma(\mathcal{C})$ kann auch geschrieben werden als

$$A = \bigcup_{\substack{B \in \mathcal{C} \\ B \subset A}} B.$$

Lemma 4.6 *Sei $\mathcal{C} = \{B_1, \ldots, B_m\}$ eine Partition von Ω. Dann besitzt $\sigma(\mathcal{C})$ genau 2^m Elemente.*

Beweis Nach dem vorangegangenen Lemma entspricht jedes $A \in \sigma(\mathcal{C})$ eineindeutig einer Teilmenge $I \subset \{1, \ldots, m\}$ durch $A = \bigcup_{j \in I} B_j$. Jede Teilmenge $I \subset \{1, \ldots, m\}$ entspricht wiederum eineindeutig einem m-Tupel

$$(\varepsilon_1, \ldots, \varepsilon_m) \text{ mit } \begin{cases} \varepsilon_i = 1 \text{ falls } i \in I \\ \varepsilon_i = 0 \text{sonst}, \end{cases}$$

und es gibt genau 2^m solche Tupel. □

Beispiel 4.7 *Für $\mathcal{C} = \{\Omega\}$ gilt $\sigma(\mathcal{C}) = \{\Omega, \emptyset\}$,* und für $\mathcal{C} = \{\{\omega_1\}, \ldots, \{\omega_K\}\}$ *gilt $\sigma(\mathcal{C}) = \mathcal{P}(\Omega)$, falls $\Omega = \{\omega_1, \ldots, \omega_K\}$.* △

Satz 4.8 *Jede Algebra $\mathcal{A}$ in Ω bestimmt eindeutig eine Partition $\mathcal{Z}(\mathcal{A})$ von Ω mit den Eigenschaften*

$$\begin{aligned} \mathcal{Z}(\mathcal{A}) &\subset \mathcal{A} \\ \sigma(\mathcal{Z}(\mathcal{A})) &= \mathcal{A}. \end{aligned} \tag{4.1}$$

*$\mathcal{Z}(\mathcal{A})$ wird **induzierte Partition** von $\mathcal{A}$ genannt.*

Beweis Sei $\mathcal{A}$ eine Algebra in Ω. Wir definieren für ein $\omega \in \Omega$

$$A_\omega = \bigcap_{\substack{A \in \mathcal{A} \\ \omega \in A}} A.$$

Dann gilt $A_\omega \in \mathcal{A}$ für jedes $\omega \in \Omega$. Wegen $\Omega \in \mathcal{A}$ ist jedes A_ω nicht leer und es gilt $\omega \in A_\omega$. Nach Konstruktion ist A_ω die kleinste Menge, die sich mit den Elementen der Algebra bilden lässt und die ω enthält.

Wir zeigen nun, dass für $\omega, \omega' \in \Omega, \omega \neq \omega'$, entweder $A_\omega \cap A_{\omega'} = \emptyset$ oder $A_\omega = A_{\omega'}$ gilt. Wir betrachten dazu den Fall $A_\omega \cap A_{\omega'} = B \neq \emptyset$ und zeigen, dass $A_\omega = A_{\omega'} = B$ gilt. Wäre das falsch, dann wäre B eine echte Teilmenge von A_ω oder von $A_{\omega'}$. Angenommen, $B \subset A_\omega$ und $B \neq A_\omega$. Falls $\omega \in B$, dann wäre B eine echte in $\mathcal{A}$ enthaltene Teilmenge von A_ω, die ω enthält, was nach Definition von A_ω nicht sein kann. Entsprechend führt die

Annahme $\omega \notin B$ zu einem Widerspruch, denn in diesem Fall wäre $A_\omega \backslash B$ eine echte, in $\mathcal{A}$ enthaltene Teilmenge von A_ω, die ω enthält, was nicht sein kann.

Entsprechend schließen wir für den Fall $B \subset A_{\omega'}$ und $B \neq A_{\omega'}$. Also muss $B = A_\omega = A_{\omega'}$ sein. Damit bildet das Mengensystem

$$\mathcal{Z}(\mathcal{A}) = \{A_\omega \mid \omega \in \Omega\}$$

eine Partition von Ω.

Aus $\mathcal{Z}(\mathcal{A}) \subset \mathcal{A}$ folgt zunächst $\sigma(\mathcal{Z}(\mathcal{A})) \subset \mathcal{A}$. Sei umgekehrt $A \in \mathcal{A}$ beliebig. Für beliebiges $\omega \in A$ gilt nach Definition von A_ω die Inklusion $A_\omega \subset A$, und daraus folgt

$$A = \bigcup_{\omega \in A} \{\omega\} \subset \bigcup_{\omega \in A} A_\omega \subset A,$$

also

$$A = \bigcup_{\omega \in A} A_\omega$$

und damit $A \in \sigma(\mathcal{Z}(\mathcal{A}))$. Da A beliebig war, folgt $\mathcal{A} \subset \sigma(\mathcal{Z}(\mathcal{A}))$. □

Jede Menge A_ω kann als „Atom" der Algebra interpretiert werden, also als eine kleinste, mithilfe von Mengenoperationen der Algebra nicht mehr weiter teilbare Menge, die ein vorgegebenes $\omega \in \Omega$ enthält. Die Elemente von A_ω bilden dann die zugehörigen „Nukleonen", und nach Lemma 4.5 lässt sich jedes $A \in \mathcal{A}$ als „Molekül" interpretieren, welches sich durch $A = \bigcup_{\omega \in A} A_\omega$ aus gewissen „Atomen" A_ω zusammensetzt.

Seien $\mathcal{C}$ und $\mathcal{D}$ Partitionen von Ω. Wir erinnern daran, dass $\mathcal{D}$ *feiner als* $\mathcal{C}$ genannt wird, wenn es zu jedem $D \in \mathcal{D}$ genau ein $C \in \mathcal{C}$ gibt mit $D \subset C$.

Satz 4.9 *Seien $\mathcal{F}_s$ und $\mathcal{F}_t$ zwei Algebren in Ω. Es gilt $\mathcal{F}_s \subset \mathcal{F}_t$ genau dann, wenn $\mathcal{Z}(\mathcal{F}_t)$ feiner ist als $\mathcal{Z}(\mathcal{F}_s)$.*

Beweis Ist $\mathcal{Z}(\mathcal{F}_t)$ feiner als $\mathcal{Z}(\mathcal{F}_s)$, dann ist jedes Element aus $\mathcal{Z}(\mathcal{F}_s)$ eine Vereinigung von Elementen aus $\mathcal{Z}(\mathcal{F}_t)$. Also gilt $\mathcal{Z}(\mathcal{F}_s) \subset \sigma(\mathcal{Z}(\mathcal{F}_t))$, woraus mit (4.1) $\mathcal{F}_s = \sigma(\mathcal{Z}(\mathcal{F}_s)) \subset \sigma(\mathcal{Z}(\mathcal{F}_t)) = \mathcal{F}_t$ folgt.

Zum Beweis der Umkehrung setzen wir $\mathcal{F}_s \subset \mathcal{F}_t$ voraus. Sei $A \in \mathcal{Z}(\mathcal{F}_t)$ beliebig. Zu zeigen ist, dass es ein $B \in \mathcal{Z}(\mathcal{F}_s)$ gibt mit $A \subset B$. Nun gilt für jedes $\omega \in \Omega$ wegen $\mathcal{F}_s \subset \mathcal{F}_t$

$$A_\omega = \bigcap_{\substack{C \in \mathcal{F}_t \\ \omega \in C}} C \subset \bigcap_{\substack{D \in \mathcal{F}_s \\ \omega \in D}} D = B_\omega.$$

Daraus folgt die Behauptung, denn es gilt $\mathcal{Z}(\mathcal{F}_t) = \{A_\omega \mid \omega \in \Omega\}$ und entsprechend $\mathcal{Z}(\mathcal{F}_s) = \{B_\omega \mid \omega \in \Omega\}$. □

Definition 4.10 Eine **Filtration** in Ω ist eine Familie $(\mathcal{F}_t)_{0\leq t\leq n}$ von Algebren $\mathcal{F}_t$ in Ω mit

$$\mathcal{F}_s \subset \mathcal{F}_t \quad (s \leq t)\,. \tag{4.2}$$

Wenn nicht anders angegeben, dann wird $\mathcal{F}_0 = \{\Omega,\ \emptyset\}$ und $\mathcal{F}_n = \mathcal{P}(\Omega)$ angenommen.

Während im ersten Teil des Buches die Bezeichnung Filtration für eine Folge feiner werdender Partitionen verwendet wurde, wird unter einer Filtration im Rahmen der stochastischen Analysis eine aufsteigend angeordnete Familie von Algebren im Sinne von (4.2) verstanden. Nach Satz 4.9 ist jede Filtration $(\mathcal{F}_t)_{0\leq t\leq n}$ von Algebren im vorliegenden Rahmen endlicher Wahrscheinlichkeitsräume äquivalent zur Filtration der induzierten Partitionen, also zur Familie $(\mathcal{Z}\,(\mathcal{F}_t))_{0\leq t\leq n}$ der feiner werdenden Partitionen $\mathcal{Z}\,(\mathcal{F}_t)$, $0 \leq t \leq n$. Für die Fälle $\mathcal{F}_0 = \{\Omega,\ \emptyset\}$ und $\mathcal{F}_n = \mathcal{P}(\Omega)$ gilt $\mathcal{Z}\,(\mathcal{F}_0) = \{\Omega\}$ und $\mathcal{Z}\,(\mathcal{F}_n) = \{\{\omega_1\}, \ldots, \{\omega_K\}\}$.

Definition 4.11 Sei $\mathcal{F}$ eine Algebra in einer endlichen Menge Ω, dann wird eine Abbildung $P : \mathcal{F} \rightarrow [0,\ 1]$ mit den Eigenschaften

- $P\,(\emptyset) = 0$,
- $P\,(\Omega) = 1$ und
- $P\,(A \cup B) = P\,(A) + P\,(B)$ für alle $A,\ B \in \mathcal{F}$ mit $A \cap B = \emptyset$

Wahrscheinlichkeitsmaß auf $\mathcal{F}$ genannt. Das Tupel $(\Omega,\ \mathcal{F},\ P)$ heißt **Wahrscheinlichkeitsraum.** Ein Wahrscheinlichkeitsraum heißt **endlich,** wenn Ω, so wie hier, endlich ist.

Definition 4.12 Ein Tupel $\left(\Omega,\ (\mathcal{F}_t)_{0\leq t\leq n}\right)$ wird **filtrierter Raum** genannt, wobei $(\mathcal{F}_t)_{0\leq t\leq n}$ eine Filtration in Ω ist. Ist weiter auf $\mathcal{P}\,(\Omega)$ ein Wahrscheinlichkeitsmaß P gegeben, dann heißt das Tripel $\left(\Omega,\ (\mathcal{F}_t)_{0\leq t\leq n}\,,\ P\right)$ **filtrierter Wahrscheinlichkeitsraum.**

Stochastische Prozesse und Messbarkeit

Definition 4.13 Ein **stochastischer Prozess** $(S_t)_{0\leq t\leq n}$ ist eine $\mathbb{R}^N$-wertige Funktion

$$S : \{0, \ldots,\ n\} \times \Omega \rightarrow \mathbb{R}^N, \quad (t,\ \omega) \mapsto S_t\,(\omega)\,,$$

von t und ω. Für jedes $\omega \in \Omega$ heißt die Abbildung $t \rightarrow S_t(\omega)$ ein **Pfad** des Prozesses. Für jedes t ist $\omega \mapsto S_t(\omega)$ eine Abbildung von Ω nach $\mathbb{R}^N$. $(S_t)_{0\leq t\leq n}$ heißt reellwertig, wenn $N = 1$ gilt.

Definition 4.14 Eine Abbildung $X : \Omega \rightarrow \mathbb{R}^N$ wird auch **Zufallsvariable** genannt. Eine Zufallsvariable heißt **messbar** bezüglich einer Partition $\mathcal{P}$, oder **$\mathcal{P}$-messbar,** falls sie konstant ist auf jedem Element von $\mathcal{P}$. Eine Abbildung $X : \Omega \rightarrow \mathbb{R}^N$ heißt **messbar** bezüglich einer Algebra $\mathcal{F}$, falls sie messbar ist bezüglich $\mathcal{Z}(\mathcal{F})$, also auf jedem $A \in \mathcal{Z}(\mathcal{F})$ konstant ist.

Definition 4.15 Ein stochastischer Prozess $(S_t)_{0\leq t\leq n}$ heißt **adaptiert** an eine Filtration $(\mathcal{F}_t)_{0\leq t\leq n}$, falls $S_t : \Omega \to \mathbb{R}^N$ für jedes $0 \leq t \leq n$ messbar ist bezüglich $\mathcal{F}_t$.

Sei $X : \Omega \to \mathbb{R}^N$ eine Abbildung, und sei X auf einer nichtleeren Teilmenge $A \subset \Omega$ konstant. Dann schreiben wir für den gemeinsamen Funktionswert von X auf A in der Regel $X(A)$, d. h. $X(A) = X(\omega)$ für jedes $\omega \in A$.[1] Für jede nichtleere Teilmenge $B \subset A$ gilt dann $X(B) = X(A)$. Ist X insbesondere messbar bezüglich einer Algebra $\mathcal{F}$ und ist $A \in \mathcal{Z}(\mathcal{F})$, dann bezeichnet $X(A)$ den Funktionswert von X auf A.

Der folgende Satz beinhaltet eine alternative Charakterisierung der Messbarkeit, die auf allgemeinere Zustandsräume ausgedehnt werden kann.

Lemma 4.16 *Seien Ω eine endliche Menge und $\mathcal{F}$ eine Algebra in Ω. Eine Abbildung $X : \Omega \to \mathbb{R}^N$ ist genau dann messbar bezüglich $\mathcal{F}$, wenn für jedes $z \in \mathbb{R}^N$ gilt*

$$X^{-1}(\{z\}) \in \mathcal{F}.$$

Beweis Da Ω nur endlich viele Elemente besitzt, ist auch die Menge der Bildpunkte von X endlich. Sei $\{z_1, \ldots, z_l\} = \{X(\omega) \mid \omega \in \Omega\}$ mit paarweise verschiedenen $z_i \in \mathbb{R}^N$, $i = 1, \ldots, l$. Sei weiter $\mathcal{Z}(\mathcal{F}) = \{A_1, \ldots, A_m\}$ die zu $\mathcal{F}$ gehörende Partition.

Angenommen, X ist messbar. Dann hat X auf jeder Menge $A \in \mathcal{Z}(\mathcal{F})$ einen eindeutig bestimmten Funktionswert $X(A) \in \{z_1, \ldots, z_l\}$. Sei $z_i \in \{z_1, \ldots, z_l\}$ beliebig und seien $A_{i_1}, \ldots, A_{i_k}$ diejenigen Elemente aus $\mathcal{Z}(\mathcal{F})$ mit $X\left(A_{i_1}\right) = \cdots = X\left(A_{i_k}\right) = z_i$. Dann folgt

$$X^{-1}(\{z_i\}) = A_{i_1} \cup \cdots \cup A_{i_k} \in \mathcal{F}.$$

Für $z \notin \{z_1, \ldots, z_l\}$ gilt $X^{-1}(\{z\}) = \emptyset \in \mathcal{F}$.

Sei umgekehrt $X^{-1}(\{z\}) \in \mathcal{F}$ für alle $z \in \mathbb{R}^N$. Für jedes $z_i \in \{z_1, \ldots, z_l\}$ existieren dann $A_{i_1}, \ldots, A_{i_k} \in \mathcal{Z}(\mathcal{F})$ mit $X^{-1}(\{z_i\}) = A_{i_1} \cup \cdots \cup A_{i_k}$. Daraus folgt aber $X\left(A_{i_1}\right) = \cdots = X\left(A_{i_k}\right) = z_i$. Damit ist aber X konstant auf jedem $A \in \mathcal{Z}(\mathcal{F})$. □

Korollar 4.17 *Seien Ω eine endliche Menge und $\mathcal{F}$ eine Algebra in Ω. Eine Abbildung $X : \Omega \to \mathbb{R}^N$ ist genau dann messbar bezüglich $\mathcal{F}$, wenn für jede Menge $B \subset \mathbb{R}^N$ gilt*

$$X^{-1}(B) \in \mathcal{F}.$$

---

[1] Üblicherweise bezeichnet $X(A)$ die Menge aller Funktionswerte auf A, also $X(A) = \{X(\omega) \mid \omega \in A\}$, während hier $X(A)$ auch als der gemeinsame Funktionswert von X auf A definiert wird. Welche Bedeutung im Zweifelsfall gemeint ist, geht aus dem jeweiligen Kontext hervor.

Beweis Dies folgt aus dem vorherigen Lemma und aus

$$X^{-1}(B) = \bigcup_{z \in \{z_1,\ldots,z_l\} \cap B} X^{-1}(\{z\}) \in \mathcal{F}$$

für beliebiges $B \subset \mathbb{R}^N$, wenn $\{z_1, \ldots, z_l\} = \{X(\omega) \mid \omega \in \Omega\}$ wieder die Menge der Funktionswerte von X bezeichnet. □

Seien $f, g : \Omega \to \mathbb{R}$ zwei messbare Funktionen auf $(\Omega, \mathcal{F})$. Dann sind auch $f + g$, fg und λf messbar, wobei $\lambda \in \mathbb{R}$ beliebig gewählt werden kann. Ist $g(\omega) \neq 0$ für alle $\omega \in \Omega$, dann ist auch $\frac{f}{g}$ messbar. Die Menge der messbaren Funktionen bildet daher einen reellen Vektorraum, ja sogar einen Ring mit Einselement[2].

Sei A eine Menge. Dann ist die *charakteristische Funktion* $\mathbf{1}_A$ von A definiert durch

$$\mathbf{1}_A(\omega) = \begin{cases} 1, \text{ falls } \omega \in A \\ 0, \text{ falls } \omega \notin A. \end{cases}$$

Lemma 4.18 *Sei $X : \Omega \to \mathbb{R}^N$ messbar bezüglich einer Algebra $\mathcal{F}$. Sei $\mathcal{Z}(\mathcal{F}) = \{A_1, \ldots, A_m\}$ die induzierte Partition von $\mathcal{F}$. Dann kann X dargestellt werden als*

$$X = \sum_{i=1}^{m} X(A_i) \cdot \mathbf{1}_{A_i}. \tag{4.3}$$

Die charakteristischen Funktionen $\mathbf{1}_{A_i}$ bilden eine Basis des Vektorraums der $\mathcal{F}$-messbaren Funktionen. Damit ist (4.3) die Basisdarstellung von X bezüglich der Basis $\mathbf{1}_{A_1}, \ldots, \mathbf{1}_{A_m}$.

Beweis Sei $\omega \in \Omega$ beliebig. Dann gibt es genau ein $k \in \{1, \ldots, m\}$ mit $\omega \in A_k \in \mathcal{Z}(\mathcal{F})$. Damit gilt

$$X(\omega) = X(A_k) = \left(\sum_{i=1}^{m} X(A_i) \cdot \mathbf{1}_{A_i} \right)(\omega).$$

Daher kann jede $\mathcal{F}$-messbare Funktion durch (4.3) dargestellt werden. Sei $\sum_{i=1}^{m} \lambda_i \cdot \mathbf{1}_{A_i} = 0$. Dann gilt für ein beliebiges $\omega \in A_k$ der Zusammenhang

$$0 = \left(\sum_{i=1}^{m} \lambda_i \cdot \mathbf{1}_{A_i} \right)(\omega) = \lambda_k,$$

also sind die $\mathbf{1}_{A_1}, \ldots, \mathbf{1}_{A_m}$ linear unabhängig und bilden daher eine Basis. □

---

[2] Ein **Ring** ist eine Menge R mit zwei Verknüpfungen $+$ und $\cdot$, wobei R bezüglich $+$ eine abelsche Gruppe bildet und $\cdot$ assoziativ ist. Ferner gelten bezüglich $+$ und $\cdot$ die Distributivgesetze. Ein Einselement ist schließlich das neutrale Element bezüglich $\cdot$.

4.2 Die bedingte Erwartung

Seien $\mathcal{F}$ und $\mathcal{G}$ Algebren in Ω, dann heißt $\mathcal{G}$ **Unteralgebra** von $\mathcal{F}$, wenn $\mathcal{G} \subset \mathcal{F}$ gilt.

Satz 4.19 *Sei $(\Omega, \mathcal{F}, P)$ ein endlicher Wahrscheinlichkeitsraum und sei X eine $\mathcal{F}$-messbare Zufallsvariable. Sei weiter $\mathcal{G} \subset \mathcal{F}$ eine Unteralgebra von $\mathcal{F}$. Dann existiert eine $\mathcal{G}$-messbare Zufallsvariable*

$$Y = \sum_{A \in \mathcal{Z}(\mathcal{G})} Y(A) \cdot \mathbf{1}_A \tag{4.4}$$

mit der Eigenschaft

$$\mathbf{E}[Y \cdot \mathbf{1}_G] = \mathbf{E}[X \cdot \mathbf{1}_G] \quad (G \in \mathcal{G}). \tag{4.5}$$

Für $A \in \mathcal{Z}(\mathcal{G})$ mit $P(A) > 0$ ist $Y(A)$ eindeutig bestimmt durch

$$Y(A) = \frac{\mathbf{E}[X \cdot \mathbf{1}_A]}{P(A)} = \frac{1}{P(A)} \sum_{\substack{B \in \mathcal{Z}(\mathcal{F}) \\ B \subset A}} X(B)\, P(B), \tag{4.6}$$

für $P(A) = 0$ kann $Y(A)$ beliebig gewählt werden.

Beweis Angenommen, Y ist eine $\mathcal{G}$-messbare Zufallsvariable, die (4.5) erfüllt. Sei $A \in \mathcal{Z}(\mathcal{G}) \subset \mathcal{G}$ beliebig. Als $\mathcal{G}$-messbare Funktion ist Y konstant auf A, und daher gilt

$$\mathbf{E}[Y \cdot \mathbf{1}_A] = Y(A)\, P(A).$$

Da $\mathcal{Z}(\mathcal{F})$ feiner als $\mathcal{Z}(\mathcal{G})$ ist, gilt für jedes $B \in \mathcal{Z}(\mathcal{F})$ entweder $B \subset A$, also $B \cap A = B$, oder $B \cap A = \emptyset$. Damit folgt aber

$$\begin{aligned}\mathbf{E}[X \cdot \mathbf{1}_A] &= \sum_{B \in \mathcal{Z}(\mathcal{F})} X(B)\, \mathbf{1}_A(B)\, P(B) \\ &= \sum_{\substack{B \in \mathcal{Z}(\mathcal{F}) \\ B \subset A}} X(B)\, P(B).\end{aligned}$$

Dies liefert (4.6) für $P(A) > 0$. Für $P(A) = 0$ gilt $\mathbf{E}[Y \cdot \mathbf{1}_A] = \mathbf{E}[X \cdot \mathbf{1}_A] = 0$ für jeden auf A vorgegebenen Wert für $Y(A)$.

Definieren wir für jedes $A \in \mathcal{Z}(\mathcal{G})$ umgekehrt $Y(A)$ durch (4.6) falls $P(A) > 0$ und beliebig, also etwa $Y(A) = 0$, für $P(A) = 0$, dann ist Y offensichtlich $\mathcal{G}$-messbar, und es gilt für beliebiges $A \in \mathcal{Z}(\mathcal{G})$

$$\begin{aligned}\mathbf{E}[Y \cdot \mathbf{1}_A] &= Y(A)\,P(A) \\ &= \sum_{\substack{B\in\mathcal{Z}(\mathcal{F}) \\ B\subset A}} X(B)\,P(B) \\ &= \mathbf{E}[X \cdot \mathbf{1}_A]\,.\end{aligned}$$

Jedes $G \in \mathcal{G}$ lässt sich darstellen als $G = \bigcup_{\substack{A\in\mathcal{Z}(\mathcal{G}) \\ A\subset G}} A$, sodass mit $\mathbf{1}_G = \sum_{\substack{A\in\mathcal{Z}(\mathcal{G}) \\ A\subset G}} \mathbf{1}_A$ folgt

$$\mathbf{E}[Y \cdot \mathbf{1}_G] = \sum_{\substack{A\in\mathcal{Z}(\mathcal{G}) \\ A\subset G}} \mathbf{E}[Y \cdot \mathbf{1}_A] = \sum_{\substack{A\in\mathcal{Z}(\mathcal{G}) \\ A\subset G}} \mathbf{E}[X \cdot \mathbf{1}_A] = \mathbf{E}[X \cdot \mathbf{1}_G]\,.$$

Damit ist der Satz ist bewiesen. □

Sei $(\Omega, \mathcal{F}, P)$ ein beliebiger Wahrscheinlichkeitsraum. Eine Menge $N \in \mathcal{F}$ heißt **Nullmenge,** wenn $P(N) = 0$ gilt. Sei $A(\omega)$ eine Eigenschaft, bei der für jedes $\omega \in \Omega$ bestimmt werden kann, ob sie zutrifft oder nicht, dann sagen wir, Eigenschaft A gilt **fast überall** oder **fast sicher,** abgekürzt mit f. s., wenn es eine Nullmenge $N \in \mathcal{F}$ gibt, sodass $A(\omega)$ zutrifft für alle $\omega \notin N$. Wir sagen dann auch, $A(\omega)$ trifft für **fast alle** $\omega \in \Omega$ zu. Für zwei Zufallsvariablen X und Y auf Ω sagen wir, es gilt $X = Y$ f. s., wenn $X(\omega) = Y(\omega)$ für fast alle $\omega \in \Omega$ gilt. Entsprechend wird definiert, dass die Relationen $X < Y$, $X \leq Y$, $X > Y$, $X \geq Y$ und $X \neq Y$ fast überall gelten.

Ist eine Zufallsvariable nur bis auf Funktionswerte auf Nullmengen eindeutig bestimmt, dann sagen wir, sie ist fast überall oder fast sicher eindeutig bestimmt.

Definition 4.20 Seien $(\Omega, \mathcal{F}, P)$ ein endlicher Wahrscheinlichkeitsraum, $\mathcal{G} \subset \mathcal{F}$ eine Unteralgebra von $\mathcal{F}$ und X eine $\mathcal{F}$-messbare Zufallsvariable. Jede der fast überall eindeutig bestimmten Zufallsvariablen Y mit der Eigenschaft (4.5) wird eine **Version der bedingten Erwartung** von X gegeben $\mathcal{G}$, oder einfach die **bedingte Erwartung** von X gegeben $\mathcal{G}$, genannt und als

$$Y = \mathbf{E}[X|\,\mathcal{G}] = \mathbf{E}_{\mathcal{G}}[X]$$

notiert.

Gilt $P(A) > 0$ für alle $A \in \mathcal{Z}(\mathcal{G})$, dann ist die bedingte Erwartung $\mathbf{E}_{\mathcal{G}}[X]$ eindeutig bestimmt.

Beachten Sie, dass die bedingte Erwartung einer Zufallsvariablen keine Zahl ist wie der Erwartungswert, sondern eine Zufallsvariable. Allerdings ist es üblich, konstante Funktionen nur mithilfe ihres Funktionswerts zu bezeichnen. Für $\mathcal{G} = \{\Omega, \emptyset\}$ gilt mit (4.6)

$$\mathbf{E}_{\mathcal{G}}[X] = \mathbf{E}[X] \cdot 1_{\Omega}, \tag{4.7}$$

was üblicherweise als

$$\mathbf{E}_{\mathcal{G}}[X] = \mathbf{E}[X]$$

geschrieben wird.

Seien $(\Omega, \mathcal{F}, P)$ ein endlicher Wahrscheinlichkeitsraum und X eine $\mathcal{F}$-messbare Zufallsvariable. Für ein beliebiges $A \in \mathcal{F}$ mit $P(A) > 0$ ist der **bedingte Erwartungswert $\mathbf{E}[X|A]$ von X gegeben** A definiert durch

$$\mathbf{E}[X|A] = \frac{\mathbf{E}[X \cdot \mathbf{1}_A]}{P(A)} = \frac{1}{P(A)} \sum_{\substack{B \in \mathcal{Z}(\mathcal{F}) \\ B \subset A}} X(B)\, P(B) = \sum_{\substack{B \in \mathcal{Z}(\mathcal{F}) \\ B \subset A}} X(B)\, P_A(B), \tag{4.8}$$

wobei mit $P_A(B) = \frac{P(A \cap B)}{P(A)} = \frac{P(B)}{P(A)}$ die **bedingte Wahrscheinlichkeit von B gegeben** A bezeichnet wird. Seien $\mathcal{G} \subset \mathcal{F}$ eine Unteralgebra von $\mathcal{F}$ und $A \in \mathcal{Z}(\mathcal{G})$ mit $P(A) > 0$. Dann folgt mit (4.6) der Zusammenhang

$$\mathbf{E}_{\mathcal{G}}[X](A) = \mathbf{E}[X|A], \tag{4.9}$$

also

$$\mathbf{E}_{\mathcal{G}}[X] = \sum_{\substack{A \in \mathcal{Z}(\mathcal{G}) \\ P(A) > 0}} \mathbf{E}[X|A] \cdot \mathbf{1}_A. \tag{4.10}$$

Der Funktionswert der bedingten Erwartung $\mathbf{E}_{\mathcal{G}}[X]$ ist also auf jeder Partitionsmenge $A \in \mathcal{Z}(\mathcal{G})$ mit $P(A) > 0$ durch den bedingten Erwartungswert $\mathbf{E}[X|A]$ gegeben.

Bemerkung 4.21 Im Falle beliebiger Wahrscheinlichkeitsräume lassen sich die Existenz und die fast sichere Eindeutigkeit der bedingten Erwartung aus Bedingung (4.5) mithilfe des Satzes von Radon-Nikodym nachweisen, siehe Bauer [3], oder alternativ mithilfe des Projektionslemmas, siehe Williams [25]. Für die Definition der bedingten Erwartung als Projektion im hier betrachteten Kontext endlicher Wahrscheinlichkeitsräume siehe den folgenden Abschn. 4.3.

Beispiel 4.22 (Würfelexperiment). Sei $\Omega = \{\omega_1, \ldots, \omega_6\}$ und $\mathcal{F} = \mathcal{P}(\Omega)$. Durch die Definition $P(\{\omega_1\}) = \cdots = P(\{\omega_6\}) = \frac{1}{6}$ wird ein Wahrscheinlichkeitsmaß auf $\mathcal{P}(\Omega)$ definiert. Sei weiter

$$\mathcal{Z}(\mathcal{G}) = \{\{\omega_1, \omega_3, \omega_5\}, \{\omega_2, \omega_4, \omega_6\}\}.$$

Wir definieren eine Zufallsvariable $X : \Omega \to \mathbb{R}$ durch

$$X(\omega_i) = i \quad (1 \leq i \leq 6)$$

und berechnen die bedingte Erwartung $\mathbf{E}_{\mathcal{G}}[X]$. Mit (4.8) und (4.10) erhalten wir

$$
\begin{aligned}
\mathbf{E}_{\mathcal{G}}[X] &= \left(\frac{1}{P(\{\omega_1, \omega_3, \omega_5\})} \sum_{i \in \{1,3,5\}} X(\omega_i) P(\{\omega_i\}) \right) \cdot \mathbf{1}_{\{\omega_1, \omega_3, \omega_5\}} \\
&+ \left(\frac{1}{P(\{\omega_2, \omega_4, \omega_6\})} \sum_{i \in \{2,4,6\}} X(\omega_i) P(\{\omega_i\}) \right) \cdot \mathbf{1}_{\{\omega_2, \omega_4, \omega_6\}} \\
&= \left(\frac{1}{3}(1+3+5) \right) \cdot \mathbf{1}_{\{\omega_1, \omega_3, \omega_5\}} + \left(\frac{1}{3}(2+4+6) \right) \cdot \mathbf{1}_{\{\omega_2, \omega_4, \omega_6\}} \\
&= 3 \cdot \mathbf{1}_{\{\omega_1, \omega_3, \omega_5\}} + 4 \cdot \mathbf{1}_{\{\omega_2, \omega_4, \omega_6\}}.
\end{aligned}
$$

Unter der Voraussetzung, dass eine ungerade Zahl gewürfelt wird, lautet der bedingte Erwartungswert des Würfelexperiments

$$\mathbf{E}[X|\ \{\omega_1, \omega_3, \omega_5\}] = \frac{1}{3}(1+3+5) = 3,$$

wird dagegen eine gerade Zahl gewürfelt, dann lautet der bedingte Erwartungswert

$$\mathbf{E}[X|\ \{\omega_2, \omega_4, \omega_6\}] = \frac{1}{3}(2+4+6) = 4.$$

Mit (4.9) folgt $\mathbf{E}_{\mathcal{G}}[X](\omega_1) = \mathbf{E}_{\mathcal{G}}[X](\omega_3) = \mathbf{E}_{\mathcal{G}}[X](\omega_5) = 3$ sowie $\mathbf{E}_{\mathcal{G}}[X](\omega_2) = \mathbf{E}_{\mathcal{G}}[X](\omega_4) = \mathbf{E}_{\mathcal{G}}[X](\omega_6) = 4$, und dies kann formuliert werden als

$$
\begin{aligned}
\mathbf{E}_{\mathcal{G}}[X](\{\omega_1, \omega_3, \omega_5\}) &= \mathbf{E}[X|\ \{\omega_1, \omega_3, \omega_5\}] = 3 \\
\mathbf{E}_{\mathcal{G}}[X](\{\omega_2, \omega_4, \omega_6\}) &= \mathbf{E}[X|\ \{\omega_2, \omega_4, \omega_6\}] = 4.
\end{aligned}
$$

Da $\mathcal{F}$ keine von der leeren Menge verschiedene Nullmenge enthält, ist die bedingte Erwartung $\mathbf{E}_{\mathcal{G}}[X]$ von X eindeutig bestimmt.

Für $\mathcal{H} = \{\Omega, \emptyset\}$ gilt dagegen $\mathcal{Z}(\mathcal{H}) = \{\Omega\}$, und mit (4.7) folgt $\mathbf{E}_{\mathcal{H}}[X](\omega_i) = 3{,}5$ für $i = 1, \ldots, 6$ oder

$$\mathbf{E}_{\mathcal{H}}[X](\Omega) = \mathbf{E}[X] = 3{,}5.$$

△

Wir formulieren nun einige grundlegende Eigenschaften der bedingten Erwartung.

Satz 4.23 *Seien $(\Omega, \mathcal{F}, P)$ ein endlicher Wahrscheinlichkeitsraum, $\mathcal{G} \subset \mathcal{F}$ eine Unteralgebra von $\mathcal{F}$ und X eine $\mathcal{F}$-messbare Zufallsvariable. Dann gelten folgende Aussagen:*

1. *Es gilt* $\mathbf{E}\left[\mathbf{E}_{\mathcal{G}}[X]\right] = \mathbf{E}[X]$.
2. *Wenn* X $\mathcal{G}$*-messbar ist, dann gilt* $X = \mathbf{E}_{\mathcal{G}}[X]$ *f.s.*
3. *Sind* X_1 *und* X_2 $\mathcal{F}$*-messbar, dann gilt* $\mathbf{E}_{\mathcal{G}}[\lambda_1 X_1 + \lambda_2 X_2] = \lambda_1 \mathbf{E}_{\mathcal{G}}[X_1] + \lambda_2 \mathbf{E}_{\mathcal{G}}[X_2]$ *f.s.* ***(Linearität)***

4. *Für* $X \geq 0$ *gilt* $\mathbf{E}_{\mathcal{G}}[X] \geq 0$ *f.s.* ***(Positivität)***
5. *Angenommen,* $\mathcal{H}$ *ist eine Unteralgebra von* $\mathcal{G}$*, dann gilt* $\mathbf{E}_{\mathcal{H}}\left[\mathbf{E}_{\mathcal{G}}[X]\right] = \mathbf{E}_{\mathcal{G}}[\mathbf{E}_{\mathcal{H}}[X]] = \mathbf{E}_{\mathcal{H}}[X]$ *f.s.* ***(Tower Property)***
6. *Ist* Z $\mathcal{G}$*-messbar, dann gilt* $\mathbf{E}_{\mathcal{G}}[ZX] = Z\mathbf{E}_{\mathcal{G}}[X]$ *f.s.* ***(Taking out what is known)***

Beweis Sei $\mathcal{G}$ eine Unteralgebra von $\mathcal{F}$ und sei X $\mathcal{F}$-messbar.

1. Wird in (4.5) speziell $G = \Omega$ gewählt, dann folgt die Behauptung.
2. Wenn X $\mathcal{G}$-messbar ist, dann ist X insbesondere auch $\mathcal{F}$-messbar. In (4.5) kann also als $\mathcal{G}$-messbare Funktion Y speziell X selbst gewählt werden, d. h., es gilt $\mathbf{E}_{\mathcal{G}}[X] = X$ f. s.
3. Seien X_1 und X_2 $\mathcal{F}$-messbar und fast sicher $Y_1 = \mathbf{E}_{\mathcal{G}}[X_1]$ und $Y_2 = \mathbf{E}_{\mathcal{G}}[X_2]$. Dann gilt für beliebiges $G \in \mathcal{G}$

$$\begin{aligned}\mathbf{E}[(\lambda_1 X_1 + \lambda_2 X_2) \cdot \mathbf{1}_G] &= \lambda_1 \mathbf{E}[X_1 \cdot \mathbf{1}_G] + \lambda_2 \mathbf{E}[X_2 \cdot \mathbf{1}_G] \\ &= \lambda_1 \mathbf{E}[Y_1 \cdot \mathbf{1}_G] + \lambda_2 \mathbf{E}[Y_2 \cdot \mathbf{1}_G] \\ &= \mathbf{E}[(\lambda_1 Y_1 + \lambda_2 Y_2) \cdot \mathbf{1}_G],\end{aligned}$$

also folgt fast sicher

$$\mathbf{E}_{\mathcal{G}}[\lambda_1 X_1 + \lambda_2 X_2] = \lambda_1 Y_1 + \lambda_2 Y_2 = \lambda_1 \mathbf{E}_{\mathcal{G}}[X_1] + \lambda_2 \mathbf{E}_{\mathcal{G}}[X_2].$$

4. Für jedes $A \in \mathcal{Z}(\mathcal{G})$ gilt mit (4.5) und $Y = \mathbf{E}_{\mathcal{G}}[X]$

$$Y(A)\,P(A) = \mathbf{E}[X \cdot \mathbf{1}_A] \geq 0.$$

Für $P(A) > 0$ folgt also $Y(A) \geq 0$, was zu zeigen war.
5. Sei $Y = \mathbf{E}_{\mathcal{G}}[X]$. Dann gilt für alle $G \in \mathcal{G}$

$$\mathbf{E}[Y \cdot \mathbf{1}_G] = \mathbf{E}[X \cdot \mathbf{1}_G].$$

Insbesondere gilt diese Gleichung also für $H \in \mathcal{H} \subset \mathcal{G}$, also

$$\mathbf{E}[Y \cdot \mathbf{1}_H] = \mathbf{E}[X \cdot \mathbf{1}_H] \quad (H \in \mathcal{H}).$$

Nach Satz 4.19 gibt es eine fast sicher eindeutig bestimmte $\mathcal{H}$-messbare Zufallsvariable Z mit $\mathbf{E}[Z \cdot \mathbf{1}_H] = \mathbf{E}[Y \cdot \mathbf{1}_H] = \mathbf{E}[X \cdot \mathbf{1}_H]$ für alle $H \in \mathcal{H}$. Daraus folgen die Beziehungen $Z = \mathbf{E}_{\mathcal{H}}[Y] = \mathbf{E}_{\mathcal{H}}\left[\mathbf{E}_{\mathcal{G}}[X]\right]$ f. s. sowie $Z = \mathbf{E}_{\mathcal{H}}[X]$ f. s., also $\mathbf{E}_{\mathcal{H}}\left[\mathbf{E}_{\mathcal{G}}[X]\right] = \mathbf{E}_{\mathcal{H}}[X]$ f. s.
Weiter ist $\mathbf{E}_{\mathcal{H}}[X]$ $\mathcal{H}$-messbar und daher auch $\mathcal{G}$-messbar wegen $\mathcal{H} \subset \mathcal{G}$. Damit folgt $\mathbf{E}_{\mathcal{G}}[\mathbf{E}_{\mathcal{H}}[X]] = \mathbf{E}_{\mathcal{H}}[X]$ f. s. aus 2.
6. Für jedes $A \in \mathcal{Z}(\mathcal{G})$ gilt mit (4.5) und $Y = \mathbf{E}_{\mathcal{G}}[X]$

$$\begin{aligned}\mathbf{E}[ZX \cdot \mathbf{1}_A] &= Z(A)\,\mathbf{E}[X \cdot \mathbf{1}_A]\\ &= Z(A)\,\mathbf{E}[Y \cdot \mathbf{1}_A]\\ &= \mathbf{E}[ZY \cdot \mathbf{1}_A],\end{aligned}$$

also folgt fast sicher

$$\mathbf{E}_{\mathcal{G}}[ZX] = ZY = Z\mathbf{E}_{\mathcal{G}}[X].$$

□

4.3 Die bedingte Erwartung als Projektion

Die bedingte Erwartung kann alternativ als Projektion definiert werden.

Definition 4.24 Sei $(\Omega, \mathcal{F}, P)$ ein endlicher Wahrscheinlichkeitsraum. Auf dem Vektorraum der $\mathcal{F}$-messbaren Zufallsvariablen wird durch

$$\langle X, Z\rangle = \mathbf{E}[XZ] \tag{4.11}$$

eine symmetrische, positiv semidefinite Bilinearform definiert, und der Vektorraum mit dieser Struktur wird als $\mathcal{L}^2(\mathcal{F})$ bezeichnet.

Enthält $\mathcal{F}$ keine von der leeren Menge verschiedene Nullmenge, dann definiert (4.11) ein Skalarprodukt auf dem Vektorraum der $\mathcal{F}$-messbaren Zufallsvariablen. Gibt es dagegen ein $N \in \mathcal{F}$ mit $N \neq \emptyset$ und $P(N) = 0$, dann gilt $\langle 1_N, 1_N\rangle = P(N) = 0$, aber $1_N \neq 0$, und $\langle\cdot, \cdot\rangle$ ist nicht positiv definit.

Auf $\mathcal{L}^2(\mathcal{F})$ wird nun für $X, Y \in \mathcal{L}^2(\mathcal{F})$ durch

$$X \sim Y \Leftrightarrow X = Y \text{ f.s.}$$

eine Äquivalenzrelation definiert.

Lemma 4.25 *Auf dem Quotientenraum*

$$L^2(\mathcal{F}) = \mathcal{L}^2(\mathcal{F}) / \sim$$

ist $\langle\cdot, \cdot\rangle$*, gegeben durch*

$$\langle [X], [Y]\rangle = \langle X, Y\rangle, \tag{4.12}$$

wohldefiniert und positiv definit, also ein Skalarprodukt.

Beweis Die zu einem $X \in \mathcal{L}^2(\mathcal{F})$ gehörende Klasse $[X] \in L^2(\mathcal{F})$ besteht aus der Menge aller $\mathcal{F}$-messbaren Zufallsvariablen, die fast überall mit X übereinstimmen.

Sei $\mathcal{Z}(\mathcal{F}) = \{A_1, \ldots, A_n, A_{n+1}, \ldots, A_m\}$ die induzierte Partition von $\mathcal{F}$ mit $P(A_k) > 0$ für $1 \leq k \leq n$ und $P(A_{n+1}) = \cdots = P(A_m) = 0$. Jedes $X \in \mathcal{L}^2(\mathcal{F})$ besitzt die Darstellung

$$X = \sum_{i=1}^{m} X(A_i) \cdot \mathbf{1}_{A_i} = \sum_{i=1}^{n} X(A_i) \cdot \mathbf{1}_{A_i} + \sum_{i=n+1}^{m} X(A_i) \cdot \mathbf{1}_{A_i}.$$

Sei $X' \in [X]$ ein weiterer Repräsentant der Äquivalenzklasse $[X]$ von X, dann gilt

$$X' = \sum_{i=1}^{n} X(A_i) \cdot \mathbf{1}_{A_i} + \sum_{i=n+1}^{m} X'(A_i) \cdot \mathbf{1}_{A_i}.$$

Damit folgt $X - X' = \sum_{i=n+1}^{m} \left(X(A_i) - X'(A_i)\right) \cdot \mathbf{1}_{A_i}$ und

$$\mathbf{E}\left[X - X'\right] = \sum_{i=n+1}^{m} \left(X(A_i) - X'(A_i)\right) \cdot P(A_i) = 0,$$

also $\mathbf{E}[X] = \mathbf{E}\left[X'\right]$. Da $\mathbf{E}\left[X'\right]$ für jedes $X' \in [X]$ denselben Wert besitzt, ist

$$\mathbf{E}[[X]] = \mathbf{E}[X]$$

wohldefiniert.

Seien nun zwei Äquivalenzklassen $[X], [Y] \in L^2(\mathcal{F})$ sowie zwei Repräsentanten

$$X' = \sum_{i=1}^{n} X(A_i) \cdot \mathbf{1}_{A_i} + \sum_{i=n+1}^{m} X'(A_i) \cdot \mathbf{1}_{A_i} \in [X]$$
$$Y' = \sum_{i=1}^{n} Y(A_i) \cdot \mathbf{1}_{A_i} + \sum_{i=n+1}^{m} Y'(A_i) \cdot \mathbf{1}_{A_i} \in [Y]$$

gegeben. Wegen $\mathbf{1}_{A_i} \cdot \mathbf{1}_{A_j} = \mathbf{1}_{A_i \cap A_j}$ gilt

$$X'Y' = \sum_{i=1}^{n} X(A_i)\, Y(A_i) \cdot \mathbf{1}_{A_i} + \sum_{i=n+1}^{m} X'(A_i)\, Y'(A_i) \cdot \mathbf{1}_{A_i},$$

also

$$\mathbf{E}\left[X'Y'\right] = \mathbf{E}[XY].$$

Damit ist aber (4.12) wohldefiniert.

Schließlich gilt für beliebiges $X = \sum_{i=1}^{n} X(A_i) \cdot \mathbf{1}_{A_i} + \sum_{i=n+1}^{m} X(A_i) \cdot \mathbf{1}_{A_i} \in \mathcal{L}^2(\mathcal{F})$ zunächst

$$X^2 = \sum_{i=1}^{n} X^2(A_i) \cdot \mathbf{1}_{A_i} + \sum_{i=n+1}^{m} X^2(A_i) \cdot \mathbf{1}_{A_i}$$

und damit

$$\mathbf{E}\left[X^2\right] = \sum_{i=1}^{n} X^2(A_i) \cdot P(A_i).$$

Also folgt

$$\mathbf{E}\left[X^2\right] = 0 \Leftrightarrow X = 0 \text{ f.s..}$$

Im Quotientenraum $L^2(\mathcal{F})$ ist das Nullelement $[0]$ die Menge aller $\mathcal{F}$-messbaren Zufallsvariablen, die fast überall null sind. Damit ist $\langle \cdot, \cdot \rangle$ auf dem Quotientenraum $\mathcal{L}^2(\mathcal{F}) / \sim$ positiv definit, definiert also ein Skalarprodukt auf $L^2(\mathcal{F})$. □

Das durch (4.12) definierte Skalarprodukt induziert auf $L^2(\mathcal{F})$ die Norm

$$\|[X]\| = \|X\| = \sqrt{\mathbf{E}\left[X^2\right]}.$$

Im Folgenden wird die Klammer zur Kennzeichnung der Äquivalenzklassen weggelassen und X anstelle von $[X]$ geschrieben.

Sei $\mathcal{G}$ eine Unteralgebra von $\mathcal{F}$. In diesem Fall ist $L^2(\mathcal{G})$ ein Untervektorraum von $L^2(\mathcal{F})$, und die bedingte Erwartung $\mathbf{E}_{\mathcal{G}}[X]$ eines beliebigen $X \in L^2(\mathcal{F})$ kann als orthogonale Projektion von X auf $L^2(\mathcal{G})$ bezüglich des Skalarprodukts (4.12) interpretiert werden, wie wir nun sehen werden.

Satz 4.26 *Seien $(\Omega, \mathcal{F}, P)$ ein endlicher Wahrscheinlichkeitsraum, $\mathcal{G} \subset \mathcal{F}$ eine Unteralgebra und $X \in L^2(\mathcal{F})$. Dann ist die bedingte Erwartung $\mathbf{E}_{\mathcal{G}}[X]$ die eindeutig bestimmte orthogonale Projektion von X auf $L^2(\mathcal{G})$ bezüglich des Skalarprodukts (4.12).*

Beweis Sei $Y \in L^2(\mathcal{G})$ die orthogonale Projektion von X auf den Untervektorraum $L^2(\mathcal{G})$ von $L^2(\mathcal{F})$. Dann ist $X - Y$ orthogonal zu $L^2(\mathcal{G})$, d. h., für jedes $Z \in L^2(\mathcal{G})$ gilt

$$\langle X - Y, Z \rangle = 0. \tag{4.13}$$

Sei $\{A_1, \ldots, A_n\} \subset \mathcal{Z}(\mathcal{G})$ die Menge aller $A_i \in \mathcal{Z}(\mathcal{G})$ mit $P(A_i) > 0$. Dann definieren die

$$e_i = \frac{1}{\sqrt{P(A_i)}} \mathbf{1}_{A_i},$$

$i = 1, \ldots, n$, eine Orthonormalbasis von $L^2(\mathcal{G})$, denn es gilt

$$\langle \mathbf{1}_{A_i}, \mathbf{1}_{A_j} \rangle = P(A_i)\, \delta_{ij}$$

für $i, j = 1, \ldots, n$, und jedes Element aus $L^2(\mathcal{G})$ lässt sich als Linearkombination der $(e_1, \ldots, e_n)$ darstellen. Da Y die Projektion von $X \in L^2(\mathcal{F})$ auf $L^2(\mathcal{G})$ ist, folgt

$$Y = \sum_{i=1}^{n} \langle X, e_i \rangle e_i = \sum_{i=1}^{n} \frac{\mathbf{E}\left[X \mathbf{1}_{A_i}\right]}{P(A_i)} \mathbf{1}_{A_i},$$

und dies ist die Darstellung (4.10) der bedingten Erwartung von X gegeben $\mathcal{G}$. Es gilt also

$$Y = \mathbf{E}_{\mathcal{G}}[X].$$

□

Sei $X \in L^2(\mathcal{F})$ und $Y = \mathbf{E}_{\mathcal{G}}[X]$ die bedingte Erwartung von X. Aus (4.13) folgt der **Satz des Pythagoras**

$$\|X\|^2 = \left\|X - \mathbf{E}_{\mathcal{G}}[X]\right\|^2 + \left\|\mathbf{E}_{\mathcal{G}}[X]\right\|^2. \tag{4.14}$$

Für alle $Z \in L^2(\mathcal{G})$ gilt ferner

$$\left\|X - \mathbf{E}_{\mathcal{G}}[X]\right\| \leq \|X - Z\|,$$

denn $X - Y$ ist orthogonal zu $Y - Z \in L^2(\mathcal{G})$, sodass

$$\begin{aligned}
\|X - Z\|^2 &= \|(X - Y) + (Y - Z)\|^2 \\
&= \|X - Y\|^2 + \|Y - Z\|^2 \\
&\geq \|X - Y\|^2
\end{aligned}$$

folgt.

Korollar 4.27 *Sei $(\Omega, \mathcal{F}, P)$ ein endlicher Wahrscheinlichkeitsraum und $\mathcal{G} \subset \mathcal{F}$ eine Unteralgebra. Dann gilt für jedes $X \in L^2(\mathcal{F})$*

$$\mathbf{V}\left[\mathbf{E}_{\mathcal{G}}[X]\right] \leq \mathbf{V}[X].$$

Beweis Aus dem Satz des Pythagoras (4.14) folgt

$$\mathbf{E}\left[X^2\right] = \|X\|^2 \geq \left\|\mathbf{E}_{\mathcal{G}}[X]\right\|^2 = \mathbf{E}\left[\left(\mathbf{E}_{\mathcal{G}}[X]\right)^2\right]. \tag{4.15}$$

Wird X in (4.15) durch $X - \mathbf{E}[X]$ ersetzt, dann folgt

$$\begin{aligned}\mathbf{V}[X] &= \mathbf{E}\left[(X - \mathbf{E}[X])^2\right] \\ &\geq \mathbf{E}\left[\left(\mathbf{E}_{\mathcal{G}}[X - \mathbf{E}[X]]\right)^2\right] \\ &= \mathbf{E}\left[\left(\mathbf{E}_{\mathcal{G}}[X] - \mathbf{E}_{\mathcal{G}}[\mathbf{E}[X]]\right)^2\right] \\ &= \mathbf{E}\left[\left(\mathbf{E}_{\mathcal{G}}[X] - \mathbf{E}[X]\right)^2\right] \\ &= \mathbf{E}\left[\left(\mathbf{E}_{\mathcal{G}}[X] - \mathbf{E}\left[\mathbf{E}_{\mathcal{G}}[X]\right]\right)^2\right] \\ &= \mathbf{V}\left[\mathbf{E}_{\mathcal{G}}[X]\right],\end{aligned}$$

wobei $\mathbf{E}_{\mathcal{G}}[\mathbf{E}[X]] = \mathbf{E}[X] = \mathbf{E}\left[\mathbf{E}_{\mathcal{G}}[X]\right]$ verwendet wurde. □

4.4 Unabhängigkeit

Definition 4.28 Sei $(\Omega, \mathcal{F}, P)$ ein endlicher Wahrscheinlichkeitsraum. Sei weiter I eine endliche Indexmenge und seien $\mathcal{G}_i \subset \mathcal{F}$, $i \in I$, Unteralgebren von $\mathcal{F}$. Die Familie $(\mathcal{G}_i)_{i \in I}$ der Algebren heißt **unabhängig,** wenn für jede Teilmenge $J \subset I$ gilt

$$P\left(\bigcap_{j\in J} G_j\right) = \prod_{j\in J} P(G_j) \quad \left(G_j \in \mathcal{G}_j \text{ für } j \in J\right). \tag{4.16}$$

Insbesondere sind zwei Unteralgebren $\mathcal{G}_1$ und $\mathcal{G}_2$ von $\mathcal{F}$ unabhängig, wenn für alle $G_1 \in \mathcal{G}_1$ und $G_2 \in \mathcal{G}_2$ gilt

$$P(G_1 \cap G_2) = P(G_1)\, P(G_2).$$

Beispiel 4.29 Wir betrachten eine faire Münze. Mit $\omega_1 =$ „Kopf" und mit $\omega_2 =$ „Zahl" gilt dann $P(\{\omega_1\}) = P(\{\omega_2\}) = \frac{1}{2}$. Die Münze werde zweimal geworfen. Mit $A = \{(\omega_1, \omega_1), (\omega_1, \omega_2)\}$ bezeichnen wir das Ereignis, dass beim ersten Wurf „Kopf" geworfen wird, mit $B = \{(\omega_1, \omega_1), (\omega_2, \omega_1)\}$ das Ereignis, dass beim zweiten Wurf „Kopf" geworfen wird und mit $C = \{(\omega_1, \omega_2), (\omega_2, \omega_1)\}$ das Ereignis, dass genau einmal „Kopf" geworfen wird. Dann gilt $P(A) = P(B) = P(C) = \frac{1}{2}$. Weiter gilt $A \cap C = \{(\omega_1, \omega_2)\}$, also $P(A \cap C) = \frac{1}{4} = P(A)\, P(C)$. Entsprechend folgt $P(B \cap C) = \frac{1}{4} = P(B)\, P(C)$. Aber es gilt $P(A \cap B \cap C) = 0 \neq P(A)\, P(B)\, P(C)$. △

Zum Nachweis der Unabhängigkeit von Algebren genügt es, (4.16) nur für Zerlegungsmengen nachzuweisen, wie das folgende Lemma zeigt.

Lemma 4.30 *Seien $(\Omega, \mathcal{F}, P)$ ein endlicher Wahrscheinlichkeitsraum, I eine endliche Indexmenge und $\mathcal{G}_i \subset \mathcal{F}$, $i \in I$, Unteralgebren von $\mathcal{F}$. Die Algebren $(\mathcal{G}_i)_{i\in I}$ sind genau dann unabhängig, wenn für jede Teilmenge $J \subset I$ gilt*

$$P\left(\bigcap_{j\in J} C_j\right) = \prod_{j\in J} P(C_j) \quad (C_j \in \mathcal{Z}(\mathcal{G}_j) \text{ für } j \in J). \tag{4.17}$$

Beweis Sind die Algebren $\mathcal{G}_i$ unabhängig, dann gilt (4.16), also insbesondere (4.17).

Sei umgekehrt (4.17) vorausgesetzt. Aufgrund der übersichtlicheren Index-Buchhaltung beweisen wir (4.16) nur für zwei Unteralgebren $\mathcal{G}_1 \subset \mathcal{F}$ und $\mathcal{G}_2 \subset \mathcal{F}$ von $\mathcal{F}$, die Beweisstrategie funktioniert jedoch auch im allgemeinen Fall.

Nach Lemma 4.5 gibt es für beliebige $A \in \mathcal{G}_1$ und $B \in \mathcal{G}_2$ Darstellungen der Form

$$\begin{aligned} A &= A_1 \cup \cdots \cup A_n, \quad A_1, \ldots, A_n \in \mathcal{Z}(\mathcal{G}_1) \\ B &= B_1 \cup \cdots \cup B_m, \quad B_1, \ldots, B_m \in \mathcal{Z}(\mathcal{G}_2). \end{aligned}$$

Damit gilt

$$A \cap B = \bigcup_{\substack{i=1,\ldots,n \\ j=1,\ldots,m}} A_i \cap B_j.$$

Da die $A_i \cap B_j$ paarweise disjunkt sind, folgt mit (4.17)

$$\begin{aligned} P(A \cap B) &= \sum_{i=1}^{n} \sum_{j=1}^{m} P(A_i \cap B_j) \\ &= \sum_{i=1}^{n} \sum_{j=1}^{m} P(A_i)\, P(B_j) \\ &= \left(\sum_{i=1}^{n} P(A_i)\right) \left(\sum_{j=1}^{m} P(B_j)\right) \\ &= P(A)\, P(B), \end{aligned}$$

was zu zeigen war. □

Beispiel 4.31 Für ein $n \in \mathbb{N}$ sei $\Omega = \{(\varepsilon_1, \ldots, \varepsilon_n) \mid \varepsilon_1, \ldots, \varepsilon_n \in \{0, 1\}\}$, $\mathcal{F} = \mathcal{P}(\Omega)$ und $P(\{\omega\}) = 2^{-n}$ für jedes $\omega \in \Omega$. Wird $I = \{0, 1\}$ definiert, dann sei weiter für $i = 1, \ldots, n$

$$A_{i0} = I^{i-1} \times \{0\} \times I^{n-i}, \quad A_{i1} = I^{i-1} \times \{1\} \times I^{n-i}$$

und

$$\mathcal{Z}(\mathcal{F}_i) = \{A_{i0}, A_{i1}\}.$$

A_{i0} bzw. A_{i1} besteht also aus allen Elementen aus Ω, die an der i-ten Position den Eintrag 0 bzw. 1 besitzen und beide Mengen enthalten jeweils 2^{n-1} Elemente. Damit gilt $P(A_{i0}) = P(A_{i1}) = \frac{1}{2}$. Weiter folgt für jedes i

$$\mathcal{F}_i = \sigma\left(\mathcal{Z}\left(\mathcal{F}_i\right)\right) = \{\emptyset,\ A_{i0},\ A_{i1},\ \Omega\}.$$

Für $i < j$ und $\varepsilon_i,\ \varepsilon_j \in I$ sei $A_i = I^{i-1} \times \{\varepsilon_i\} \times I^{n-i} \in \mathcal{Z}\left(\mathcal{F}_i\right)$ und $A_j = I^{j-1} \times \left\{\varepsilon_j\right\} \times I^{n-j} \in \mathcal{Z}\left(\mathcal{F}_j\right)$. Dann gilt

$$A_i \cap A_j = I^{i-1} \times \{\varepsilon_i\} \times I^{j-i-1} \times \left\{\varepsilon_j\right\} \times I^{n-j}$$

und $P\left(A_i \cap A_j\right) = \frac{1}{4}$, also

$$P\left(A_i \cap A_j\right) = P\left(A_i\right) P\left(A_j\right).$$

Nach Lemma 4.30 sind $\mathcal{F}_i$ und $\mathcal{F}_j$ unabhängig. Entsprechend folgt, dass die Algebren $(\mathcal{F}_i)_{i=1,\ldots,n}$ unabhängig sind. △

Beispiel 4.32 Die Zerlegungen $\mathcal{Z}\left(\mathcal{F}_i\right)$ für $i = 1, \ldots, n$ des vorherigen Beispiels werden hier für den Fall $n = 3$ genauer untersucht. Dazu werden die Elemente von $\Omega = \{\omega_1, \ldots,\ \omega_8\}$ für diesen Spezialfall wie folgt benannt:

$$\begin{aligned}
\omega_1 &= (1,\ 1,\ 1),\\
\omega_2 &= (1,\ 1,\ 0),\\
\omega_3 &= (1,\ 0,\ 1),\\
\omega_4 &= (1,\ 0,\ 0),\\
\omega_5 &= (0,\ 1,\ 1),\\
\omega_6 &= (0,\ 1,\ 0),\\
\omega_7 &= (0,\ 0,\ 1),\\
\omega_8 &= (0,\ 0,\ 0).
\end{aligned}$$

Nun enthält beispielsweise $A_{10} \in \mathcal{Z}\left(\mathcal{F}_1\right)$ diejenigen Tupel aus Ω, deren erstes Element jeweils den Eintrag 0 besitzt, analoge Aussagen gelten für die übrigen Zerlegungsmengen. Damit folgt

$$\begin{aligned}
A_{10} &= \{\omega_5,\ \omega_6,\ \omega_7,\ \omega_8\}, & A_{11} &= \{\omega_1,\ \omega_2,\ \omega_3,\ \omega_4\},\\
A_{20} &= \{\omega_3,\ \omega_4,\ \omega_7,\ \omega_8\}, & A_{21} &= \{\omega_1,\ \omega_2,\ \omega_5,\ \omega_6\},\\
A_{30} &= \{\omega_2,\ \omega_4,\ \omega_6,\ \omega_8\}, & A_{11} &= \{\omega_1,\ \omega_3,\ \omega_5,\ \omega_7\}.
\end{aligned}$$

Nach Beispiel 4.31 sind die Algebren $(\mathcal{F}_1,\ \mathcal{F}_2,\ \mathcal{F}_3)$ unabhängig. Exemplarisch gilt mit der hier verwendeten Notation

$$A_{10} \cap A_{20} \cap A_{30} = \{\omega_8\}$$

und damit

$$P\left(A_{10} \cap A_{20} \cap A_{30}\right) = \frac{1}{8} = P\left(A_{10}\right) P\left(A_{20}\right) P\left(A_{30}\right).$$

△

Definition 4.33 Sei $X : \Omega \to \mathbb{R}$ eine Zufallsvariable auf einem endlichen Wahrscheinlichkeitsraum $(\Omega, \mathcal{F}, P)$, und sei $\mathcal{G} \subset \mathcal{F}$ eine Unteralgebra von $\mathcal{F}$. Dann heißen X und $\mathcal{G}$ **unabhängig,** wenn $\sigma(X)$ und $\mathcal{G}$ unabhängig sind. Dabei bezeichnet $\sigma(X)$ die von X erzeugte Algebra, also die kleinste Algebra, bezüglich der X messbar ist.

Definition 4.34 Eine endliche Familie $X_i : \Omega \to \mathbb{R}$, $i = 1, \ldots, n$, von $\mathcal{F}$-messbaren Zufallsvariablen heißt **unabhängig,** wenn die zugehörigen Algebren $\sigma(X_i)$, $i = 1, \ldots, n$, unabhängig sind.

Die Unabhängigkeit von Zufallsvariablen wird also auf die Unabhängigkeit von Algebren zurückgeführt.

Lemma 4.35 *Seien $X : \Omega \to \mathbb{R}$ und $Y : \Omega \to \mathbb{R}$ jeweils $\mathcal{F}$- und $\mathcal{G}$-messbar für zwei Algebren $\mathcal{F}$ und $\mathcal{G}$. Angenommen, X und Y sind unabhängig, dann gilt*

$$\mathbf{E}[XY] = \mathbf{E}[X]\,\mathbf{E}[Y].$$

Beweis Sei zunächst $A \in \mathcal{Z}(\mathcal{F})$ und $B \in \mathcal{Z}(\mathcal{G})$, dann gilt

$$\mathbf{E}[\mathbf{1}_A \cdot \mathbf{1}_B] = \mathbf{E}[\mathbf{1}_{A \cap B}] = P(A \cap B) = P(A)\,P(B) = \mathbf{E}[\mathbf{1}_A]\,\mathbf{E}[\mathbf{1}_B].$$

Mit $X = \sum_{A \in \mathcal{Z}(\mathcal{F})} X(A) \cdot \mathbf{1}_A$ und $Y = \sum_{B \in \mathcal{Z}(\mathcal{G})} Y(B) \cdot \mathbf{1}_B$ folgt

$$XY = \sum_{A \in \mathcal{Z}(\mathcal{F})} \sum_{B \in \mathcal{Z}(\mathcal{G})} X(A)\,Y(B) \cdot \mathbf{1}_A \cdot \mathbf{1}_B.$$

Daher gilt

$$\begin{aligned}
\mathbf{E}[XY] &= \sum_{A \in \mathcal{Z}(\mathcal{F})} \sum_{B \in \mathcal{Z}(\mathcal{G})} X(A)\,Y(B) \cdot \mathbf{E}[\mathbf{1}_A \cdot \mathbf{1}_B] \\
&= \left(\sum_{A \in \mathcal{Z}(\mathcal{F})} X(A)\,\mathbf{E}[\mathbf{1}_A] \right) \left(\sum_{B \in \mathcal{Z}(\mathcal{G})} Y(B)\,\mathbf{E}[\mathbf{1}_B] \right) \\
&= \mathbf{E}[X]\,\mathbf{E}[Y].
\end{aligned}$$

□

Korollar 4.36 *Seien $X_i : \Omega \to \mathbb{R}$ für $i = 1, \ldots, n$ unabhängige Zufallsvariablen. Dann gilt*

$$\mathbf{V}\left[\sum_{i=1}^{n} X_i\right] = \sum_{i=1}^{n} \mathbf{V}[X_i].$$

Beweis Zunächst schreiben wir

$$\mathbf{V}\left[\sum_{i=1}^{n} X_i\right] = \mathbf{Cov}\left[\sum_{i=1}^{n} X_i, \sum_{j=1}^{n} X_j\right] = \sum_{i=1}^{n}\sum_{j=1}^{n} \mathbf{Cov}\left[X_i, X_j\right].$$

Für $i \neq j$ folgt mit Lemma 4.35

$$\begin{aligned}\mathbf{Cov}\left[X_i, X_j\right] &= \mathbf{E}\left[(X_i - \mathbf{E}[X_i])\left(X_j - \mathbf{E}\left[X_j\right]\right)\right] \\ &= \mathbf{E}\left[X_i X_j\right] - \mathbf{E}[X_i]\,\mathbf{E}\left[X_j\right] \\ &= 0,\end{aligned}$$

und für jedes $i = 1, \ldots, n$ gilt

$$\mathbf{Cov}[X_i, X_i] = \mathbf{V}[X_i].$$

□

Satz 4.37 *Sei $(\Omega, \mathcal{F}, P)$ ein endlicher Wahrscheinlichkeitsraum und sei $\mathcal{G} \subset \mathcal{F}$ eine Unteralgebra von $\mathcal{F}$. Angenommen, eine $\mathcal{F}$-messbare Zufallsvariable $X : \Omega \to \mathbb{R}$ und die Algebra $\mathcal{G}$ sind unabhängig. Dann gilt*

$$\mathbf{E}_{\mathcal{G}}[X] = \mathbf{E}[X]. \tag{4.18}$$

Beweis Für $A \in \mathcal{G}$ ist X unabhängig von $\mathbf{1}_A$, also folgt

$$\begin{aligned}\mathbf{E}[X \cdot \mathbf{1}_A] &= \mathbf{E}[X] \cdot \mathbf{E}[\mathbf{1}_A] \\ &= \mathbf{E}[\mathbf{E}[X]\,\mathbf{1}_A] \\ &= \mathbf{E}[(\mathbf{E}[X] \cdot \mathbf{1}_\Omega)\,\mathbf{1}_A].\end{aligned}$$

Die konstante Abbildung $\mathbf{E}[X] \cdot \mathbf{1}_\Omega$ ist $\mathcal{G}$-messbar, also gilt fast sicher

$$\mathbf{E}_{\mathcal{G}}[X] = \mathbf{E}[X] \cdot \mathbf{1}_\Omega,$$

was als (4.18) notiert wird. □

4.5 Martingale

Abkürzend wird $t \geq 0$ für $0 \leq t \leq n$ und $t > 0$ für $1 \leq t \leq n$ geschrieben.

Definition 4.38 Sei $\left(\Omega,\ (\mathcal{F}_t)_{0\leq t\leq n},\ P\right)$ ein endlicher filtrierter Wahrscheinlichkeitsraum. Zwei an die Filtration $(\mathcal{F}_t)_{0\leq t\leq n}$ adaptierte stochastische Prozesse X und Y heißen **Modifikationen** voneinander, wenn für jedes $t \geq 0$ gilt

$$P\,(X_t \neq Y_t) = 0.$$

X und Y heißen **ununterscheidbar,** wenn die Pfade der Prozesse, $t \to X_t\,(\omega)$ und $t \to Y_t\,(\omega)$, für fast alle $\omega \in \Omega$ übereinstimmen.

Zwei stochastische Prozesse X und Y sind also Modifikationen voneinander, wenn $X_t = Y_t$ f. s. für jedes t gilt. Offenbar sind zwei ununterscheidbare stochastische Prozesse insbesondere Modifikationen voneinander. Definieren wir umgekehrt $N_t = \{X_t \neq Y_t\}$, dann ist $N = \bigcup_{t=0}^{n} N_t$ eine Nullmenge und für alle $\omega \notin N^c$ gilt $X_t\,(\omega) = Y_t\,(\omega)$ für alle $t = 0, \ldots, n$. Im vorliegenden Kontext endlicher vieler Zeitpunkte sind zwei stochastische Prozesse also genau dann Modifikationen voneinander, wenn sie ununterscheidbar sind.

Existieren im vorliegenden Wahrscheinlichkeitsraum keine nichttrivialen Nullmengen, gilt also $P\,(A) > 0$ für alle $A \in \mathcal{Z}\,(\mathcal{F})$, dann sind zwei adaptierte stochastische Prozesse, die Modifikationen voneinander sind, nicht nur ununterscheidbar, sondern sogar identisch.

Definition 4.39 Sei $\left(\Omega,\ (\mathcal{F}_t)_{0\leq t\leq n},\ P\right)$ ein endlicher filtrierter Wahrscheinlichkeitsraum. Ein adaptierter stochastischer Prozess $X : \{0, \ldots, n\} \times \Omega \to \mathbb{R}$ heißt **Martingal,** wenn für alle $t > 0$ fast sicher gilt

$$\mathbf{E}_{t-1}\,[X_t] = X_{t-1},$$

wobei $\mathbf{E}_{t-1}\,[X_t] = \mathbf{E}_{\mathcal{F}_{t-1}}\,[X_t] = \mathbf{E}\left[X_t\,|\mathcal{F}_{t-1}\right]$ die bedingte Erwartung von X_t gegeben $\mathcal{F}_{t-1}$ bezeichnet. X heißt **Submartingal,** wenn fast sicher

$$\mathbf{E}_{t-1}\,[X_t] \geq X_{t-1}$$

für alle $t > 0$ gilt und **Supermartingal,** wenn fast sicher

$$\mathbf{E}_{t-1}\,[X_t] \leq X_{t-1}$$

für alle $t > 0$ gilt.

Ein vektorwertiger stochastischer Prozess $X : \{0, \ldots, n\} \times \Omega \to \mathbb{R}^N$ heißt Martingal, wenn jede reellwertige Komponente des Prozesses ein Martingal ist. Entsprechende Definitionen gelten für vektorwertige Sub- und Supermartingale.

Ein adaptierter stochastischer Prozess X ist genau dann ein Martingal, wenn X sowohl ein Sub- als auch ein Supermartingal ist. Ist X ein Submartingal, dann ist $-X$ ein Supermartingal und umgekehrt. Weiter folgt aus Eigenschaft 5. von Satz 4.23, dass für $2 \leq t \leq n$ fast sicher

$$\begin{aligned}\mathbf{E}_{t-2}[X_t] &= \mathbf{E}_{t-2}\left[\mathbf{E}_{t-1}[X_t]\right]\\ &= \mathbf{E}_{t-2}\left[X_{t-1}\right]\\ &= X_{t-2}\end{aligned}$$

gilt, also folgt induktiv für alle $0 \leq s \leq t \leq n$ fast sicher

$$\mathbf{E}_s[X_t] = X_s.$$

Insbesondere gilt für $\mathcal{F}_0 = \{\Omega, \emptyset\}$

$$\mathbf{E}_0[X_t] = X_0 = \mathbf{E}[X_0].$$

Beispiel 4.40 Sei (Z_t) eine endliche Folge unabhängiger Zufallsvariablen für $t = 0, \ldots, n$. Angenommen, für alle t gilt $\mathbf{E}[Z_t] = 0$. Sei $\mathcal{F}_t = \sigma(Z_0, \ldots, Z_t)$. Mit $X_t = \sum_{s=0}^{t} Z_s$ gilt für $t > 0$ dann fast sicher

$$\begin{aligned}\mathbf{E}_{t-1}[X_t] &= \mathbf{E}_{t-1}\left[X_{t-1} + Z_t\right]\\ &= \mathbf{E}_{t-1}\left[X_{t-1}\right] + \mathbf{E}_{t-1}[Z_t]\\ &= X_{t-1} + \mathbf{E}[Z_t]\\ &= X_{t-1},\end{aligned}$$

denn nach Voraussetzung ist Z_t unabhängig von $\mathcal{F}_{t-1} = \sigma(Z_0, \ldots, Z_{t-1})$. Also ist $(X_t)_{0 \leq t \leq n}$ ein Martingal. △

Beispiel 4.41 Sei (Z_t) eine endliche Folge unabhängiger Zufallsvariablen für $t = 0, \ldots, n$. Angenommen, für alle t gilt $\mathbf{E}[Z_t] = 1$. Sei $\mathcal{F}_t = \sigma(Z_0, \ldots, Z_t)$. Mit $X_t = \prod_{s=0}^{t} Z_s$ gilt für $t > 0$ dann fast sicher

$$\begin{aligned}\mathbf{E}_{t-1}[X_t] &= \mathbf{E}_{t-1}\left[X_{t-1}Z_t\right]\\ &= X_{t-1}\mathbf{E}_{t-1}[Z_t]\\ &= X_{t-1}\mathbf{E}[Z_t]\\ &= X_{t-1},\end{aligned}$$

also ist $(X_t)_{0 \leq t \leq n}$ ein Martingal. △

Angenommen, Y ist eine $\mathcal{F}_n$-messbare Funktion, also wegen $\mathcal{F}_n = \mathcal{P}(\Omega)$ eine beliebige Funktion $Y : \Omega \to \mathbb{R}$. Wird für $0 \leq t \leq n$ definiert

$$X_t = \mathbf{E}_t[Y],$$

dann ist X ein Martingal. X ist nach Definition adaptiert, und die Martingaleigenschaft folgt aus der *Tower Property* der bedingten Erwartung. X wird das **von Y erzeugte Martingal** genannt.

Nach Definition 2.21 und nach der Bemerkung im Anschluss an Definition 4.10 ist ein stochastischer Prozess $X = (X_t)_{0\le t\le n}$ **vorhersehbar,** wenn gilt

$$X_0 \text{ ist } \mathcal{F}_0\text{-messbar, also konstant,}$$

und

$$X_t \text{ ist } \mathcal{F}_{t-1}\text{-messbar für alle } t = 1, \ldots, n.$$

Wir nennen ein Martingal X **vorhersehbar,** wenn der stochastische Prozess $(X_t)_{0\le t\le n}$ vorhersehbar ist.

Lemma 4.42 *Sei X ein vorhersehbares Martingal mit $X_0 = 0$. Dann ist $X = 0$ f.s.*

Beweis Nach Voraussetzung gilt $X_0 = 0$. Angenommen, für alle $0 \le s < t \le n$ wurde bereits $X_s = 0$ nachgewiesen. Dann folgt fast sicher

$$X_t = \mathbf{E}_{t-1}[X_t] = X_{t-1} = 0.$$

Bei der ersten Gleichheit wurde die Vorhersehbarkeit von X verwendet, bei der zweiten die Martingaleigenschaft von X. □

Sei X ein beliebiger stochastischer Prozess. Der Prozess X_- wird definiert durch

$$(X_-)_t = X_{t-} = \begin{cases} 0 & \text{für } t = 0 \\ X_{t-1} & \text{für } t > 0. \end{cases}$$

Für jeden adaptierten Prozess X ist X_- vorhersehbar. Weiter sei

$$\Delta X_t = X_t - X_{t-1} \tag{4.19}$$

für $t > 0$. Damit gilt

$$X_t = X_0 + \sum_{s=1}^{t} \Delta X_s. \tag{4.20}$$

Zwei Prozesse X und Y stimmen also genau dann überein, wenn $X_0 = Y_0$ und wenn $\Delta X_t = \Delta Y_t$ für alle $t > 0$ gilt.

Lemma 4.43 *Ein adaptierter Prozess X ist genau dann ein Martingal, wenn fast sicher*

$$\mathbf{E}_{t-1}[\Delta X_t] = 0$$

gilt für $t > 0$.

Beweis Für einen adaptierten Prozess X folgt mit Eigenschaft 2. von Satz 4.23 und der Linearität der bedingten Erwartung für $t > 0$ fast sicher

$$\mathbf{E}_{t-1}[\Delta X_t] = \mathbf{E}_{t-1}\left[X_t - X_{t-1}\right] = \mathbf{E}_{t-1}[X_t] - \mathbf{E}_{t-1}\left[X_{t-1}\right] = \mathbf{E}_{t-1}[X_t] - X_{t-1}. \tag{4.21}$$

Nach Definition 4.39 ist X genau dann ein Martingal, wenn $\mathbf{E}_{t-1}[X_t] = X_{t-1}$ f. s. für $t > 0$ gilt. Dies ist nach (4.21) äquivalent zur Bedingung $\mathbf{E}_{t-1}[\Delta X_t] = 0$ f. s. für $t > 0$. □

4.6 Die Doob-Zerlegung

Satz 4.44 ***(Doob-Zerlegung)*** *Sei X ein beliebiger adaptierter stochastischer Prozess. Dann gibt es eine fast sicher eindeutig bestimmte Zerlegung von X,*

$$X = M + A,$$

wobei M ein Martingal und A vorhersehbar mit $A_0 = 0$ ist. A ist gegeben durch

$$A_t = \sum_{s=1}^{t} \mathbf{E}_{s-1}[\Delta X_s] \quad (t \geq 0). \tag{4.22}$$

Beweis Nach (4.22) ist A vorhersehbar mit

$$\Delta A_t = \mathbf{E}_{t-1}[\Delta X_t]$$

für $t > 0$. Weiter ist $M = X - A$ adaptiert und für $t > 0$ gilt mit Eigenschaft 2. von Satz 4.23

$$\mathbf{E}_{t-1}[\Delta M_t] = \mathbf{E}_{t-1}[\Delta X_t] - \mathbf{E}_{t-1}[\Delta A_t] = \Delta A_t - \Delta A_t = 0,$$

also ist M ein Martingal.

Sei $X = M' + A'$ eine Zerlegung von X, wobei M' ein Martingal und A' vorhersehbar ist. Dann ist $B = M - M' = A' - A$ ein vorhersehbares Martingal mit $B_0 = 0$. Mit Lemma 4.42 folgt $B = 0$ fast sicher, also fast sicher $M' = M$ und $A' = A$. □

Aus (4.20) und Satz 4.44 folgt, dass das Martingal $M = X - A$ die Darstellung

$$M_t = X_0 + \sum_{s=1}^{t} (\Delta X_s - \mathbf{E}_{s-1}[\Delta X_s]) \quad (t \geq 0) \tag{4.23}$$

besitzt.

Definition 4.45 Die Zerlegung $X = M + A$ eines adaptierten Prozesses X in Satz 4.44 wird als **Doob-Zerlegung** von X bezeichnet. Dabei wird das Martingal M die **Innovation** von X genannt und A heißt der **Kompensator** von X.

Korollar 4.46 *Sei $X = M + A$ die Doob-Zerlegung eines adaptierten stochastischen Prozesses X, wobei M ein Martingal und A vorhersehbar ist. Dann gilt mit $\Delta M_0 = M_0 = X_0$ fast sicher*

$$X = \mu + \Delta M, \tag{4.24}$$

wobei μ den durch

$$\mu_t = \begin{cases} 0 & \text{für } t = 0 \\ \mathbf{E}_{t-1}[X_t] & \text{für } t > 0 \end{cases} \tag{4.25}$$

definierten vorhersehbaren Prozess bezeichnet.

Beweis Aus (4.24) folgt $\mu_0 = X_0 - \Delta M_0 = 0$. Mit (4.23) folgt für $t > 0$ aus (4.24)

$$\mu_t = X_t - \Delta M_t = X_t - (\Delta X_t - \mathbf{E}_{t-1}[\Delta X_t]) = \mathbf{E}_{t-1}[X_t].$$

Damit besitzt der durch (4.24) definierte Prozess μ die in (4.25) behauptete, fast sicher eindeutig bestimmte Darstellung. □

4.7 Variations- und Kovariationsprozesse

Definition 4.47 Ein adaptierter stochastischer Prozess X heißt **wachsend,** wenn fast sicher $X_0 = 0$ und $X_{t-1} \leq X_t$ für $t > 0$ gilt.

Satz 4.48 *Sei X ein Martingal und sei*

$$X^2 = \left(X^2 - \langle X \rangle\right) + \langle X \rangle$$

die Doob-Zerlegung von X^2, wobei $\langle X \rangle$ vorhersehbar und $X^2 - \langle X \rangle$ ein Martingal ist. Dann ist $\langle X \rangle$ wachsend und besitzt die Darstellung

$$\langle X \rangle_t = \sum_{s=1}^{t} \mathbf{E}_{s-1}\left[(\Delta X_s)^2\right]. \tag{4.26}$$

Beweis Nach (4.22) gilt

$$\langle X \rangle_t = \sum_{s=1}^{t} \mathbf{E}_{s-1}\left[\Delta X_s^2\right].$$

Die behauptete Darstellung (4.26) folgt für $s > 0$ mit

$$\mathbf{E}_{s-1}\left[\Delta X_s^2\right] = \mathbf{E}_{s-1}\left[X_s^2 - X_{s-1}^2\right] = \mathbf{E}_{s-1}\left[X_s^2\right] - X_{s-1}^2$$

aus

$$\begin{aligned}
\mathbf{E}_{s-1}\left[(\Delta X_s)^2\right] &= \mathbf{E}_{s-1}\left[(X_s - X_{s-1})^2\right] \\
&= \mathbf{E}_{s-1}\left[X_s^2 - 2X_sX_{s-1} + X_{s-1}^2\right] \\
&= \mathbf{E}_{s-1}\left[X_s^2\right] - 2X_{s-1}\mathbf{E}_{s-1}\left[X_s\right] + X_{s-1}^2 \\
&= \mathbf{E}_{s-1}\left[X_s^2\right] - X_{s-1}^2 \\
&= \mathbf{E}_{s-1}\left[\Delta X_s^2\right].
\end{aligned}$$

Wegen $\mathbf{E}_{s-1}\left[(\Delta X_s)^2\right] \geq 0$ für alle $s > 0$ ist $\langle A \rangle$ wachsend. □

Definition 4.49 Sei X ein Martingal. Der Prozess $\langle X \rangle$ wird **vorhersehbarer quadratischer Variationsprozess** von X genannt.

Für zwei Martingale X und Y sind auch $(X+Y)^2 - \langle X+Y \rangle$ und $(X-Y)^2 - \langle X-Y \rangle$ Martingale, also auch ihre Differenz

$$4XY - (\langle X+Y \rangle - \langle X-Y \rangle).$$

Definition 4.50 Für zwei Martingale X und Y ist der **vorhersehbare Kovariationsprozess** $\langle X, Y \rangle$ von X und Y definiert durch

$$\langle X, Y \rangle = \frac{1}{4}\left(\langle X+Y \rangle - \langle X-Y \rangle\right).$$

X und Y werden **orthogonal** genannt, wenn fast sicher $\langle X, Y \rangle = 0$ gilt.

Für zwei Martingale X und Y ist damit auch

$$XY - \langle X, Y \rangle$$

ein Martingal.

Satz 4.51 *Seien X und Y Martingale. Dann ist*

$$XY = (XY - \langle X, Y \rangle) + \langle X, Y \rangle$$

die Doob-Zerlegung von XY und es gilt

$$\langle X, Y \rangle_t = \sum_{s=1}^{t} \mathbf{E}_{s-1}\left[\Delta X_s \Delta Y_s\right]. \tag{4.27}$$

Beweis Wir wissen bereits, dass $XY - \langle X, Y \rangle$ ein Martingal ist. Nach Definition gilt für $s \geq 1$

$$\langle X, Y \rangle_s = \frac{1}{4} \left(\langle X + Y \rangle_s - \langle X - Y \rangle_s \right),$$

also

$$\begin{aligned}
\Delta \langle X, Y \rangle_s &= \frac{1}{4} \left(\Delta \langle X + Y \rangle_s - \Delta \langle X - Y \rangle_s \right) \\
&= \frac{1}{4} \left(\mathbf{E}_{s-1} \left[\left(\Delta (X+Y)_s \right)^2 - \left(\Delta (X-Y)_s \right)^2 \right] \right) \\
&= \frac{1}{4} \left(\mathbf{E}_{s-1} \left[(\Delta X_s + \Delta Y_s)^2 - (\Delta X_s - \Delta Y_s)^2 \right] \right) \\
&= \mathbf{E}_{s-1} \left[\Delta X_s \Delta Y_s \right].
\end{aligned}$$

Daraus folgt (4.27) sowie die Vorhersehbarkeit von $\langle X, Y \rangle$ mit $\langle X, Y \rangle_0 = 0$. □

Definition 4.52 Seien X und Y adaptierte Prozesse und sei $0 \leq s < t \leq n$. Die **bedingte Varianz** $\mathbf{V}_s (X_t)$ von X_t ist definiert durch

$$\mathbf{V}_s (X_t) = \mathbf{E}_s \left[(X_t - \mathbf{E}_s [X_t])^2 \right].$$

Die **bedingte Kovarianz** $\mathbf{Cov}_s (X_t, Y_t)$ von X_t und Y_t ist definiert durch

$$\mathbf{Cov}_s (X_t, Y_t) = \mathbf{E}_s \left[(X_t - \mathbf{E}_s [X_t]) (Y_t - \mathbf{E}_s [Y_t]) \right].$$

Offenbar gilt

$$\mathbf{V}_{t-1} (\Delta X_t) = \mathbf{E}_{t-1} \left[(\Delta X_t - \mathbf{E}_{t-1} [\Delta X_t])^2 \right] = \mathbf{V}_{t-1} (X_t)$$

und

$$\mathbf{Cov}_{t-1} (\Delta X_t, \Delta Y_t) = \mathbf{E}_{t-1} \left[\left(\Delta X_t - \mathbf{E}_{t-1} [\Delta X_t] \right) \left(\Delta Y_t - \mathbf{E}_{t-1} [\Delta Y_t] \right) \right] = \mathbf{Cov}_{t-1} (X_t, Y_t).$$

Lemma 4.53 *Seien X und Y Martingale. Dann gilt*

$$\mathbf{V}_{t-1} (\Delta X_t) = \mathbf{E}_{t-1} \left[(\Delta X_t)^2 \right] = \Delta \langle X \rangle_t \tag{4.28}$$

und

$$\mathbf{Cov}_{t-1} (\Delta X_t, \Delta Y_t) = \mathbf{E}_{t-1} \left[\Delta X_t \Delta Y_t \right] = \Delta \langle X, Y \rangle_t. \tag{4.29}$$

sowie

$$\langle X \rangle_t = \sum_{s=1}^{t} \mathbf{V}_{s-1} (\Delta X_s)$$

und

$$\langle X, Y\rangle_t = \sum_{s=1}^{t} \mathbf{Cov}_{s-1}(\Delta X_s, \Delta Y_s)$$

Beweis Die Identitäten folgen unmittelbar aus (4.26) und (4.27). □

Satz 4.54 *Seien X und Y Martingale. Dann sind folgende Aussagen äquivalent:*

1. *X und Y sind orthogonal.*
2. *XY ist ein Martingal.*
3. *Es gilt* $\mathbf{Cov}_{t-1}(\Delta X_t, \Delta Y_t) = 0$ *für alle* $t > 0$.

Beweis Nach Definition sind X und Y genau dann orthogonal, wenn $\langle X, Y\rangle = 0$ gilt. Nach Satz 4.51 ist dies genau dann der Fall, wenn XY ein Martingal ist. Sind X und Y orthogonal, dann folgt mit (4.29) $\mathbf{Cov}_{t-1}(\Delta X_t, \Delta Y_t) = \Delta\langle X, Y\rangle_t = 0$. Gilt umgekehrt $\mathbf{Cov}_{t-1}(\Delta X_t, \Delta Y_t) = 0$, dann folgt wegen

$$\mathbf{Cov}_{t-1}(\Delta X_t, \Delta Y_t) = \mathbf{E}_{t-1}\left[(X_t - X_{t-1})(Y_t - Y_{t-1})\right] = \mathbf{E}_{t-1}\left[X_t Y_t - X_{t-1}Y_{t-1}\right],$$

dass XY ein Martingal ist. □

Zwei Martingale X und Y sind nach 3. in Satz 4.54 also orthogonal, wenn die Inkremente von X und Y bedingt unkorreliert sind.

Korollar 4.55 *Zwei Martingale X und Y sind genau dann orthogonal, wenn für alle* $0 \le s \le t \le n$

$$\mathbf{E}_s[X_t Y_t] = X_s Y_s = \mathbf{E}_s[X_t]\,\mathbf{E}_s[Y_t]$$

gilt. □

Aus (4.27) folgt, dass $\langle X, Y\rangle$ symmetrisch und bilinear ist. Ist M ein Martingal und ist A vorhersehbar, dann folgt

$$\Delta\langle M, A\rangle_t = \mathbf{E}_{t-1}[\Delta M_t \Delta A_t] = \Delta A_t \mathbf{E}_{t-1}[\Delta M_t] = 0,$$

also gilt $\langle M, A\rangle_t = M_0 A_0$ für alle t. Ist insbesondere $X = M + A$ die Doob-Zerlegung von X, dann gilt $\langle M, A\rangle_t = 0$ für alle t und damit

$$\begin{aligned}\langle X, X\rangle &= \langle M + A, M + A\rangle \\ &= \langle M, M\rangle + \langle A, A\rangle,\end{aligned}$$

also

$$\langle X \rangle = \langle M \rangle + \langle A \rangle .$$

Definition 4.56 Seien X und Y stochastische Prozesse. Der **Kovariationsprozess** $[X, Y]$ von X und Y ist definiert durch

$$[X, Y]_t = \sum_{s=1}^{t} \Delta X_s \Delta Y_s \quad (t \geq 0) .$$

Der Kovariationsprozess von X mit sich selbst wird **quadratischer Variationsprozess** genannt.

Jeder quadratische Variationsprozess ist als Summe nicht-negativer Terme wachsend. Ferner gilt offenbar

$$\Delta [X, Y]_t = \Delta X_t \Delta Y_t \tag{4.30}$$

für $t > 0$.

Korollar 4.57 *Seien X und Y Martingale. Dann ist*

$$XY - [X, Y]$$

ebenfalls ein Martingal.

Beweis Mit $Z = XY - [X, Y]$ gilt

$$\begin{aligned} \Delta Z_t &= X_t Y_t - X_{t-1} Y_{t-1} - \Delta X_t \Delta Y_t \\ &= X_{t-1} \Delta Y_t + Y_{t-1} \Delta X_t , \end{aligned}$$

und daraus folgt

$$\mathbf{E}_{t-1} [\Delta Z_t] = X_{t-1} \mathbf{E}_{t-1} [\Delta Y_t] + Y_{t-1} \mathbf{E}_{t-1} [\Delta X_t] = 0.$$

□

Beispiel 4.58 Sei Z ein adaptierter stochastischer Prozess und sei

$$X_t = \sum_{s=0}^{t} Z_s$$

für $0 \leq t \leq n$. Dann gilt mit $\Delta X_s = Z_s$ für $s > 0$

$$[X, X]_t = \sum_{s=1}^{t} (\Delta X_s)^2 = \sum_{s=1}^{t} Z_s^2 .$$

Angenommen, für alle t gilt $\mathbf{E}[Z_t] = 0$ und für alle $t > 0$ ist Z_t unabhängig von $\mathcal{F}_{t-1}$. Dann folgt mit Satz 4.37 für $t > 0$

$$\begin{aligned} \mathbf{V}_{t-1}(Z_t) &= \mathbf{E}_{t-1}\left[Z_t^2\right] \\ &= \mathbf{E}\left[Z_t^2\right] \\ &= \mathbf{V}[Z_t]. \end{aligned}$$

Weiter gilt $X_0 = Z_0 = 0$ und X ist nach Beispiel 4.40 ein Martingal. Mit $\sigma_t^2 = \mathbf{V}[Z_t]$ und (4.28) erhalten wir

$$\langle X \rangle_t = \sum_{s=1}^{t} \mathbf{V}(Z_t) = \sum_{s=0}^{t} \sigma_s^2.$$

△

4.8 Das diskrete stochastische Integral

Voraussetzung. Für den Rest dieses Kapitels legen wir einen endlichen filtrierten Wahrscheinlichkeitsraum $\left(\Omega, (\mathcal{F}_t)_{0 \le t \le n}, P\right)$ zugrunde, wobei $\mathcal{F}_0 = \{\Omega, \emptyset\}$ und $\mathcal{F}_n = \mathcal{P}(\Omega)$ angenommen wird. Weiter setzen wir $P(\omega) > 0$ für alle $\omega \in \Omega$ voraus, sodass jeder Endzustand ω mit positiver Wahrscheinlichkeit eintritt.

Definition 4.59 Seien X und Y adaptierte stochastische Prozesse. Dann ist das **diskrete stochastische Integral** oder das **diskrete Itô-Integral** von Y bezüglich X definiert durch

$$\int_0^t Y \, \mathrm{d}X = \sum_{s=1}^{t} Y_s \Delta X_s \quad (t \ge 0).$$

Dabei heißt Y **Integrand** und X **Integrator.** Das stochastische Integral wird auch als Transformation des Prozesses X durch den Prozess Y bezeichnet. Eine alternative Notation ist

$$(Y \bullet X)_t = \int_0^t Y \, \mathrm{d}X.$$

Das stochastische Integral von Y bezüglich X definiert einen adaptierten stochastischen Prozess. Für $t = 0$ gilt nach Definition $\int_0^0 Y \, \mathrm{d}X = 0$, und für alle $t > 0$ folgt

$$\Delta (Y \bullet X)_t = Y_t \Delta X_t. \tag{4.31}$$

Ferner ist das stochastische Integral linear, d. h., es gilt für beliebige adaptierte Prozesse X, Y und Z, für beliebiges $\lambda \in \mathbb{R}$ und für alle $t \ge 0$

$$\int_0^t (Y+Z)\,\mathrm{d}X = \int_0^t Y\,\mathrm{d}X + \int_0^t Z\,\mathrm{d}X$$

$$\int_0^t \lambda Y\,\mathrm{d}X = \lambda \int_0^t Y\,\mathrm{d}X.$$

Ist der Prozess Y konstant, d. h. $Y_t = c$ für alle t, dann gilt

$$(c \bullet X)_t = c \int_0^t \mathrm{d}X = c\,(X_t - X_0)\,.$$

Satz 4.60 *Sei H ein vorhersehbarer Prozess und sei X ein Martingal. Dann ist auch das stochastische Integral $(H \bullet X)_t = \int_0^t H\,\mathrm{d}X$ ein Martingal. Angenommen, H ist ein vorhersehbarer Prozess mit $H_t(\omega) \geq 0$ für alle $\omega \in \Omega$ und für alle $t \geq 0$. Ist X ein Super- bzw. Submartingal, dann ist auch das stochastische Integral $H \bullet X$ ein Super- bzw. Submartingal.*

Beweis Die erste Aussage folgt mit Lemma 4.43 wegen

$$\begin{aligned} \mathbf{E}_{t-1}\left[\Delta\,(H \bullet X)_t\right] &= \mathbf{E}_{t-1}\left[H_t \Delta X_t\right] \\ &= H_t \mathbf{E}_{t-1}\left[\Delta X_t\right] \\ &= 0 \end{aligned} \tag{4.32}$$

für alle $t > 0$. Ist X ein Supermartingal, dann gilt folgt wegen $H_t(\omega) \geq 0$

$$\mathbf{E}_{t-1}\left[\Delta\,(H \bullet X)_t\right] = H_t \mathbf{E}_{t-1}\left[\Delta X_t\right] \leq 0.$$

Entsprechendes gilt für den Fall, dass X ein Submartingal ist. □

Satz 4.61 *Für beliebige adaptierte Prozesse X, Y und Z gilt*

$$X \bullet (Y \bullet Z) = (XY) \bullet Z.$$

Beweis Mit $\Delta\,(Y \bullet X)_t = Y_t \Delta X_t$ folgt für alle $t > 0$

$$\begin{aligned} \Delta\,(X \bullet (Y \bullet Z))_t &= X_t \Delta\,(Y \bullet Z)_t \\ &= X_t Y_t \Delta Z_t \\ &= \Delta\,((XY) \bullet Z)_t\,, \end{aligned}$$

was zu zeigen war. □

4.9 Stochastische Integrale und Kovariationsprozesse

Satz 4.62 *Für beliebige adaptierte Prozesse X, Y und Z gilt*

$$[X \bullet Y,\ Z] = X \bullet [Y,\ Z].$$

Wenn X vorhersehbar ist, dann gilt darüber hinaus

$$\langle X \bullet Y,\ Z\rangle = X \bullet \langle Y,\ Z\rangle.$$

Beweis Wegen $\Delta\, [Y,\ Z]_t = \Delta Y_t \Delta Z_t$ gilt mit (4.31) für jedes $t > 0$

$$\begin{aligned}\Delta\, [X \bullet Y,\ Z]_t &= \Delta\, (X \bullet Y)_t\, \Delta Z_t \\ &= X_t \Delta Y_t \Delta Z_t \\ &= X_t \Delta\, [Y,\ Z]_t \\ &= \Delta\, (X \bullet [Y,\ Z])_t\,,\end{aligned}$$

und die erste behauptete Gleichung folgt durch Summation. Wegen (4.27) folgt die zweite Aussage unter Verwendung der Vorhersehbarkeit von X aus

$$\begin{aligned}\Delta\, \langle X \bullet Y,\ Z\rangle_t &= \mathbf{E}_{t-1}\left[\Delta\, (X \bullet Y)_t\, \Delta Z_t\right] \\ &= \mathbf{E}_{t-1}\, [X_t \Delta Y_t \Delta Z_t] \\ &= X_t \mathbf{E}_{t-1}\, [\Delta Y_t \Delta Z_t] \\ &= X_t \Delta\, \langle Y,\ Z\rangle_t \\ &= \Delta\, (X \bullet \langle Y,\ Z\rangle)_t\,.\end{aligned}$$

□

Satz 4.63 *Sei X eine adaptierter stochastischer Prozess. Dann gilt für* $t \geq 0$

$$\int_0^t X_-\, \mathrm{d}X = \frac{1}{2}\left(X_t^2 - [X,\ X]_t\right).$$

Ist X ein Martingal, so auch $\int_0^t X_-\, \mathrm{d}X$.

Beweis Wegen

$$\left(X_s^2 - X_{s-1}^2\right) - (X_s - X_{s-1})^2 = 2X_{s-1}\, (X_s - X_{s-1})$$

für $s > 0$ gilt die Identität

$$\begin{aligned}2\int_0^t X_- \,\mathrm{d}X &= 2\sum_{s=1}^{t} X_{s-1}\left(X_s - X_{s-1}\right)\\ &= \sum_{s=1}^{t}\left(X_s^2 - X_{s-1}^2\right) - \sum_{s=1}^{t}\left(X_s - X_{s-1}\right)^2\\ &= X_t^2 - X_0^2 - \sum_{s=1}^{t}\left(\Delta X_s\right)^2\\ &= X_t^2 - [X, X]_t\,,\end{aligned}$$

und die erste Behauptung ist bewiesen. Die Martingaleigenschaft von $X_- \bullet X$ folgt aus Satz 4.60. □

Satz 4.64 ***(Partielle Integration)*** *Seien X und Y adaptierte stochastische Prozesse. Dann gilt für* $t \geq 0$

$$\int_0^t X_- \,\mathrm{d}Y = X_t Y_t - \int_0^t Y_- \,\mathrm{d}X - [X, Y]_t \tag{4.33}$$

beziehungsweise für $t > 0$

$$X_{t-1}\Delta Y_t = X_t Y_t - X_{t-1}Y_{t-1} - Y_{t-1}\Delta X_t - \Delta\,[X, Y]_t\,. \tag{4.34}$$

Beweis Es gilt

$$\begin{aligned}X_t Y_t - X_{t-1}Y_{t-1} - Y_{t-1}\Delta X_t - \Delta\,[X, Y]_t &= X_t Y_t - X_{t-1}Y_{t-1} - Y_t\Delta X_t\\ &= -X_{t-1}Y_{t-1} + X_{t-1}Y_t\\ &= X_{t-1}\Delta Y_t,\end{aligned}$$

also (4.34). Daraus folgt (4.33) durch Summation. □

4.10 Die Itô-Formel

Satz 4.65 ***(Itô-Formel)*** *Sei X ein adaptierter stochastischer Prozess. Angenommen,* $F : \mathbb{R} \to \mathbb{R}$ *ist zweimal stetig differenzierbar. Dann gilt für jedes* $t > 0$

$$F(X_t) = F(X_0) + \int_0^t F'(X_-)\,\mathrm{d}X + \frac{1}{2}\int_0^t F''(X_- + \theta\Delta X)\,\mathrm{d}\,[X, X]\,. \tag{4.35}$$

Dabei bezeichnet θ *einen adaptierten stochastischen Prozess mit* $\theta_0 = 0$ *und mit* $\theta_t(\omega) \in [0, 1]$ *für jedes* $\omega \in \Omega$ *und für jedes* $t > 0$.

Beweis Wird die Taylor-Formel mit der Lagrangeschen Form des Restglieds verwendet, dann gilt

$$F(x) = F(x_0) + F'(x_0)(x - x_0) + \frac{1}{2}F''(x_0 + \theta(x - x_0))(x - x_0)^2$$

für ein $\theta \in [0,\ 1]$, das von x_0 und von $x - x_0$ abhängt. Damit folgt für beliebiges $\omega \in \Omega$

$$\begin{aligned} F(X_s(\omega)) &= F(X_{s-1}(\omega)) + F'(X_{s-1}(\omega))\,\Delta X_s(\omega) \\ &\quad + \frac{1}{2}F''(X_{s-1}(\omega) + \theta_s(\omega)\,\Delta X_s(\omega))\,(\Delta X_s(\omega))^2\,, \end{aligned}$$

wobei $\theta_s(\omega) \in [0,\ 1]$ von $X_{s-1}(\omega)$ und von $\Delta X_s(\omega)$ abhängt. Mit (4.30) lässt sich dies schreiben als

$$F(X_s) - F(X_{s-1}) = F'(X_{s-1})\,\Delta X_s + \frac{1}{2}F''(X_{s-1} + \theta_s \Delta X_s)\,\Delta[X,\ X]_s\,.$$

Summation und Umstellen führt zu

$$F(X_t) = F(X_0) + \sum_{s=1}^{t} F'(X_{s-})\,\Delta X_s + \frac{1}{2}\sum_{s=1}^{t} F''(X_{s-1} + \theta_s \Delta X_s)\,\Delta[X,\ X]_s\,,$$

was zu zeigen war. □

4.11 Stochastische Exponentiale

Sei $y : \mathbb{R} \to \mathbb{R}$ eine gegebene stetige Funktion. Wir suchen eine differenzierbare Lösung $x : \mathbb{R} \to \mathbb{R}$ der Integralgleichung

$$x(t) = x_0 + \int_0^t x(s)\,y(s)\,\mathrm{d}s \tag{4.36}$$

für vorgegebenes $x(0) = x_0 > 0$. Nach Differentiation folgt

$$x'(t) = x(t)\,y(t)\,. \tag{4.37}$$

Angenommen, es wird $x(t) > 0$ für alle t vorausgesetzt, dann ist die Differentialgleichung (4.37) äquivalent zu

$$\frac{\mathrm{d}}{\mathrm{d}t}\ln x(t) = y(t)$$

und nach Integration folgt $\ln x(t) - \ln x(0) = \int_0^t y(s)\,\mathrm{d}s$ oder

$$x(t) = x_0 \exp\left(\int_0^t y(s)\,\mathrm{d}s\right).$$

Für $y = 1$ spezialisiert sich dies zu

$$x(t) = x_0 e^t,$$

also zu einer Exponentialfunktion.

Im Folgenden wird statt der deterministischen Integralgleichung (4.36) die stochastische Integralgleichung

$$X_t = X_0 + \int_0^t Y X_- \, \mathrm{d}W$$

für einen gegebenen adaptierten Prozess W und für einen gegebenen vorhersehbaren Prozess Y untersucht. Wir beginnen mit dem Fall $Y = 1$:

Satz 4.66 *Sei W ein adaptierter Prozess und sei X_0 eine beliebige Konstante. Dann wird durch folgende äquivalente Aussagen ein eindeutig bestimmter adaptierter Prozess X definiert.*

1. *Es existiert ein eindeutig bestimmter adaptierter Prozess X, der die Integralgleichung*

$$X_t = X_0 + \int_0^t X_- \, \mathrm{d}W$$

   für alle $t \geq 0$ löst.
2. *Für $t \geq 0$ ist X durch die Formel*

$$X_t = X_0 \prod_{s=1}^{t} (1 + \Delta W_s)$$

   gegeben, wobei $\prod_{s=1}^{0} (1 + \Delta W_s) = 1$ definiert wird.
3. *Der Prozess X ist mit dem vorgegebenen $X_0 \in \mathbb{R}$ rekursiv durch*

$$\Delta X_t = X_{t-1} \Delta W_t \tag{4.38}$$

   für $t > 0$ gegeben.

Ist darüber hinaus W ein Martingal, dann ist auch X ein Martingal.

Beweis Für ein gegebenes $X_0 \in \mathbb{R}$ ist die Gleichung

$$X_t = X_0 + \int_0^t X_- \, \mathrm{d}W$$

nach Definition des stochastischen Integrals äquivalent zur Rekursion

$$\Delta X_t = X_{t-1} \Delta W_t$$

oder zu

$$X_t = X_{t-1}\,(1 + \Delta W_t)$$

für $t > 0$. Daraus folgt die Äquivalenz der behaupteten Aussagen, insbesondere die Existenz und die Eindeutigkeit von X sowie die Eigenschaft von X, adaptiert zu sein. Falls W ein Martingal ist, dann folgt die Martingaleigenschaft von X aus Satz 4.60. □

Definition 4.67 Sei W ein adaptierter Prozess. Der eindeutig bestimmte adaptierte Prozess X, der die Integralgleichung

$$X_t = 1 + \int_0^t X_-\,\mathrm{d}W \qquad (t \geq 0)$$

löst, wird **stochastisches Exponential** des Prozesses W genannt und mit

$$X_t = \mathcal{E}_t\,(W)$$

bezeichnet.

Es gilt also

$$\mathcal{E}_0\,(W) = 1,$$

und für alle t folgt

$$\mathcal{E}_t\,(W) = 1 + \int_0^t \mathcal{E}_-\,(W)\,\mathrm{d}W = \prod_{s=1}^{t} (1 + \Delta W_s)\,.$$

Damit ist die eindeutig bestimmte Lösung der Integralgleichung

$$X_t = X_0 + \int_0^t X_-\,\mathrm{d}W$$

durch

$$X_t = X_0 \mathcal{E}_t\,(W)$$

gegeben.

Mit $\Delta W_t = Y_t$, also mit $W_t = W_0 + Y_1 + \cdots + Y_t$, folgt

$$\mathcal{E}_t\,(W) = (1 + Y_1) \cdots (1 + Y_t)\,.$$

Ist der Prozess W deterministisch mit $\Delta W_t = r \in \mathbb{R}$, d. h. $W_t = W_0 + rt$, dann folgt

$$\mathcal{E}_t\,(W) = (1 + r)^t$$

und

$$X_t = X_0\,(1 + r)^t\,.$$

Satz 4.68 *Sei W ein adaptierter und sei Y ein vorhersehbarer Prozess. Dann ist die Integralgleichung*

$$X_t = X_0 + \int_0^t Y X_- \, \mathrm{d}W \tag{4.39}$$

eindeutig lösbar. Die Lösung X ist adaptiert und gegeben durch

$$X_t = X_0 \mathcal{E}_t \left(Y \bullet W \right), \tag{4.40}$$

d. h. durch

$$X_t = X_0 \prod_{s=1}^{t} \left(1 + Y_s \Delta W_s\right). \tag{4.41}$$

Ist W ein Martingal, dann ist auch X ein Martingal.

Beweis Analog zu (4.38) ist (4.39) bei vorgegebenem $X_0 \in \mathbb{R}$ gleichbedeutend mit der Rekursion

$$\Delta X_t = X_{t-1} Y_t \Delta W_t$$

oder mit

$$X_t = X_{t-1} \left(1 + Y_t \Delta W_t\right)$$

für $t > 0$. Daraus folgen bereits die Darstellungen (4.40) und (4.41).

X ist genau dann ein Martingal, wenn

$$\mathbf{E}_{t-1} \left[1 + Y_t \Delta W_t\right] = 1$$

für alle $t > 0$ gilt. Wegen der Vorhersehbarkeit von Y ist dies genau dann erfüllt, wenn

$$\mathbf{E}_{t-1} \left[\Delta W_t\right] = 0$$

für alle $t > 0$ gilt, also wenn W ein Martingal ist. □

Satz 4.69 *Es gilt folgende Multiplikationsformel für das stochastische Exponential:*

$$\mathcal{E}_t(X) \, \mathcal{E}_t(Y) = \mathcal{E}_t\left(X + Y + [X, Y]\right).$$

Beweis Mit den Abkürzungen $A_t = \mathcal{E}_t(X)$ und $B_t = \mathcal{E}_t(Y)$ gilt

$$\begin{aligned}
\Delta A_t &= A_{t-} \Delta X_t, \\
\Delta B_t &= B_{t-} \Delta Y_t, \\
\Delta [A, B]_t &= \Delta A_t \Delta B_t \\
&= A_{t-} B_{t-} \Delta X_t \Delta Y_t \\
&= A_{t-} B_{t-} \Delta [X, Y]_t .
\end{aligned}$$

Daraus folgt mithilfe der Formel (4.34) für die partielle Integration

$$\begin{aligned}\Delta\left(A_t B_t\right) &= A_{t-}\Delta B_t + B_{t-}\Delta A_t + \Delta\left[A,\ B\right]_t \\ &= A_{t-}B_{t-}\Delta Y_t + B_{t-}A_{t-}\Delta X_t + A_{t-}B_{t-}\Delta\left[X,\ Y\right]_t \\ &= A_{t-}B_{t-}\Delta\left(X_t + Y_t + [X,\ Y]_t\right).\end{aligned}$$

□

4.12 Der Martingal-Darstellungssatz

Definition 4.70 Eine Filtration $(\mathcal{F}_t)_{t\in\{0,\ldots,n\}}$ heißt **binomial,** wenn jedes $A_{t-1} \in \mathcal{Z}(\mathcal{F}_{t-1})$ für $0 < t \leq n$ in genau zwei Mengen A_{t1} und A_{t2} aus $\mathcal{Z}(\mathcal{F}_t)$ zum relativ zu $t-1$ nachfolgenden Zeitpunkt t zerfällt. In diesem Fall gilt also

$$A_{t-1} = A_{t1} \cup A_{t2}, \qquad A_{t1} \cap A_{t2} = \emptyset.$$

Satz 4.71 ***(Martingal-Darstellungssatz für binomiale Filtrationen)*** *Sei ein endlicher filtrierter Wahrscheinlichkeitsraum $\left(\Omega,\ (\mathcal{F}_t)_{0\leq t\leq n},\ P\right)$ mit binomialer Filtration $(\mathcal{F}_t)_{0\leq t\leq n}$ gegeben und sei W ein Martingal mit der Eigenschaft, dass für jedes $t > 0$ und für jedes $A_{t-1} \in \mathcal{Z}(\mathcal{F}_{t-1})$ gilt*

$$\begin{pmatrix}\Delta W_t\left(A_{t1}\right)\\ \Delta W_t\left(A_{t2}\right)\end{pmatrix} \neq \begin{pmatrix}0\\0\end{pmatrix},$$

wobei $A_{t-1} = A_{t1} \cup A_{t2}$ für gewisse $A_{t1},\ A_{t2} \in \mathcal{Z}(\mathcal{F}_t)$. Sei X ein beliebiges weiteres Martingal auf $\left(\Omega,\ (\mathcal{F}_t)_{0\leq t\leq n},\ P\right)$. Dann gibt es einen eindeutig bestimmten vorhersehbaren Prozess α mit $\alpha_0 = 0$ und mit der Eigenschaft

$$X_t = X_0 + \int_0^t \alpha\,\mathrm{d}W \quad (t \geq 0)\,. \tag{4.42}$$

Beweis (4.42) ist gleichbedeutend mit

$$\Delta X_t = \alpha_t \Delta W_t$$

für jedes $t > 0$. Sei $A_{t-1} \in \mathcal{Z}(\mathcal{F}_{t-1})$ beliebig und seien $A_{t1},\ A_{t2} \in \mathcal{Z}(\mathcal{F}_t)$ die beiden Mengen, in die A_{t-1} zum Zeitpunkt t zerfällt. Da X und W Martingale sind, gilt mit $p_1 = \frac{P(A_{t1})}{P(A_{t-1})}$ und $p_2 = \frac{P(A_{t2})}{P(A_{t-1})} = 1 - p_1$

$$0 = \mathbf{E}_{t-1}\left[\Delta X_t\right]\left(A_{t-1}\right) = p_1\Delta X_t\left(A_{t1}\right) + p_2\Delta X_t\left(A_{t2}\right)$$

sowie

$$0 = \mathbf{E}_{t-1}\left[\Delta W_t\right]\left(A_{t-1}\right) = p_1\Delta W_t\left(A_{t1}\right) + p_2\Delta W_t\left(A_{t2}\right).$$

Also sind die Vektoren $u, v \in \mathbb{R}^2$,

$$u = \begin{pmatrix} \Delta X_t(A_{t1}) \\ \Delta X_t(A_{t2}) \end{pmatrix}, \quad v = \begin{pmatrix} \Delta W_t(A_{t1}) \\ \Delta W_t(A_{t2}) \end{pmatrix} \neq 0,$$

jeweils orthogonal zu

$$p = \begin{pmatrix} p_1 \\ p_2 \end{pmatrix} \in \mathbb{R}^2,$$

und daher gibt es eine eindeutig bestimmte Zahl $\lambda \in \mathbb{R}$ mit der Eigenschaft

$$u = \lambda v.$$

Nun wird

$$\alpha_t(A_{t-1}) = \lambda$$

definiert. Da $t > 0$ beliebig gewählt war, liefert dies zusammen mit $\alpha_0 = 0$ einen stochastischen Prozess α, der nach Konstruktion vorhersehbar ist und (4.42) erfüllt. □

Korollar 4.72 *Es seien die Voraussetzungen des Martingal-Darstellungssatzes 4.71 erfüllt. Zusätzlich sei $X_t(\omega) \neq 0$ für jedes $t \geq 0$ und für alle $\omega \in \Omega$. Dann gibt es einen eindeutig bestimmten vorhersehbaren Prozess β mit $\beta_0 = 0$ und*

$$X_t = X_0 \mathcal{E}_t(\beta \bullet W) \quad (t \geq 0).$$

Beweis Nach Satz 4.71 gibt es einen eindeutig bestimmten vorhersehbaren Prozess α mit $\alpha_0 = 0$ und

$$X_t = X_0 + \int_0^t \alpha \, \mathrm{d}W \quad (t \geq 0),$$

und dies bedeutet für jedes $t > 0$

$$\begin{aligned} X_t &= X_{t-1} + \alpha_t \Delta W_t \\ &= X_{t-1} \left(1 + \left(\frac{\alpha}{X_-} \right)_t \Delta W_t \right) \\ &= X_{t-1} (1 + \beta_t \Delta W_t), \end{aligned}$$

wobei

$$\beta_t = \left(\frac{\alpha}{X_-} \right)_t$$

definiert wurde. Zusammen mit Satz 4.68 folgt daraus die Behauptung, denn nach Konstruktion ist β vorhersehbar. □

Eine verallgemeinerte Version des Martingal-Darstellungssatzes gilt für beliebige filtrierte Wahrscheinlichkeitsräume, wie wir nun sehen werden.

Definition 4.73 Sei $(\mathcal{F}_t)_{0 \le t \le n}$ eine Filtration. Die **Aufspaltungsfunktion** ν ordnet jedem Zeitpunkt $0 \le t < n$ und jedem $A_t \in \mathcal{Z}(\mathcal{F}_t)$ die Anzahl der Elemente $\nu(t, A_t)$ aus $\mathcal{Z}(\mathcal{F}_{t+1})$ zu, in die A_t zum nachfolgenden Zeitpunkt $t+1$ zerfällt. Der **Aufspaltungsindex,** der ebenfalls mit ν bezeichnet wird, ist definiert durch

$$\nu = \max\{\nu(t, A_t) \mid 0 \le t < n, A_t \in \mathcal{Z}(\mathcal{F}_t)\}.$$

Beispiel 4.74 Für binomiale Filtrationen gilt $\nu(t, A_t) = 2$ für alle $A_t \in \mathcal{Z}(\mathcal{F}_t), 0 \le t < n$, und $\nu = 2$. △

Definition 4.75 Sei $\left(\Omega, (\mathcal{F}_t)_{0 \le t \le n}, P\right)$ ein filtrierter Wahrscheinlichkeitsraum. Eine endliche Menge $W^1, \ldots, W^m$ von Martingalen wird **Basis** genannt, wenn es zu jedem Martingal X vorhersehbare Prozesse $\alpha^1, \ldots, \alpha^m$ gibt, sodass gilt

$$X_t = X_0 + \sum_{i=1}^{m} \int_0^t \alpha^i \, \mathrm{d}W^i \qquad (t \ge 0).$$

Wenn die W^i paarweise orthogonal sind, d. h., wenn $\left\langle W^i, W^j \right\rangle_t = 0$ gilt für alle $i \ne j$ und für jedes $0 \le t \le n$, dann wird die Basis **orthogonal** genannt.

Satz 4.76 *(Martingal-Darstellungssatz) Sei $\left(\Omega, (\mathcal{F}_t)_{0 \le t \le n}, P\right)$ ein endlicher filtrierter Wahrscheinlichkeitsraum. Der Aufspaltungsindex der Filtration werde mit ν bezeichnet. Dann gibt es eine orthogonale Basis von $\nu - 1$ Martingalen $W^1, \ldots, W^{\nu-1}$, sodass sich jedes Martingal X darstellen lässt als*

$$X_t = X_0 + \sum_{i=1}^{\nu-1} \int_0^t \alpha^i \, \mathrm{d}W^i \qquad (t \ge 0), \tag{4.43}$$

wobei $\alpha^1, \ldots, \alpha^{\nu-1}$ vorhersehbare Prozesse sind.

Beweis Für $1 \le t \le n$ sei $A_{t-1} \in \mathcal{Z}(\mathcal{F}_{t-1})$ ein beliebiger Knoten, der zum nachfolgenden Zeitpunkt t in die Knoten $A_{t1}, \ldots, A_{tk} \in \mathcal{Z}(\mathcal{F}_t)$ zerfällt. Dann gilt $k \le \nu$ nach Definition des Aufspaltungsindex ν. Sei X ein Martingal, dann gilt

$$0 = \mathbf{E}_{t-1}[\Delta X_t](A_{t-1}) = \frac{1}{P(A_{t-1})} \sum_{j=1}^{k} \Delta X_t\left(A_{tj}\right) P\left(A_{tj}\right)$$

oder

$$p \cdot \Delta X = 0,$$

wobei $p \in \mathbb{R}^k$ mit $p_j = \frac{P(A_{tj})}{P(A_{t-1})}$ sowie $\Delta X_j = X_t\left(A_{tj}\right) - X_{t-1}(A_{t-1})$ für $j = 1, \ldots, k$ vereinbart wurde.

Sei weiter $v^1, \ldots, v^{k-1} \in \mathbb{R}^k$ eine Basis von $p^\perp$ und sei $\langle \cdot, \cdot \rangle$ das durch

$$\left\langle v^i, v^j \right\rangle = \sum_{l=1}^{k} p_l v_l^i v_l^j$$

definierte Skalarprodukt. $v^1, \ldots, v^{k-1}$ werde bezüglich dieses Skalarprodukts mit Hilfe des Gram-Schmidt-Verfahrens zu einer Basis $w^1, \ldots, w^{k-1} \in \mathbb{R}^k$ orthonormalisiert. Dann gilt $w^1, \ldots, w^{k-1} \in p^\perp \subset \mathbb{R}^k$ und

$$\Delta X = \alpha^1 w^1 + \cdots + \alpha^{k-1} w^{k-1}$$

für gewisse $\alpha^1, \ldots, \alpha^{k-1} \in \mathbb{R}$. Für $i = 1, \ldots, k-1$ und $j = 1, \ldots, k$ wird nun definiert

$$\Delta W_t^i \left(A_{tj}\right) = w_j^i$$
$$\alpha_t^i \left(A_{t-1}\right) = \alpha^i .$$

Weiter wird $\Delta W_t^i \left(A_{tj}\right) = 0$ und $\alpha_t^i \left(A_{t-1}\right) = 0$ für $i = k, \ldots, \nu - 1$ und $j = 1, \ldots, k$ gesetzt.

Diese Konstruktion lässt sich für jedes Ein-Perioden-Teilmodell der Filtration durchführen. Die Gesamtheit der $\alpha_t^i \left(A_{t-1}\right)$ bildet zusammen mit $\alpha_0^i = 0$ für jedes i einen vorhersehbaren Prozess. Weiter definiert der Prozess W^i, gegeben durch

$$W_t^i \left(A_t\right) = \sum_{s=1}^{t} \Delta W_s^i \left(A_t\right) \quad \left(A_t \in \mathcal{Z}\left(\mathcal{F}_t\right)\right),$$

für jedes i ein Martingal mit $W_0^i = 0$. Nach Konstruktion sind die W^i paarweise orthogonal und es gilt (4.43). □

Korollar 4.77 *Es seien die Voraussetzungen des Martingal-Darstellungssatzes 4.76 erfüllt. Besitzt das Martingal X zusätzlich die Eigenschaft $X_t(\omega) \neq 0$ für jedes $t \geq 0$ und für alle $\omega \in \Omega$, dann existiert ein vorhersehbarer $\mathbb{R}^{\nu-1}$-wertiger Prozess $\beta = \left(\beta_t^1, \ldots, \beta_t^{\nu-1}\right)_{0 \leq t \leq n}$, sodass für alle $t \geq 0$ gilt*

$$X_t = X_0 \mathcal{E}_t \left(\sum_{i=1}^{\nu-1} \beta^i \bullet W^i \right) \quad (t \geq 0). \tag{4.44}$$

Beweis Aus (4.43) folgt zusammen mit der Voraussetzung $X_t(\omega) \neq 0$ für $t > 0$

$$\begin{aligned} X_t &= X_{t-1} + \sum_{i=1}^{\nu-1} \alpha_t^i \Delta W_t^i \\ &= X_{t-1} \left(1 + \sum_{i=1}^{\nu-1} \frac{\alpha_t^i}{X_{t-1}} \Delta W_t^i \right) \\ &= X_{t-1} \left(1 + \sum_{i=1}^{\nu-1} \beta_t^i \Delta W_t^i \right), \end{aligned} \tag{4.45}$$

wobei

$$\beta_t^i = \left(\frac{\alpha^i}{X_-} \right)_t$$

definiert wurde. Aus (4.45) folgt die Darstellung (4.44). □

4.13 Der Satz von Girsanov

In diesem Abschnitt werden zwei **äquivalente Wahrscheinlichkeitsmaße** P und Q auf $\mathcal{P}(\Omega)$ vorausgesetzt. Dies bedeutet im Kontext endlicher Wahrscheinlichkeitsräume, dass für alle $\omega \in \Omega$ gilt

$$P(\omega) > 0 \text{ und } Q(\omega) > 0.$$

Dabei interpretieren wir P und Q als Funktionen auf Ω, identifizieren also $P(\{\omega\})$ mit $P(\omega)$ bzw. $Q(\{\omega\})$ mit $Q(\omega)$. Die bedingte Erwartung bezüglich P wird mit $\mathbf{E}_t^P[\cdot]$ bezeichnet, die bedingte Erwartung bezüglich Q mit $\mathbf{E}_t^Q[\cdot]$. Ist X ein Martingal bezüglich P bzw. Q, dann wird X P-Martingal bzw. Q-Martingal genannt.

Definition 4.78 Der **Wahrscheinlichkeitsquotientenprozess** $\mathcal{L}$ ist definiert als das von Q/P erzeugte P-Martingal,

$$\mathcal{L}_t = \mathbf{E}_t^P \left[\frac{Q}{P} \right] \quad (t \geq 0). \tag{4.46}$$

Aus der Definition folgt, dass $\mathcal{L}$ positiv ist, sowie

$$\mathcal{L}_n = \mathbf{E}_n^P \left[\frac{Q}{P} \right] = \frac{Q}{P}$$

und

$$\mathcal{L}_0 = \mathbf{E}^P \left[\frac{Q}{P} \right] = \sum_{\omega \in \Omega} \frac{Q(\omega)}{P(\omega)} P(\omega) = \sum_{\omega \in \Omega} Q(\omega) = 1.$$

Dies sind Spezialfälle des allgemeineren Resultats:

Lemma 4.79 *Für* $0 \leq t \leq n$ *sei* $A_t \in \mathcal{Z}(\mathcal{F}_t)$ *beliebig gewählt. Dann gilt*

$$\mathcal{L}_t(A_t) = \frac{Q(A_t)}{P(A_t)}. \tag{4.47}$$

Beweis Mit (4.46) und Satz 4.19 folgt die behauptete Darstellung aus

$$\mathcal{L}_t(A_t) = \mathbf{E}_t^P[\mathcal{L}_n](A_t) = \frac{1}{P(A_t)} \sum_{\omega \in A_t} \frac{Q(\omega)}{P(\omega)} P(\omega) = \frac{Q(A_t)}{P(A_t)}.$$

□

Satz 4.80 *Für jeden adaptierten Prozess* X *und für alle* $0 \leq s \leq t \leq n$ *gilt*

$$\mathbf{E}_s^Q[X_t] = \frac{\mathbf{E}_s^P[\mathcal{L}_t X_t]}{\mathcal{L}_s}. \tag{4.48}$$

Beweis Sei $A_s \in \mathcal{Z}(\mathcal{F}_s)$ beliebig. Dann gilt mit (4.47)

$$\begin{aligned}
\mathbf{E}_s^P[\mathcal{L}_t X_t](A_s) &= \frac{1}{P(A_s)} \sum_{\substack{A_t \in \mathcal{Z}(\mathcal{F}_t) \\ A_t \subset A_s}} \mathcal{L}_t(A_t) X_t(A_t) P(A_t) \\
&= \frac{Q(A_s)}{P(A_s)} \left(\frac{1}{Q(A_s)} \sum_{\substack{A_t \in \mathcal{Z}(\mathcal{F}_t) \\ A_t \subset A_s}} X_t(A_t) Q(A_t) \right) \\
&= \mathcal{L}_s(A_s) \mathbf{E}_s^Q[X_t](A_s).
\end{aligned}$$

Da $A_s \in \mathcal{Z}(\mathcal{F}_s)$ beliebig war, ist (4.48) bewiesen. □

Korollar 4.81 *Ein adaptierter Prozess* X *ist genau dann ein* Q*-Martingal, wenn der Prozess* $\mathcal{L}X$ *ein* P*-Martingal ist.*

Beweis Für $s \leq t$ schreiben wir (4.48) als

$$\mathbf{E}_s^P[\mathcal{L}_t X_t] = \mathcal{L}_s \mathbf{E}_s^Q[X_t].$$

Ist X ein Q-Martingal, dann gilt

$$X_s = \mathbf{E}_s^Q[X_t],$$

und $\mathcal{L}X$ ist somit ein P-Martingal. Ist umgekehrt $\mathcal{L}X$ ein P-Martingal, dann gilt

$$\mathcal{L}_s \mathbf{E}_s^Q[X_t] = \mathbf{E}_s^P[\mathcal{L}_t X_t] = \mathcal{L}_s X_s,$$

und daraus folgt $X_s = \mathbf{E}_s^Q[X_t]$. Also ist X ein Q-Martingal. □

Im Folgenden wird mit dem Index P in $\langle\cdot,\cdot\rangle^P$ angezeigt, dass die bedingte Erwartung beim vorhersehbaren Kovariationsprozess mit dem Wahrscheinlichkeitsmaß P gebildet wird.

Lemma 4.82 *Sei X ein adaptierter Prozess. Dann gilt für $t > 0$*

$$\begin{aligned}\Delta\langle X,\mathcal{L}\rangle_t^P &= \mathcal{L}_{t-1}\left(\mathbf{E}_{t-1}^Q[\Delta X_t] - \mathbf{E}_{t-1}^P[\Delta X_t]\right) \\ &= \mathcal{L}_{t-1}\left(\mathbf{E}_{t-1}^Q[X_t] - \mathbf{E}_{t-1}^P[X_t]\right)\end{aligned} \tag{4.49}$$

und

$$\begin{aligned}\int_0^t \frac{\mathrm{d}\langle X,\mathcal{L}\rangle^P}{\mathcal{L}_-} &= \sum_{s=1}^t \left(\mathbf{E}_{s-1}^Q[\Delta X_s] - \mathbf{E}_{s-1}^P[\Delta X_s]\right) \\ &= \sum_{s=1}^t \left(\mathbf{E}_{s-1}^Q[X_s] - \mathbf{E}_{s-1}^P[X_s]\right).\end{aligned} \tag{4.50}$$

Ist X insbesondere ein P-Martingal, dann spezialisieren sich (4.49) und (4.50) zu

$$\Delta\langle X,\mathcal{L}\rangle_t^P = \mathcal{L}_{t-1}\mathbf{E}_{t-1}^Q[\Delta X_t] \tag{4.51}$$

und

$$\begin{aligned}\int_0^t \frac{\mathrm{d}\langle X,\mathcal{L}\rangle^P}{\mathcal{L}_-} &= \sum_{s=1}^t \mathbf{E}_{s-1}^Q[\Delta X_s] \\ &= \sum_{s=1}^t \left(\mathbf{E}_{s-1}^Q[X_s] - X_{s-1}\right).\end{aligned}$$

Beweis Mit (4.27) gilt für $t > 0$

$$\begin{aligned}\Delta\langle X,\mathcal{L}\rangle_t^P &= \mathbf{E}_{t-1}^P\left[\Delta X_t(\mathcal{L}_t - \mathcal{L}_{t-1})\right] \\ &= \mathbf{E}_{t-1}^P[\Delta X_t\mathcal{L}_t] - \mathcal{L}_{t-1}\mathbf{E}_{t-1}^P[\Delta X_t].\end{aligned}$$

Daraus folgen die beiden Identitäten in (4.49) mit Satz 4.80. (4.50) folgt aus (4.49) nach Division durch $\mathcal{L}_{t-1}$ und anschließender Summation. □

Satz 4.83 *Sei X ein P-Martingal. Dann sind die Prozesse*

$$\left(X - \frac{1}{\mathcal{L}}\bullet[X,\mathcal{L}]\right)_t = X_t - \int_0^t \frac{\mathrm{d}[X,\mathcal{L}]}{\mathcal{L}} \tag{4.52}$$

und

$$\left(X - \frac{1}{\mathcal{L}_-} \bullet \langle X, \mathcal{L}\rangle^P\right)_t = X_t - \int_0^t \frac{\mathrm{d}\,\langle X, \mathcal{L}\rangle^P}{\mathcal{L}_-} \tag{4.53}$$

Q-Martingale.

Beweis Wir betrachten zunächst den Prozess $X_t - \int_0^t \frac{\mathrm{d}[X,\mathcal{L}]_s}{\mathcal{L}_s}$. Mit (4.31) und (4.30) gilt

$$\Delta\left(X_t - \int_0^t \frac{\mathrm{d}\,[X,\mathcal{L}]}{\mathcal{L}}\right) = \Delta X_t - \frac{\Delta\,[X,\mathcal{L}]_t}{\mathcal{L}_t} = \Delta X_t - \frac{\Delta X_t \Delta \mathcal{L}_t}{\mathcal{L}_t}.$$

Mit (4.48) folgt

$$\begin{aligned}
\mathbf{E}^Q_{t-1}\left[\Delta\left(X_t - \int_0^t \frac{\mathrm{d}\,[X,\mathcal{L}]}{\mathcal{L}}\right)\right] &= \mathbf{E}^Q_{t-1}\,[\Delta X_t] - \mathbf{E}^Q_{t-1}\left[\frac{\Delta X_t\,(\mathcal{L}_t - \mathcal{L}_{t-1})}{\mathcal{L}_t}\right] \\
&= \mathcal{L}_{t-1}\mathbf{E}^Q_{t-1}\left[\frac{\Delta X_t}{\mathcal{L}_t}\right] \\
&= \mathbf{E}^P_{t-1}\left[\mathcal{L}_t\left(\frac{\Delta X_t}{\mathcal{L}_t}\right)\right] \\
&= 0,
\end{aligned}$$

denn X ist nach Voraussetzung ein P-Martingal. Damit ist (4.52) nachgewiesen.

Zum Nachweis, dass (4.53) ein Q-Martingal definiert, berechnen wir mit (4.51) für $t > 0$

$$\begin{aligned}
\mathbf{E}^Q_{t-1}\left[\Delta\left(X_t - \int_0^t \frac{\mathrm{d}\,\langle X,\mathcal{L}\rangle^P}{\mathcal{L}_-}\right)\right] &= \mathbf{E}^Q_{t-1}\,[\Delta X_t] - \mathbf{E}^Q_{t-1}\left[\frac{\Delta\,\langle X,\mathcal{L}\rangle^P_t}{\mathcal{L}_{t-1}}\right] \\
&= 0.
\end{aligned}$$

Daraus folgt die zweite Behauptung. □

Korollar 4.84 *Sei Q ein zu P äquivalentes Wahrscheinlichkeitsmaß, und sei X ein P-Martingal. Dann ist die Doob-Zerlegung*

$$X = M + A, \quad A_0 = 0,$$

von X bezüglich Q gegeben durch

$$\begin{aligned}
A &= \int_0^t \frac{\mathrm{d}\,\langle X,\mathcal{L}\rangle^P}{\mathcal{L}_-} \\
M &= X_t - \int_0^t \frac{\mathrm{d}\,\langle X,\mathcal{L}\rangle^P}{\mathcal{L}_-}.
\end{aligned}$$

Beweis Nach Satz 4.83 ist $X_t - \int_0^t \frac{\mathrm{d}\langle X, \mathcal{L}\rangle^P}{\mathcal{L}_-}$ ein Q-Martingal und nach Definition ist der Prozess $\int_0^t \frac{\mathrm{d}\langle X, \mathcal{L}\rangle^P}{\mathcal{L}_-}$ vorhersehbar mit Anfangswert null. Die Behauptung folgt damit aus der Eindeutigkeit der Doob-Zerlegung, Satz 4.44. □

Definition 4.85 Sei θ ein adaptierter Prozess. Dann wird definiert

$$\int_0^t \theta \, \mathrm{d}s = \theta_1 + \cdots + \theta_t.$$

Satz 4.86 ***(Satz von Girsanov)*** *Sei P ein Wahrscheinlichkeitsmaß mit $P(\omega) > 0$ für alle $\omega \in \Omega$ und sei X ein P-Martingal. Sei weiter θ ein vorhersehbarer Prozess. Angenommen, es gilt*

$$\sigma_t^2 = \mathbf{E}_{t-1}^P \left[(\Delta X_t)^2 \right] > 0 \tag{4.54}$$

und

$$\frac{\theta_t}{\sigma_t^2} \Delta X_t < 1 \tag{4.55}$$

für alle $t > 0$. Dann existiert ein zu P äquivalentes Wahrscheinlichkeitsmaß Q, gegeben durch

$$Q(\omega) = P(\omega) \prod_{t=1}^{n} \left(1 - \frac{\theta_t}{\sigma_t^2} \Delta X_t \right)(\omega), \tag{4.56}$$

sodass der Prozess

$$Y_t = X_t + \int_0^t \theta \, \mathrm{d}s \tag{4.57}$$

ein Q-Martingal ist. Weiter besitzt der Wahrscheinlichkeitsquotientenprozess, also das von Q/P erzeugte P-Martingal $\mathcal{L}$, die Darstellung

$$\mathcal{L} = \mathcal{E}\left(-\frac{\theta}{\sigma^2} \bullet X \right).$$

Beweis Sei Q zunächst ein beliebiges Wahrscheinlichkeitsmaß mit $Q(\omega) > 0$ für alle $\omega \in \Omega$. Y ist genau dann ein Q-Martingal, wenn für alle $t > 0$ gilt

$$0 = \mathbf{E}_{t-1}^Q [\Delta Y_t] = \theta_t + \mathbf{E}_{t-1}^Q [\Delta X_t]. \tag{4.58}$$

Der durch

$$V_t = X_t - \int_0^t \frac{\mathrm{d}\langle X, \mathcal{L}\rangle^P}{\mathcal{L}_-}$$

definierte Prozess ist nach Satz 4.83 ein Q-Martingal. Wird (4.58) mithilfe von V formuliert, dann folgt

$$
\begin{aligned}
-\theta_t &= \mathbf{E}^Q_{t-1}\left[\Delta X_t\right] \\
&= \mathbf{E}^Q_{t-1}\left[\Delta V_t\right] + \mathbf{E}^Q_{t-1}\left[\frac{1}{\mathcal{L}_{t-1}}\Delta \langle X, \mathcal{L}\rangle^P_t\right] \\
&= \frac{1}{\mathcal{L}_{t-1}}\mathbf{E}^Q_{t-1}\left[\mathbf{E}^P_{t-1}\left[\Delta X_t \Delta \mathcal{L}_t\right]\right] \\
&= \frac{1}{\mathcal{L}_{t-1}}\mathbf{E}^P_{t-1}\left[\Delta X_t \Delta \mathcal{L}_t\right],
\end{aligned} \tag{4.59}
$$

denn $\mathbf{E}^P_{t-1}\left[\Delta X_t \Delta \mathcal{L}_t\right]$ ist $\mathcal{F}_{t-1}$-messbar. Nach dem Martingal-Darstellungssatz hat das P-Martingal $\mathcal{L}$ eine Darstellung als stochastisches Exponential, d. h., für $t > 0$ gilt

$$
\mathcal{L}_t = \mathcal{L}_{t-1}\left(1 + \beta_t \Delta X_t\right),
$$

wobei β vorhersehbar ist. Dies lässt sich umschreiben zu

$$
\Delta \mathcal{L}_t = \mathcal{L}_{t-1}\beta_t \Delta X_t. \tag{4.60}
$$

Wird (4.60) in (4.59) eingesetzt, dann ergibt sich die Bedingung

$$
-\theta_t = \beta_t \sigma_t^2, \tag{4.61}
$$

wobei $\sigma_t^2 = \mathbf{E}^P_{t-1}\left[(\Delta X_t)^2\right]$ definiert wurde. Das bedeutet

$$
\beta_t = -\frac{\theta_t}{\sigma_t^2},
$$

sodass

$$
\mathcal{L}_t = \mathcal{L}_{t-1}\left(1 - \frac{\theta_t}{\sigma_t^2}\Delta X_t\right) = \prod_{s=1}^{t}\left(1 - \frac{\theta_s}{\sigma_s^2}\Delta X_s\right). \tag{4.62}
$$

Für $t = n$ folgt die Darstellung (4.56),

$$
Q(\omega) = \mathcal{L}_n(\omega)\, P(\omega) = P(\omega)\prod_{t=1}^{n}\left(1 - \frac{\theta_t}{\sigma_t^2}\Delta X_t\right)(\omega).
$$

Nun wird verifiziert, dass die auf diese Weise definierte Funktion Q tatsächlich ein zu P äquivalentes Wahrscheinlichkeitsmaß ist. Nach Voraussetzung (4.55) gilt $Q(\omega) > 0$ für alle $\omega \in \Omega$ sowie

$$
\begin{aligned}
\sum_{\omega\in\Omega} Q(\omega) &= \sum_{\omega\in\Omega} \mathcal{L}_n(\omega)\, P(\omega) \\
&= \mathbf{E}^P\left[\mathcal{L}_n\right].
\end{aligned}
$$

Nach (4.62) gilt

$$\mathcal{L}_t = \mathcal{E}_t\left(-\frac{\theta}{\sigma^2} \bullet X\right)$$

mit $\mathcal{L}_0(\omega) = \frac{Q(\Omega)}{P(\Omega)} = 1$ für alle $\omega \in \Omega$, und nach Satz 4.68 ist $\mathcal{L}$ ein P-Martingal. Daraus folgt mit Eigenschaft 1. aus Satz 4.23

$$\begin{aligned}\mathbf{E}^P[\mathcal{L}_n] &= \mathbf{E}^P\left[\mathbf{E}_0^P[\mathcal{L}_n]\right]\\ &= \mathbf{E}^P[\mathcal{L}_0]\\ &= 1,\end{aligned}$$

also ist Q ein zu P äquivalentes Wahrscheinlichkeitsmaß.

Schließlich wird nachgewiesen, dass Y ein Q-Martingal ist. Mit Satz 4.80, (4.54), (4.61) und (4.62) gilt für $t > 0$

$$\begin{aligned}\mathbf{E}_{t-1}^Q[\Delta X_t] &= \mathbf{E}_{t-1}^Q[X_t] - X_{t-1}\\ &= \frac{\mathbf{E}_{t-1}^P[\mathcal{L}_t X_t]}{\mathcal{L}_{t-1}} - X_{t-1}\\ &= \frac{\mathbf{E}_{t-1}^P\left[\mathcal{L}_{t-1}(1+\beta_t\Delta X_t)X_t\right]}{\mathcal{L}_{t-1}} - X_{t-1}\\ &= \beta_t\mathbf{E}_{t-1}^P[\Delta X_t X_t]\\ &= \beta_t\mathbf{E}_{t-1}^P\left[X_t^2\right] - \beta_t X_{t-1}^2\\ &= \beta_t\mathbf{E}_{t-1}^P\left[\Delta X_t^2\right]\\ &= -\theta_t.\end{aligned}$$

Daraus folgt für alle $t > 0$

$$\mathbf{E}_{t-1}^Q[\Delta Y_t] = \mathbf{E}_{t-1}^Q[\Delta X_t] + \mathbf{E}_{t-1}^Q[\theta_t] = \mathbf{E}_{t-1}^Q[\Delta X_t] + \theta_t = 0,$$

also ist Y ein Q-Martingal. □

Der Satz von Girsanov besagt, dass zu einem Prozess Y, der sich additiv aus einem P-Martingal X und aus einer vorhersehbaren „Drift" gemäß (4.57) zusammensetzt,

$$Y_t = X_t + \int_0^t \theta\,\mathrm{d}s,$$

unter recht milden Voraussetzungen ein Wahrscheinlichkeitsmaß Q so konstruiert werden kann, dass Y bezüglich Q ein Martingal ist. Während für alle $t > 0$

$$\mathbf{E}_{t-1}^P[\Delta Y_t] = \mathbf{E}_{t-1}^P[\Delta X_t] + \mathbf{E}_{t-1}^P[\theta_t] = \theta_t$$

gilt, so gilt bei Verwendung des Maßes Q

$$\mathbf{E}_{t-1}^{Q}\left[\Delta Y_t\right] = 0.$$

Die durch $\int_0^t \theta \, dt$ gegebene Drift kann also durch einen Maßwechsel von P zu Q „wegtransformiert“ werden.

4.14 Stoppzeiten

Es sei das in Abb. 4.1 dargestellte Zwei-Perioden-Modell mit dem dort abgebildeten Kursprozess S gegeben. Wir betrachten das Ereignis $\mathcal{E}$, dass dieser Prozess zum ersten Mal den Wert 120 erreicht oder überschreitet oder aber den Wert 70 unterschreitet und fragen, ob und zu welchem Zeitpunkt dieses Ereignis eintritt. Jeder der vier Endzustände $\omega_1, \ldots, \omega_4$ bestimmt eindeutig einen Pfad durch den Informationsbaum. Eine Abbildung $\tau : \Omega \to \{0, 1, 2, \infty\}$ wird so definiert, dass $\tau(\omega)$ jedem durch ω bestimmten Pfad den Zeitpunkt zuordnet, an dem $\mathcal{E}$ eintritt. Sollte das Ereignis längs des Pfades ω nicht eintreten, dann wird $\tau(\omega) = \infty$ gesetzt. Abb. 4.1 ist zu entnehmen, dass gilt:

$$\begin{aligned} \tau(\omega_1) &= 1 \\ \tau(\omega_2) &= 1 \\ \tau(\omega_3) &= \infty \\ \tau(\omega_4) &= 2. \end{aligned} \tag{4.63}$$

Dies lässt sich mit $\{\tau = t\} = \{\omega \in \Omega \,|\, \tau(\omega) = t\}$ auch schreiben als

$$\begin{aligned} \{\tau = 0\} &= \emptyset && \in \mathcal{F}_0 \\ \{\tau = 1\} &= \{\omega_1, \omega_2\} && \in \mathcal{F}_1 \\ \{\tau = 2\} &= \{\omega_4\} && \in \mathcal{F}_2 \\ \{\tau = \infty\} &= \{\omega_3\} && \in \mathcal{F}_2, \end{aligned}$$

wobei zusätzlich notiert wurde, dass $\{\tau = t\} \in \mathcal{F}_t$ für alle $t < \infty$ und $\{\tau = \infty\} \in \mathcal{F}_2$ gilt. Dies charakterisiert eine Stoppzeit:

Definition 4.87 Sei $\mathcal{F} = \{\mathcal{F}_t \,|\, 0 \leq t \leq n\}$ eine Filtration. Eine Abbildung $\tau : \Omega \to \{0, \ldots, n\} \cup \{\infty\}$ heißt **Stoppzeit** bezüglich $\mathcal{F}$, wenn gilt

$$\{\tau = t\} \in \mathcal{F}_t \text{ für alle } t = 0, \ldots, n, \infty.$$

Dabei sei $\mathcal{F}_\infty = \mathcal{F}_n$.

Die Bedingung $\{\tau = t\} \in \mathcal{F}_t$ besagt, dass zu jedem Zeitpunkt entschieden werden kann, ob das Ereignis stattgefunden hat oder nicht, denn die Elemente von $\mathcal{F}_t$ bilden gerade die zum Zeitpunkt t beobachtbaren Ereignisse.

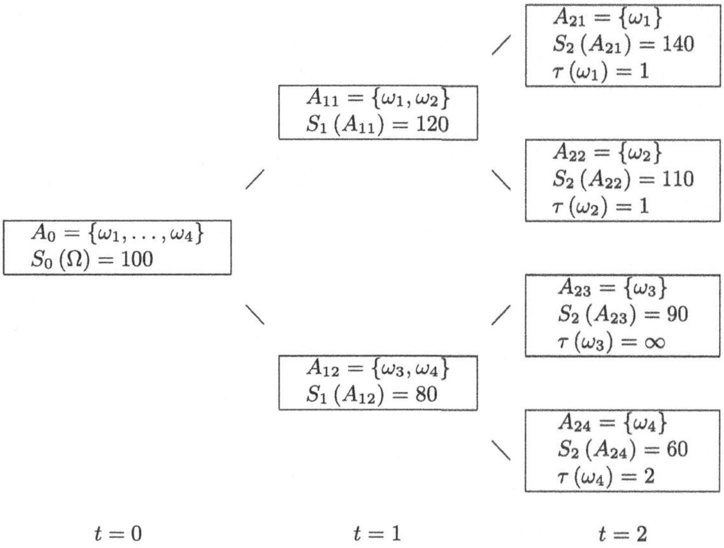

Abb. 4.1 Stoppzeit

Wegen $\mathcal{F}_s \subset \mathcal{F}_t$ für $s \leq t$ folgt, dass auch $\{\tau \leq t\} = \{\tau = 0\} \cup \cdots \cup \{\tau = t\} \in \mathcal{F}_t$ gilt. Gilt umgekehrt $\{\tau \leq t\} \in \mathcal{F}_t$, dann folgt $\{\tau = t\} = \{\tau \leq t\} \backslash \{\tau \leq t - 1\} \in \mathcal{F}_t$. Eine Stoppzeit kann also alternativ auch durch die Eigenschaft

$$\{\tau \leq t\} \in \mathcal{F}_t \quad (t \in \{0, \ldots, n, \infty\})$$

definiert werden.

Lemma 4.88 *Es gilt die Darstellung*

$$\tau = \sum_{t=0}^{n} t \cdot 1_{\{\tau = t\}} + \infty \cdot 1_{\Omega \backslash \{\tau \leq n\}}.$$

Beweis Das ist klar, denn der Bildbereich von τ lautet $\{0, \ldots, n, \infty\}$ und die Mengen $\{\tau = t\}$, $t = 0, \ldots, n, \infty$, sind paarweise disjunkt. □

Definition 4.89 Sei X ein stochastischer Prozess und sei τ eine Stoppzeit. Dann heißt $X_{t \wedge \tau}$, definiert durch

$$X_{t \wedge \tau}(\omega) = \begin{cases} X_t(\omega) & \text{falls } t \leq \tau(\omega) \\ X_{\tau(\omega)}(\omega) & \text{falls } t > \tau(\omega), \end{cases}$$

der mit τ **gestoppte Prozess.**

Offenbar gilt

$$X_{t\wedge\tau} = \sum_{i=0}^{t-1} X_i \cdot 1_{\{\tau=i\}} + X_t \cdot 1_{\{\tau\geq t\}}. \tag{4.64}$$

Beispiel 4.90 Der mit der in (4.63) definierten Stoppzeit τ gestoppte Prozess S aus Abb. 4.1 besitzt die Werte

$$\begin{aligned}
S_{0\wedge\tau(\Omega)}(\Omega) &= S_0(\Omega) = 100,\\
S_{1\wedge\tau(A_{11})}(A_{11}) &= S_1(A_{11}) = 120,\\
S_{1\wedge\tau(A_{12})}(A_{12}) &= S_1(A_{12}) = 80,\\
S_{2\wedge\tau(\omega_1)}(\omega_1) &= S_1(\omega_1) = 120 \neq 140 = S_2(\omega_1),\\
S_{2\wedge\tau(\omega_2)}(\omega_2) &= S_1(\omega_2) = 120 \neq 110 = S_2(\omega_2),\\
S_{2\wedge\tau(\omega_3)}(\omega_3) &= S_2(\omega_3) = 90,\\
S_{2\wedge\tau(\omega_4)}(\omega_4) &= S_2(\omega_4) = 60.
\end{aligned}$$

△

Eine alternative Darstellung eines gestoppten Prozesses lautet

$$X_{t\wedge\tau} = X_0 + \sum_{i=0}^{t} \mathbf{1}_{\{i\leq\tau\}} \cdot \Delta X_i, \tag{4.65}$$

denn für beliebiges $\omega \in \Omega$ und $\tau(\omega) = k$ gilt

$$X_{t\wedge\tau}(\omega) = X_{t\wedge k}(\omega) = \begin{cases} X_t(\omega) & \text{falls } 0 \leq t \leq k \\ X_k(\omega) & \text{falls } k < t \leq n. \end{cases}$$

und

$$\begin{aligned}
X_0 + \sum_{i=0}^{t} \mathbf{1}_{\{i\leq\tau\}}(\omega)\,\Delta X_i(\omega) &= X_0 + \sum_{i=0}^{t} \mathbf{1}_{\{i\leq k\}}\Delta X_i(\omega)\\
&= \begin{cases} X_0 + \sum_{i=0}^{t} \Delta X_i(\omega) = X_t(\omega) & \text{falls } 0 \leq t \leq k \\ X_0 + \sum_{i=0}^{k} \Delta X_i(\omega) = X_k(\omega) & \text{falls } k < t \leq n. \end{cases}
\end{aligned}$$

Wegen $\{i \leq \tau\} = \{\tau \leq i-1\}^c \in \mathcal{F}_{i-1}$ ist die Abbildung $\mathbf{1}_{\{i\leq\tau\}}$ $\mathcal{F}_{i-1}$-messbar. Damit ist der durch

$$Y_t = \mathbf{1}_{\{t\leq\tau\}}$$

definierte Prozess Y vorhersehbar und $X_{t\wedge\tau}$ lässt sich als diskretes stochastisches Integral schreiben,

$$X_{t\wedge\tau} = X_0 + \int_0^t Y\,\mathrm{d}X. \tag{4.66}$$

Satz 4.91 ***(Stoppsatz)*** *Sei X ein Martingal und τ eine Stoppzeit. Dann ist auch der gestoppte Prozess $X_{t\wedge\tau}$ ein Martingal. Ist X ein Super- oder Submartingal, dann ist auch der gestoppte Prozess $X_{t\wedge\tau}$ ein Super- oder Submartingal.*

Beweis Die Behauptung folgt aus der Darstellung (4.66) und aus der Vorhersehbarkeit des Prozesses $Y_t = \mathbf{1}_{\{t\leq\tau\}}$ mit Satz 4.60. □

Definition 4.92 Ist τ eine endliche Stoppzeit, gilt also $\tau(\omega) < \infty$ für alle $\omega \in \Omega$, dann wird

$$X_\tau(\omega) = X_{\tau(\omega)}(\omega)$$

definiert.

Ist τ eine endliche Stoppzeit, dann gilt offenbar

$$X_{t\wedge\tau} = X_\tau \cdot 1_{\{\tau<t\}} + X_t \cdot 1_{\{\tau\geq t\}}.$$

Lemma 4.93 *Ein stochastischer Prozess X ist genau dann ein Martingal, wenn für jede endliche Stoppzeit $\tau \leq n$ gilt*

$$\mathbf{E}[X_\tau] = X_0.$$

Beweis Wegen $\tau \leq n$ gilt $\tau = n \wedge \tau$. Ist X ein Martingal, dann folgt aus dem Stoppsatz, dass auch $X_{t\wedge\tau}$ ein Martingal ist. Dann gilt aber

$$\begin{aligned}\mathbf{E}[X_\tau] &= \mathbf{E}[X_{n\wedge\tau}]\\ &= \mathbf{E}[X_0]\\ &= X_0.\end{aligned}$$

Sei umgekehrt angenommen, dass $\mathbf{E}[X_\tau] = X_0$ für jede endliche Stoppzeit τ gilt, und sei $A \in \mathcal{Z}(\mathcal{F}_t)$ beliebig. Definiere nun $\tau = t \cdot 1_{\Omega\setminus A} + (t+1)\cdot 1_A$. Dann ist τ eine endliche Stoppzeit mit der Eigenschaft

$$X_\tau(\omega) = \begin{cases} X_{t+1}(\omega) & \text{falls } \omega \in A\\ X_t(\omega) & \text{falls } \omega \notin A,\end{cases}$$

also

$$X_\tau = X_{t+1}\cdot 1_A + X_t \cdot 1_{\Omega\setminus A}.$$

Daher folgt

$$\begin{aligned} X_0 &= \mathbf{E}[X_\tau] \\ &= \mathbf{E}[X_{t+1} \cdot 1_A] + \mathbf{E}[X_t \cdot 1_{\Omega \setminus A}]. \end{aligned}$$

Andererseits ist auch $\tau' = t \cdot 1_\Omega = t \cdot 1_A + t \cdot 1_{\Omega \setminus A}$ eine Stoppzeit mit

$$X_{\tau'} = X_t = X_t \cdot 1_A + X_t \cdot 1_{\Omega \setminus A},$$

also

$$\begin{aligned} X_0 &= \mathbf{E}[X_{\tau'}] \\ &= \mathbf{E}[X_t \cdot 1_A] + \mathbf{E}[X_t \cdot 1_{\Omega \setminus A}]. \end{aligned}$$

Der Vergleich liefert

$$\mathbf{E}[X_{t+1} \cdot 1_A] = \mathbf{E}[X_t \cdot 1_A] \quad (A \in \mathcal{Z}(\mathcal{F}_t)),$$

woraus die Martingaleigenschaft folgt. □

4.15 Das Wichtigste im Überblick

Ein adaptierter stochastischer Prozess $(X_t)_{0 \le t \le n}$ ist ein Martingal, wenn die bedingte Erwartung $\mathbf{E}_{t-1}[X_t]$ von X_t gegeben $\mathcal{F}_{t-1}$ mit X_{t-1} übereinstimmt für alle $t > 0$. Nach dem Satz von Doob, Satz 4.44, lässt sich jeder adaptierte Prozess X fast sicher eindeutig bestimmt als Summe eines Martingals M und eines vorhersehbaren Prozesses A mit Anfangswert 0 darstellen,

$$X = M + A.$$

In diesem Fall lässt sich X nach Korollar 4.46 auch schreiben als

$$X = \mu + \Delta M,$$

wobei $\Delta M_0 = M_0 = X_0$ und $\Delta M_t = M_t - M_{t-1}$ für $t > 0$ sowie

$$\mu_t = \begin{cases} 0 & \text{für } t = 0 \\ \mathbf{E}_{t-1}[X_t] & \text{für } t > 0 \end{cases}$$

gilt. Sind X und Y adaptierte stochastische Prozesse, dann ist das stochastische Integral von Y bezüglich X definiert als

$$(Y \bullet X)_t = \int_0^t Y \, \mathrm{d}X = \sum_{s=1}^{t} Y_s \Delta X_s \quad (t \ge 0).$$

Wenn X ein Martingal und Y vorhersehbar ist, dann ist auch $Y \bullet X$ ein Martingal, siehe Abschn. 4.8.

Sei $\left(\Omega, (\mathcal{F}_t)_{0 \le t \le n}, P\right)$ ein filtrierter Wahrscheinlichkeitsraum mit binomialer Filtration $(\mathcal{F}_t)_{0 \le t \le n}$ und mit $P(\omega) > 0$ für alle $\omega \in \Omega$. Seien weiter X und W Martingale. Dann lässt sich unter milden Voraussetzungen das eine Martingal als stochastisches Integral des anderen darstellen,

$$X_t = X_0 + \int_0^t \alpha \, \mathrm{d}W \quad (t \ge 0).$$

Dabei ist α ein eindeutig bestimmter vorhersehbarer Prozess. Dies ist die Aussage des Martingal-Darstellungssatzes, Satz 4.71.

Sei θ ein vorhersehbarer Prozess und sei $\int_0^t \theta \, \mathrm{d}s = \theta_1 + \cdots + \theta_t$. Sei weiter X ein Martingal. Dann existiert unter milden Voraussetzungen ein Wahrscheinlichkeitsmaß Q, sodass der Prozess

$$Y_t = X_t + \int_0^t \theta \, \mathrm{d}s$$

ein Martingal bezüglich Q ist. Dies ist die Aussage des Satzes von Girsanov, Satz 4.86.

4.16 Aufgaben

Aufgabe 4.1 Zeigen Sie: Der Durchschnitt beliebig vieler Algebren in einer Menge Ω, die alle ein gegebenes Mengensystem $\mathcal{C}$ enthalten, ist wieder eine Algebra, die $\mathcal{C}$ enthält.

Aufgabe 4.2 Zeigen Sie: Ist $\mathcal{C}$ selbst eine Algebra, dann gilt $\sigma(\mathcal{C}) = \mathcal{C}$.

Aufgabe 4.3 Seien Ω eine endliche Menge und $X : \Omega \to \mathbb{R}^N$ eine Abbildung. Dann sei $\sigma(X)$ die kleinste Algebra in Ω, bezüglich der X messbar ist. Zeigen Sie, dass gilt

$$\sigma(X) = \sigma(\mathcal{P}),$$

wobei $\mathcal{P} = \left\{X^{-1}(\{X(\omega)\}) \mid \omega \in \Omega\right\}$.

Aufgabe 4.4 Sei (X_t) eine endliche Folge unabhängiger Zufallsvariablen mit $\mathbf{E}[X_t] = 0$ für $t = 0, \ldots, n$. Sei weiter $\mathcal{F}_t = \sigma(X_0, \ldots, X_t)$ für $t = 0, \ldots, n$. Zeigen Sie, dass mit $S_t = \sum_{s=0}^t X_s$ und $\sigma_t^2 = \mathbf{V}(X_t)$ für $t \ge 0$ der Prozess M, gegeben durch

$$M_t = S_t^2 - \sum_{s=1}^t \sigma_s^2 \quad (t \ge 0),$$

ein Martingal bezüglich $(\mathcal{F}_t)$ ist.

Aufgabe 4.5 **(Exponentielle Martingale)** Sei (X_t) eine endliche Folge unabhängiger, identisch verteilter Zufallsvariablen mit $\mathcal{F}_t = \sigma(X_0, \ldots, X_t)$ für $t = 0, \ldots, n$. Für $\lambda \in \mathbb{R}$ sei $m(\lambda) = \mathbf{E}\left[e^{\lambda X_0}\right]$. Zeigen Sie, dass mit $S_t = \sum_{s=0}^{t} X_s$ der Prozess

$$M_t(\lambda) = \frac{1}{m(\lambda)^t} \exp(\lambda S_t) \quad (t \geq 0)$$

ein Martingal bezüglich $(\mathcal{F}_t)$ ist.

Aufgabe 4.6 Weisen Sie folgende Polarisationsformeln nach:

$$[X, Y] = \frac{1}{2}([X + Y, X + Y] - [X, X] - [Y, Y])$$
$$\langle X, Y \rangle = \frac{1}{2}(\langle X + Y, X + Y \rangle - \langle X, X \rangle - \langle Y, Y \rangle).$$

Aufgabe 4.7 Seien X und Y beliebige adaptierte stochastische Prozesse. Weisen Sie nach, dass die Doob-Zerlegung von $[X, Y]$ durch $[X, Y] = M + A$ mit $M = [X, Y] - \langle X, Y \rangle$ und $A = \langle X, Y \rangle$ gegeben ist.

Aufgabe 4.8 Angenommen, X und Y sind Martingale. Wir wissen, dass sowohl $XY - [X, Y]$ also auch $XY - \langle X, Y \rangle$ Martingale sind. Warum liegt hier kein Widerspruch zur Eindeutigkeit der Doob-Zerlegung von XY vor?

Aufgabe 4.9 Sei X ein Submartingal. Zeigen Sie, dass der vorhersehbare Teil A der Doob-Zerlegung von X fast überall monoton wachsend ist, dass also gilt $A_t(\omega) \geq A_{t-1}(\omega)$ für fast alle $\omega \in \Omega$ und für alle $t = 1, \ldots, n$. Entsprechend ist der vorhersehbare Teil eines Supermartingals fast überall monoton fallend.

Aufgabe 4.10 Seien X und Y adaptierte stochastische Prozesse. Zeigen Sie:

$$\mathbf{Cov}_{t-1}(X, Y) = \mathbf{E}_{t-1}[X_t Y_t] - \mathbf{E}_{t-1}[X_t]\,\mathbf{E}_{t-1}[Y_t]$$

und

$$\mathbf{V}_{t-1}(X_t) = \mathbf{E}_{t-1}\left[X_t^2\right] - (\mathbf{E}_{t-1}[X_t])^2.$$

Aufgabe 4.11 Betrachten Sie folgende veränderte Definition eines stochastischen Integrals:

$$(X \circ Y)_t = \sum_{s=1}^{t} \frac{X_{s-1} + X_s}{2} (Y_s - Y_{s-1}).$$

1. Berechnen Sie $(X \circ X)_t$ und zeigen Sie, dass ein zu

$$\int_0^t x\,\mathrm{d}x = \frac{1}{2}t^2$$

analoges Ergebnis erhalten wird.
2. Zeigen Sie weiter, dass mit der veränderten Definition die Martingaleigenschaft dieses stochastischen Integrals verloren geht.

Aufgabe 4.12 Sei $\mathcal{L}$, gegeben durch $\mathcal{L}_t = \mathbf{E}_t^P\left[\frac{Q}{P}\right]$, der Wahrscheinlichkeitsquotientenprozess. Wir wissen, dass $\mathcal{L}$ ein positives P-Martingal ist. Zeigen Sie, dass $1/\mathcal{L}$ ein positives Q-Martingal ist.

Aufgabe 4.13 Zeigen Sie, dass die bedingte Wahrscheinlichkeitsdichte $\mathcal{L}$ als stochastisches Exponential dargestellt werden kann,

$$\mathcal{L} = \mathcal{E}\left(\frac{1}{\mathcal{L}_-} \bullet \mathcal{L}\right).$$

Aufgabe 4.14 Seien X und W P-Martingale. W habe die Eigenschaft

$$\Delta W_t > -1$$

für alle t. Dann definiert

$$Q = P\mathcal{E}_n(W)$$

ein Wahrscheinlichkeitsmaß. Zeigen Sie, dass die Doob-Zerlegung von X bezüglich Q gegeben ist durch

$$X = (X - \langle X, W\rangle) + \langle X, W\rangle.$$

Aufgabe 4.15 Im Rahmen seines Beweises des Martingal-Darstellungssatzes, gibt Michael Dothan in seinem Buch *Prices in Financial Markets* folgendes Konstruktionsverfahren für die Inkremente $\Delta W_t^i(A_{tj})$ der Basismartingale W^i an: Mit $p_j = P(A_{tj})$, $j = 1, \ldots, k$, wird in Abhängigkeit von k jeweils eine $(\nu - 1) \times k$-Matrix $w_j^i = \Delta W_t^i(A_{tj})$ definiert durch

$$k = 1\colon \begin{pmatrix} 0 \\ \vdots \\ 0 \end{pmatrix}$$

$$k = 2\colon \begin{pmatrix} 1 & -\frac{p_1}{p_2} \\ 0 & 0 \\ \vdots & \vdots \\ 0 & 0 \end{pmatrix}$$

$$k = 3\colon \begin{pmatrix} 1 & 0 & -\frac{p_1}{p_3} \\ 1 & -\frac{p_1+p_3}{p_2} & 1 \\ 0 & 0 & 0 \\ \vdots & \vdots & \vdots \\ 0 & 0 & 0 \end{pmatrix}$$

$$k = 4\colon \begin{pmatrix} 1 & 0 & 0 & -\frac{p_1}{p_4} \\ 1 & 0 & -\frac{p_1+p_4}{p_3} & 1 \\ 1 & -\frac{p_1+p_3+p_4}{p_2} & 1 & 1 \\ 0 & 0 & 0 & 0 \\ \vdots & \vdots & \vdots & \vdots \\ 0 & 0 & 0 & 0 \end{pmatrix}, \text{ usw.}$$

Prüfen Sie, dass der Gesamtheit der Zeilen der jeweiligen Matrizen paarweise orthogonale Martingale $W^1, \ldots, W^{\nu-1}$ entsprechen, die eine orthogonale Basis im Sinne des Martingal-Darstellungssatzes bilden.

Aufgabe 4.16 Betrachten Sie für den in Abb. 4.2 dargestellten Kursprozess das Ereignis $\mathcal{E}$, dass der Kurs zum ersten Mal den Mittelwert der Kurse längs eines Pfades $\omega \in \Omega$ übersteigt. Zeigen Sie, dass die Zuordnung der Zeitpunkte $\tau(\omega)$ für den Eintritt von $\mathcal{E}$ keine Stoppzeit definiert.

Aufgabe 4.17 Geben Sie einen alternativen Beweis des Stoppsatzes mithilfe der Definition der bedingten Erwartung und der Darstellung

$$X_{t\wedge\tau} = \sum_{i=0}^{t-1} X_i \cdot 1_{\{\tau=i\}} + X_t \cdot 1_{\{\tau\geq t\}}.$$

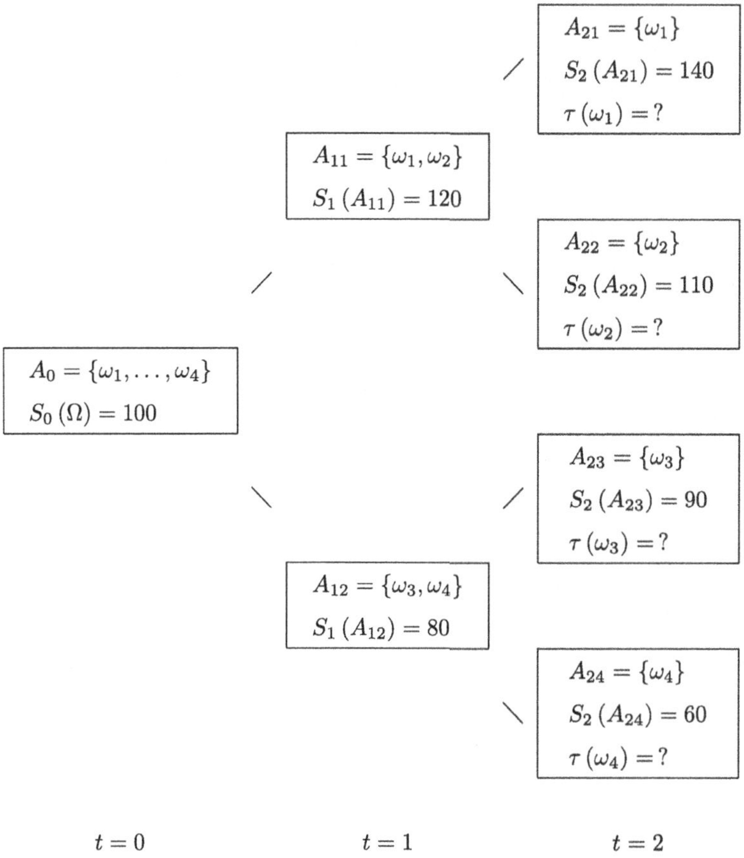

Abb. 4.2 Der in Aufgabe 4.16 definierte Prozess τ ist keine Stoppzeit

Diskrete stochastische Finanzmathematik 5

Werden die Kurse der Wertpapiere eines vollständigen und arbitragefreien Marktmodells $(S, \mathcal{F})$ relativ zu den Kursen eines der Finanzinstrumente des Modells, das dann Numéraire genannt wird, betrachtet, dann ist das dadurch entstehende Marktmodell $\left(\tilde{S}, \mathcal{F}\right)$ ebenfalls arbitragefrei und vollständig. Der Diskontprozess $\tilde{\phi}$ von $\left(\tilde{S}, \mathcal{F}\right)$ hat die Eigenschaft, dass $Q = \tilde{\phi}_n$ als Wahrscheinlichkeitsmaß interpretiert werden kann. Darüber hinaus wird der Diskontierungsoperator zur bedingten Erwartung bezüglich Q und die relativen Kurse werden zu Martingalen bezüglich Q. Dies wird in Abschn. 5.1 ausgeführt.

In den darauf folgenden Abschnitten des Kapitels wird gezeigt, wie umgekehrt in einem vollständigen und arbitragefreien Marktmodell $(S, \mathcal{F})$ mithilfe diskreter stochastischer Analysis ein Wahrscheinlichkeitsmaß Q so konstruiert werden kann, dass die auf ein Numéraire bezogenen relativen Kurse der Finanzinstrumente zu Martingalen bezüglich Q werden. Dann wird dargestellt, wie mithilfe dieses Maßes der Diskontprozess des Mehr-Perioden-Modells ermittelt werden kann.

Die stochastische Analysis bietet damit einen alternativen Zugang zur Konstruktion von Diskontprozessen. In Kap. 6 wird gezeigt, dass sich dieses Konstruktionsverfahren auch in der stetigen Finanzmathematik durchführen lässt.

Als zusätzliche Literatur sei Dothan [10] empfohlen.

J. Kremer, *Preise in Finanzmärkten*,
https://doi.org/10.1007/978-3-662-67148-1_5

5.1 Verallgemeinerte Diskontierung und Wahrscheinlichkeitstheorie

Sei $(S, \mathcal{F})$ ein arbitragefreies und vollständiges Marktmodell ohne Dividendenzahlungen der Wertpapiere mit Diskontprozess ϕ. Angenommen, für das erste Finanzinstrument gilt $S_t^1(\omega) > 0$ für jedes $\omega \in \Omega$ und für alle $0 \leq t \leq n$, dann ist

$$\tilde{S}^i = \frac{S^i}{S^1} \quad (i = 1, \ldots, N)$$

wohldefiniert. Das Finanzinstrument S^1, durch dessen Kurse die Kurse aller Finanzinstrumente dividiert werden, wird **Numéraire** genannt. Offenbar gilt

$$\tilde{S}_t^1(\omega) = 1$$

für jedes $\omega \in \Omega$ und für alle $0 \leq t \leq n$. Die Prozesse $\tilde{S}^i$ werden **relative Kurse** genannt, $\left(\tilde{S}, \mathcal{F}\right)$ heißt **relatives Marktmodell.**

Satz 5.1 *Das Mehr-Perioden-Modell* $(S, \mathcal{F})$ *ist genau dann arbitragefrei und vollständig, wenn* $\left(\tilde{S}, \mathcal{F}\right)$ *arbitragefrei und vollständig ist.*

Beweis Seien $t = 1, \ldots, n$ ein beliebiger Zeitpunkt und $A_{t-1} \in \mathcal{Z}(\mathcal{F}_{t-1})$ ein beliebiger Knoten zum Zeitpunkt $t-1$. Angenommen, A_{t-1} zerfällt zum nachfolgenden Zeitpunkt t in die Knoten $A_{t1}, \ldots, A_{tk} \in \mathcal{Z}(\mathcal{F}_t)$. Dann ist das Gleichungssystem $D\psi = b$ für das Ein-Perioden-Teilmodell $(b, D)_{A_{t-1}} = (S_{t-1}(A_{t-1}), (S_t(A_{t1}), \ldots, S_t(A_{tk})))_{A_{t-1}}$ äquivalent zu

$$S_{t-1}(A_{t-1}) = \psi_1 S_t(A_{t1}) + \cdots + \psi_k S_t(A_{tk}).$$

Dies ist wiederum äquivalent zu

$$\begin{aligned}
\tilde{S}_{t-1}(A_{t-1}) &= \frac{S_{t-1}(A_{t-1})}{S_{t-1}^1(A_{t-1})} \\
&= \psi_1 \frac{S_t^1(A_{t1})}{S_{t-1}^1(A_{t-1})} \frac{S_t(A_{t1})}{S_t^1(A_{t1})} + \cdots + \psi_k \frac{S_t^1(A_{tk})}{S_{t-1}^1(A_{t-1})} \frac{S_t(A_{tk})}{S_t^1(A_{tk})} \\
&= \tilde{\psi}_1 \tilde{S}_t(A_{t1}) + \cdots + \tilde{\psi}_k \tilde{S}_t(A_k),
\end{aligned}$$

wobei für $j = 1, \ldots, k$

$$\tilde{\psi}_j = \psi_j \frac{S_t^1(A_{tj})}{S_{t-1}^1(A_{t-1})} \tag{5.1}$$

definiert wurde. Im Ein-Perioden-Teilmodell

$$\left(\tilde{b}, \tilde{D}\right)_{A_{t-1}} = \left(\tilde{S}_{t-1}(A_{t-1}), \left(\tilde{S}_t(A_{t1}), \ldots, \tilde{S}_t(A_{tk})\right)\right)_{A_{t-1}}$$

von $\left(\tilde{S}, \mathcal{F}\right)$ gilt also $\tilde{D}\tilde{\psi} = \tilde{b}$ und $\tilde{\psi}_j > 0$ für alle $j = 1, \ldots, k$, und somit ist $\left(\tilde{b}, \tilde{D}\right)_{A_{t-1}}$ genau dann arbitragefrei, wenn $(b, D)_{A_{t-1}}$ arbitragefrei ist.

Die Vollständigkeit von $(b, D)_{A_{t-1}}$ ist äquivalent zu $N \geq k$ und $\operatorname{rang} D = k$. Die Auszahlungsmatrix $\tilde{D}$ lautet

$$\tilde{D} = \begin{pmatrix} \frac{S_t^1(A_{t1})}{S_t^1(A_{t1})} & \cdots & \frac{S_t^1(A_{tk})}{S_t^1(A_{tk})} \\ \vdots & & \vdots \\ \frac{S_t^N(A_{t1})}{S_t^1(A_{t1})} & \cdots & \frac{S_t^N(A_{tk})}{S_t^1(A_{tk})} \end{pmatrix},$$

also entsteht $\tilde{D}$ aus D, indem für jedes j die j-te Spalte D_j von D mit der positiven Zahl $\lambda_j = \frac{1}{S_t^1(A_{tj})}$ multipliziert wird, d. h., es gilt $\tilde{D}_j = \lambda_j D_j$ für alle $j = 1, \ldots, k$, wobei $\tilde{D}_j$ die j-te Spalte von $\tilde{D}$ bezeichnet. Daraus wiederum folgt, dass $\tilde{D}$ und D denselben Rang besitzen. Also gilt auch $\operatorname{rang} \tilde{D} = k$ und $\left(\tilde{b}, \tilde{D}\right)_{A_{t-1}}$ ist genau dann vollständig, wenn $(b, D)_{A_{t-1}}$ vollständig ist. Da $A_{t-1} \in \mathcal{Z}(\mathcal{F}_{t-1})$ beliebig war, folgt die Behauptung des Satzes mit Lemma 2.25 und 2.33. □

Bemerkung 5.2 Gilt im vorangegangenen Beweis sogar $N = k$, dann folgt

$$\det \tilde{D} = \frac{1}{S_t^1(A_{t1})} \cdots \frac{1}{S_t^1(A_{tk})} \det D,$$

also ist $\tilde{D}$ genau dann regulär, wenn D regulär ist.

Für den zu $\left(\tilde{S}, \mathcal{F}\right)$ gehörenden Diskontprozess $\tilde{\phi}$ gilt

$$1 = \tilde{S}_0^1 = \mathbf{D}_{0,n}^{\tilde{\phi}}\left[\tilde{S}_n^1\right] = \mathbf{D}_{0,n}^{\tilde{\phi}}[1] = \sum_{\omega \in \Omega} \tilde{\phi}_n(\omega),$$

wobei $\mathbf{D}^{\tilde{\phi}}$ den mit $\tilde{\phi}$ definierten Diskontierungsoperator in $\left(\tilde{S}, \mathcal{F}\right)$ bezeichnet. Formal wird durch

$$Q(\omega) = \tilde{\phi}_n(\omega) \quad (\omega \in \Omega)$$

ein Wahrscheinlichkeitsmaß Q auf $\mathcal{P}(\Omega)$ definiert, wobei $Q(\omega)$ mit $Q(\{\omega\})$ für $\omega \in \Omega$ identifiziert wird. Für beliebige $0 \leq t \leq n$ und $A_t \in \mathcal{Z}(\mathcal{F}_t)$ gilt

$$1 = \tilde{S}_t^1(A_t) = \mathbf{D}_{t,n}^{\tilde{\phi}}\left[\tilde{S}_n^1\right](A_t) = \mathbf{D}_{t,n}^{\tilde{\phi}}[1](A_t) = \frac{1}{\tilde{\phi}_t(A_t)} \sum_{\omega \in A_t} \tilde{\phi}_n(\omega),$$

also

$$\tilde{\phi}_t(A_t) = \sum_{\omega \in A_t} Q(\omega) = Q(A_t). \tag{5.2}$$

Daraus folgt für jedes $i = 1, \ldots, N$, für alle $0 \leq s \leq t \leq n$ und für beliebiges $A_s \in \mathcal{Z}(\mathcal{F}_s)$

$$\begin{aligned}
\tilde{S}_s^i(A_s) &= \mathbf{D}_{s,t}^{\tilde{\phi}}\left[\tilde{S}_t^i\right](A_s) \\
&= \frac{1}{\tilde{\phi}_s(A_s)} \sum_{\substack{A_t \in \mathcal{Z}(\mathcal{F}_t) \\ A_s \supset A_t}} \tilde{S}_t^i(A_t)\, \tilde{\phi}_t(A_t) \\
&= \frac{1}{Q(A_s)} \sum_{\substack{A_t \in \mathcal{Z}(\mathcal{F}_t) \\ A_s \supset A_t}} \tilde{S}_t^i(A_t)\, Q(A_t) \\
&= \mathbf{E}_s^Q\left[\tilde{S}_t^i\right](A_s),
\end{aligned}$$

wobei $\mathbf{E}_s^Q\left[\tilde{S}_t^j\right]$ die bedingte Erwartung von $\tilde{S}_t^j$ bezüglich Q gegeben $\mathcal{F}_s$ bezeichnet. Im relativen Marktmodell wird der Diskontierungsoperator also zur bedingten Erwartung und bezüglich des Wahrscheinlichkeitsmaßes Q sind die relativen Wertpapierkurse Martingale. Aus diesem Grund wird Q auch **Martingalmaß** genannt.

Sei $c : \Omega \to \mathbb{R}$ eine beliebige Funktion, die als zustandsabhängige Auszahlung interpretiert wird. Aufgrund der Vollständigkeit des Modells gibt es eine selbstfinanzierende replizierende Handelsstrategie h für c mit der Eigenschaft

$$V_n(h) = h_n \cdot S_n = c.$$

Der Anfangswert

$$c_0 = V_0(h) = h_0 \cdot S_0$$

der Handelsstrategie h ist definitionsgemäß der Preis von c.

Lemma 5.3 *Eine Handelsstrategie h ist genau dann selbstfinanzierend, wenn*

$$\Delta V_t(h) = h_t \cdot \Delta S_t \quad (t = 1, \ldots, n) \tag{5.3}$$

gilt.

Beweis Für alle $t = 1, \ldots, n$ schreiben wir mit (2.32)

$$\begin{aligned}
\Delta V_t(h) &= V_t(h) - V_{t-1}(h) \\
&= h_t \cdot S_t - h_{t-1} \cdot S_{t-1} \\
&= h_t \cdot S_t - h_t \cdot S_{t-1} + h_t \cdot S_{t-1} - h_{t-1} \cdot S_{t-1} \\
&= h_t \cdot \Delta S_t - L_{t-1}(h).
\end{aligned}$$

Nach Definition ist h genau dann selbstfinanzierend, wenn

$$L_{t-1}(h) = 0$$

für alle $t = 1, \ldots, n$ gilt, und dies ist äquivalent zu (5.3). □

Lemma 5.3 lässt sich so interpretieren, dass bei einer selbstfinanzierenden Handelsstrategie die Veränderung eines Portfoliowerts $\Delta V_t(h)$ ausschließlich durch Preisänderungen der Finanzinstrumente im Portfolio verursacht wird, $\Delta V_t(h) = h_t \cdot \Delta S_t$, nicht aber dadurch, dass der Handelsstrategie Kapital hinzugefügt oder entnommen wird.

Sei nun h wieder die selbstfinanzierende replizierende Handelsstrategie für c. Mit

$$\tilde{V}_t(h) = \frac{V_t(h)}{S_t^1} = h_t \cdot \tilde{S}_t$$

für $t = 0, \ldots, n$ und

$$\tilde{c} = \frac{c}{S_n^1}$$

folgt

$$\tilde{V}_n(h) = h_n \cdot \tilde{S}_n = \tilde{c}$$

und

$$\begin{aligned}
\Delta\tilde{V}_t &= \tilde{V}_t - \tilde{V}_{t-1} \\
&= h_t \cdot \tilde{S}_t - h_{t-1} \cdot \tilde{S}_{t-1} \\
&= h_t \cdot \tilde{S}_t - h_t \cdot \tilde{S}_{t-1} + h_t \cdot \tilde{S}_{t-1} - h_{t-1} \cdot \tilde{S}_{t-1} \\
&= h_t \cdot \Delta\tilde{S}_t - \frac{1}{S_{t-1}^1} L_{t-1}(h) \\
&= h_t \cdot \Delta\tilde{S}_t,
\end{aligned}$$

wegen $L_{t-1}(h) = 0$ für alle $t = 1, \ldots, n$. Also ist h im Modell $\left(\tilde{S}, \mathcal{F}\right)$ eine selbstfinanzierende, replizierende Handelsstrategie für $\tilde{c}$, und mit (2.42) gilt

$$\tilde{c}_0 = h_0 \cdot \tilde{S}_0 = \tilde{V}_0(h) = \mathbf{D}_{0,n}^{\tilde{\phi}}\left[\tilde{V}_n(h)\right] = \mathbf{E}^Q[\tilde{c}].$$

Ist insbesondere

$$S_t^1 = B_t = \rho^t,$$

$\rho = 1 + r$, festverzinslich, dann gilt $\tilde{c}_0 = h_0 \cdot S_0 = c_0$ und

$$c_0 = \rho^{-n}\mathbf{E}^Q[c].$$

Der Preis c_0 von c lässt sich in diesem Fall also darstellen als abdiskontierter Erwartungswert der Endauszahlung c bezüglich des Martingalmaßes Q.

Im Folgenden wird gezeigt, dass diese Vorgehensweise auch umgekehrt werden kann: Mit Methoden der stochastischen Analysis lässt sich für die relativen Preisprozesse ein Martingalmaß Q konstruieren. Mithilfe dieses Maßes wird anschließend der Diskontprozess ϕ für das ursprüngliche Marktmodell definiert.

Bemerkung 5.4 Die Konstruktion von Martingalmaßen erfolgt im Rahmen der relativen Mehr-Perioden-Modelle. Wir bemerken, dass für die Preisprozesse selbst in der Regel kein Martingalmaß existiert. Ist $S_t^1 = B_t = \rho^t$, $\rho = 1 + r$, beispielsweise festverzinslich mit Zinssatz $r \neq 0$, dann gilt

$$\mathbf{E}_{t-1}^{Q}[B_t] = \rho^t = \rho B_{t-1} \neq B_{t-1}$$

für jedes Wahrscheinlichkeitsmaß Q.

5.2 Martingalmaße und Diskontprozesse in binomialen Modellen

Sei ein Mehr-Perioden-Modell mit n Perioden, zwei Finanzinstrumenten S^1 und S^2 und einer binomialen Filtration $\mathcal{F}$ gegeben. $S^1 = B$ sei festverzinslich mit Periodenzins $r > -1$, d. h. $S_t^1 = B_t = \rho^t$, $\rho = 1 + r$, und $S^2 = S$ sei ein weiteres Finanzinstrument mit positiven Kursen.

Zunächst wird auf $\mathcal{P}(\Omega)$ ein beliebiges Wahrscheinlichkeitsmaß P mit $P(\omega) > 0$ für alle $\omega \in \Omega$ definiert[1]. Da eine binomiale Filtration mit n Perioden über 2^n Pfade verfügt, kann beispielsweise für jedes der 2^n Elemente $\omega \in \Omega$

$$P(\omega) = 2^{-n}$$

vereinbart werden. Da die Filtration $\mathcal{F}$ binomial ist, zerfällt jedes $A_{n-1} \in \mathcal{Z}(\mathcal{F}_{n-1})$ zum Endzeitpunkt n in zwei disjunkte einelementige Teilmengen von Ω. Daraus folgt $P(A_{n-1}) = 2 \cdot 2^{-n} = 2^{-(n-1)}$. Rekursiv folgt daraus

$$P(A_t) = 2^{-t}$$

für jedes $A_t \in \mathcal{Z}(\mathcal{F}_t)$ und für jedes $0 \leq t \leq n$.

Für den Renditeprozess

$$R_t = \frac{S_t - S_{t-1}}{S_{t-1}}$$

wird nun die in Korollar 4.46 dargestellte Variante der Doob-Zerlegung $R_t = \mu_t + \Delta W_t$ verwendet, also

$$\mu_t = \mathbf{E}_{t-1}^{P}[R_t] = \mathbf{E}_{t-1}^{P}\left[\frac{S_t}{S_{t-1}}\right] - 1$$

[1] Für $\omega \in \Omega$ wird $P(\omega)$ mit $P(\{\omega\})$ identifiziert.

und

$$\Delta W_t = R_t - \mu_t = \frac{S_t}{S_{t-1}} - \mathbf{E}^P_{t-1}\left[\frac{S_t}{S_{t-1}}\right].$$

Nach Konstruktion ist der Prozess μ vorhersehbar und W ist ein Martingal bezüglich P. Offenbar gilt

$$S_t = S_{t-1}\left(1 + \mu_t + \Delta W_t\right),$$

also

$$S_t = S_0 \prod_{s=1}^{t} \left(1 + \mu_s + \Delta W_s\right).$$

Nach Abschn. 5.1 ist das Martingalmaß für den relativen Preisprozess $\tilde{S}$ zu suchen, welcher als

$$\begin{aligned} \tilde{S}_t &= \tilde{S}_{t-1}\left(\frac{1 + \mu_t + \Delta W_t}{\rho}\right) \\ &= \tilde{S}_{t-1}\left(1 + \theta_t + \Delta X_t\right), \end{aligned} \tag{5.4}$$

geschrieben werden kann, wobei

$$\theta_t = \frac{\mu_t - r}{\rho}, \quad \Delta X_t = \frac{\Delta W_t}{\rho}$$

definiert wurde. Angenommen, es gilt

$$\sigma_t^2 = \mathbf{E}^P_{t-1}\left[(\Delta W_t)^2\right] > 0 \tag{5.5}$$

und

$$\frac{\theta_t}{\mathbf{E}^P_{t-1}\left[(\Delta X_t)^2\right]}\Delta X_t = \frac{\mu_t - r}{\sigma_t^2}\Delta W_t < 1, \tag{5.6}$$

dann existiert nach dem Satz von Girsanov, Satz 4.86, für den Prozess

$$Y_t = X_t + \int_0^t \theta \,\mathrm{d}s$$

ein zu P äquivalentes Wahrscheinlichkeitsmaß Q, sodass Y bezüglich Q ein Martingal ist. Q ist nach Satz 4.86 gegeben durch

$$\begin{aligned} Q(\omega) &= P(\omega) \prod_{t=1}^{n} \left(1 - \frac{\theta_t}{\mathbf{E}^P_{t-1}\left[(\Delta X_t)^2\right]}\Delta X_t\right)(\omega) \\ &= P(\omega) \prod_{t=1}^{n} \left(1 - \frac{\mu_t - r}{\sigma_t^2}\Delta W_t\right)(\omega) \\ &= P(\omega)\, \mathcal{E}_n\left(-\frac{\mu - r}{\sigma^2} \bullet W\right)(\omega), \end{aligned} \tag{5.7}$$

also

$$\mathcal{L} = \mathcal{E}\left(-\frac{\mu - r}{\sigma^2} \bullet W\right).$$

Wegen

$$\tilde{S}_t = \tilde{S}_{t-1}\left(1 + \Delta Y_t\right)$$

gilt

$$\mathbf{E}^Q_{t-1}\left[\tilde{S}_t\right] = \tilde{S}_{t-1}\mathbf{E}^Q_{t-1}\left[1 + \Delta Y_t\right] = \tilde{S}_{t-1},$$

also ist $\tilde{S}$ ein Q-Martingal[2].

Sei $c : \Omega \to \mathbb{R}$ eine beliebige Funktion, die als zustandsabhängige Auszahlung interpretiert wird. Mit

$$\tilde{c} = \frac{c}{B_n} = \frac{c}{\rho^n}$$

[2] Alternativ kann das Martingalmaß Q auch wie folgt konstruiert werden: Nach der ersten Zeile von (5.4) ist $\tilde{S}$ genau dann ein Martingal bezüglich eines zunächst beliebigen Wahrscheinlichkeitsmaßes Q, wenn gilt

$$\mathbf{E}^Q_{t-1}\left[\frac{1 + \mu_t + \Delta W_t}{\rho}\right] = 1. \tag{5.8}$$

Nach Satz 4.83 ist der Prozess

$$V_t = W_t - \int_0^t \frac{\mathrm{d}\left\langle W, \mathcal{L}\right\rangle^P}{\mathcal{L}_-}$$

ein Q-Martingal. Wird $\Delta W_t = \Delta V_t + \frac{1}{\mathcal{L}_{t-1}}\Delta\left\langle W, \mathcal{L}\right\rangle^P_t$ in (5.8) eingesetzt, dann folgt

$$r - \mu_t = \frac{1}{\mathcal{L}_{t-1}}\mathbf{E}^Q_{t-1}\left[\mathbf{E}^P_{t-1}\left[\Delta W_t \Delta\mathcal{L}_t\right]\right] = \frac{1}{\mathcal{L}_{t-1}}\mathbf{E}^P_{t-1}\left[\Delta W_t \Delta\mathcal{L}_t\right], \tag{5.9}$$

denn $\mathbf{E}^P_{t-1}\left[\Delta W_t \Delta\mathcal{L}_t\right]$ ist $\mathcal{F}_{t-1}$-messbar. Nach Korollar 4.72 des Martingal-Darstellungssatzes gibt es einen vorhersehbaren Prozess β mit

$$\Delta\mathcal{L}_t = \mathcal{L}_{t-1}\beta_t \Delta W_t.$$

Einsetzen in (5.9) liefert

$$r - \mu_t = \beta_t \mathbf{E}^P_{t-1}\left[\left(\Delta W_t\right)^2\right].$$

Mit $\sigma_t^2 = \mathbf{E}^P_{t-1}\left[\left(\Delta W_t\right)^2\right]$ lässt sich β_t schreiben als

$$\beta_t = -\frac{\mu_t - r}{\sigma_t^2},$$

und mit $\mathcal{L}_n(\omega) = \frac{Q(\omega)}{P(\omega)}$ folgt

$$Q(\omega) = P(\omega)\prod_{t=1}^n\left(1 - \frac{\mu_t - r}{\sigma_t^2}\Delta W_t\right)(\omega),$$

was zu zeigen war.

gibt es zu dem von $\tilde{c}$ erzeugten Martingal

$$\tilde{c}_t = \mathbf{E}_t^Q \left[\tilde{c}\right]$$

nach dem Martingal-Darstellungssatz, Satz 4.71, einen vorhersehbaren Prozess γ mit

$$\tilde{c}_t = \tilde{c}_0 + \int_0^t \gamma \, \mathrm{d}\tilde{S}. \tag{5.10}$$

Damit gilt

$$\Delta\tilde{c}_t = \gamma_t \Delta\tilde{S}_t \tag{5.11}$$

für alle $t > 0$. Wird

$$c_t = \tilde{c}_t B_t = \tilde{c}_t \rho^t$$

für alle $t \geq 0$ definiert, dann lässt sich (5.11) umschreiben zu

$$c_t - \rho c_{t-1} = \gamma_t \left(S_t - \rho S_{t-1}\right) \tag{5.12}$$

und weiter zu

$$\begin{aligned}\Delta c_t &= r\left(c_{t-1} - \gamma_t S_{t-1}\right) + \gamma_t \Delta S_t \\ &= \frac{c_{t-1} - \gamma_t S_{t-1}}{B_{t-1}} \Delta B_t + \gamma_t \Delta S_t,\end{aligned}$$

denn es gilt $\Delta B_t = \rho^t - \rho^{t-1} = r B_{t-1}$. Mit

$$\alpha_t = \frac{c_{t-1} - \gamma_t S_{t-1}}{B_{t-1}} \tag{5.13}$$

kann $h = (\alpha, \gamma)$ als vorhersehbare, selbstfinanzierende Handelsstrategie interpretiert werden, welche die Auszahlung c repliziert. Dazu schreiben wir (5.13) zunächst als

$$c_{t-1} = \alpha_t B_{t-1} + \gamma_t S_{t-1}. \tag{5.14}$$

Mit (5.12) folgt nun

$$\begin{aligned}c_t - \gamma_t S_t &= \rho\left(c_{t-1} - \gamma_t S_{t-1}\right) \\ &= \rho\left(\alpha_t B_{t-1}\right) \\ &= \alpha_t B_t,\end{aligned}$$

also

$$c_t = \alpha_t B_t + \gamma_t S_t = V_t(h)$$

und damit insbesondere $c = c_n = \alpha_n B_n + \gamma_n S_n = V_n(h)$. Andererseits gilt nach (5.14) für $t = 0, \ldots, n-1$

$$c_t = \alpha_{t+1} B_t + \gamma_{t+1} S_t = I_t(h),$$

und für den Entnahmeprozess $L(h)$ folgt mit der Definition $V_0(h) = I_0(h)$

$$L_t(h) = V_t(h) - I_t(h) = 0 \quad (t = 0, \ldots, n-1),$$

also ist der Prozess h selbstfinanzierend. Wegen $B_0 = 1$ gilt $c_0 = \tilde{c}_0$, und da $\tilde{c}$ ein Q-Martingal ist, folgt mit (5.7)

$$\begin{aligned} c_0 &= \mathbf{E}^Q\left[\frac{c}{\rho^n}\right] \\ &= \sum_{\omega\in\Omega}\left[\frac{P(\omega)}{\rho^n}\prod_{t=1}^{n}\left(1-\frac{\mu_t - r}{\sigma_t^2}\Delta W_t\right)(\omega)\right]c(\omega) \\ &= \sum_{\omega\in\Omega}\phi_n(\omega)\,c(\omega) \\ &= \langle\phi_n, c\rangle, \end{aligned}$$

wobei $\phi = (\phi_t)_{0\le t\le n}$ für $A_t \in \mathcal{Z}(\mathcal{F}_t)$ gegeben ist durch

$$\phi_t(A_t) = \frac{Q(A_t)}{\rho^t} = \frac{P(A_t)}{\rho^t}\prod_{s=1}^{t}\left(1-\frac{\mu_s - r}{\sigma_s^2}\Delta W_s\right)(A_t). \tag{5.15}$$

Insbesondere gilt für den Endzeitpunkt n

$$\phi_n(\omega) = \frac{Q(\omega)}{\rho^n} = \frac{P(\omega)}{\rho^n}\prod_{s=1}^{n}\left(1-\frac{\mu_s - r}{\sigma_s^2}\Delta W_s\right)(\omega). \tag{5.16}$$

Da $\tilde{S}$ ein Martingal bezüglich Q ist, gilt für beliebiges $A_s \in \mathcal{Z}(\mathcal{F}_s)$ und $0 \le s \le t \le n$

$$\begin{aligned} \left\langle\phi_s, S_s 1_{A_s}\right\rangle &= \phi_s(A_s)\,S_s(A_s) \\ &= Q(A_s)\,\tilde{S}_s(A_s) \\ &= \sum_{\substack{A_t\in\mathcal{Z}(\mathcal{F}_t)\\ A_t\subset A_s}} Q(A_t)\,\tilde{S}_t(A_t) \\ &= \left\langle\phi_t, S_t 1_{A_s}\right\rangle. \end{aligned}$$

Weiter gilt

$$\begin{aligned}\left\langle \phi_s,\ B_s 1_{A_s}\right\rangle &= B_s\phi_s\left(A_s\right)\\ &= Q\left(A_s\right)\\ &= \sum_{\substack{A_t\in\mathcal{Z}(\mathcal{F}_t)\\ A_t\subset A_s}} Q\left(A_t\right)\\ &= \sum_{\substack{A_t\in\mathcal{Z}(\mathcal{F}_t)\\ A_t\subset A_s}} B_t\phi_t\left(A_t\right)\\ &= \left\langle \phi_t,\ B_t 1_{A_s}\right\rangle.\end{aligned}$$

Nach Aufgabe 2.1 ist der Diskontprozess ϕ durch

$$\langle \phi_s,\ \begin{pmatrix} B_s\\ S_s\end{pmatrix} 1_{A_s}\rangle = \langle \phi_t,\ \begin{pmatrix} B_t\\ S_t\end{pmatrix} 1_{A_s}\rangle \quad \left(0\le s\le t\le n,\ A_s\in\mathcal{Z}\left(\mathcal{F}_s\right)\right)$$

eindeutig bestimmt, und daher stimmt der durch (5.15) definierte Prozess mit dem in Kap. 2 mit algebraischen Methoden definierten Diskontprozess überein.

Beispiel 5.5 (Binomialbäume) Sei $(S,\ n,\ r,\ u,\ d)$ ein Binomialbaum mit $0 < d < \rho < u$ und $\rho = 1 + r$. Durch

$$P\left(\omega\right) = 2^{-n} \quad \left(\omega\in\Omega\right)$$

wird ein Wahrscheinlichkeitsmaß P auf $\mathcal{P}\left(\Omega\right)$ definiert.

Nun wird die Doob-Zerlegung $R_t = \mu_t + \Delta W_t$ der Aktienrendite nach Korollar 4.46 berechnet. Ist A_{t-1} der Anfangsknoten eines beliebigen Ein-Perioden-Teilmodells, dann gilt

$$(b,\ D)_{A_{t-1}} = \left(\begin{pmatrix} B_{t-1}\\ S_{t-1}\left(A_{t-1}\right)\end{pmatrix},\ \begin{pmatrix} \rho B_{t-1} & \rho B_{t-1}\\ uS_{t-1}\left(A_{t-1}\right) & dS_{t-1}\left(A_{t-1}\right)\end{pmatrix}\right).$$

Zunächst folgt mit $A_{t1},\ A_{t2}\in\mathcal{Z}\left(\mathcal{F}_t\right)$ und $A_{t-1} = A_{t1}\cup A_{t2}$

$$\begin{aligned}\mu_t\left(A_{t-1}\right) &= \mathbf{E}_{t-1}^P\left[\frac{S_t}{S_{t-1}}\right]\left(A_{t-1}\right) - 1\\ &= \frac{1}{P\left(A_{t-1}\right)}\left(uP\left(A_{t1}\right) + dP\left(A_{t2}\right)\right) - 1\\ &= \frac{1}{2}\left(u + d\right) - 1\\ &= \mu.\end{aligned}$$

Wegen $\Delta W_t = R_t - \mu_t = \frac{S_t}{S_{t-1}} - \mathbf{E}_{t-1}^P\left[\frac{S_t}{S_{t-1}}\right]$ gilt

$$\Delta W_t(A_{t1}) = u - \frac{u+d}{2} = \frac{u-d}{2} = \sigma$$
$$\Delta W_t(A_{t2}) = d - \frac{u+d}{2} = -\frac{u-d}{2} = -\sigma.$$

Mit $S_t = S\prod_{s=1}^{t}(1+\mu+\Delta W_s)$ gilt für einen Pfad ω, der $t-j$ Aufwärts- und j Abwärtsbewegungen bis zum Zeitpunkt t besitzt:

$$S_t(\omega) = S(1+\mu+\sigma)^{t-j}(1+\mu-\sigma)^j.$$

Die Berechnung der bedingten Varianz liefert

$$\begin{aligned}\sigma_t^2(A_{t-1}) &= \mathbf{E}_{t-1}^P\left[(\Delta W_t)^2\right](A_{t-1})\\ &= \frac{1}{P(A_{t-1})}\left(\sigma^2 P(A_{t1}) + \sigma^2 P(A_{t2})\right)\\ &= \sigma^2,\end{aligned}$$

also

$$\sigma_t^2 = \mathbf{E}_{t-1}^P\left[(\Delta W_t)^2\right] = \sigma^2.$$

Damit spezialisiert sich (5.7) zu

$$\begin{aligned}Q(\omega) &= P(\omega)\prod_{t=1}^{n}\left(1-\frac{\mu-r}{\sigma^2}\Delta W_t\right)(\omega) \qquad (5.17)\\ &= 2^{-n}\left(1-\frac{\mu-r}{\sigma}\right)^{n-j}\left(1+\frac{\mu-r}{\sigma}\right)^j,\end{aligned}$$

wenn ω einen Pfad durch den gesamten Baum mit $n-j$ Aufwärts- und j Abwärtsbewegungen bezeichnet. Mit dem binomischen Lehrsatz folgt

$$\sum_{\omega\in\Omega} Q(\omega) = 1.$$

Mit $\mu = \frac{1}{2}(u+d)-1$ und $\sigma = \frac{u-d}{2}$ gilt

$$1-\frac{\mu-r}{\sigma} = 2\frac{\rho-d}{u-d} \qquad (5.18)$$

sowie

$$1+\frac{\mu-r}{\sigma} = 2\frac{u-\rho}{u-d}. \qquad (5.19)$$

Beide Faktoren sind genau dann positiv, wenn die Relationen

$$d < \rho < u$$

gültig sind, und genau dann ist Q ein Wahrscheinlichkeitsmaß auf $\mathcal{P}(\Omega)$ mit $Q(\omega) > 0$ für alle $\omega \in \Omega$. Mit (5.16), (5.17), (5.18) und (5.19) lautet der Diskontprozess ϕ zum Endzeitpunkt n für einen Pfad ω mit $n - j$ Aufwärts- und j Abwärtsbewegungen

$$\begin{aligned}\phi_n(\omega) &= \frac{1}{\rho^n} Q(\omega) \\ &= \frac{1}{\rho^n} 2^{-n} \left(2\frac{\rho - d}{u - d}\right)^{n-j} \left(2\frac{u - \rho}{u - d}\right)^j \\ &= \psi_1^{n-j} \psi_2^j,\end{aligned}$$

wobei

$$\psi_1 = \frac{1}{\rho}\frac{\rho - d}{u - d}, \quad \psi_2 = \frac{1}{\rho}\frac{u - \rho}{u - d}$$

verwendet wurde. Dies stimmt mit (2.6) aus Kap. 2 überein. △

5.3 Martingalmaße und Diskontprozesse in allgemeinen Modellen

Mithilfe des allgemeinen diskreten Martingal-Darstellungssatzes, Satz 4.76, lässt sich der im vorherigen Abschnitt dargestellte Zugang zu Diskontprozessen auf beliebige arbitragefreie und vollständige Mehr-Perioden-Modelle $(S, \mathcal{F})$ verallgemeinern. Vorausgesetzt wird, dass das erste Finanzinstrument $S^1 = B$ festverzinslich ist, d. h., es gilt $B_t = \rho^t$ mit $\rho = 1 + r$ für ein $r > -1$, und dass $S_t^i(\omega) \neq 0$ gilt für jedes $i = 2, \ldots, N$, für alle $t = 0, \ldots, n$ und für alle $\omega \in \Omega$.

Wieder wird zunächst auf $\mathcal{P}(\Omega)$ ein beliebiges Wahrscheinlichkeitsmaß P ohne nichttriviale Nullmengen definiert, beispielsweise durch $P(\omega) = 2^{-m}$, wobei m die Anzahl der Elemente von Ω bezeichnet.

Nach der in Korollar 4.46 dargestellten Variante der Doob-Zerlegung lässt sich der Renditeprozesse R^i von S^i für jedes $i = 2, \ldots, N$ schreiben als $R^i = \mu^i + \Delta W^i$ mit

$$\mu_t^i = \mathbf{E}_{t-1}^P \left[\frac{S_t^i}{S_{t-1}^i}\right] - 1$$

und

$$W_t^i = W_{t-1}^i + \frac{S_t^i}{S_{t-1}^i} - \mathbf{E}_{t-1}^P \left[\frac{S_t^i}{S_{t-1}^i}\right],$$

sodass gilt

$$S_t^i = S_{t-1}^i \left(1 + \mu_t^i + \Delta W_t^i\right).$$

Bezeichnet ν den Aufspaltungsindex von $(S, \mathcal{F})$, dann existieren nach dem Martingal-Darstellungssatz, Satz 4.76, eine orthogonale Basis $M^1, \ldots, M^{\nu-1}$ von P-Martingalen sowie vorhersehbare Prozesse $\alpha^{i1}, \ldots, \alpha^{i,\nu-1}$, sodass für jedes $i = 2, \ldots, N$ gilt

$$W_t^i = W_0^i + \sum_{k=1}^{\nu-1} \int_0^t \alpha^{ik}\, \mathrm{d}M^k.$$

Dies ist gleichbedeutend mit

$$\begin{aligned} \Delta W_t^i &= \sum_{k=1}^{\nu-1} \alpha_t^{ik} \Delta M_t^k \\ &= (\alpha_t \Delta M_t)^i \,, \end{aligned}$$

wobei die $(N-1)\times(\nu-1)$-Matrix α_t durch $(\alpha_t)^{ik} = \alpha_t^{ik}$ und $\Delta M_t = \left(\Delta M_t^1, \ldots, \Delta M_t^{\nu-1}\right)^{\mathrm{t}}$ definiert wurde. Also gilt

$$S_t^i = S_{t-1}^i \left(1 + \mu_t^i + (\alpha_t \Delta M_t)^i\right).$$

Sei Q ein zunächst beliebiges weiteres Wahrscheinlichkeitsmaß auf $\mathcal{P}(\Omega)$ mit $Q(\omega) > 0$ für alle $\omega \in \Omega$ und sei $\mathcal{L}_t = \mathbf{E}_t^P \left[\frac{Q}{P}\right]$. Mit den Q-Martingalen

$$V_t^i = W_t^i - \int_0^t \frac{d\left\langle W^i, \mathcal{L}\right\rangle^P}{\mathcal{L}_-}$$

folgen die Darstellungen

$$S_t^i = S_{t-1}^i \left(1 + \mu_t^i + \Delta V_t^i + \frac{\Delta\left\langle W^i, \mathcal{L}\right\rangle_t^P}{\mathcal{L}_{t-1}}\right)$$

der Preisprozesse für $i = 2, \ldots, N$. Die relativen Preise $\tilde{S}_t^i$ sind genau dann Q-Martingale, wenn gilt

$$\mathbf{E}_{t-1}^Q \left[\frac{1 + \mu_t^i + \Delta V_t^i + \frac{\mathbf{E}_{t-1}^P[\Delta W_t^i \Delta \mathcal{L}_t]}{\mathcal{L}_{t-1}}}{\rho}\right] = \frac{1 + \mu_t^i + \frac{\mathbf{E}_{t-1}^P[\Delta W_t^i \Delta \mathcal{L}_t]}{\mathcal{L}_{t-1}}}{\rho} = 1,$$

also wenn

$$-\left(\mu_t^i - r\right) = \frac{\mathbf{E}_{t-1}^P\left[\Delta W_t^i \Delta \mathcal{L}_t\right]}{\mathcal{L}_{t-1}} = \frac{\mathbf{E}_{t-1}^P\left[(\alpha_t \Delta M_t)^i\, \Delta \mathcal{L}_t\right]}{\mathcal{L}_{t-1}}. \tag{5.20}$$

Aufgrund von Korollar 4.77 des Martingal-Darstellungssatzes gibt es vorhersehbare Prozesse $\beta^1, \ldots, \beta^{\nu-1}$, sodass gilt

$$\mathcal{L}_t = \mathcal{L}_{t-1} \left(1 + \sum_{k=1}^{\nu-1} \beta_t^k \Delta M_t^k\right),$$

also

$$\Delta \mathcal{L}_t = \mathcal{L}_{t-1} \beta_t \cdot \Delta M_t,$$

wobei der $(\nu - 1)$-dimensionale Vektor β_t durch $(\beta_t)^i = \beta_t^i$ definiert ist und wobei der Punkt $\cdot$ das euklidische Skalarprodukt bezeichnet. Daraus folgt

$$\begin{aligned} -\left(\mu_t^i - r\right) &= \mathbf{E}_{t-1}^P \left[(\alpha_t \Delta M_t)^i \beta_t \cdot \Delta M_t \right] \\ &= \sum_{k=1}^{\nu-1} \sum_{k'=1}^{\nu-1} \alpha_t^{ik} \beta_t^{k'} \mathbf{E}_{t-1}^P \left[\Delta M_t^k \Delta M_t^{k'} \right] \\ &= \sum_{k=1}^{\nu-1} \alpha_t^{ik} \beta_t^k \mathbf{E}_{t-1}^P \left[\left(\Delta M_t^k \right)^2 \right], \end{aligned} \tag{5.21}$$

wobei die Orthogonalität der $M^1, \ldots, M^{\nu-1}$ verwendet wurde. Durch

$$C_t^{ik} = \alpha_t^{ik} \mathbf{E}_{t-1}^P \left[\left(\Delta M_t^k \right)^2 \right] \tag{5.22}$$

wird eine $(N - 1) \times (\nu - 1)$-Matrix C_t definiert, mit der (5.21) geschrieben werden kann als

$$C_t \beta_t = -(\mu_t - r).$$

Sei nun $\nu = N$ vorausgesetzt. Angenommen, C_t ist regulär, dann gilt

$$\beta_t = -C_t^{-1} (\mu_t - r).$$

Wenn weiter für alle $1 \leq t \leq n$

$$C_t^{-1} (\mu_t - r) \cdot \Delta M_t < 1$$

gilt, dann existiert ein Martingalmaß Q und besitzt die Darstellung

$$\begin{aligned} Q &= P \mathcal{L}_n \\ &= P \prod_{t=1}^{n} \left(1 + \sum_{k=1}^{\nu-1} \beta_t^k \Delta M_t^k \right) \\ &= P \prod_{t=1}^{n} \left(1 - C_t^{-1} (\mu_t - r) \cdot \Delta M_t \right). \end{aligned} \tag{5.23}$$

Wir definieren unter Verwendung von Lemma 4.79 einen stochastischen Prozess ϕ durch

$$\phi_t (A_t) = \frac{P (A_t)}{\rho^t} \mathcal{L}_t (A_t) = \frac{Q (A_t)}{\rho^t} \quad (A_t \in \mathcal{Z} (\mathcal{F}_t))$$

und betrachten für eine zustandsabhängige Auszahlung c zum Endzeitpunkt

$$\begin{aligned}
c_0 &= \frac{1}{\rho^n}\mathbf{E}^Q[c] \\
&= \frac{1}{\rho^n}\sum_{\omega\in\Omega} P(\omega)\prod_{t=1}^{n}\left(1 - C_t^{-1}(\mu_t - r)\cdot\Delta M_t\right)(\omega)\, c(\omega) \\
&= \langle\phi_n, c\rangle .
\end{aligned}$$

Für $t > 0$ sei $A_{t-1} \in \mathcal{Z}(\mathcal{F}_{t-1})$ beliebig und es seien $A_{t1}, \ldots, A_{tk} \in \mathcal{Z}(\mathcal{F}_t)$ mit $A_{t-1} = A_{t1} \cup \cdots \cup A_{tk}$. Wir definieren $\psi \in \mathbb{R}^k$ durch

$$\begin{aligned}
\psi_j &= \frac{1}{\phi_{t-1}(A_{t-1})}\phi_t(A_{tj}) \\
&= \frac{1}{1+r}\frac{Q(A_{tj})}{Q(A_{t-1})},
\end{aligned}$$

und berechnen für $i = 1, \ldots, N$

$$\begin{aligned}
\sum_{j=1}^{k}\psi_j S_t^i(A_{tj}) &= \frac{1}{1+r}\frac{1}{Q(A_{t-1})}\sum_{j=1}^{k} S_t^i(A_{tj})\, Q(A_{tj}) \qquad (5.24) \\
&= \frac{1}{1+r}\mathbf{E}_{t-1}^Q\left[S_t^i(A_{tj})\right] \\
&= \frac{(1+r)^t}{1+r}\mathbf{E}_{t-1}^Q\left[\tilde{S}_t^i(A_{tj})\right] \\
&= (1+r)^{t-1}\,\tilde{S}_{t-1}^i(A_{tj}) \\
&= S_{t-1}^i(A_{tj}) .
\end{aligned}$$

Für $i = 2, \ldots, N$ gilt (5.24), weil die relativen Preisprozesse $\tilde{S}_t^i$ Martingale bezüglich Q sind. Für $i = 1$ gilt (5.24) ebenfalls, denn es gilt $\tilde{S}_t^1 = \frac{B_t}{B_t} = 1$. Wir sehen, dass sich mithilfe des Prozesses ϕ die Diskontvektoren der Ein-Perioden-Teilmodelle definieren lassen, und daher ist ϕ der Diskontprozess des Modells und c_0 der Replikationspreis von c. Da der Diskontprozess unter den angegebenen Voraussetzungen eindeutig bestimmt ist, ist das durch

$$Q(\omega) = \rho^n\phi_n(\omega)$$

definierte Martingalmaß eindeutig bestimmt.

Die stochastische Analysis bietet also auch hier eine alternative Konstruktionsmöglichkeit für den Diskontprozess ϕ, und im nächsten Kapitel wird gezeigt, dass sich dieser Zugang auf die stetige Finanzmathematik übertragen lässt.

5.4 Amerikanische Optionen

Sei (S, n, r, u, d) ein arbitragefreies, vollständiges Binomialbaum-Modell mit n Perioden und sei je nach Optionstyp $c_t = (S_t - K)^+$ bzw. $c_t = (K - S_t)^+$. In Abschn. 3.4 wurde gezeigt, dass für den Wert z_t einer amerikanischen Option zu den Zeitpunkten $1 \leq t \leq n$ die Rekursionsbeziehung

$$z_n = c_n, \quad z_{t-1} = \max\left(c_{t-1}, \mathbf{D}_{t-1,t}[z_t]\right) \tag{5.25}$$

gilt. Aus (5.1) und (5.2) folgt für beliebiges $A_t \in \mathcal{Z}(\mathcal{F}_t)$

$$Q(A_t) = \tilde{\phi}_t(A_t) = (1+r)^t \phi_t(A_t).$$

Für jede $\mathcal{F}_t$-messbare Funktion z_t gilt daher für $0 \leq s \leq t \leq n$

$$\mathbf{D}_{s,t}[z_t] = \frac{d_t}{d_s}\mathbf{E}_s^Q[z_t],$$

wobei $d_t = (1+r)^{-t}$ verwendet wurde. Mit den Definitionen

$$\begin{aligned} \tilde{c}_t &= d_t c_t \\ \tilde{z}_t &= d_t z_t \end{aligned}$$

lautet (5.25)

$$\tilde{z}_n = \tilde{c}_n, \quad \tilde{z}_{t-1} = \max\left(\tilde{c}_{t-1}, \mathbf{E}_{t-1}^Q\left[\tilde{z}_t\right]\right) \tag{5.26}$$

für alle $t = 1, \ldots, n$.

Satz 5.6 *Die endliche Folge $\tilde{z}_t$, $t = 0, \ldots, n$, definiert ein Q-Supermartingal. Es ist das kleinste Supermartingal, das die Folge $\tilde{c}_t$ dominiert, d. h., für das*

$$\tilde{z}_t \geq \tilde{c}_t$$

gilt für alle $t = 0, \ldots, n$.

Beweis Aus (5.26) folgt unmittelbar

$$\tilde{z}_{t-1} \geq \mathbf{E}_{t-1}^Q\left[\tilde{z}_t\right], \quad \tilde{z}_{t-1} \geq \tilde{c}_{t-1}.$$

Also definiert $\tilde{z}$ ein Supermartingal, welches $\tilde{c}$ dominiert.

Sei umgekehrt x ein beliebiges Supermartingal, das $\tilde{c}$ dominiert. Dann gilt

$$x_n \geq \tilde{c}_n = \tilde{z}_n.$$

Angenommen, für ein t gilt $x_t \geq \tilde{z}_t$. Dann folgt

$$x_{t-1} \geq \mathbf{E}_{t-1}^{Q}[x_t] \geq \mathbf{E}_{t-1}^{Q}\left[\tilde{z}_t\right],$$

und mit $x_{t-1} \geq \tilde{c}_{t-1}$ erhalten wir

$$x_{t-1} \geq \max\left(\tilde{c}_{t-1}, \mathbf{E}_{t-1}^{Q}\left[\tilde{z}_t\right]\right) = \tilde{z}_{t-1}.$$

Also dominiert x das Supermartingal $\tilde{z}$, was zu zeigen war. □

Definition 5.7 Sei X ein adaptierter stochastischer Prozess. Das kleinste Supermartingal, das X dominiert, wird **Snell-Einhüllende** von X genannt.

Nach Satz 5.6 ist der Prozess $\tilde{z}$ aus (5.26) die Snell-Einhüllende von $\tilde{c}$. Nach Definition gilt $\tilde{z}_t \geq \tilde{c}_t$. Ist diese Ungleichung strikt erfüllt, dann folgt $\tilde{z}_t = \mathbf{E}_t^{Q}\left[\tilde{z}_{t+1}\right]$.

Sei X ein adaptierter stochastischer Prozess. Nach Satz 5.6 ist die Snell-Einhüllende Y von X gegeben durch

$$Y_n = X_n, \quad Y_t = \max\left(X_t, \mathbf{E}_t\left[Y_{t+1}\right]\right) \tag{5.27}$$

für $0 \leq t < n$, wobei das Maß, mit dem die bedingte Erwartung gebildet wird, hier und für den Rest des Abschnitts nicht mehr angegeben wird.

Satz 5.8 *Sei X ein adaptierter stochastischer Prozess und sei Y die Snell-Einhüllende (5.27) von X. Sei weiter für jedes $\omega \in \Omega$*

$$\tau(\omega) = \inf\{t \geq 0 \,|\, Y_t(\omega) = X_t(\omega)\}.$$

Dann ist τ eine endliche Stoppzeit und der gestoppte Prozess $(Y_{t\wedge\tau})_{0\leq t\leq n}$ ist ein Martingal.

Beweis Wegen $X_n = Y_n$ gilt $\tau(\omega) \in \{0, \ldots, n\}$. Also ist τ endlich. Wegen

$$\{\tau = 0\} = \{\omega \in \Omega \,|\, Y_0(\omega) = X_0(\omega)\} = \begin{cases} \emptyset \text{ falls } Y_0 \neq X_0 \\ \Omega \text{ sonst} \end{cases}$$

folgt $\{\tau = 0\} \in \mathcal{F}_0$. Weiter gilt für $t = 1, \ldots, n$

$$\{\tau = t\} = \{Y_0 > X_0\} \cap \cdots \cap \{Y_{t-1} > X_{t-1}\} \cap \{Y_t = X_t\} \in \mathcal{F}_t,$$

also ist τ eine Stoppzeit.

Nach (4.65) schreiben wir $Y_{t\wedge\tau}$ als

$$Y_{t\wedge\tau} = Y_0 + \sum_{i=0}^{t} \mathbf{1}_{\{i\leq\tau\}} \cdot \Delta Y_i.$$

Daher folgt

$$Y_{t+1\wedge\tau} - Y_{t\wedge\tau} = \mathbf{1}_{\{t+1\le\tau\}}\,(Y_{t+1} - Y_t)\,.$$

Nach Definition gilt

$$Y_t = \max\left(X_t,\ \mathbf{E}_t\left[Y_{t+1}\right]\right),$$

und auf der Menge $\{t+1 \le \tau\} = \{t < \tau\}$ gilt nach Definition von τ

$$Y_t = \mathbf{E}_t\left[Y_{t+1}\right].$$

Dies aber bedeutet

$$Y_{t+1\wedge\tau} - Y_{t\wedge\tau} = \mathbf{1}_{\{t+1\le\tau\}}\left(Y_{t+1} - \mathbf{E}_t\left[Y_{t+1}\right]\right).$$

Bilden wir auf beiden Seiten die bedingte Erwartung und verwenden die $\mathcal{F}_t$-Messbarkeit von $\mathbf{1}_{\{t+1\le\tau\}}$, dann erhalten wir

$$\mathbf{E}_t\left[Y_{t+1\wedge\tau} - Y_{t\wedge\tau}\right] = \mathbf{1}_{\{t+1\le\tau\}}\mathbf{E}_t\left[Y_{t+1} - \mathbf{E}_t\left[Y_{t+1}\right]\right] = 0.$$

Daher ist der mit τ gestoppte Prozess $Y_{t\wedge\tau}$ ein Martingal, was zu zeigen war. □

Korollar 5.9 *Für die in Satz 5.8 definierte endliche Stoppzeit τ gilt*

$$Y_0 = \mathbf{E}\left[X_\tau\right] = \sup_{\nu \text{ endliche Stoppzeit}} \mathbf{E}\left[X_\nu\right].$$

Beweis Da $(Y_{t\wedge\tau})$ ein Martingal ist mit den Eigenschaften $Y_{n\wedge\tau} = Y_\tau$ und $Y_\tau = X_\tau$, gilt

$$Y_0 = \mathbf{E}\left[Y_{n\wedge\tau}\right] = \mathbf{E}\left[Y_\tau\right] = \mathbf{E}\left[X_\tau\right].$$

Nach Definition ist Y als Snell-Einhüllende ein Supermartingal. Ist nun ν eine beliebige endliche Stoppzeit, dann ist der gestoppte Prozess $Y_{t\wedge\nu}$ nach dem Stoppsatz 4.91 ebenfalls ein Supermartingal. Dies bedeutet aber

$$Y_0 \ge \mathbf{E}\left[Y_{n\wedge\nu}\right] = \mathbf{E}\left[Y_\nu\right] \ge \mathbf{E}\left[X_\nu\right],$$

wobei (5.27) verwendet wurde. Daraus folgt die Behauptung. □

Korollar 5.10 *Wir betrachten den Wert z_0 einer amerikanischen Call- oder Put-Option. Es gilt*

$$z_0 = \mathbf{E}\left[\tilde{c}_\tau\right] = \sup_{\nu \text{ endliche Stoppzeit}} \mathbf{E}\left[\tilde{c}_\nu\right],$$

wobei

$$\tilde{c}_t = \begin{cases} d_t\,(S_t - K)^+ \textit{für eine Call-Option} \\ d_t\,(K - S_t)^+ \textit{für eine Put-Option.} \end{cases}$$

5.5 Das Wichtigste im Überblick

Sei ein Mehr-Perioden-Modell mit n Perioden, zwei Finanzinstrumenten S^1 und S^2 und einer binomialen Filtration $\mathcal{F}$ gegeben. $S^1 = B$ sei festverzinslich mit Periodenzins $r > -1$, d. h. $S_t^1 = B_t = \rho^t$, $\rho = 1 + r$, und $S^2 = S$ sei ein weiteres Finanzinstrument mit positiven Kursen, beispielsweise eine Aktie. Sei $c : \Omega \to \mathbb{R}$ eine beliebige Funktion, die als zustandsabhängige Auszahlung interpretiert wird.

Dann lässt sich unter milden Voraussetzungen mithilfe des Satzes von Girsanov ein Wahrscheinlichkeitsmaß Q so konstruieren, dass der Replikationspreis c_0 von c gegeben ist durch

$$c_0 = \rho^{-n}\mathbf{E}^Q[c].$$

Dass es sich bei diesem abdiskontierten Erwartungswert $\rho^{-n}\mathbf{E}^Q[c]$ tatsächlich um den Replikationspreis von c handelt, wird mithilfe des Martingal-Darstellungssatzes nachgewiesen, siehe Abschn. 5.2.

Der Replikationspreis c_0 von c wird also in diesem Kapitel mithilfe wahrscheinlichkeitstheoretischer Methoden der zeitdiskreten Stochastischen Analysis bestimmt, und dies bietet einen gegenüber den algebraischen Methoden des ersten Teils des Buches alternativen Zugang zum Bewertungsproblem. Die große Bedeutung der wahrscheinlichkeitstheoretischen Bewertungsstrategie besteht darin, dass sich dieser Zugang auf die Bewertung in stetiger Zeit übertragen lässt. Dies wird im folgenden Kap. 6 ausgeführt.

5.6 Aufgaben

Aufgabe 5.1 Sei $(S, \mathcal{F})$ ein Mehr-Perioden-Modell mit n Perioden, zwei Finanzinstrumenten S^1 und S^2 und einer binomialen Filtration $\mathcal{F}$. $S^1 = B$ sei festverzinslich mit Periodenzins r, d. h. $S_t^1 = B_t = (1+r)^t$, und $S^2 = S$ sei ein weiteres Finanzinstrument mit positiven Kursen. Unter den Voraussetzungen

$$\sigma_t^2 = \mathbf{E}_{t-1}^P\left[(\Delta W_t)^2\right] > 0 \tag{5.28}$$

und

$$\frac{\mu_t - r}{\sigma_t^2}\Delta W_t < 1, \tag{5.29}$$

existiert das durch

$$Q(\omega) = P(\omega)\,\mathcal{E}_n\left(-\frac{\mu - r}{\sigma^2} \bullet W\right)(\omega)$$

definierte Wahrscheinlichkeitsmaß, sodass die relativen Kurse $\tilde{S}$ Q-Martingale sind. Zeigen Sie:

1. Aus den Bedingungen (5.28) und (5.29) folgt, dass $(S, \mathcal{F})$ arbitragefrei und vollständig ist.
2. Ist $(S, \mathcal{F})$ arbitragefrei und vollständig, dann ist das Martingalmaß Q eindeutig bestimmt.

Aufgabe 5.2 Sei $(\Omega, \mathcal{A}, P)$ ein Wahrscheinlichkeitsraum, und sei $\mathcal{B} \subset \mathcal{A}$ eine Unteralgebra von $\mathcal{A}$. Sei X $\mathcal{A}$-messbar. Dann ist die **bedingte Varianz** von X gegeben $\mathcal{B}$ definiert durch

$$\mathbf{V}(X|\mathcal{B}) = \mathbf{E}\left[(X - \mathbf{E}[X|\mathcal{B}])^2 |\mathcal{B}\right]$$

Ein Renditeprozess $R_t = \frac{S_t - S_{t-1}}{S_{t-1}}$ werde nun mithilfe der Doob-Zerlegung dargestellt als

$$R_t = \mu_t + \Delta W_t,$$

wobei W ein Martingal ist. Zeigen Sie, dass

$$\sigma_t^2 = \mathbf{E}_{t-1}\left[(\Delta W_t)^2\right]$$

geschrieben werden kann als

$$\sigma_t^2 = \mathbf{V}(R_t|\mathcal{F}_{t-1}).$$

Mit der Notation $\mathbf{V}_{t-1}(R_t) = \mathbf{V}(R_t|\mathcal{F}_{t-1})$ gilt dann also

$$\sigma_t^2 = \mathbf{V}_{t-1}(R_t).$$

Aufgabe 5.3 Sei $(\Omega, \mathcal{A}, P)$ ein Wahrscheinlichkeitsraum, und sei $\mathcal{B} \subset \mathcal{A}$ eine Unteralgebra von $\mathcal{A}$. Seien X und Y $\mathcal{A}$-messbar. Dann ist die **bedingte Kovarianz** von X und Y gegeben $\mathcal{B}$ definiert durch

$$\mathbf{Cov}(X, Y|\mathcal{B}) = \mathbf{E}[(X - \mathbf{E}[X|\mathcal{B}])(Y - \mathbf{E}[Y|\mathcal{B}])|\mathcal{B}].$$

Es bezeichne ν den Aufspaltungsindex eines Mehr-Perioden-Modells $(S, \mathcal{F})$. Das erste Finanzinstrument $S^1 = B$ sei festverzinslich, d. h., es gilt $B_t = (1+r)^t$ für ein $r > -1$, und es sei $S_t^i(\omega) \neq 0$ für jedes $i = 2, \dots, N$, für alle $t = 0, \dots, n$ und für alle $\omega \in \Omega$. P sei ein Wahrscheinlichkeitsmaß auf $\mathcal{P}(\Omega)$ mit $P(\omega) > 0$ für alle $\omega \in \Omega$.

Der Renditeprozesse R^i von S^i lässt sich für jedes $i = 2, \dots, N$ schreiben als $R^i = \mu^i + \Delta W^i$ mit $\mu_t^i = \mathbf{E}_{t-1}^P\left[R_t^i\right]$, sodass gilt

$$S_t^i = S_{t-1}^i\left(1 + \mu_t^i + \Delta W_t^i\right).$$

Nun sei $M^1, \dots, M^{\nu-1}$ eine orthogonale Basis von Martingalen. Weiter seien $\alpha^{i1}, \dots, \alpha^{i,\nu-1}$ für $i = 2, \dots, N$ vorhersehbare Prozesse, sodass gilt

$$W_t^i = W_0^i + \sum_{k=1}^{\nu-1} \int_0^t \alpha^{ik} \, \mathrm{d}M^k,$$

also

$$\Delta W_t^i = \sum_{k=1}^{\nu-1} \alpha_t^{ik} \Delta M_t^k,$$

wobei die $(N-1) \times (\nu-1)$-Matrix α_t durch $(\alpha_t)^{ik} = \alpha_t^{ik}$ definiert wurde. Durch

$$C_t^{ik} = \alpha_t^{ik} \mathbf{E}_{t-1} \left[\left(\Delta M_t^k \right)^2 \right]$$

wird eine $(N-1) \times (\nu-1)$-Matrix C_t definiert. Zeigen Sie, dass C_t^{ik} geschrieben werden kann als

$$C_t^{ik} = \mathbf{Cov} \left(W_t^i, \; M_t^k \,|\mathcal{F}_{t-1} \right).$$

Mit der Notation $\mathbf{Cov}\left(W_t^i, \; M_t^k \,|\mathcal{F}_{t-1}\right) = \mathbf{Cov}_{t-1}\left(W_t^i, \; M_t^k\right)$ gilt also

$$C_t^{ik} = \mathbf{Cov}_{t-1} \left(W_t^i, \; M_t^k \right).$$

Aufgabe 5.4 In einem Mehr-Perioden-Modell $(S, \; \mathcal{F})$ sei $S_t^1 = B_t = (1+r)^t$ sowie

$$S_t^i = S_{t-1}^i \left(1 + \mu_t^i + \Delta W_t^i \right)$$

für $i = 2, \ldots, N$. Seien P und Q äquivalente Wahrscheinlichkeitsmaße auf $\mathcal{P}(\Omega)$ und sei $\mathcal{L}_t = \mathbf{E}_t^P \left[\frac{Q}{P} \right]$. Dann gilt

$$-\left(\mu_t^i - r \right) = \frac{\mathbf{E}_{t-1}^P \left[\Delta W_t^i \Delta \mathcal{L}_t \right]}{\mathcal{L}_{t-1}}$$

für $i = 1, \ldots, N$. Zeigen Sie, dass folgende alternative Darstellung gilt:

$$\mu_t^i - r = -\frac{1}{\mathcal{L}_{t-1}} \mathbf{Cov}_{t-1} \left(R_t^i, \; \mathcal{L}_t \right).$$

Einführung in die stetige Finanzmathematik 6

In diesem Kapitel wird die Bewertung von Call- und Put-Optionen im Rahmen der stetigen Finanzmathematik dargestellt. Der für eine vollständige Behandlung der Thematik benötigte mathematische Hintergrund ist erheblich und umfasst neben den Grundlagen der Maßtheorie auch den Itô-Kalkül der stochastischen Analysis. Wir beschränken uns im Folgenden darauf, das Prinzip darzustellen. Allerdings ist der Aufbau dieses Kapitels analog zum Aufbau des vorherigen Kap. 5. Alle Schritte, die im vorliegenden zeitstetigen Kontext nicht umfassend dargestellt werden, können im diskreten Rahmen mit vollständigen Beweisen nachgelesen werden.

Einführungen in die Maßtheorie bieten Bauer [2] oder Williams [25]. Zum Itô-Kalkül und zu den Anwendungen der stochastischen Analysis in der Finanzmathematik existiert eine umfangreiche Literatur, siehe etwa Bauer [3], Bingham/Kiesel [5], Deck [9], Lamberton/Lapeyre [16], Karatzas [13], Karatzas/Shreve [14], Shreve [23] und Steele [24].

6.1 Das Black-Scholes-Modell

Wir betrachten die Wertentwicklung $V_t = \alpha_t B_t + \gamma_t S_t$ einer Handelsstrategie mit zwei Wertpapieren B und S und den Stückzahlen α_t für B und γ_t für S. Bei B handelt es sich um eine festverzinsliche Kapitalanlage und bei S um eine Aktie. Es werden zunächst n Handelszeitpunkte $0 = t_0 < t_1 < \cdots < t_n$ betrachtet. Zum Anfangszeitpunkt $t_0 = 0$ habe ein Anfangsportfolio die Zusammensetzung $h_{t_0} = \left(\alpha_{t_0}, \gamma_{t_0}\right)$ mit Anfangswert $V_{t_0} = \alpha_{t_0} B_{t_0} + \gamma_{t_0} S_{t_0}$. Zum Zeitpunkt $t_1 > t_0$ werde das Portfolio zum ersten Mal umgeschichtet. Unmittelbar vor dem Handeln lautet der Wert des Portfolios $V_{t_1} = \alpha_{t_0} B_{t_1} + \gamma_{t_0} S_{t_1}$. Wird der gesamte Portfoliowert reinvestiert, dann besitzt das Portfolio nach dem Umschichten denselben Wert $V_{t_1} = \alpha_{t_1} B_{t_1} + \gamma_{t_1} S_{t_1}$, aber mit der neuen Zusammensetzung $h_{t_1} = \left(\alpha_{t_1}, \gamma_{t_1}\right)$. Wird zu

J. Kremer, *Preise in Finanzmärkten*,
https://doi.org/10.1007/978-3-662-67148-1_6

jedem Handelszeitpunkt t_i der gesamte Portfoliowert reinvestiert, dann heißt die zugehörige **Handelsstrategie** wie im diskreten Fall **selbstfinanzierend.** Für die Wertänderung der Handelsstrategie zwischen den Zeitpunkten t_{i-1} und t_i gilt dann jeweils

$$\Delta V_{t_i} = V_{t_i} - V_{t_{i-1}} = \alpha_{t_{i-1}} \Delta B_{t_i} + \gamma_{t_{i-1}} \Delta S_{t_i}$$

mit $\Delta B_{t_i} = B_{t_i} - B_{t_{i-1}}$ und $\Delta S_{t_i} = S_{t_i} - S_{t_{i-1}}$, und es folgt die Darstellung

$$V_{t_n} - V_{t_0} = \sum_{i=1}^{n} \Delta V_{t_i} = \sum_{i=1}^{n} \alpha_{t_{i-1}} \Delta B_{t_i} + \sum_{i=1}^{n} \gamma_{t_{i-1}} \Delta S_{t_i}. \tag{6.1}$$

Mit $\tilde{V}_t = \frac{V_t}{B_t}$, $\tilde{S}_t = \frac{S_t}{B_t}$, $\tilde{B}_t = \frac{B_t}{B_t} = 1$, $\Delta \tilde{S}_{t_i} = \tilde{S}_{t_i} - \tilde{S}_{t_{i-1}}$ und $\Delta \tilde{B}_{t_i} = \tilde{B}_{t_i} - \tilde{B}_{t_{i-1}} = 0$ geht (6.1) über in

$$\tilde{V}_{t_n} = \tilde{V}_0 + \sum_{i=1}^{n} \gamma_{t_{i-1}} \Delta \tilde{S}_{t_i}. \tag{6.2}$$

Werden also alle Wertpapierpreise relativ zu B betrachtet, dann ergibt sich für die relative Wertentwicklung $\tilde{V}$ analog zu (5.10) eine Darstellung, die neben dem relativen Anfangskapital $\tilde{V}_0$ nur noch Positionen in $\tilde{S}_t$ enthält. Wie in Kap. 5 werden B **Numéraire** und $\tilde{S}$ **relativer Preisprozess** genannt.

Formal erhalten wir für gegen null konvergierende Zeitintervalle $[t_{i-1}, t_i)$ in (6.2) einen Ausdruck der Form

$$\tilde{V}_t = \tilde{V}_0 + \int_0^t \gamma_s \, \mathrm{d}\tilde{S}_s. \tag{6.3}$$

Die Modellierung der Preise B_t und S_t wird nun so vorgenommen, dass dem Ausdruck (6.3) eine mathematisch wohldefinierte Bedeutung zugeordnet werden kann.

Wie in Kap. 5 besteht auch hier der wesentliche Baustein der Bewertungsstrategie für Auszahlungsprofile darin, ein Wahrscheinlichkeitsmaß Q so zu konstruieren, dass der relative Aktienpreisprozess $\tilde{S}$ ein Martingal bezüglich Q wird. In diesem Fall ist auch $\tilde{V}$ in (6.3) wie in der diskreten stochastischen Finanzmathematik ein Martingal bezüglich Q, denn der durch $\left(\gamma \bullet \tilde{S}\right)_t = \int_0^t \gamma_s \, \mathrm{d}\tilde{S}_s$ definierte Prozess ist auch im zeitstetigen Fall ein Martingal mit $\left(\gamma \bullet \tilde{S}\right)_0 = 0$. Daraus folgt aber

$$\tilde{V}_0 = \mathbf{E}^Q \left[\tilde{V}_T \right].$$

Ist nun c_T eine beliebige $\mathcal{F}_T$-messbare, zustandsabhängige Auszahlung zum Endzeitpunkt T, dann ist mit $\tilde{c}_T = \frac{c_T}{B_T}$ der Prozess

$$\tilde{c}_t = \mathbf{E}_t^Q \left[\tilde{c}_T \right]$$

nach Definition ein Martingal, wobei $\mathbf{E}_t^Q\left[\tilde{c}_T\right] = \mathbf{E}^Q\left[\tilde{c}_T \mid \mathcal{F}_t\right]$ die bedingte Erwartung von $\tilde{c}_T$ bezüglich $\mathcal{F}_t$ bezeichnet. Aus der stetigen Version des Martingal-Darstellungssatzes, Satz 6.28, folgt, dass es unter geeigneten Voraussetzungen an den relativen Aktienpreisprozess $\tilde{S}$ einen adaptierten Prozess γ gibt, mit

$$\tilde{c}_t = \tilde{c}_0 + \int_0^t \gamma_s \, \mathrm{d}\tilde{S}_s$$

und

$$\tilde{c}_0 = \mathbf{E}_0^Q\left[\tilde{c}_T\right].$$

Insbesondere folgt dann für den Fall $B_t = e^{rt}$ zunächst $\tilde{c}_0 = c_0$ und weiter

$$c_0 = \mathbf{E}_0^Q\left[\tilde{c}_T\right] = e^{-rT}\mathbf{E}_0^Q\left[c_T\right].$$

Wie im diskreten Fall lässt sich der Prozess γ zu einer selbstfinanzierenden Handelsstrategie $h = (\alpha, \gamma)$ für B und S ergänzen. Damit sind auch im stetigen Fall beliebige $\mathcal{F}_T$-messbare Auszahlungsprofile c_T replizierbar, und die Anfangskosten für die replizierenden Handelsstrategien lassen sich analog zum diskreten Fall als diskontierte Erwartungswerte der Endauszahlung bezüglich des Maßes Q formulieren.

Wir werden in Abschn. 6.2 sehen, dass sich das Integral $\mathbf{E}_0^Q\left[c_T\right]$ für europäische Call- und Put-Optionen im Black-Scholes-Modell tatsächlich berechnen lässt und zu den Black-Scholes-Formeln führt.

Die hier skizzierte Vorgehensweise wird im Folgenden weiter ausgeführt.

Schritt 1: Modellierung der Dynamik der Wertpapiere, das Black-Scholes-Modell
Die Preise der beiden Wertpapiere B und S werden als stochastische Prozesse auf einem Zeitintervall $[0, T]$ modelliert. Dabei wird vorausgesetzt, dass es sich bei Wertpapier B um eine festverzinsliche Kapitalanlage mit stetigem Zinssatz r handelt, sodass gilt

$$B_t = \exp(rt)\,. \tag{6.4}$$

Dies wird häufig in einer sogenannten *differentiellen Form*

$$\mathrm{d}B_t = rB_t\mathrm{d}t \tag{6.5}$$

geschrieben. Dies ist eine symbolische Schreibweise und steht für die Integralgleichung

$$B_t = 1 + r\int_0^t B_s \, \mathrm{d}s,$$

die offenbar durch (6.4) gelöst wird. Das zweite Finanzinstrument S modelliert eine Aktie. Für die Dynamik des Aktienpreises wird der Ansatz

$$\mathrm{d}S_t = \mu S_t\mathrm{d}t + \sigma S_t\mathrm{d}W_t \tag{6.6}$$

gewählt. Dabei sind μ und $\sigma > 0$ Konstanten und W_t ist eine **Brownsche Bewegung,** siehe Definition 6.4. Die Modellierung (6.6) der Aktienkurse S wird **geometrische Brownsche Bewegung** genannt. Diese Festlegungen für B und S zusammen mit den konstanten Koeffizienten μ und σ definieren das klassische **Black-Scholes-Modell.**

Für kleine Zeitintervalle Δt lässt sich (6.6) schreiben als

$$\frac{S_{t+\Delta t} - S_t}{S_t} \approx \mu \Delta t + \sigma \left(W_{t+\Delta t} - W_t\right), \tag{6.7}$$

sodass die Renditen kleiner Kursdifferenzen näherungsweise normalverteilt sind. Wir sehen, dass die Modellierung (6.7) die deterministische Komponente $\mu\Delta t$ enthält, wobei μ auch als **Drift** bezeichnet wird. Diesem Anteil wird die stochastische Fluktuation $\sigma \Delta W_t = \sigma\left(W_{t+\Delta t} - W_t\right)$ überlagert, für die auch der Name **Diffusion** verwendet wird. Die Konstante σ wird **Volatilität** genannt.

Analog zu (6.5) ist (6.6) als Kurzschreibweise für die Integralgleichung

$$S_t = S_0 + \mu \int_0^t S_s \,\mathrm{d}s + \sigma \int_0^t S_s \,\mathrm{d}W_s \tag{6.8}$$

zu lesen. Dabei ist das Integral $\int_0^t S_s \,\mathrm{d}s$ in (6.8) ein gewöhnliches, pfadweise definiertes **Lebesgue-Integral,** während $\int_0^t S_s \,\mathrm{d}W_s$ als **Itô-Integral** interpretiert wird. Die Integralgleichung (6.8) für S besitzt die fast sicher eindeutig bestimmte Lösung

$$S_t = S_0 \exp\left(\mu t - \frac{\sigma^2}{2} t + \sigma W_t\right), \tag{6.9}$$

wobei $S_0 \in \mathbb{R}$ den Anfangskurs zum Zeitpunkt $t = 0$ bezeichnet. Der in (6.9) auftretende Faktor $\exp\left(-\frac{\sigma^2}{2} t\right)$ ergibt sich aus dem **Itô-Kalkül,** siehe Satz 6.22.

Schritt 2: Konstruktion eines Martingalmaßes

Für den relativen Preisprozess $\tilde{S}_t = \frac{S_t}{B_t}$ gilt nach (6.4) und (6.9)

$$\tilde{S}_t = S_0 \exp\left(\left(\mu - r - \frac{\sigma^2}{2}\right) t + \sigma W_t\right). \tag{6.10}$$

Dieser Prozess erfüllt analog zu (6.8) die Integralgleichung

$$\tilde{S}_t = S_0 + (\mu - r) \int_0^t \tilde{S}_s \,\mathrm{d}s + \sigma \int_0^t \tilde{S}_s \,\mathrm{d}W_s$$

bzw. die stochastische Differentialgleichung

$$\mathrm{d}\tilde{S}_t = (\mu - r)\, \tilde{S}_t \mathrm{d}t + \sigma \tilde{S}_t \mathrm{d}W_t. \tag{6.11}$$

Wird

$$W_t^* = W_t + \frac{\mu - r}{\sigma} t \tag{6.12}$$

definiert, dann folgt

$$d\tilde{S}_t = \sigma \tilde{S}_t dW_t^* \tag{6.13}$$

bzw.

$$\tilde{S}_t = S_0 + \sigma \int_0^t \tilde{S}_s \, dW_s^*. \tag{6.14}$$

Sei ein Wahrscheinlichkeitsraum mit **Wiener-Maß** P gegeben, siehe Definition 6.4. Nach dem **Satz von Girsanov,** Satz 6.27, gibt es ein zu P äquivalentes Wahrscheinlichkeitsmaß

$$Q(A) = \int_A \mathcal{L}_T \, dP, \quad \mathcal{L}_T = \exp\left(-\frac{\mu - r}{\sigma} W_T - \frac{1}{2}\left(\frac{\mu - r}{\sigma}\right)^2 T\right),$$

sodass W_t^* eine Brownsche Bewegung bezüglich Q ist. Dann ist aber $\tilde{S}$ in (6.14) ein Martingal bezüglich Q, und mit (6.10) und (6.12) gilt

$$\tilde{S}_t = S_0 \exp\left(-\frac{\sigma^2}{2} t + \sigma W_t^*\right),$$

also

$$S_t = S_0 \exp\left(\left(r - \frac{\sigma^2}{2}\right) t + \sigma W_t^*\right). \tag{6.15}$$

Schritt 3: Definition des Preises c_0 von c_T als Erwartungswert
Sei c_T eine zustandsabhängige Auszahlung, also eine $\mathcal{F}_T$-messbare Funktion. Dann ist für $\tilde{c}_T = \frac{c_T}{B_T}$ der Prozess $\tilde{c}_t$, gegeben durch

$$\tilde{c}_t = \mathbf{E}_t^Q \left[\tilde{c}_T\right],$$

nach Definition ein Q-Martingal. Als *Preis* c_0 von c_T wird

$$c_0 = \tilde{c}_0 B_0 = \tilde{c}_0 = \mathbf{E}_0^Q \left[\tilde{c}_T\right] = \mathbf{E}^Q \left[\tilde{c}_T\right] \tag{6.16}$$

definiert.

Schritt 4: Konstruktion einer die Endauszahlung c_T replizierenden selbstfinanzierenden Handelsstrategie
Zur Rechtfertigung der Definition (6.16) als Preis von c_T wird nun gezeigt, dass c_0 der Anfangswert einer selbstfinanzierenden Handelsstrategie $h = (\alpha, \gamma)$ ist, die zum Zeitpunkt T die Auszahlung c_T repliziert. Nach dem **Martingal-Darstellungssatz,** Satz 6.28, gibt es zu $(\tilde{c}_t)_{0 \leq t \leq T}$ einen adaptierten Prozess $(\xi_t)_{0 \leq t \leq T}$, sodass gilt

$$\tilde{c}_t = \tilde{c}_0 + \int_0^t \xi_s \, \mathrm{d}W_s^* . \tag{6.17}$$

Mit (6.13) lässt sich (6.17) schreiben als

$$\tilde{c}_t = \tilde{c}_0 + \int_0^t \frac{\xi_s}{\sigma \tilde{S}_s} \, \mathrm{d}\tilde{S}_s .$$

Wird also

$$\gamma_t = \frac{\xi_t}{\sigma \tilde{S}_t}$$

definiert, dann gilt die Darstellung

$$\tilde{c}_t = \tilde{c}_0 + \int_0^t \gamma_s \, \mathrm{d}\tilde{S}_s .$$

Wird weiter

$$\alpha_t = \tilde{c}_t - \gamma_t \tilde{S}_t$$

und

$$c_t = \tilde{c}_t B_t$$

definiert, dann folgt

$$c_t = \alpha_t B_t + \gamma_t S_t .$$

Der Prozess $h_t = (\alpha_t, \gamma_t)$ wird als Handelsstrategie interpretiert, sodass

$$c_t = \alpha_t B_t + \gamma_t S_t = V_t(h) \tag{6.18}$$

für $0 \leq t \leq T$ gilt, also insbesondere

$$c_T = V_T(h) .$$

Wir überzeugen uns nun davon, dass die Strategie $V_t(h)$ **selbstfinanzierend** ist, d. h., dass gilt

$$\mathrm{d}V_t = \alpha_t \mathrm{d}B_t + \gamma_t \mathrm{d}S_t . \tag{6.19}$$

Dabei ist (6.19) die zeitstetige Version von (5.3). Zum Nachweis von (6.19) berechnen wir mit (6.3), (6.11), (6.6), (6.5) und (6.18)

$$\begin{aligned}
\mathrm{d}\tilde{V}_t &= \gamma_t \mathrm{d}\tilde{S}_t \\
&= \gamma_t \left((\mu - r)\, \tilde{S}_t \mathrm{d}t + \sigma \tilde{S}_t \mathrm{d}W_t \right) \\
&= \gamma_t e^{-rt} \left(-r S_t \mathrm{d}t + \mathrm{d}S_t \right) \\
&= -r e^{-rt} \left(\alpha_t B_t + \gamma_t S_t \right) \mathrm{d}t + e^{-rt} \left(\alpha_t \mathrm{d}B_t + \gamma_t \mathrm{d}S_t \right) \\
&= -r e^{-rt} V_t \mathrm{d}t + e^{-rt} \left(\alpha_t \mathrm{d}B_t + \gamma_t \mathrm{d}S_t \right) .
\end{aligned}$$

Andererseits gilt mit (6.41)

$$\begin{aligned} d\tilde{V}_t &= d\left(e^{-rt}V_t\right) \\ &= -re^{-rt}V_t dt + e^{-rt}dV_t. \end{aligned}$$

Durch Vergleich folgt (6.19), also ist $h_t = (\alpha_t, \gamma_t)$ selbstfinanzierend.

Schritt 5: Definition des Diskontprozesses

Angenommen, die Auszahlung c_T ist eine Funktion der Kurse zum Endzeitpunkt, d. h., mit (6.15) gilt

$$c_T(\omega) = f(S_T(\omega)) = f\left(S_0 \exp\left(\left(r - \frac{\sigma^2}{2}\right)T + \sigma W_T^*(\omega)\right)\right).$$

Nach dem Satz von Girsanov, Satz 6.27, ist W^* eine Brownsche Bewegung bezüglich Q. Daher ist W_T^* unter Q eine normalverteilte Zufallsvariable mit Erwartungswert 0 und Varianz T, sodass (6.16) mit

$$S_T(x) = S_0 \exp\left(\left(r - \frac{\sigma^2}{2}\right)T + \sigma\sqrt{T}x\right)$$

geschrieben werden kann als

$$\begin{aligned} c_0 &= \mathbf{E}^Q\left[\tilde{c}_T\right] \\ &= e^{-rT}\int_{-\infty}^{\infty} f(S_T(x))\,\varphi(x)\,dx \\ &= \int_{-\infty}^{\infty} f(S_T(x))\,\phi_T(x)\,dx \\ &= \langle \phi_T, f(S_T)\rangle, \end{aligned} \tag{6.20}$$

wobei $\varphi(x) = \frac{1}{\sqrt{2\pi}}e^{-\frac{x^2}{2}}$, $\phi_T(x) = e^{-rT}\varphi(x)$ und $\langle g, h\rangle = \int_{-\infty}^{\infty} g(x)\,h(x)\,dx$ definiert wurde. Damit kann der Prozess

$$\phi_t(x) = e^{-rt}\varphi(x)$$

in Analogie zu (2.12) als **Diskontprozess** interpretiert werden.

6.2 Die Black-Scholes-Formeln

Für eine Call-Option mit Auszahlung $f(x) = (x - K)^+$ lautet (6.20)

$$c_0 = \frac{e^{-rT}}{\sqrt{2\pi}}\int_{-\infty}^{\infty}\left(S_0 \exp\left(\left(r - \frac{\sigma^2}{2}\right)T + \sigma\sqrt{T}x\right) - K\right)^+ e^{-\frac{x^2}{2}}\,dx. \tag{6.21}$$

Nun gilt

$$S_0 \exp\left(\left(r - \frac{\sigma^2}{2}\right) T + \sigma\sqrt{T}x\right) \geq K,$$

falls

$$\ln\left(\frac{S_0}{K}\right) + \left(r - \frac{\sigma^2}{2}\right) T + \sigma\sqrt{T}x \geq 0.$$

Dies ist erfüllt für

$$x \geq -\frac{\ln\left(\frac{S_0}{K}\right) + \left(r - \frac{\sigma^2}{2}\right) T}{\sigma\sqrt{T}}.$$

Mit den Definitionen

$$d_{\pm} = \frac{\ln\left(\frac{S_0}{K}\right) + \left(r \pm \frac{\sigma^2}{2}\right) T}{\sigma\sqrt{T}}$$

schreiben wir (6.21) als

$$\begin{aligned}
c_0 &= \frac{e^{-rT}}{\sqrt{2\pi}} \int_{-d_-}^{\infty} \left(S_0 \exp\left(\left(r - \frac{\sigma^2}{2}\right) T + \sigma\sqrt{T}x\right) - K\right) e^{-\frac{x^2}{2}} \,\mathrm{d}x \\
&= S_0 \int_{-d_-}^{\infty} \exp\left(-\frac{\sigma^2}{2} T + \sigma\sqrt{T}x\right) \frac{e^{-\frac{x^2}{2}}}{\sqrt{2\pi}} \,\mathrm{d}x - K e^{-rT} \int_{-d_-}^{\infty} \frac{e^{-\frac{x^2}{2}}}{\sqrt{2\pi}} \,\mathrm{d}x \\
&= S_0 \frac{1}{\sqrt{2\pi}} \int_{-d_-}^{\infty} \exp\left(-\frac{1}{2}\left(\sigma\sqrt{T} - x\right)^2\right) \mathrm{d}x - K e^{-rT} \frac{1}{\sqrt{2\pi}} \int_{-d_-}^{\infty} e^{-\frac{x^2}{2}} \,\mathrm{d}x \\
&= S_0 \left(\frac{1}{\sqrt{2\pi}} \int_{-\infty}^{d_+} e^{-\frac{x^2}{2}} \,\mathrm{d}x\right) - K e^{-rT} \left(\frac{1}{\sqrt{2\pi}} \int_{-\infty}^{d_-} e^{-\frac{x^2}{2}} \,\mathrm{d}x\right) \\
&= S_0 \Phi\left(d_+\right) - K e^{-rT} \Phi\left(d_-\right).
\end{aligned}$$

Dabei bezeichnet

$$\Phi\left(d\right) = \frac{1}{\sqrt{2\pi}} \int_{-\infty}^{d} e^{-\frac{x^2}{2}} \,\mathrm{d}x$$

die Verteilungsfunktion der Standard-Normalverteilung. Für eine Put-Option mit Auszahlung $f\left(x\right) = \left(K - x\right)^+$ folgt mithilfe der Put-Call-Parität wie im Beweis von Satz 3.9 der Preis

$$p_0 = K e^{-rT} \Phi\left(-d_-\right) - S_0 \Phi\left(-d_+\right),$$

und wir erhalten erneut die **Black-Scholes-Formeln** (3.26).

6.3 Elemente der stochastischen Analysis

Bedingte Erwartung und Martingale

Sei $(\Omega, \mathcal{F}, P)$ ein Wahrscheinlichkeitsraum. Eine **Zufallsvariable** $X : \Omega \to \mathbb{R}$ ist eine $\mathcal{F}$-messbare reellwertige Funktion, d. h., es gilt $X^{-1}(B) \in \mathcal{F}$ für alle Borelmengen $B \in \mathcal{B}(\mathbb{R})$. Mit $\mathcal{L}^p(\Omega, \mathcal{F}, P)$, $p \in [1, \infty)$, bezeichnen wir den Raum aller p-fach integrierbaren Zufallsvariablen X, d. h., es gilt $\int_\Omega |X|^p \, \mathrm{d}P = \mathbf{E}\left[|X|^p\right] < \infty$. Wir schreiben abkürzend auch $\mathcal{L}^p(P)$ oder $\mathcal{L}^p$ statt $\mathcal{L}^p(\Omega, \mathcal{F}, P)$. Mit $L^p(\Omega, \mathcal{F}, P)$ oder $L^p(P)$ bzw. L^p bezeichnen wir dagegen den Raum der Äquivalenzklassen der p-fach integrierbaren Zufallsvariablen unter der Äquivalenzrelation $X \sim Y \Leftrightarrow X = Y$ P-fast überall. Nach dem Satz von Riesz-Fischer ist $L^p(\Omega, \mathcal{F}, P)$ mit der Norm $\|X\|_p = \left(\int_\Omega |X|^p \, \mathrm{d}P\right)^{\frac{1}{p}}$ vollständig, also ein Banachraum. Sprechen wir von einer Funktion $X \in L^p(\Omega, \mathcal{F}, P)$, so meinen wir den Repräsentanten X der Äquivalenzklasse $[X] = \{Y \in \mathcal{L}^p(\Omega, \mathcal{F}, P) \,|\, X \sim Y\}$.

Definition 6.1 Sei $X \in \mathcal{L}^1(\Omega, \mathcal{F}, P)$ eine integrierbare Zufallsvariable auf einem Wahrscheinlichkeitsraum $(\Omega, \mathcal{F}, P)$ und sei $\mathcal{G} \subset \mathcal{F}$ eine Unter-σ-Algebra von $\mathcal{F}$. Eine Zufallsvariable $Y \in \mathcal{L}^1(\Omega, \mathcal{F}, P)$ heißt **bedingte Erwartung von** X **gegeben** $\mathcal{G}$, wenn gilt

1. Y ist $\mathcal{G}$-messbar,
2. $\mathbf{E}[Y \cdot 1_A] = \mathbf{E}[X \cdot 1_A]$ für alle $A \in \mathcal{G}$.

Sind Y und Y' zwei bedingte Erwartungen von X gegeben $\mathcal{G}$, dann gilt $Y = Y'$ P-fast überall. Für die bedingte Erwartung Y schreiben wir in der Regel $Y = \mathbf{E}[X \,|\, \mathcal{G}] = \mathbf{E}_\mathcal{G}[X]$.

Die Existenz der bedingten Erwartung kann mithilfe des Satzes von Radon-Nikodym nachgewiesen werden, siehe Bauer [3], oder alternativ mithilfe des Projektionslemmas, siehe Williams [25]. Eine Darstellung des zuletzt genannten Zugangs zur bedingten Erwartung auf der Basis der Theorie orthogonaler Projektionen finden Sie für endliche Wahrscheinlichkeitsräume in Abschn. 4.3.

Analog zu den Sätzen 4.19 und 4.36 gilt:

Satz 6.2 *Seien $X, X_1, X_2 \in \mathcal{L}^1(\Omega, \mathcal{F}, P)$ integrierbare Zufallsvariablen auf einem Wahrscheinlichkeitsraum $(\Omega, \mathcal{F}, P)$. Sei weiter $\mathcal{G} \subset \mathcal{F}$ eine Unter-σ-Algebra von $\mathcal{F}$. Dann gilt:*

1. *Ist X $\mathcal{G}$-messbar, dann gilt $\mathbf{E}_\mathcal{G}[X] = X$.*
2. *Ist X_1 $\mathcal{G}$-messbar und ist $X_1 X_2$ integrierbar, dann gilt $\mathbf{E}_\mathcal{G}[X_1 X_2] = X_1 \mathbf{E}_\mathcal{G}[X_2]$.*
3. *$\mathbf{E}_\mathcal{G}[aX_1 + bX_2] = a\mathbf{E}_\mathcal{G}[X_1] + b\mathbf{E}_\mathcal{G}[X_2]$ für $a, b \in \mathbb{R}$.*
4. *$X_1 \leq X_2 \Rightarrow \mathbf{E}_\mathcal{G}[X_1] \leq \mathbf{E}_\mathcal{G}[X_2]$.*
5. *$\left|\mathbf{E}_\mathcal{G}[X]\right| \leq \mathbf{E}_\mathcal{G}[|X|]$.*
6. *$\mathbf{E}\left[\mathbf{E}_\mathcal{G}[X]\right] = \mathbf{E}[X]$.*

7. *Ist $\mathcal{H}$ eine weitere σ-Algebra mit $\mathcal{H} \subset \mathcal{G} \subset \mathcal{F}$, dann gilt*

$$\mathbf{E}_{\mathcal{H}}\left[\mathbf{E}_{\mathcal{G}}[X]\right] = \mathbf{E}_{\mathcal{G}}\left[\mathbf{E}_{\mathcal{H}}[X]\right] = \mathbf{E}_{\mathcal{H}}[X].$$

8. *Ist X unabhängig von $\mathcal{G}$, dann gilt*

$$\mathbf{E}_{\mathcal{G}}[X] = \mathbf{E}[X].$$

Definition 6.3 Sei $(\Omega, \mathcal{F}, P)$ ein Wahrscheinlichkeitsraum. Eine Familie $(\mathcal{F}_t)_{t \geq 0}$ von σ-Algebren heißt **Filtration** in $(\Omega, \mathcal{F}, P)$, wenn $\mathcal{F}_s \subset \mathcal{F}_t \subset \mathcal{F}$ für alle $s < t$. Ein Wahrscheinlichkeitsraum mit einer Filtration heißt **filtrierter Wahrscheinlichkeitsraum.** Ein **stochastischer Prozess** $(X_t)_{t \geq 0}$ ist eine Familie X_t, $t \geq 0$, von Zufallsvariablen. Ein stochastischer Prozess $(X_t)_{t \geq 0}$ ist ein $\mathcal{L}^p(P)$-Prozess, wenn $X_t \in \mathcal{L}^p(P)$ für alle $t \geq 0$. $(X_t)_{t \geq 0}$ heißt an eine Filtration $(\mathcal{F}_t)_{t \geq 0}$ **adaptiert,** wenn jedes X_t $\mathcal{F}_t$-messbar ist. Ein **Martingal** ist ein adaptierter stochastischer $\mathcal{L}^1(P)$-Prozess, sodass $\mathbf{E}[X_t \mid \mathcal{F}_s] = X_s$ für alle $s \leq t$. Wir schreiben auch $\mathbf{E}_s[X_t] = \mathbf{E}[X_t \mid \mathcal{F}_s]$. **Sub-** und **Supermartingale** werden analog zu ihren diskreten Varianten definiert.

Brownsche Bewegung und Wienermaße

Definition 6.4 Sei $(\Omega, \mathcal{F}, P)$ ein Wahrscheinlichkeitsraum und sei $(\mathcal{F}_t)_{t \geq 0}$ eine Filtration mit $\mathcal{F}_t \subset \mathcal{F}$ für alle $t \geq 0$. Ein reellwertiger stochastischer Prozess $(W_t)_{t \geq 0}$ heißt **Brownsche Bewegung** bezüglich der Filtration $(\mathcal{F}_t)_{t \geq 0}$, falls gilt:

- $W_0 = 0$.
- Für P-fast alle $\omega \in \Omega$ ist der Pfad $t \to W_t(\omega)$ stetig in t.
- Für jedes $t \geq 0$ ist die Zufallsvariable W_t $\mathcal{F}_t$-messbar.
- Für alle $s < t$ ist $W_t - W_s$ unabhängig von der σ-Algebra $\mathcal{F}_s$.
- Für alle $s < t$ gilt $W_t - W_s \sim \mathcal{N}(0, t - s)$.

Das in der Definition des Wahrscheinlichkeitsraums $(\Omega, \mathcal{F}, P)$ auftretende Wahrscheinlichkeitsmaß P wird **Wiener-Maß** genannt.

$W_t - W_s$ ist also für alle $0 \leq s < t$ eine normalverteilte Zufallsvariable mit Erwartungswert 0 und mit Varianz $t - s$. Seien weiter $0 \leq t_0 < \cdots < t_n$ beliebige Zeitpunkte. Dann sind $W_{t_n} - W_{t_{n-1}}, \ldots, W_{t_1} - W_{t_0}$ unabhängige, normalverteilte Zufallsvariablen.

Die Brownsche Bewegung ist ein Martingal bezüglich des Wiener-Maßes P, denn für $0 \leq s < t$ gilt

$$\begin{aligned}\mathbf{E}_s[W_t] &= \mathbf{E}_s[W_s + (W_t - W_s)]\\ &= \mathbf{E}_s[W_s] + \mathbf{E}_s[W_t - W_s]\\ &= W_s + \mathbf{E}[W_t - W_s]\\ &= W_s,\end{aligned}$$

wobei 1. und 8. aus Satz 6.2 verwendet wurde.

Sei $(W_t)_{t\geq 0}$ eine Brownsche Bewegung. Das Ziel sei nun, in Ausdrücken der Form (6.3) die Längen der Zeitintervalle $[t_{i-1}, t_i)$ gegen null konvergieren zu lassen, und auf diese Weise wohldefinierte Grenzwerte zu erhalten, die dann als

$$\int_0^T X_s \, \mathrm{d}W_s$$

notiert werden.

Die von der Einführung des Riemann-Integrals her vertraute und daher zunächst naheliegende Strategie wäre, den zu definierenden Grenzwert pfadweise zu konstruieren, also etwa $\left(\int_0^T X_s \, \mathrm{d}W_s\right)(\omega)$ durch $\int_0^T X_s(\omega) \frac{\mathrm{d}W_s(\omega)}{\mathrm{d}s}\mathrm{d}s$ für $\omega \in \Omega$ zu erklären. Dies ist jedoch nicht möglich, denn die Pfade der Brownschen Bewegung sind zwar stetig, aber P-fast sicher nirgends differenzierbar. Zudem werden wir gleich sehen, dass die Pfade der Brownschen Bewegung von unbeschränkter Variation sind, sodass es nicht einmal für stetige Integranden X möglich ist, den zu formulierenden Grenzwert als Stieltjes-Integral zu definieren.

Satz 6.5 ***(Quadratische Variation der Brownschen Bewegung)*** *Sei $(W_t)_{t\geq 0}$ eine Brownsche Bewegung auf $(\Omega, \mathcal{F}, P)$. Dann gilt für $0 \leq a < b$ und $t_k^{(n)} = a + (b-a)\frac{k}{2^n}$ für $k = 0, \ldots, 2^n$*

$$\lim_{n\to\infty} \sum_{k=1}^{2^n} \left(W_{t_k^{(n)}}(\omega) - W_{t_{k-1}^{(n)}}(\omega)\right)^2 = b - a \tag{6.22}$$

für fast alle $\omega \in \Omega$.

Beweis Für die Zufallsvariablen

$$Y_n = \sum_{k=1}^{2^n} \left(W_{t_k^{(n)}} - W_{t_{k-1}^{(n)}}\right)^2 - (b-a)$$

gilt wegen der Unabhängigkeit, Zentriertheit und Normalverteilung der Brownschen Inkremente

$$\mathbf{E}[Y_n] = 2^n \frac{b-a}{2^n} - (b-a) = 0$$

und

$$\mathbf{E}\left[Y_n^2\right] = \mathbf{V}[Y_n] = 2^n \left(2\left(\frac{b-a}{2^n}\right)^2\right) = \frac{(b-a)^2}{2^{n-1}},$$

denn für $X \sim \mathcal{N}(0, \sigma^2)$ gilt $\mathbf{V}\left[X^2\right] = \mathbf{E}\left[X^4\right] - \mathbf{E}\left[X^2\right]^2 = 3\sigma^4 - \sigma^4 = 2\sigma^4$.

Damit gilt aber $\sum_{n=1}^{\infty} \mathbf{E}\left[Y_n^2\right] < \infty$. Nach dem Satz von der monotonen Konvergenz ist $Z = \sum_{n=1}^{\infty} \left|Y_n^2\right|$ integrierbar, sodass $\sum_{n=1}^{\infty} \left|Y_n^2\right|$ insbesondere fast überall endlich ist. Also konvergiert Y_n fast überall gegen null. □

Für festes $\omega \in \Omega$ können die Differenzen $W_{t_k^{(n)}}(\omega) - W_{t_{k-1}^{(n)}}(\omega)$ als Realisierungen unabhängiger $\mathcal{N}\left(0, \frac{b-a}{2^n}\right)$-verteilter Zufallsvariablen interpretiert werden. Dann ist aber der Ausdruck $\frac{1}{2^n} \sum_{k=1}^{2^n} \left(W_{t_k^{(n)}}(\omega) - W_{t_{k-1}^{(n)}}(\omega)\right)^2$ ein Schätzer für deren Varianz, was (6.22) nahelegt.

Korollar 6.6 *Die Pfade der Brownschen Bewegung sind auf jedem Interval $[a, b]$ von **unbeschränkter Variation,** d. h., es gilt*

$$\sup_n \left\{ \sum_{k=1}^{2^n} \left| W_{t_k^{(n)}}(\omega) - W_{t_{k-1}^{(n)}}(\omega) \right| \right\} = \infty$$

für fast alle $\omega \in \Omega$, wobei das Supremum über alle Zerlegungen von $[a, b]$ gebildet wird, bei denen die $t_k^{(n)}$ wie im vorangegangenen Satz definiert sind.

Beweis Die Aussage folgt aus

$$\begin{aligned} &\sum_{k=1}^{2^n} \left(W_{t_k^{(n)}}(\omega) - W_{t_{k-1}^{(n)}}(\omega)\right)^2 \\ &\quad \leq \left(\max_k \left|W_{t_k^{(n)}}(\omega) - W_{t_{k-1}^{(n)}}(\omega)\right|\right) \sum_{k=1}^{2^n} \left|W_{t_k^{(n)}}(\omega) - W_{t_{k-1}^{(n)}}(\omega)\right|, \end{aligned}$$

denn es gilt $\max_k \left|W_{t_k^{(n)}}(\omega) - W_{t_{k-1}^{(n)}}(\omega)\right| \to 0$ für $n \to \infty$ wegen der gleichmäßigen Stetigkeit der Brownschen Pfade auf kompakten Zeitintervallen. □

Das Riemann-Integral

Wenn auch das Itô-Integral nicht als Riemann- oder als Stieltjes-Integral definiert werden kann, so basiert die Konstruktion des Riemann-Integrals dennoch auf folgendem funktionalanalytischen Prinzip, das auch beim Itô-Integral Verwendung findet.

Wir betrachten die Menge der reellwertigen Treppenfunktionen $\mathcal{T}[0, T]$ auf einem Intervall $[0, T]$,

$$\mathcal{T}[0, T] = \left\{ f = \sum_{i=0}^{N-1} c_i \mathbf{1}_{[t_i, t_{i+1})} + c_N \mathbf{1}_{\{t_N\}} \,|\, 0 = t_0 < \cdots < t_N = T,\ c_i \in \mathbb{R} \right\}.$$

Zunächst wird das **Riemann-Integral**

$$\mathcal{R} : \mathcal{T}[0, T] \to \mathbb{R}$$

für Treppenfunktionen $f = \sum_{i=0}^{N-1} c_i \mathbf{1}_{[t_i, t_{i+1})} + c_N \mathbf{1}_{\{t_N\}}$ mit $\Delta t_i = t_i - t_{i-1}$ definiert durch

$$\mathcal{R}(f) = \sum_{i=1}^{N} c_{i-1} \Delta t_i .$$

Dann ist $\mathcal{R}$ eine lineare Abbildung mit der Eigenschaft

$$|\mathcal{R}(f)| \leq T \, \|f\|_\infty ,$$

wobei $\|f\|_\infty = \sup_{t \in [0, T]} |f(t)|$ die Supremumsnorm von f bezeichnet. $\mathcal{R}$ ist somit ein stetiger linearer Operator auf dem Vektorraum der Treppenfunktionen $\mathcal{T}[0, T]$, versehen mit der Supremumsnorm $\|\cdot\|_\infty$, mit Bildern im Banachraum $(\mathbb{R}, |\cdot|)$,

$$\mathcal{R} : (\mathcal{T}[0, T], \|\cdot\|_\infty) \to (\mathbb{R}, |\cdot|) .$$

Bezeichnen wir mit $\mathcal{B}[0, T]$ die Menge aller beschränkten Funktionen auf $[0, T]$, dann gilt $\mathcal{T}[0, T] \subset \mathcal{B}[0, T]$, und $\mathcal{R}$ kann auf den Abschluss von $\overline{\mathcal{T}[0, T]}$ bezüglich der Supremumsnorm in $\mathcal{B}[0, T]$ fortgesetzt werden. Denn ist $(f_n)_{n \in \mathbb{N}}$ eine Folge in $\mathcal{T}[0, T]$ mit Grenzwert $f \in \mathcal{B}[0, T]$ bezüglich der Supremumsnorm, dann gilt aufgrund der Linearität und Stetigkeit von $\mathcal{R}$

$$|\mathcal{R}(f_n) - \mathcal{R}(f_m)| = |\mathcal{R}(f_n - f_m)| \leq T \, \|f_n - f_m\|_\infty .$$

Also ist $(\mathcal{R}(f_n))_{n \in \mathbb{N}}$ eine Cauchy-Folge reeller Zahlen, die aufgrund der Vollständigkeit des Bildraums $(\mathbb{R}, |\cdot|)$ in $\mathbb{R}$ konvergiert. Es ist leicht zu sehen, dass dieser Grenzwert von der gegen f konvergierenden Folge $(f_n)_{n \in \mathbb{N}}$ aus $\mathcal{T}[0, T]$ unabhängig ist. Daher ist

$$\mathcal{R}(f) = \lim_{n \to \infty} \mathcal{R}(f_n)$$

wohldefiniert. $\mathcal{R}(f)$ wird als **Riemann-Integral** von f bezeichnet. Im Rahmen des weiteren Ausbaus der Riemannschen Integrationstheorie wird anschließend untersucht, welche Funktionenklassen $\overline{\mathcal{T}[0, T]}$ umfasst. Es zeigt sich, dass $\overline{\mathcal{T}[0, T]}$ alle stetigen und alle stückweise stetigen Funktionen auf $[0, T]$ enthält.

Für $f \in \overline{\mathcal{T}[0, T]}$ wird üblicherweise

$$\mathcal{R}(f) = \int_0^T f(t) \, \mathrm{d}t$$

geschrieben.

Das Wiener-Integral

Das Riemann-Integral ist also zunächst als stetige lineare Abbildung auf dem normierten Raum der Treppenfunktionen mit Bildern im Banachraum der reellen Zahlen definiert und wird dann auf den Abschluss der Treppenfunktionen in einem größeren, die Treppenfunktionen umfassenden Raum fortgesetzt. Dieses Prinzip wird auch beim Itô-Integral und bei seinem Vorgänger, dem **Wiener-Integral,** das wir zuvor betrachten, verwendet.

Für $f = \sum_{i=0}^{N-1} c_i \mathbf{1}_{[t_i,\, t_{i+1})} + c_N \mathbf{1}_{\{T\}} \in \mathcal{T}\,[0,\ T]$ definieren wir mit $\Delta W_i = W_{t_i} - W_{t_{i-1}}$

$$\begin{aligned} I\,(f) &= \sum_{i=1}^{N} c_{i-1} \Delta W_i \\ &= \int_0^T f\,(s)\; \mathrm{d}W_s . \end{aligned}$$

I ist offensichtlich linear. Der Schlüssel für den weiteren Ausbau ist folgendes Resultat:

$$\begin{aligned} \int_\Omega |I\,(f)|^2\; \mathrm{d}P &= \mathbf{E}\left[\left(\sum_{i=1}^{N} c_{i-1}\Delta W_i\right)^2\right] \\ &= \sum_{i=1}^{N}\sum_{j=1}^{N} c_{i-1}c_{j-1}\mathbf{E}\left[\Delta W_i \Delta W_j\right] \\ &= \sum_{i=1}^{N} c_{i-1}^2 \mathbf{E}\left[(\Delta W_i)^2\right] \\ &= \sum_{i=1}^{N} c_{i-1}^2 \Delta t_i \\ &= \int_0^T |f\,(t)|^2\; \mathrm{d}t, \end{aligned} \tag{6.23}$$

denn $\mathbf{E}\left[\Delta W_i \Delta W_j\right] = \mathbf{E}\,[\Delta W_i]\,\mathbf{E}\left[\Delta W_j\right] = 0$ für $i \neq j$ wegen der Unabhängigkeit und Zentriertheit der Inkremente der Brownschen Bewegung, und für $i = j$ gilt $\mathbf{E}\left[(\Delta W_i)^2\right] = \mathbf{V}\,[\Delta W_i] = t_i - t_{i-1}$. Wir erhalten also die Gleichung

$$\|I\,(f)\|_{L^2(P)}^2 = \int_\Omega |I\,(f)|^2\; \mathrm{d}P = \mathbf{E}\left[I\,(f)^2\right] = \int_0^T |f\,(t)|^2\; \mathrm{d}t = \|f\|_{L^2(\lambda)}^2 .$$

Dabei bezeichnet $\|\cdot\|_{L^2(P)}$ die L^2-Norm der quadratintegrierbaren Funktionen auf Ω bezüglich des Wienermaßes P, während $\|\cdot\|_{L^2(\lambda)}$ die L^2-Norm der quadratintegrierbaren Funktionen auf dem Intervall $[0,\ T]$ bezüglich des **Lebesgue-Maßes** λ symbolisiert. Die Gleichung

$$\|I\,(f)\|_{L^2(P)} = \|f\|_{L^2(\lambda)}$$

wird **Itô-Isometrie** genannt und besagt, dass die Abbildung

$$I : \left(\mathcal{T}\,[0,\,T]\,,\,\|\cdot\|_{L^2(\lambda)}\right) \to \left(L^2\,(P)\,,\,\|\cdot\|_{L^2(P)}\right)$$

normerhaltend und damit stetig ist. Da der Bildraum $\left(L^2\,(P)\,,\,\|\cdot\|_{L^2(P)}\right)$ der quadratintegrierbaren Funktionen nach dem Satz von Riesz-Fischer auf $[0,\,T]$ vollständig ist, kann das Wiener-Integral I nun analog zur Vorgehensweise beim Riemann-Integral auf den Abschluss aller Treppenfunktionen $\overline{\mathcal{T}\,[0,\,T]} \subset L^2\,(\lambda)$ auf $[0,\,T]$ bezüglich der $\|\cdot\|_{L^2(\lambda)}$-Norm fortgesetzt werden. Es zeigt sich, dass die Treppenfunktionen in $\left(L^2\,(\lambda)\,,\,\|\cdot\|_{L^2(\lambda)}\right)$ dicht liegen, sodass das Wiener-Integral auf den gesamten $L^2\,(\lambda)$ ausgedehnt werden kann:

Satz 6.7 $\overline{\mathcal{T}\,[0,\,T]} = L^2\,(\lambda)$.

Beweis Siehe Deck [9, S. 31]. □

Satz 6.8 *Für jedes $f \in L^2\,(\lambda)$ ist $I\,(f)$ eine normalverteilte und zentrierte Zufallsvariable mit Varianz $\|f\|^2_{L^2(\lambda)}$. Es gilt*

$$\begin{aligned}
\mathbf{E}\,[I\,(f)] &= 0\\
\mathbf{V}\,[I\,(f)] &= \mathbf{E}\left[I\,(f)^2\right] = \|I\,(f)\|^2_{L^2(P)} = \|f\|^2_{L^2(\lambda)}\,.
\end{aligned}$$

Beweis Siehe Deck [9, S. 33 f.]. □

Insbesondere gilt die Itô-Isometrie für jedes $f \in L^2\,(\lambda)$.

Das Itô-Integral

Die Vorgehensweise beim Itô-Integral ist in einem ersten Schritt analog zur Konstruktion des Wiener-Integrals, allerdings ist der Ausgangsraum allgemeiner.

Definition 6.9 Sei $[0,\,T]$ ein endliches Intervall. Der Raum $\mathcal{L}^2_a\,([0,\,T])$ der **quadratintegrierbaren, adaptierten stochastischen Prozesse** ist definiert durch

1. $f \in \mathcal{L}^2\,([0,\,T] \times \Omega,\, \mathcal{B}\,[0,\,T] \otimes \mathcal{F},\, \lambda \otimes P)\,,$
2. $f_t = f\,(t,\,\cdot)$ ist $\mathcal{F}_t$-messbar für alle $t \in [0,\,T]$.

Der Raum der **adaptierten Treppenprozesse** wird durch

$$\mathcal{T}_a\,[0,\,T] = \left\{ f = \sum_{i=0}^{N-1} c_i \mathbf{1}_{[t_i,\,t_{i+1})} + c_N \mathbf{1}_{\{t_N\}} \mid 0 = t_0 < \cdots < t_N = T,\; c_i\ \mathcal{F}_{t_i}\text{-messbar} \right\}.$$

definiert. Weiter definieren wir den Vektorraum der **quadratintegrierbaren, adaptierten Treppenprozesse**

$$\mathcal{T}_a^2\,[0,\,T] = \mathcal{T}_a\,[0,\,T] \cap \mathcal{L}_a^2\,([0,\,T])\,.$$

Definition 6.10 Für $f \in \mathcal{T}_a^2\,[0,\,T]$ wird das **Itô-Integral** $I\,(f)$ definiert durch

$$I\,(f) = \int_0^T f_t\,\mathrm{d}W_t = \sum_{i=1}^{N} c_{i-1}\Delta W_i\,.$$

Im Gegensatz zum Wiener-Integral sind die c_i hier keine Zahlen, sondern $\mathcal{F}_{t_i}$-messbare $\mathcal{L}^2\,(P)$-Zufallsvariablen. Dennoch gilt die Itô-Isometrie:

Lemma 6.11 *(Itô-Isometrie) Für $f \in \mathcal{T}_a^2\,[0,\,T]$ gilt*

$$\|I\,(f)\|_{L^2(P)}^2 = \int_\Omega |I\,(f)|^2\,\mathrm{d}P = \mathbf{E}\left[I\,(f)^2\right] = \int_0^T |f_t|^2\,\mathrm{d}t = \|f\|_{L^2(\lambda\otimes P)}^2\,.$$

Beweis Der Beweis ist analog zu (6.23). Hier gilt jedoch, dass für $i < j$ mit $\Delta W_i = W_{t_i} - W_{t_{i-1}}$ und $\Delta W_j = W_{t_j} - W_{t_{j-1}}$

$$\mathbf{E}\left[c_{i-1}c_{j-1}\Delta W_i \Delta W_j\right] = \mathbf{E}\left[c_{i-1}c_{j-1}\Delta W_i\right]\mathbf{E}\left[\Delta W_j\right] = 0,$$

denn ΔW_j ist unabhängig von $c_{i-1}c_{j-1}\Delta W_i$. Für $i = j$ gilt dagegen

$$\mathbf{E}\left[c_{i-1}^2\,(\Delta W_i)^2\right] = \mathbf{E}\left[c_{i-1}^2\right]\mathbf{E}\left[(\Delta W_i)^2\right] = \mathbf{E}\left[c_{i-1}^2\right]\Delta t_i,$$

sodass

$$\begin{aligned}
\mathbf{E}\left[I\,(f)^2\right] &= \sum_{i=1}^{N} \mathbf{E}\left[c_{i-1}^2\right]\Delta t_i \qquad (6.24)\\
&= \mathbf{E}\left[\sum_{i=1}^{N} c_{i-1}^2\Delta t_i\right]\\
&= \int_\Omega \int_0^T |f_t|^2\,\mathrm{d}t\,\mathrm{d}P\\
&= \|f\|_{L^2(\lambda\otimes P)}^2\,.
\end{aligned}$$

□

Das Itô-Integral $I : \mathcal{T}_a^2\,[0,\,T] \to \mathcal{L}^2\,(P)$ ist linear und wegen (6.24) stetig. I kann somit auf den Abschluss $\overline{\mathcal{T}_a^2\,[0,\,T]}$ der Treppenprozesse $\mathcal{T}_a^2\,[0,\,T]$ in $\mathcal{L}_a^2\,(\lambda \otimes P)$ fortgesetzt werden.

Satz 6.12 $\overline{\mathcal{T}_a^2[0, T]} = \mathcal{L}_a^2([0, T])$.

Beweis Siehe Deck [9, S. 66 ff.]. □

Die Itô-Isometrie setzt sich auf $\mathcal{L}_a^2([0, T])$ fort, d. h., für alle $f \in \mathcal{L}_a^2([0, T])$ gilt

$$\|I(f)\|_{L^2(P)} = \|f\|_{L^2(\lambda \otimes P)}.$$

Stochastische Konvergenz

Für eine stetige Funktion $f : \mathbb{R} \to \mathbb{R}$ sollte eine zufriedenstellende Theorie der stochastischen Integration die Definition von Integralen des Typs

$$\int_0^T f(W_s)\,\mathrm{d}W_s$$

ermöglichen. Dazu ist der bisherige Ausbau des Itô-Integrals noch nicht ausreichend, denn die Bedingung

$$\mathbf{E}\left[\int_0^T f^2(W_s)\,\mathrm{d}s\right] < \infty$$

schließt beispielsweise die Funktion $f(x) = \exp\left(x^4\right)$ aus.

Daher ist es erforderlich, den Definitionsbereich des Itô-Integrals noch weiter auszudehnen. Dazu wird der Raum $\mathcal{L}_a^2([0, T])$ in einen größeren Raum $\mathcal{L}_\omega^2([0, T])$ eingebettet. Dieser größere Raum wird mit einer Halbmetrik so ausgestattet, dass $\mathcal{L}_a^2([0, T])$ in $\mathcal{L}_\omega^2([0, T])$ dicht liegt. Jedes $f \in \mathcal{L}_\omega^2([0, T])$ kann dann durch eine Folge $(f_n)_{n \in \mathbb{N}}$ aus $\mathcal{L}_a^2([0, T])$ approximiert werden. Für $f \notin \mathcal{L}_a^2([0, T])$ kann die Bildfolge $I(f_n)$ aufgrund der Itô-Isometrie nicht in $L^2(P)$ konvergieren. Der Bildraum kann aber ebenfalls mit einer Halbmetrik so ausgestattet werden, dass $I(f_n)$ bezüglich dieser Halbmetrik konvergiert.

Zunächst wird das Konzept der stochastischen Konvergenz eingeführt und es wird anschließend gezeigt, dass sich dieser Konvergenzbegriff mithilfe einer Halbmetrik beschreiben lässt. Diese Halbmetrik stellt sich dann als geeignet heraus, um das Itô-Integral wie oben skizziert zu erweitern.

Definition 6.13 Eine Folge $(X_n)_{n \in \mathbb{N}}$ von Zufallsvariablen **konvergiert stochastisch** gegen eine Zufallsvariable X, wenn für jedes $\varepsilon > 0$ gilt

$$\lim_{n \to \infty} P(|X_n - X| > \varepsilon) = 0.$$

$(X_n)_{n \in \mathbb{N}}$ heißt **stochastische Cauchy-Folge,** wenn für jedes $\varepsilon > 0$ gilt

$$\lim_{n, m \to \infty} P(|X_n - X_m| > \varepsilon) = 0.$$

Konvergiert eine Folge $(X_n)_{n\in\mathbb{N}}$ von Zufallsvariablen stochastisch gegen eine Zufallsvariable X, dann ist X fast sicher eindeutig bestimmt. Für stochastische Konvergenz wird auch

$$P - \lim_{n\to\infty} X_n = X$$

geschrieben. Für $X \in \mathcal{L}^p(P)$ gilt die **Tschebyschev Ungleichung**

$$\mathbf{E}\left[|X|^p\right] = \int_\Omega |X|^p \,\mathrm{d}P \geq \int_{\{|X|>\varepsilon\}} |X|^p \,\mathrm{d}P \geq \int_{\{|X|>\varepsilon\}} \varepsilon^p \,\mathrm{d}P = \varepsilon^p P(\{|X| > \varepsilon\}). \tag{6.25}$$

Konvergiert also $(X_n)_{n\in\mathbb{N}}$ gegen X in $\mathcal{L}^p(P)$, dann auch stochastisch. Umgekehrt konvergiert $X_n = n1_{\left[0,\frac{1}{n}\right]}$ in $(\Omega, \mathcal{F}, P) = ([0, 1], \mathcal{B}([0, 1]), \lambda)$ stochastisch gegen null, jedoch nicht in $\mathcal{L}^1(\lambda)$.

Für $p = 2$ folgt aus (6.25) die Ungleichung $\mathbf{V}[X] = \mathbf{E}\left[(X-\mu)^2\right] \geq \varepsilon^2 P(\{|X-\mu| > \varepsilon\})$, also

$$P(\{|X-\mu| > \varepsilon\}) \leq \frac{\mathbf{V}[X]}{\varepsilon^2}.$$

Definition 6.14 Bezeichnet $\mathcal{M}(\Omega, \mathcal{F}, P)$ den Vektorraum der Zufallsvariablen auf einem Wahrscheinlichkeitsraum $(\Omega, \mathcal{F}, P)$, dann definiert

$$d(X, Y) = \mathbf{E}\left[\frac{|X-Y|}{1+|X-Y|}\right]$$

für $X, Y \in \mathcal{M}(\Omega, \mathcal{F}, P)$ eine **Halbmetrik**[1] auf $\mathcal{M}(\Omega, \mathcal{F}, P)$.

Satz 6.15 *Sei $(X_n)_{n\in\mathbb{N}}$ eine Folge aus $\mathcal{M}(\Omega, \mathcal{F}, P)$ und sei $X \in \mathcal{M}(\Omega, \mathcal{F}, P)$. Dann gilt*

1. $P - \lim_{n\to\infty} X_n = X \Leftrightarrow \lim_{n\to\infty} d(X_n, X) = 0$,
2. *$(X_n)_{n\in\mathbb{N}}$ ist eine stochastische Cauchy-Folge $\Leftrightarrow$ $(X_n)_{n\in\mathbb{N}}$ ist eine Cauchy-Folge bezüglich d.*

Beweis Siehe Deck [9, S. 72]. □

---

[1] Es gilt

$$d(X, X) = 0$$
$$d(X, Y) = d(Y, X)$$
$$d(X, Z) \leq d(X, Y) + d(Y, Z)$$

für alle $X, Y, Z \in \mathcal{M}(\Omega, \mathcal{F}, P)$. Aus $d(X, Y) = 0$ folgt jedoch lediglich $X = Y$ P-fast überall, nicht aber $X = Y$, wie es für eine Metrik erforderlich wäre.

Stochastische Konvergenz ist also äquivalent zur Konvergenz bezüglich der Halbmetrik d.

Satz 6.16 *$(\mathcal{M}(\Omega, \mathcal{F}, P), d)$ ist ein vollständiger halbmetrischer Raum.*

Beweis Siehe Deck [9, S. 74]. □

Definition 6.17 Sei $(\Omega, \mathcal{F}, P)$ ein Wahrscheinlichkeitsraum. Der Vektorraum der **pfadweise quadratintegrierbaren adaptierten stochastischen Prozesse** $\mathcal{L}^2_\omega([0, T])$ ist die Menge aller $\mathcal{B}([0, T]) \otimes \mathcal{F}$-messbaren Funktionen $f : [0, T] \times \Omega \to \mathbb{R}$ für die gilt

1. $\int_0^T |f_t(\omega)|^2 \, dt < \infty$ für fast alle $\omega \in \Omega$,
2. f_t ist $\mathcal{F}_t$-messbar für alle $t \in [0, T]$.

Für $f, g \in \mathcal{L}^2_\omega([0, T])$ definiert

$$d_2(f, g) = \mathbf{E}\left[\frac{\left(\int_0^T |f_t - g_t|^2 \, dt\right)^{\frac{1}{2}}}{1 + \left(\int_0^T |f_t - g_t|^2 \, dt\right)^{\frac{1}{2}}}\right]$$

eine Halbmetrik auf $\mathcal{L}^2_\omega([0, T])$. Offenbar gilt $\mathcal{L}^2_a([0, T]) \subset \mathcal{L}^2_\omega([0, T])$.

Weiter sei $\mathcal{L}^1_\omega([0, T])$ die Menge aller $\mathcal{B}([0, T]) \otimes \mathcal{F}$-messbaren Funktionen $f : [0, T] \times \Omega \to \mathbb{R}$ für die gilt

$$\int_0^T |f_t(\omega)| \, dt < \infty \text{ für fast alle } \omega \in \Omega.$$

Satz 6.18 *$\mathcal{T}^2_a([0, T])$ ist dicht in $\mathcal{L}^2_\omega([0, T])$ bezüglich der Halbmetrik d_2.*

Beweis Siehe Deck [9, S. 76]. □

Satz 6.19 *Sei $(f_n)_{n\in\mathbb{N}}$ eine Cauchy-Folge in $\mathcal{T}^2_a([0, T])$ bezüglich der Halbmetrik d_2. Dann bilden die*

$$I(f_n) = \int_0^T f_n(s) \, dW_s$$

eine stochastische Cauchy-Folge in $\mathcal{L}^2(P)$, d. h., es gilt

$$d(I(f_n), I(f_m)) \to 0$$

für $n, m \to \infty$.

Beweis Siehe Deck [9, S. 80]. □

Mit diesem Ergebnis lässt sich das Itô-Integral auf $\mathcal{L}^2_\omega([0, T])$ ausdehnen.

Definition 6.20 Sei $f \in \mathcal{L}^2_\omega([0, T])$ und sei $(f_n)_{n\in\mathbb{N}}$ eine Folge in $\mathcal{T}^2_a([0, T])$, die gegen f in $\mathcal{L}^2_\omega([0, T])$ bezüglich der Halbmetrik d_2 konvergiert. Dann ist $(I(f_n))_{n\in\mathbb{N}}$ nach Satz 6.19 eine stochastische Cauchy-Folge in $\mathcal{L}^2(P)$, die bezüglich d gegen ein $g \in \mathcal{L}^2(P)$ konvergiert. Dann wird das **Itô-Integral** von f durch

$$I(f) = g$$

definiert.

Itô-Prozesse und Itô-Formel
Für $f \in \mathcal{L}^1([0, T], \lambda)$ sei

$$X_t = \int_0^t f(s)\,\mathrm{d}s \quad (t \in [0, T]).$$

Dann folgt für $F \in C^1(\mathbb{R}^2)$ mit $G(t) = F(t, X_t)$

$$\begin{aligned} G(t) - G(0) &= \int_0^t G'(s)\,\mathrm{d}s \\ &= \int_0^t \left(\frac{\partial F}{\partial t}(s, X_s) + \frac{\partial F}{\partial x}(s, X_s)\frac{\mathrm{d}X_s}{\mathrm{d}s}\right)\mathrm{d}s \\ &= \int_0^t \frac{\partial F}{\partial t}(s, X_s)\,\mathrm{d}s + \int_0^t \frac{\partial F}{\partial x}(s, X_s)\,f(s)\,\mathrm{d}s, \end{aligned}$$

also, wenn $f(s)\,\mathrm{d}s = \mathrm{d}X_s$ geschrieben wird,

$$F(t, X_t) = F(0, X_0) + \int_0^t \frac{\partial F}{\partial t}(s, X_s)\,\mathrm{d}s + \int_0^t \frac{\partial F}{\partial x}(s, X_s)\,\mathrm{d}X_s.$$

Definition 6.21 Ein **Itô-Prozess** $(X_t)_{t\in[0, T]}$ ist ein stetiger, $\mathcal{F}_t$-adaptierter Prozess, der für alle $t \in [0, T]$ eine P-fast sichere Darstellung der Form

$$X_t = X_0 + \int_0^t f(s)\,\mathrm{d}s + \int_0^t g(s)\,\mathrm{d}W_s \tag{6.26}$$

besitzt, wobei $f \in \mathcal{L}^1_\omega([0, T])$ und $g \in \mathcal{L}^2_\omega([0, T])$ gilt.

Ist weiter $(h_t)_{t\in[0, T]}$ ein $\mathcal{F}_t$-adaptierter Prozess mit $hf \in \mathcal{L}^1_\omega([0, T])$ und $hg \in \mathcal{L}^2_\omega([0, T])$, dann wird definiert

$$\int_0^t h(s)\,\mathrm{d}X_s = \int_0^t h(s)\,f(s)\,\mathrm{d}s + \int_0^t h(s)\,g(s)\,\mathrm{d}W_s. \tag{6.27}$$

Für (6.26) ist die Schreibweise

$$dX_t = f_t\,dt + g_t\,dW_t \tag{6.28}$$

üblich und für (6.27)

$$h_t\,dX_t = h_t f_t\,dt + h_t g_t\,dW_t. \tag{6.29}$$

Es gilt folgende Analogie zum Hauptsatz der Differential- und Integralrechnung, die als Satz von Itô bekannt ist.

Satz 6.22 ***(Satz von Itô)*** *Sei* $(X_t)_{0\le t\le T}$ *ein Itô-Prozess,*

$$X_t = X_0 + \int_0^t f(s)\,ds + \int_0^t g(s)\,dW_s,$$

mit $f \in \mathcal{L}^1_\omega([0,T])$ *und* $g \in \mathcal{L}^2_\omega([0,T])$. *Dann gilt für jede Funktion* $F \in C^{1,2}([0,T]\times\mathbb{R})$ *mit* $F_t = F(t, X_t)$ *für* $0 \le t \le T$ *P-fast sicher*

$$F_t = F_0 + \int_0^t \frac{\partial F}{\partial t}(s, X_s)\,ds + \int_0^t \frac{\partial F}{\partial x}(s, X_s)\,dX_s + \frac{1}{2}\int_0^t \frac{\partial^2 F}{\partial x^2}(s, X_s)\,d\langle X, X\rangle_s \tag{6.30}$$

mit

$$\langle X, X\rangle_t = \int_0^t g(s)^2\,ds. \tag{6.31}$$

Beweis Siehe etwa Deck [9], Karatzas/Shreve [14], Lamberton/Lapeyre [16] oder Steele [24]. □

Mit (6.27) und (6.31) kann (6.30) also geschrieben werden als

$$\begin{aligned} F(t, X_t) = F(0, X_0) &+ \int_0^t \frac{\partial F}{\partial t}(s, X_s)\,ds \\ &+ \int_0^t \frac{\partial F}{\partial x}(s, X_s)\,f(s)\,ds + \int_0^t \frac{\partial F}{\partial x}(s, X_s)\,g(s)\,dW_s \\ &+ \frac{1}{2}\int_0^t \frac{\partial^2 F}{\partial x^2}(s, X_s)\,g^2(s)\,ds. \end{aligned} \tag{6.32}$$

Dabei sind das erste, das zweite und das vierte Integral der rechten Seite von (6.32) gewöhnliche pfadweise Lebesgue-Integrale, während das dritte Integral ein Itô-Integral ist. In symbolischer differentieller Notation lautet (6.30)

$$\begin{aligned}
\mathrm{d}F(t, X_t) &= \frac{\partial F}{\partial t}(t, X_t)\,\mathrm{d}t + \frac{\partial F}{\partial x}(t, X_t)\,\mathrm{d}X_t + \frac{1}{2}\frac{\partial^2 F}{\partial x^2}(t, X_t)\,(\mathrm{d}X_t)^2 \qquad (6.33)\\
&= \frac{\partial F}{\partial t}(t, X_t)\,\mathrm{d}t + \frac{\partial F}{\partial x}(t, X_t)\,f_t\,\mathrm{d}t + \frac{\partial F}{\partial x}(t, X_t)\,g_t\,\mathrm{d}W_t\\
&\quad + \frac{1}{2}\frac{\partial^2 F}{\partial x^2}(t, X_t)\,g_t^2\,\mathrm{d}t,
\end{aligned}$$

wobei

$$\mathrm{d}\langle X, X\rangle_t = (\mathrm{d}X_t)^2 = (f_t\,\mathrm{d}t + g_t\,\mathrm{d}W_t)^2 = g_t^2\,\mathrm{d}t$$

mit den Regeln $\mathrm{d}t\mathrm{d}t = \mathrm{d}t\mathrm{d}W_t = 0$ und $\mathrm{dW_t}\mathrm{d}W_t = \mathrm{d}t$ verwendet wurde.

Liegt keine explizite Zeitabhängigkeit vor, dann spezialisiert sich die Itô-Formel zu

$$F(X_t) = F(X_0) + \int_0^t F'(X_s)\,f(s)\,\mathrm{d}s + \int_0^t F'(X_s)\,g(s)\,\mathrm{d}W_s + \frac{1}{2}\int_0^t F''(X_s)\,g^2(s)\,\mathrm{d}s \qquad (6.34)$$

bzw. zu

$$\mathrm{d}F(X_t) = F'(X_t)\,f_t\,\mathrm{d}t + F'(X_t)\,g_t\,\mathrm{d}W_t + \frac{1}{2}F''(X_t)\,g_t^2\,\mathrm{d}t, \qquad (6.35)$$

Beispiel 6.23 Die Brownsche Bewegung $(W_t)_{t\geq 0}$ ist selbst ein Itô-Prozess (6.26) mit $W_0 = 0$, $f_t = 0$ und $g_t = 1$, denn es gilt

$$W_t = \int_0^t \mathrm{d}W_s.$$

Einsetzen von $F(x) = x^2$ in (6.32) liefert

$$\begin{aligned}
W_t^2 &= \int_0^t F'(W_s)\,\mathrm{d}W_s + \frac{1}{2}\int_0^t F''(W_s)\,\mathrm{d}s\\
&= 2\int_0^t W_s\,\mathrm{d}W_s + \int_0^t \mathrm{d}s\\
&= 2\int_0^t W_s\,\mathrm{d}W_s + t.
\end{aligned}$$

Daraus folgt

$$\int_0^t W_s\,\mathrm{d}W_s = \frac{1}{2}\left(W_t^2 - t\right).$$

△

Beispiel 6.24 Wir suchen eine Lösung der Integralgleichung

$$S_t = x_0 + \int_0^t S_s\,(\mu\,\mathrm{d}s + \sigma\,\mathrm{d}W_s)\,. \qquad (6.36)$$

Diese lautet in differentieller Form

$$\mathrm{d}S_t = S_t\left(\mu\,\mathrm{d}t + \sigma\,\mathrm{d}W_t\right), \qquad S_0 = x_0. \tag{6.37}$$

Um einen Hinweis zu erhalten, wie die Lösung aussehen könnte, nehmen wir an, dass S_t die Gl. (6.37) erfüllt und berechnen mit (6.35) für $f_t = \mu S_t$, $g_t = \sigma S_t$ und $F(x) = \ln x$ formal

$$\begin{aligned}
\mathrm{d}\ln S_t &= \ln'(S_t)\, f_t\,\mathrm{d}t + \ln'(S_t)\, g_t\,\mathrm{d}W_t + \frac{1}{2}\ln''(S_t)\, g_t^2\,\mathrm{d}t\\
&= \frac{1}{S_t}\mu S_t\,\mathrm{d}t + \frac{1}{S_t}\sigma S_t\,\mathrm{d}W_t + \frac{1}{2}\left(\frac{-1}{S_t^2}\right)\sigma^2 S_t^2\,\mathrm{d}t\\
&= \mu\,\mathrm{d}t + \sigma\,\mathrm{d}W_t - \frac{1}{2}\sigma^2\,\mathrm{d}t.
\end{aligned}$$

Dies bedeutet

$$\begin{aligned}
\ln S_t &= \ln S_0 + \int_0^t \left(\mu - \frac{1}{2}\sigma^2\right)\mathrm{d}s + \sigma\int_0^t \mathrm{d}W_s\\
&= \ln S_0 + \left(\mu - \frac{1}{2}\sigma^2\right)t + \sigma W_t,
\end{aligned}$$

also

$$S_t = S_0\exp\left(\left(\mu - \frac{1}{2}\sigma^2\right)t + \sigma W_t\right). \tag{6.38}$$

Da ln im Nullpunkt singulär ist, war die Anwendung der Itô-Formel (6.35) nur formal, und es bleibt zu prüfen, ob (6.38) tatsächlich eine Lösung von (6.36) ist. Dazu beachten wir, dass

$$\begin{aligned}
X_t &= \left(\mu - \frac{1}{2}\sigma^2\right)t + \sigma W_t\\
&= \int_0^t \left(\mu - \frac{1}{2}\sigma^2\right)\mathrm{d}s + \int_0^t \sigma\,\mathrm{d}W_s
\end{aligned}$$

ein Itô-Prozess ist, und wir berechnen mit $F(x) = \exp(x)$, $f_t = \mu - \frac{1}{2}\sigma^2$ und $g_t = \sigma$

$$\begin{aligned}
\mathrm{d}\exp(X_t) &= \exp'(X_t)\, f_t\,\mathrm{d}t + \exp'(X_t)\, g_t\,\mathrm{d}W_t + \frac{1}{2}\exp''(X_t)\, g_t^2\,\mathrm{d}t\\
&= \exp(X_t)\left(\mu - \frac{1}{2}\sigma^2\right)\mathrm{d}t + \exp(X_t)\,\sigma\,\mathrm{d}W_t + \frac{1}{2}\exp(X_t)\,\sigma^2\,\mathrm{d}t\\
&= \exp(X_t)\left(\mu\mathrm{d}t + \sigma\mathrm{d}W_t\right).
\end{aligned}$$

Die Behauptung folgt nun wegen $S_t = S_0\exp(X_t)$. △

Korollar 6.25 ***(Partielle Integration)*** *Seien X_t und Y_t zwei Itô-Prozesse,*

$$X_t = X_0 + \int_0^t f_X(s)\,\mathrm{d}s + \int_0^t g_X(s)\,\mathrm{d}W_s$$

und

$$Y_t = Y_0 + \int_0^t f_Y(s)\,\mathrm{d}s + \int_0^t g_Y(s)\,\mathrm{d}W_s.$$

Dann ist auch $X_t Y_t$ ein Itô-Prozess und es gilt

$$X_t Y_t = X_0 Y_0 + \int_0^t X_s\,\mathrm{d}Y_s + \int_0^t Y_s\,\mathrm{d}X_s + \langle X, Y\rangle_t \tag{6.39}$$

mit

$$\langle X, Y\rangle_t = \int_0^t g_X(s)\,g_Y(s)\,\mathrm{d}s. \tag{6.40}$$

Beweis Nach der Itô-Formel gilt

$$\begin{aligned}(X_t + Y_t)^2 &= (X_0 + Y_0)^2 + 2\int_0^t (X_s + Y_s)\,\mathrm{d}(X_s + Y_s) + \int_0^t (g_X(s) + g_Y(s))^2\,\mathrm{d}s,\\ X_t^2 &= X_0^2 + 2\int_0^t X_s\,\mathrm{d}X_s + \int_0^t (g_X(s))^2\,\mathrm{d}s,\\ Y_t^2 &= Y_0^2 + 2\int_0^t Y_s\,\mathrm{d}Y_s + \int_0^t (g_Y(s))^2\,\mathrm{d}s.\end{aligned}$$

Die Behauptung folgt nun aus

$$X_t Y_t = \frac{1}{2}\left((X_t + Y_t)^2 - X_t^2 - Y_t^2\right).$$

□

Beispiel 6.26 Ist X_t ein Itô-Prozess, dann auch $Z_t = h(t)\,X_t$ für eine differenzierbare Funktion h. Wegen

$$h(t) = h(0) + \int_0^t h'(s)\,\mathrm{d}s$$

ist $h(t)$ ein Itô-Prozess mit $\mathrm{d}h = h'(t)\,\mathrm{d}t$. Mit

$$X_t = X_0 + \int_0^t f_s\,\mathrm{d}s + \int_0^t g_s\,\mathrm{d}W_s$$

folgt mit (6.40) zunächst $\langle h, X\rangle_t = 0$. Weiter gilt mit (6.39)

$$\begin{aligned}h(t)\,X_t &= h(0)\,X_0 + \int_0^t h(s)\,\mathrm{d}X_s + \int_0^t X_s\,\mathrm{d}h(s)\\ &= h(0)\,X_0 + \int_0^t h(s)\,\mathrm{d}X_s + \int_0^t h'(s)\,X_s\,\mathrm{d}s.\end{aligned}$$

In differentieller Form lautet dies

$$\mathrm{d}\,(h\,(t)\,X_t) = h\,(t)\;\mathrm{d}X_t + h'\,(t)\;X_t\,\mathrm{d}t. \tag{6.41}$$

△

Der Satz von Girsanov

Satz 6.27 ***(Satz von Girsanov)*** *Sei $(\theta_t)_{0\le t\le T}$ ein adaptierter Prozess mit der Eigenschaft*

$$\int_0^T \theta_s^2\,\mathrm{d}s < \infty \quad P\text{-}fast\ \ddot{u}berall.$$

Ferner sei der Prozess

$$\mathcal{L}_t = \exp\left(-\int_0^t \theta_s\,\mathrm{d}W_s - \frac{1}{2}\int_0^t \theta_s^2\,\mathrm{d}s\right)$$

ein P-Martingal. Sei Q das Wahrscheinlichkeitsmaß, das durch

$$Q\,(A) = \int_A \mathcal{L}_T\,\mathrm{d}P$$

definiert ist. Dann ist der Prozess

$$W_t^* = W_t + \int_0^t \theta_s\,\mathrm{d}s$$

eine Brownsche Bewegung bezüglich Q.

Beweis Siehe etwa Deck [9], Karatzas/Shreve [14], Lamberton/Lapeyre [16] oder Steele [24]. □

Der Martingal-Darstellungssatz

Satz 6.28 ***(Martingal-Darstellungssatz)*** *Sei $(M_t)_{0\le t\le T}$ ein quadratintegrierbares Martingal bezüglich der Filtration $(\mathcal{F}_t)_{0\le t\le T}$ mit $\mathcal{F}_t = \sigma\,(\{W_s \mid 0 \le s \le t\})$. Dann existiert ein adaptierter Prozess $(\xi_t)_{0\le t\le T}$ mit der Eigenschaft*

$$\mathbf{E}\left[\int_0^T \xi_s^2\,\mathrm{d}s\right] < \infty$$

und

$$M_t = M_0 + \int_0^t \xi_s\,\mathrm{d}W_s \ P\text{-}fast\ sicher$$

für alle $0 \leq t \leq T$.

Beweis Siehe etwa Deck [9], Karatzas/Shreve [14], Lamberton/Lapeyre [16] oder Steele [24]. □

6.4 Das Wichtigste im Überblick

Die Bewertung zustandsabhängiger Auszahlungsprofile in stetiger Zeit erfolgt nach derselben Strategie, wie sie in Kap. 5 in diskreter Zeit dargestellt wurde. Allerdings ist der mathematische Aufwand in stetiger Zeit ungleich höher als der in diskreter Zeit.

Die für die Bewertung im Rahmen des Black-Scholes-Modells notwendigen Schritte können wie folgt aufgezählt werden:

1. Modellierung der Dynamik der Wertpapierpreise von Bond B und Aktie S durch
$$\mathrm{d}B_t = rB_t\mathrm{d}t, \quad \mathrm{d}S_t = \mu S_t\mathrm{d}t + \sigma S_t\mathrm{d}W_t.$$
2. Verwendung des Satzes von Girsanov, Satz 6.27, zur Konstruktion eines Wahrscheinlichkeitsmaßes Q, sodass der relative Preisprozess $\tilde{S}_t = S_t/B_t$ ein Martingal bezüglich Q ist.
3. Definition des Preises c_0 einer zu bewertenden Auszahlung c_T, die zu einem zukünftigen Zeitpunkt T stattfindet, durch
$$c_0 = e^{-rT}\mathbf{E}_t^Q\left[c_T\right].$$
4. Der Nachweis, dass es sich bei c_0 tatsächlich um den Replikationspreis von c_T handelt, wird mithilfe des Martingal-Darstellungssatzes, Satz 6.28, geführt.

Im klassischen Black-Scholes-Modell ist der Preis c_0 einer Call-Option gegeben durch

$$\begin{aligned}
c_0 &= e^{-rT}\mathbf{E}_t^Q\left[c_T\right] \\
&= e^{-rT}\frac{1}{\sqrt{2\pi}}\int_{-\infty}^{\infty}\left(S_0\exp\left(\left(r-\frac{\sigma^2}{2}\right)T+\sigma\sqrt{T}x\right)-K\right)^+ e^{-\frac{x^2}{2}}\,\mathrm{d}x \\
&= S_0\Phi\left(d_+\right) - Ke^{-rT}\Phi\left(d_-\right).
\end{aligned}$$

Mithilfe der Put-Call-Parität folgt der entsprechende Preis p_0 für eine Put-Option als

$$p_0 = Ke^{-rT}\Phi\left(-d_-\right) - S_0\Phi\left(-d_+\right).$$

7 Lösungen der Aufgaben

Lösung 1.1

1. Da die Matrix D regulär ist, ist auch D^{t} regulär. Insbesondere ist D^{t} also surjektiv, und daher ist das Modell nach Definition 1.14 vollständig. Aus der Injektivität von D^{t} bzw. aus der Surjektivität von D folgt das *Law of One Price* nach Korollar 1.38.
2. Sei
$$c = \begin{pmatrix} c_1 \\ c_2 \end{pmatrix}$$
eine beliebige Auszahlung, dann ist der Preis c_0 von c nach Beispiel 1.17 gegeben durch
$$c_0 = \langle \psi, c \rangle = \psi_1 c_1 + \psi_2 c_2$$
mit
$$\psi_1 = \frac{\rho - d}{\rho\,(u - d)}, \quad \psi_2 = \frac{u - \rho}{\rho\,(u - d)}.$$
Da D^{t} regulär ist, gibt es zu jedem $c \in \mathbb{R}^2$ genau ein Portfolio h mit $D^{\mathrm{t}} h = c$. Dann gilt im Modell $(b,\ D)$
$$c_0 = h \cdot b = h \cdot D\psi = \left\langle D^{\mathrm{t}} h,\ \psi \right\rangle = \langle \psi, c \rangle\,.$$
Nach Definition 1.18 ist das Modell somit genau dann arbitragefrei, wenn aus $c > 0$ folgt $c_0 > 0$ und wenn aus $c \geq 0$ folgt $c_0 \geq 0$. Wählen wir speziell $c_1 = 1$ und $c_2 = 0$, dann folgt
$$c_0 = \langle \psi, c \rangle = \psi_1,$$

J. Kremer, *Preise in Finanzmärkten*,
https://doi.org/10.1007/978-3-662-67148-1_7

und wählen wir $c_1 = 0$ und $c_2 = 1$, dann folgt

$$c_0 = \langle \psi, c \rangle = \psi_2.$$

Aus $c = 0$, also aus $c_1 = 0$ und $c_2 = 0$, folgt schließlich

$$c_0 = \langle \psi, c \rangle = 0.$$

Das Modell ist also genau dann arbitragefrei, wenn $\psi_1 > 0$ und $\psi_2 > 0$ gilt. Wegen $\rho > 0$ und $u > d$ ist $\psi_1 > 0$ genau dann, wenn $\rho > d$ gilt. Weiter ist $\psi_2 > 0$ genau dann, wenn $u > \rho$ gilt. Das Modell ist also genau dann arbitragefrei, wenn

$$d < \rho < u$$

gilt, was zu zeigen war.

Lösung 1.2

1. Da die Matrix D regulär ist, ist auch D^t regulär. Das Modell ist daher vollständig. Weiter besitzt das Gleichungssystem $D\psi = b$ die eindeutig bestimmte Lösung

$$\psi = \begin{pmatrix} 0{,}5882 \\ 0{,}3922 \end{pmatrix}.$$

Da ψ strikt positiv ist, ist das Modell, etwa nach dem Fundamentalsatz 1.24 für reguläre Auszahlungsmatrizen, arbitragefrei.
2. Die gegebene Auszahlung lautet

$$c = \begin{pmatrix} 2 \\ 1 \end{pmatrix}.$$

a) Die eindeutig bestimmte Lösung des Gleichungssystems $D^t h = c$ lautet

$$h = \begin{pmatrix} -3{,}4314 \\ 0{,}5 \end{pmatrix},$$

und der Preis c_0 dieses Portfolios h zum Zeitpunkt 0 ist gegeben durch

$$c_0 = h \cdot b = 1{,}5686.$$

b) Alternativ lässt sich der Preis c_0 mithilfe des Diskontvektors ψ berechnen als

$$c_0 = \langle \psi, c \rangle = 1{,}5686.$$

Lösung 1.3

1. Da die Matrix D regulär ist, ist auch D^t regulär, also ist das Modell vollständig. Das Gleichungssystem $D\psi = b$ hat die eindeutig bestimmte, strikt positive Lösung

$$\psi = \begin{pmatrix} 0{,}6818 \\ 0{,}2273 \end{pmatrix},$$

also ist das Modell nach dem Fundamentalsatz arbitragefrei.

2.

a) Der Forward-Preis F ist nach Beispiel 1.12 der aufgezinste Anfangskurs der Aktie S^2, ist also gegeben durch

$$F = \rho S_0^2 = 1{,}1 \cdot 10 = 11,$$

wenn $\rho = 1{,}1$ den Verzinsungsfaktor bezeichnet.

b) Die Auszahlung des Forward-Kontrakts ist gegeben durch

$$c = S_1^2 - F,$$

wobei F wieder den Forward-Preis bezeichnet. Analog zu Beispiel 1.16 wird das die Auszahlung c replizierende Portfolio h als Lösung des Gleichungssystems $D^t h = c$ bestimmt, also durch

$$\begin{pmatrix} 12 - F \\ 8 - F \end{pmatrix} = \begin{pmatrix} 1{,}1 & 12 \\ 1{,}1 & 8 \end{pmatrix} \begin{pmatrix} h^1 \\ h^2 \end{pmatrix},$$

d. h., es gilt

$$h = \begin{pmatrix} -\frac{1}{1{,}1} F \\ 1 \end{pmatrix}.$$

Der Preis $c_0 = h \cdot S_0$ von h zum Zeitpunkt 0 beträgt daher

$$c_0 = \begin{pmatrix} -\frac{1}{1{,}1} F \\ 1 \end{pmatrix} \cdot \begin{pmatrix} 1 \\ 10 \end{pmatrix} = 10 - \frac{1}{1{,}1} F.$$

Wir bestimmen F so, dass $c_0 = 0$ wird, also als $F = 10 \cdot 1{,}1 = \rho S_0^2$. Der Forward-Preis F ergibt sich wieder als aufgezinster Anfangskurs der Aktie.

c) Mithilfe des in 1. berechneten Diskontvektors

$$\psi = \begin{pmatrix} 0{,}6818 \\ 0{,}2273 \end{pmatrix}$$

kann F auch bestimmt werden, indem die Auszahlung

$$c = S_1^2 - F$$

des Forward-Kontrakts mithilfe von ψ auf verallgemeinerte Weise abdiskontiert wird,

$$\begin{aligned} c_0 &= \langle \psi, S_1^2 - F \rangle \\ &= \langle \psi, S_1^2 \rangle - \langle \psi, F \rangle \\ &= S_0^2 - dF \\ &= 10 - \frac{1}{1{,}1} F, \end{aligned}$$

wobei der Diskontfaktor d des Modells durch $d = \psi_1 + \psi_2 = \frac{1}{\rho} = \frac{1}{1{,}1}$ gegeben ist und wobei (1.11) verwendet wurde. Damit gilt für F die Bestimmungsgleichung

$$0 = c_0 = 10 - \frac{1}{1{,}1} F,$$

also wiederum

$$F = 11.$$

Lösung 1.4

1. Die Matrix $D = \begin{pmatrix} 7 & 3 \\ 12 & 8 \end{pmatrix}$ ist regulär, also ist das Modell vollständig. Weiter besitzt die Gleichung $D\psi = b$ die eindeutig bestimmte strikt positive Lösung

$$\psi = \begin{pmatrix} 0{,}4 \\ 0{,}4 \end{pmatrix},$$

also ist das Modell arbitragefrei.

2. Um ein festverzinsliches Portfolio zu finden, lösen wir

$$D^{\mathrm{t}} h = \begin{pmatrix} 1 \\ 1 \end{pmatrix}$$

und erhalten

$$h = \begin{pmatrix} -0{,}2 \\ 0{,}2 \end{pmatrix}.$$

Der Anfangswert von h lautet

$$c_0 = h \cdot b = 0{,}8.$$

Das Portfolio h besitzt also den Anfangswert $0{,}8$ und hat in jedem der beiden zukünftigen Zustände den Wert 1. Daraus ergibt sich der Verzinsungsfaktor

$$\rho = \frac{1}{0{,}8} = \frac{5}{4} = 1{,}25$$

bzw. der Zinssatz

$$r = \rho - 1 = 25\,\%.$$

Alternativ kann $\frac{1}{\rho} = d = \psi_1 + \psi_2 = 0{,}8$ berechnet und entsprechend $r = \rho - 1 = 25\,\%$ geschlossen werden, wenn d den Diskontfaktor des Modells bezeichnet.

Lösung 1.5

1. Die Matrix $D = \begin{pmatrix} 2 & 2 \\ 12 & 8 \end{pmatrix}$ ist regulär, also ist das Modell vollständig.
2. Die Gleichung $D\psi = b$ hat die eindeutig bestimmte Lösung

$$\psi = \begin{pmatrix} 1{,}5 \\ -1 \end{pmatrix}.$$

Da ψ nicht strikt positiv ist, ist das Modell nach dem Fundamentalsatz nicht arbitragefrei. Zum Auffinden einer Arbitragegelegenheit beachten wir, dass der Verzinsungsfaktor ρ des Modells mit $\rho = 2$ sehr hoch ist. Es bietet sich daher an, einen Leerverkauf der Aktie vorzunehmen und das erhaltene Kapital festverzinslich anzulegen. Das zugehörige Portfolio lautet

$$h = \begin{pmatrix} 10 \\ -1 \end{pmatrix}.$$

Der Anfangswert dieses Portfolios beträgt $c_0 = h \cdot b = 0$, andererseits gilt

$$D^t h = \begin{pmatrix} 8 \\ 12 \end{pmatrix} \gg 0,$$

also ist h eine Arbitragegelegenheit.

3. Wegen $D\psi = b$ gilt $b \in \operatorname{Im} D$, und damit gilt im Modell das *Law of One Price* nach Satz 1.37.

Lösung 1.6

1. Aufgrund der Voraussetzung $d < u$ ist die Matrix D regulär, also ist das Modell vollständig.
2. Die eindeutig bestimmte Lösung des Gleichungssystems $D\psi = b$ ist gegeben durch

$$\psi = \begin{pmatrix} \psi_1 \\ \psi_2 \end{pmatrix} = \frac{1}{\rho\,(u-d)} \begin{pmatrix} \rho - d \\ u - \rho \end{pmatrix}.$$

Damit gilt

$$c_0 = \langle \psi, c \rangle = a\,(\psi_1 + \psi_2) = a \frac{1}{\rho\,(u-d)} \left((\rho - d) + (u - \rho)\right) = \frac{a}{\rho}.$$

Das Replikationsportfolio h ist die Lösung des Gleichungssystems $D^t h = c$ und nach Beispiel 1.17 mit $c_1 = c_2 = a$ gegeben durch

$$h^1 = \frac{1}{\rho}\frac{c_2 u - c_1 d}{u - d} = \frac{a}{\rho} \quad h^2 = \frac{c_1 - c_2}{(u - d)\, S} = 0.$$

3. Mit obigem Diskontvektor gilt

$$c_0 = \langle \psi, c \rangle = \frac{1}{\rho\,(u - d)}\left((\rho - d)\, uS + (u - \rho)\, dS\right) = S.$$

Das Replikationsportfolio h ist die Lösung des Gleichungssystems $D^t h = c$ und wiederum nach Beispiel 1.17 mit $c_1 = uS$ und $c_2 = dS$ gegeben durch

$$h^1 = \frac{1}{\rho}\frac{c_2 u - c_1 d}{u - d} = 0 \quad h^2 = \frac{c_1 - c_2}{(u - d)\, S} = 1.$$

Lösung 1.7 Mit dem Hinweis gilt

$$S_1 - K = (S_1 - K)^+ - (K - S_1)^+ = c - p.$$

Sei ψ der Diskontvektor des Modells, dann folgt unter Verwendung des Hinweises und mithilfe von Aufgabe 1.6

$$\begin{aligned} c_0 - p_0 &= \langle c, \psi \rangle - \langle p, \psi \rangle \\ &= \langle c - p, \psi \rangle \\ &= \langle S_1 - K, \psi \rangle \\ &= \langle S_1, \psi \rangle - \langle K, \psi \rangle \\ &= S - \frac{1}{\rho} K. \end{aligned}$$

Bemerkung In obiger abgesetzten Formel ist $S_1 - K$ als $\begin{pmatrix} uS \\ dS \end{pmatrix} - \begin{pmatrix} K \\ K \end{pmatrix}$ zu interpretieren.

Lösung 1.8 Sei h eine kostenlose Investition mit $D^t h \neq 0$. Dann gilt $D^t h \not> 0$, denn sonst wäre h eine Arbitragegelegenheit. Daher muss wenigstens eine Komponente von $D^t h$ negativ sein, und dies kennzeichnet einen Verlust.

Lösung 1.9 Sei $c_0 = h \cdot b$. Angenommen, für c würde von einer Bank ein geringerer Preis $c_0' < c_0$ verlangt. Dann könnte die Auszahlung c von dieser Bank zum Preis von c_0' gekauft und das Replikationsportfolio h gleichzeitig gegen eine Einnahme in Höhe von c_0 verkauft werden. Auf diese Weise würde eine Einnahme in Höhe von $c_0 - c_0' > 0$ ohne eigenen Kapitaleinsatz erzielt. Zum Zeitpunkt 1 lautet die Auszahlung $c - c = 0$, und damit ist die genannte Transaktion eine Arbitragegelegenheit.

Verkauft die Bank die Auszahlung c umgekehrt für einen Preis $c_0' > c_0$ und sichert c durch das Replikationsportfolio h mit $c = D^t h$ ab, dann nimmt die Bank zum Zeitpunkt 0 den Betrag $c_0' - c_0 > 0$ ein und hat zum Zeitpunkt 1 keine Zahlungsverpflichtungen. Also ist auch diese Transaktion eine Arbitragegelegenheit.

Lösung 1.10

1. Jedes Portfolio h mit $h \cdot b = 0$ und $D^t h > 0$ ist eine Arbitragegelegenheit. Sei also umgekehrt eine Arbitragegelegenheit h gegeben. Im Falle $h \cdot b = 0$ ist nichts zu beweisen. Sei also $h \cdot b < 0$ angenommen. Nach Voraussetzung gibt es ein Portfolio θ mit $\theta \cdot b > 0$ und $D^t\theta > 0$. Dann gilt für $\lambda = -\frac{h \cdot b}{\theta \cdot b} > 0$ sowohl $(h + \lambda\theta) \cdot b = 0$ als auch $D^t(h + \lambda\theta) = D^t h + \lambda D^t \theta > 0$, was zu zeigen war.
2. Wähle $\theta = e_i$, e_i i-ter Standardbasisvektor, und verwende 1.

Lösung 1.11 Sei $b = b_K + b_I \in \operatorname{Ker} D^t \oplus \operatorname{Im} D$. Wegen $b \notin \operatorname{Im} D$ folgt $b_K \neq 0$. Mit der Wahl $h = -b_K$ folgt

$$\begin{aligned} h \cdot b &= -b_K \cdot (b_K + b_I) \\ &= -b_K \cdot b_K \\ &< 0 \end{aligned}$$

und $D^t h = 0$. Also ist h eine Arbitragegelegenheit.

Lösung 1.12 Zunächst gilt $\psi \neq 0$, dann andernfalls wäre $b = 0$. Für $\psi \not\gg 0$ gilt dann $\psi_j \leq 0$ für wenigstens eine Komponente von ψ. Definiere eine Auszahlung $c \in \mathbb{R}^K$ durch

$$c_j = \begin{cases} 0 \text{ falls } \psi_j > 0 \\ 1 \text{ falls } \psi_j \leq 0. \end{cases}$$

Dann gilt $c > 0$. Da (b, D) nach Voraussetzung vollständig ist, existiert ein Portfolio $h \in \mathbb{R}^N$ mit $c = D^t h > 0$. Wegen $h \cdot b = \langle \psi, c \rangle \leq 0$ ist h eine Arbitragegelegenheit.

Lösung 1.13 $\psi \gg 0$ ist genau dann ein Diskontvektor in (b, D), wenn gilt

$$S_0 = \psi_1 S_1(\omega_1) + \cdots + \psi_K S_1(\omega_K).$$

Angenommen, $S_0^1 > 0$ und $S_1^1(\omega) > 0$ für alle $\omega \in \Omega$, dann gilt

$$\begin{aligned}\tilde{S}_0 &= \frac{S_0}{S_0^1} \\ &= \left(\psi_1 \frac{S_1^1(\omega_1)}{S_0^1}\right)\frac{S_1(\omega_1)}{S_1^1(\omega_1)} + \cdots + \left(\psi_K \frac{S_1^1(\omega_K)}{S_0^1}\right)\frac{S_1(\omega_K)}{S_1^1(\omega_K)} \\ &= \tilde{\psi}_1 \tilde{S}_1(\omega_1) + \cdots + \tilde{\psi}_K \tilde{S}_1(\omega_K),\end{aligned}$$

wobei $\tilde{\psi}_j = \psi_j \frac{S_1^1(\omega_j)}{S_0^1}$ definiert wurde. Es gilt $\tilde{\psi} \gg 0$ und $\tilde{\psi}$ ist ein Diskontvektor in $\left(\tilde{b}, \tilde{D}\right)$. Analog kann zu jedem Diskontvektor in $\left(\tilde{b}, \tilde{D}\right)$ ein Diskontvektor in (b, D) konstruiert werden. Das beantwortet 1. und 2.

3. Für den Diskontfaktor $\tilde{d}$ in $\left(\tilde{b}, \tilde{D}\right)$ gilt

$$\tilde{d} = \sum_{j=1}^{K} \tilde{\psi}_j = \frac{1}{S_0^1}\langle \psi, S_1^1 \rangle = 1,$$

denn es gilt $\langle \psi, S_1^1 \rangle = S_0^1$.

Lösung 1.14 Es sei $S^2 = \lambda S^1$ für ein $\lambda > 0$. Sei $c = D^t h$ eine replizierbare Auszahlung mit $h = \left(h^1, h^2\right)$. Dann gilt

$$c = h^1 S_1^1 + h^2 S_1^2 = \left(h^1 + \lambda h^2\right) S_1^1$$

und

$$c_0 = h^1 S_0^1 + h^2 S_0^2 = \left(h^1 + \lambda h^2\right) S_0^1.$$

Sei $\mu \in \mathbb{R}$ beliebig, dann gilt $h^1 + \lambda h^2 = \left(h^1 + \mu\right) + \lambda\left(h^2 - \frac{\mu}{\lambda}\right)$, also besitzen alle Portfolios $\left(h^1 + \mu, h^2 - \frac{\mu}{\lambda}\right)$ dieselbe Auszahlung und haben denselben Preis.

Lösung 1.15 Da (b, D) nach Voraussetzung arbitragefrei ist, gilt in (b, D) das Law of One Price, und daher existiert ein $\psi \in \mathbb{R}^K$ mit $D\psi = b$.

Gilt bereits $\psi \not\gg 0$, dann gibt es nichts mehr zu beweisen.

Andernfalls ist ψ strikt positiv, $\psi \gg 0$. Da (b, D) nach Voraussetzung nicht vollständig ist, gilt $\operatorname{Ker} D \neq \{0\}$ wegen $\mathbb{R}^K = \operatorname{Ker} D \oplus \operatorname{Im} D^t$. Daher gibt es ein $f \in \operatorname{Ker} D$ mit $f \neq 0$. Mindestens eine Komponente f_j von f ist also von null verschieden und durch geeignete Wahl von $\lambda \in \mathbb{R}$ kann $\psi_j + \lambda f_j \leq 0$ erreicht werden. Damit gilt aber $D(\psi + \lambda f) = b$ und $\psi + \lambda f \not\gg 0$.

Lösung 1.16

1. Gilt $V = \mathbb{R}^n$, dann ist V abgeschlossen. Für $\dim V = m < n$ sei x ein beliebiger Vektor mit $x \notin V$. Dann gilt $x = v + w$ mit $v \in V$, $w \in V^\perp$ und $w \neq 0$. Sei $\|w\| = \varepsilon > 0$ und sei $x' \in B_\varepsilon(x)$ mit $x' = v' + w'$ mit $v' \in V$, $w' \in V^\perp$. Dann gilt $\|x - x'\|^2 = \|v - v'\|^2 + \|w - w'\|^2 < \varepsilon^2$, also $\|w - w'\| < \varepsilon$, und es folgt mit der inversen Dreiecksungleichung
$$\|w'\| \geq \|w\| - \|w' - w\| > 0,$$
also $V \cap B_\varepsilon(x) \neq \emptyset$. Damit existiert eine offene Kugel um x, die V nicht schneidet. Da $x \notin V$ beliebig war, ist V^c offen, was zu zeigen war.
2. Sei (x_n) eine Cauchy-Folge in $C = K - V$ mit Grenzwert $x \in \mathbb{R}^n$. Zu zeigen ist $x \in K - V$. Sei $x_n = k_n - v_n$ mit $k_n \in K$ und $v_n \in V$. Da K kompakt ist, gibt es eine konvergente Teilfolge k_{n_j} mit $k_{n_j} \to k \in K$ für $j \to \infty$. Dann konvergiert aber $v_{n_j} = k_{n_j} - x_{n_j} \to k - x = v$. Da V abgeschlossen ist, gilt $v \in V$. Dies bedeutet aber $x_{n_j} \to x \in K - V$. Da (x_n) eine Cauchy-Folge ist, gilt auch $x_n \to x$, was zu zeigen war.

Lösung 1.17 Das gegebene Marktmodell ist vollständig und arbitragefrei mit Diskontvektor
$$\psi = \begin{pmatrix} 0{,}1240 \\ 0{,}2479 \\ 0{,}5372 \end{pmatrix}$$
und $d = \psi_1 + \psi_2 + \psi_3 = 0{,}91$. Mit
$$\Delta = c - c' = \begin{pmatrix} 3 \\ 0 \\ 0 \end{pmatrix}$$
folgt
$$\langle \psi, \Delta \rangle = 0{,}37 > 0{,}27 = d\mathbf{E}[\Delta] \geq 0.$$
Damit ist (1.21) erfüllt und es lohnt sich im Mittel, anstelle von c die Auszahlung c' abzusichern.

Lösung 1.18 Für den Replikationspreis c_0 von c gilt mithilfe des Diskontvektors ψ
$$\begin{aligned} c_0 &= \langle \psi, c \rangle \\ &= \sum_{j=1}^{K} c_j \psi_j \\ &= d \sum_{j=1}^{K} c_j \frac{\psi_j}{d}. \end{aligned}$$

Mit $q_j = \psi_j/d$ gilt $q_j > 0$ für alle j sowie $\sum_{j=1}^{K} q_j = 1$, also definiert $Q(\{\omega_j\}) = q_j$ tatsächlich ein Wahrscheinlichkeitsmaß auf den Teilmengen von Ω. Damit folgt die behauptete Darstellung

$$c_0 = d\mathbf{E}^Q[c].$$

Lösung 2.1

1. Mit $\rho = 1 + r$ lautet der Diskontvektor ψ der Ein-Perioden-Teilmodelle

$$\psi = \begin{pmatrix} \psi_1 \\ \psi_2 \end{pmatrix} = \frac{1}{\rho(u-d)} \begin{pmatrix} \rho - d \\ u - \rho \end{pmatrix} = \begin{pmatrix} 0{,}5696 \\ 0{,}4108 \end{pmatrix}.$$

Der Diskontvektor ϕ_2 des Modells und das Auszahlungsprofil c der Call-Option lauten

$$\phi_2 = \begin{pmatrix} \psi_1^2 \\ \psi_1\psi_2 \\ \psi_1\psi_2 \\ \psi_2^2 \end{pmatrix} = \begin{pmatrix} 0{,}3244 \\ 0{,}2340 \\ 0{,}2340 \\ 0{,}1688 \end{pmatrix}, \quad c = (S_2 - K)^+ = \begin{pmatrix} 31 \\ 10 \\ 10 \\ 0 \end{pmatrix}.$$

Damit ergibt sich der Preis c_0 der Call-Option als

$$c_0 = \langle \phi_2, c \rangle = 14{,}7363.$$

2. Für das Ein-Perioden-Teilmodell

$$(b, D)_{A_{11}} = \left(\begin{pmatrix} 1{,}02 \\ 110 \end{pmatrix}, \begin{pmatrix} 1{,}0404 & 1{,}0404 \\ 121 & 100 \end{pmatrix} \right)$$

erhalten wir für die Auszahlung

$$c = \begin{pmatrix} 31 \\ 10 \end{pmatrix}$$

das Replikationsportfolio

$$h_{21} = \begin{pmatrix} -86{,}5052 \\ 1 \end{pmatrix}$$

mit Preis

$$z_{11} = h_{21} \cdot b = 21{,}7647.$$

Für das Ein-Perioden-Teilmodell

$$(b, D)_{A_{12}} = \left(\begin{pmatrix} 1{,}02 \\ 90{,}9091 \end{pmatrix}, \begin{pmatrix} 1{,}0404 & 1{,}0404 \\ 100 & 82{,}6446 \end{pmatrix} \right)$$

erhalten wir für die Auszahlung

$$c = \begin{pmatrix} 10 \\ 0 \end{pmatrix}$$

das Replikationsportfolio

$$h_{22} = \begin{pmatrix} -45{,}7699 \\ 0{,}5762 \end{pmatrix}$$

mit Preis

$$z_{12} = h_{22} \cdot b = 5{,}6956.$$

Für das Ein-Perioden-Teilmodell

$$(b,\ D)_{A_{11}} = \left(\begin{pmatrix} 1 \\ 100 \end{pmatrix}, \begin{pmatrix} 1{,}02 & 1{,}02 \\ 110 & 90{,}9091 \end{pmatrix} \right)$$

erhalten wir für die Auszahlung

$$c = \begin{pmatrix} z_{11} \\ z_{12} \end{pmatrix}$$

das Replikationsportfolio

$$h_{11} = \begin{pmatrix} -69{,}4352 \\ 0{,}8417 \end{pmatrix}$$

mit Preis

$$c_0 = h_{11} \cdot b = 14{,}7363.$$

3. Wir gehen davon aus, dass der Verkäufer der Call-Option durch den Verkauf $c_0 = 14{,}736$ eingenommen hat. Zur Replikation der Auszahlung der Call-Option wird zunächst das Portfolio $h_{11} = \begin{pmatrix} -69{,}4352 \\ 0{,}8417 \end{pmatrix}$ zum Preis von $c_0 = 14{,}7363$ zum Zeitpunkt 0 gekauft. Nach Voraussetzung steigt der Aktienkurs zum Zeitpunkt 1 von 100 auf 110. Das Portfolio h_{11} besitzt dann den Wert $z_{11} = 21{,}7647$. Nun wird h_{11} verkauft, und mit dem Erlös z_{11} wird das Portfolio h_{21} gekauft. Wiederum nach Voraussetzung sinkt zum Zeitpunkt 2 der Aktienkurs von 110 auf 100. Das Portfolio h_{21} besitzt dann den Wert 10. Nun wird das Portfolio verkauft, und der Erlös von 10 wird an den Käufer der Call-Option weitergereicht.

Lösung 2.2 Werden in

$$(S - K)^+ - (K - S)^+ = S - K$$

für S die Kurse der Aktie zum Endzeitpunkt eingesetzt, also $u^{n-j} d^j S$ für $0 \leq j \leq n$, und die dadurch entstehenden zustandsabhängigen Zahlungen auf verallgemeinerte Weise abdiskontiert, dann folgt

$$\begin{aligned} &\sum_{j=0}^{n} \binom{n}{j} \psi_1^{n-j} \psi_2^{j} \left(\left(u^{n-j} d^j S - K\right)^+ - \left(K - u^{n-j} d^j S\right)^+ \right) \\ &= \sum_{j=0}^{n} \binom{n}{j} \psi_1^{n-j} \psi_2^{j} \left(u^{n-j} d^j S - K\right). \end{aligned}$$

Zunächst gilt

$$c_0 = \sum_{j=0}^{n} \binom{n}{j} \psi_1^{n-j} \psi_2^j \left(u^{n-j} d^j S - K\right)^+$$

$$p_0 = \sum_{j=0}^{n} \binom{n}{j} \psi_1^{n-j} \psi_2^j \left(K - u^{n-j} d^j S\right)^+$$

für die Preise der Call- und Put-Auszahlungen. Weiter gilt

$$\frac{1}{\rho} = \psi_1 + \psi_2$$

$$1 = u\psi_1 + d\psi_2,$$

also

$$\sum_{j=0}^{n} \binom{n}{j} (u\psi_1)^{n-j} (d\psi_2)^j S = (u\psi_1 + d\psi_2)^n S = S$$

und

$$\sum_{j=0}^{n} \binom{n}{j} \psi_1^{n-j} \psi_2^j K = (\psi_1 + \psi_2)^n K = \frac{1}{\rho^n} K.$$

Insgesamt erhalten wir die behauptete Formel für die Put-Call-Parität

$$c_0 - p_0 = S - \frac{1}{\rho^n} K.$$

Lösung 2.3

1. Die drei Ein-Perioden-Teilmodelle lauten

$$(b, D)_{A_0} = \left(\begin{pmatrix} 1 \\ S \end{pmatrix}, \begin{pmatrix} \rho & \rho \\ uS & dS \end{pmatrix} \right)$$

$$(b, D)_{A_{11}} = \left(\begin{pmatrix} \rho \\ S_1(A_{11}) \end{pmatrix}, \begin{pmatrix} \rho^2 & \rho^2 \\ uS_1(A_{11}) & dS_1(A_{11}) \end{pmatrix} \right)$$

$$(b, D)_{A_{12}} = \left(\begin{pmatrix} \rho \\ S_1(A_{12}) \end{pmatrix}, \begin{pmatrix} \rho^2 & \rho^2 \\ uS_1(A_{12}) & dS_1(A_{12}) \end{pmatrix} \right)$$

und alle Gleichungssysteme $D\psi = b$ besitzen dieselbe Lösung ψ, die mit der Lösung für ein Modell ohne Dividendenzahlungen der Aktie übereinstimmt,

$$\psi = \begin{pmatrix} \psi_1 \\ \psi_2 \end{pmatrix} = \frac{1}{\rho(u-d)} \begin{pmatrix} \rho - d \\ u - \rho \end{pmatrix}.$$

2. Im Allgemeinen, und insbesondere im Falle $\delta_1(A_{11}) = \delta_1(A_{12})$, gilt

$$d\delta_1(A_{11}) \neq u\delta_1(A_{12}),$$

und das bedeutet

$$dS_1(A_{11}) \neq uS_1(A_{12}).$$

Dies hat zur Folge, dass die einfache Struktur der Aktienkurse ab dem Zeitpunkt der ersten Dividendenzahlung in einem Baum verlorengeht, und damit ist diese Art der Modellierung von Dividendenzahlungen für die Praxis nicht geeignet.

3. Sei

$$c = \begin{pmatrix} c(A_{21}) \\ c(A_{22}) \\ c(A_{23}) \\ c(A_{24}) \end{pmatrix} = \begin{pmatrix} c(\omega_1) \\ c(\omega_2) \\ c(\omega_3) \\ c(\omega_4) \end{pmatrix}$$

eine zustandsabhängige Auszahlung zum Zeitpunkt 2. Der Diskontvektor ϕ_2 des Zwei-Perioden-Modells lautet

$$\phi_2 = \begin{pmatrix} \psi_1^2 \\ \psi_1\psi_2 \\ \psi_1\psi_2 \\ \psi_2^2 \end{pmatrix},$$

und daraus folgt für den Preis c_0 von c

$$c_0 = \langle \phi_2, c \rangle.$$

4. Zunächst gilt

$$\psi = \begin{pmatrix} \psi_1 \\ \psi_2 \end{pmatrix} = \begin{pmatrix} 0{,}4991 \\ 0{,}4813 \end{pmatrix},$$

also

$$\phi_2 = \begin{pmatrix} \psi_1^2 \\ \psi_1\psi_2 \\ \psi_1\psi_2 \\ \psi_2^2 \end{pmatrix} = \begin{pmatrix} 0{,}2491 \\ 0{,}2402 \\ 0{,}2402 \\ 0{,}2316 \end{pmatrix}.$$

Für die Kurse der Aktie zum Endzeitpunkt 2 gilt im Falle von $\delta_1(A_{11}) = 2$ und $\delta_1(A_{12}) = 1$

$$S_2(A_{11}) = uS_1(A_{11}) = u^2S - u\delta_1(A_{11}) = 141{,}6$$
$$S_2(A_{12}) = dS_1(A_{11}) = S - d\delta_1(A_{11}) = 98{,}33$$
$$S_2(A_{13}) = uS_1(A_{12}) = S - u\delta_1(A_{12}) = 98{,}8$$
$$S_2(A_{14}) = dS_1(A_{12}) = d^2S - d\delta_1(A_{12}) = 68{,}61.$$

Damit lautet die Endauszahlung der zu bewertenden Call-Option

$$\phi_2 = (S_2 - K)^+ = \begin{pmatrix} 41{,}6 \\ 0 \\ 0 \\ 0 \end{pmatrix},$$

also

$$c_0 = \langle \phi_2, c \rangle = 10{,}363.$$

Dadurch, dass die Diskontvektoren aller Ein-Perioden-Teilmodelle übereinstimmen, besteht das Problem der Bewertung von Auszahlungsprofilen in erster Linie darin, die Aktienkurse zum Endzeitpunkt und damit die Werte der Endauszahlung zu bestimmen.

Lösung 2.4 Insgesamt gibt es im Binomialbaum mit 3 Perioden 8 Endzustände $\omega_1, \ldots, \omega_8$. Weiter gilt

$$\psi = \begin{pmatrix} \psi_1 \\ \psi_2 \end{pmatrix} = \frac{1}{\rho(u-d)} \begin{pmatrix} \rho - d \\ u - \rho \end{pmatrix} = \begin{pmatrix} 0{,}4991 \\ 0{,}4813 \end{pmatrix}.$$

Zunächst gilt für die Pfade des Baums

ω_i	Pfad			$S_1(\omega_i)$	$S_2(\omega_i)$	$S_3(\omega_i)$	$K(\omega_i)$	$\phi_2(\omega_i)$
ω_1	u	u	u	uS	u^2S	u^3S	$\frac{1}{4}\left(1+u+u^2+u^3\right)S$	ψ_1^3
ω_2	u	u	d	uS	u^2S	u^2dS	$\frac{1}{4}\left(1+u+u^2+u^2d\right)S$	$\psi_1^2\psi_2$
ω_3	u	d	u	uS	udS	u^2dS	$\frac{1}{4}\left(1+u+ud+u^2d\right)S$	$\psi_1^2\psi_2$
ω_4	u	d	d	uS	udS	ud^2S	$\frac{1}{4}\left(1+u+ud+ud^2\right)S$	$\psi_1\psi_2^2$
ω_5	d	u	u	dS	udS	u^2dS	$\frac{1}{4}\left(1+d+ud+u^2d\right)S$	$\psi_1^2\psi_2$
ω_6	d	u	d	dS	udS	ud^2S	$\frac{1}{4}\left(1+d+ud+ud^2\right)S$	$\psi_1\psi_2^2$
ω_7	d	d	u	dS	d^2S	ud^2S	$\frac{1}{4}\left(1+d+d^2+ud^2\right)S$	$\psi_1\psi_2^2$
ω_8	d	d	d	dS	d^2S	d^3S	$\frac{1}{4}\left(1+d+d^2+d^3\right)S$	ψ_2^3

Mit den vorgegebenen Daten $S = 100$, $r = 2\,\%$, $u = 1{,}2$ und $d = 1/u$ folgt für den Preis der Auszahlung

$$c(\omega) = (S_3(\omega) - K(\omega))^+$$

der Wert

$$c_0 = \sum_{i=1}^{8} (S_3(\omega_i) - K(\omega_i))^+ \phi_2(\omega_i) = 8{,}2961.$$

Lösung 2.5

1. Sei c eine beliebige Auszahlung zum Zeitpunkt 2. Dann gilt

$$\begin{aligned}\mathbf{D}_{1,2}[c] &= \frac{1}{\phi_1(A_{11})}\sum_{\substack{A_2\in\mathcal{F}_2\\ A_{11}\supset A_2}}\phi_2(A_2)\,c(A_2)\,\mathbf{1}_{A_{11}}\\ &\quad+\frac{1}{\phi_1(A_{12})}\sum_{\substack{A_2\in\mathcal{F}_2\\ A_{12}\supset A_2}}\phi_2(A_2)\,c(A_2)\,\mathbf{1}_{A_{12}}\\ &= \frac{1}{\psi_1}\left(\psi_1^2 c(A_{21})+\psi_1\psi_2 c(A_{22})\right)\mathbf{1}_{A_{11}}\\ &\quad+\frac{1}{\psi_2}\left(\psi_1\psi_2 c(A_{23})+\psi_2^2 c(A_{24})\right)\mathbf{1}_{A_{12}}\\ &= \left(\psi_1 c(A_{21})+\psi_2 c(A_{22})\right)\mathbf{1}_{A_{11}}+\left(\psi_1 c(A_{23})+\psi_2 c(A_{24})\right)\mathbf{1}_{A_{12}},\end{aligned}$$

also

$$\begin{aligned}\mathbf{D}_{1,2}[c](A_{11}) &= \psi_1 c(A_{21})+\psi_2 c(A_{22}),\\ \mathbf{D}_{1,2}[c](A_{12}) &= \psi_1 c(A_{23})+\psi_2 c(A_{24}).\end{aligned}$$

2. Mit $\phi_0(A_0)=\phi_0(\Omega)=1$ folgt

$$\begin{aligned}\mathbf{D}_{0,2}[c] &= \frac{1}{\phi_0(A_0)}\sum_{\substack{A_2\in\mathcal{F}_2\\ A_0\supset A_2}}\phi_2(A_2)\,c(A_2)\,\mathbf{1}_{A_0}\\ &= \left(\phi_2(A_{21})\,c(A_{21})+\cdots+\phi_2(A_{24})\,c(A_{24})\right)\mathbf{1}_{A_0}\\ &= \left(\psi_1^2 c(A_{21})+\psi_1\psi_2 c(A_{22})+\psi_1\psi_2 c(A_{23})+\psi_2^2 c(A_{24})\right)\mathbf{1}_{A_0},\end{aligned}$$

also

$$\mathbf{D}_{0,2}[c](A_0)=\psi_1^2 c(A_{21})+\psi_1\psi_2 c(A_{22})+\psi_1\psi_2 c(A_{23})+\psi_2^2 c(A_{24}).$$

3. Es gilt mit 1. und 2.

$$\begin{aligned}\mathbf{D}_{0,1}\left[\mathbf{D}_{1,2}[c]\right](A_0) &= \psi_1\mathbf{D}_{1,2}[c](A_{11})+\psi_2\mathbf{D}_{1,2}[c](A_{12})\\ &= \psi_1\left(\psi_1 c(A_{21})+\psi_2 c(A_{22})\right)+\psi_2\left(\psi_1 c(A_{23})+\psi_2 c(A_{24})\right)\\ &= \mathbf{D}_{0,2}[c](A_0).\end{aligned}$$

Lösung 2.6 Bezeichnet $A_{ts_1},\ldots,A_{ts_k}\in\mathcal{F}_t$ eine Aufzählung der Knoten, in die A_{t-1} zum Zeitpunkt t zerfällt, dann ist das Ein-Perioden-Teilmodell $(b,\ D)_{A_{t-1}}$ gegeben durch

$$b = S_{t-1}(A_{t-1}), \quad D = \begin{pmatrix} S_t^{\delta 1}(A_{ts_1}) & \cdots & S_t^{\delta 1}(A_{ts_k}) \\ \vdots & & \vdots \\ S_t^{\delta N}(A_{ts_1}) & \cdots & S_t^{\delta N}(A_{ts_k}) \end{pmatrix}.$$

Bezeichnet ψ den Diskontvektor des Teilmodells $(b,\ D)_{A_{t-1}}$, dann gilt einerseits

$$b = D\psi = \sum_{j=1}^{k} \psi_j D_j = \sum_{j=1}^{k} \psi_j S_t^{\delta}(A_{ts_j}),$$

wenn D_j die j-te Spalte von D bezeichnet.

Andererseits gilt mit $\mathbf{D}_{t-1,t}\left[S_t^{\delta}\right] = S_{t-1}$

$$\begin{aligned} S_{t-1}(A_{t-1}) &= \mathbf{D}_{t-1,t}\left[S_t^{\delta}\right](A_{t-1}) \\ &= \frac{1}{\phi_{t-1}(A_{t-1})} \sum_{\substack{A_t \in \mathcal{F}_t \\ A_{t-1} \supset A_t}} \phi_t(A_t)\, S_t^{\delta}(A_t) \\ &= \frac{1}{\phi_{t-1}(A_{t-1})} \sum_{j=1}^{k} \phi_t(A_{ts_j})\, S_t^{\delta}(A_{ts_j}), \end{aligned}$$

und der Vergleich liefert die Darstellung

$$\psi = \begin{pmatrix} \psi_1 \\ \vdots \\ \psi_k \end{pmatrix} = \frac{1}{\phi_{t-1}(A_{t-1})} \begin{pmatrix} \phi_t(A_{ts_1}) \\ \vdots \\ \phi_t(A_{ts_k}) \end{pmatrix} = \begin{pmatrix} \psi_t(A_{ts_1}) \\ \vdots \\ \psi_t(A_{ts_k}) \end{pmatrix}$$

für den Diskontvektor ψ des Ein-Perioden-Teilmodells $(b,\ D)_{A_{t-1}}$ mithilfe des Diskontprozesses ϕ, definiert durch

$$\phi_t(A_{ts_j}) = \psi_t(A_{ts_j})\, \psi_t(A_{t-1}) \cdots \psi_0(A_0) = \psi_t(A_{ts_j})\, \phi_{t-1}(A_{t-1})$$

für $j = 1, \ldots, k$.

Lösung 2.7

1. Für $s \leq t$ gilt zunächst

$$S_s = \mathbf{D}_{s,t}[S_t] = \sum_{A_s \in \mathcal{F}_s} \left(\frac{1}{\phi_s(A_s)} \sum_{\substack{A_t \in \mathcal{F}_t \\ A_s \supset A_t}} \phi_t(A_t)\, S_t(A_t) \right) \mathbf{1}_{A_s}. \tag{7.1}$$

Da S_s $\mathcal{F}_s$-messbar ist, gilt

$$S_s = \sum_{A_s \in \mathcal{F}_s} S_s(A_s)\,\mathbf{1}_{A_s}.$$

Daraus folgt durch Vergleich mit (7.1) für $A_s \in \mathcal{F}_s$

$$S_s(A_s) = \frac{1}{\phi_s(A_s)} \sum_{\substack{A_t \in \mathcal{F}_t \\ A_s \supset A_t}} \phi_t(A_t)\, S_t(A_t),$$

und das bedeutet mit (2.26)

$$\left\langle \phi_s,\ S_s 1_{A_s} \right\rangle = \left\langle \phi_t,\ S_t 1_{A_s} \right\rangle.$$

Sei $A = A_1 \cup \cdots \cup A_m$ mit $A_i \in \mathcal{F}_s$ und $A_i \cap A_j = \emptyset$ für $i \neq j$. Dann gilt $1_A = 1_{A_1} + \cdots + 1_{A_m}$ und daher

$$\langle \phi_t,\ S_t 1_A \rangle = \sum_{i=1}^{m} \left\langle \phi_t,\ S_t 1_{A_i} \right\rangle = \sum_{i=1}^{m} \left\langle \phi_s,\ S_s 1_{A_i} \right\rangle = \langle \phi_s,\ S_s 1_A \rangle.$$

2. Angenommen, für $t = 1, \ldots, n$ und $A_{t-1} \in \mathcal{F}_{t-1}$ gilt

$$\left\langle \phi_{t-1},\ S_{t-1} 1_{A_{t-1}} \right\rangle = \left\langle \phi_t,\ S_t 1_{A_{t-1}} \right\rangle.$$

Dies bedeutet

$$S_{t-1}(A_{t-1}) = \sum_{\substack{A_t \in \mathcal{F}_t \\ A_{t-1} \supset A_t}} \frac{\phi_t}{\phi_{t-1}}(A_t)\, S_t(A_t).$$

Die $\frac{\phi_t}{\phi_{t-1}}(A_t)$ bilden also die Komponenten einer Lösung von $D\psi = b$ im Ein-Perioden-Teilmodell $(b,\ D)_{A_{t-1}}$. Da $(b,\ D)_{A_{t-1}}$ vollständig ist, ist ψ eindeutig bestimmt, und da $(b,\ D)_{A_{t-1}}$ arbitragefrei ist, gilt $\psi \gg 0$. Dann ist aber der durch

$$\phi_t(A_t) = \frac{\phi_t}{\phi_{t-1}}(A_t)\, \frac{\phi_{t-1}}{\phi_{t-2}}(A_{t-1}) \cdots \frac{\phi_1}{\phi_0}(A_1) \qquad (A_1 \supset \cdots \supset A_{t-1} \supset A_t)$$

definierte Prozess ϕ eindeutig bestimmt und strikt positiv. Weiter erfüllt er (7.1) und ist damit der Diskontprozess des Mehr-Perioden-Modells.

Lösung 2.8 Für $f(x) = a_0 + a_1 x + \cdots + a_m x^m$ gilt

$$\begin{aligned} c_0 &= \sum_{j=0}^{n} \binom{n}{j} \psi_1^j \psi_2^{n-j} f\left(u^j d^{n-j} S\right) \\ &= \sum_{k=0}^{m} a_k \left(\sum_{j=0}^{n} \binom{n}{j} \psi_1^j \psi_2^{n-j} \left(u^j d^{n-j} S\right)^k \right) \end{aligned}$$

$$= \sum_{k=0}^{m} a_k S^k \left(\sum_{j=0}^{n} \binom{n}{j} \left(u^k \psi_1\right)^j \left(d^k \psi_2\right)^{n-j} \right)$$

$$= \sum_{k=0}^{m} a_k S^k \left(u^k \psi_1 + d^k \psi_2\right)^n .$$

Die Eigenschaften $q_0 = \frac{1}{\rho^n}$ und $q_1 = 1$ folgen unmittelbar aus (2.1).

Lösung 2.9 Es gilt

$$c_0(f) = \sum_{\omega \in \Omega} \phi_n(\omega) f(\omega) = \langle \phi_n, f \rangle ,$$

also

$$|c_0(f) - c_0(g)| = \left| \sum_{\omega \in \Omega} \phi_n(\omega) (f - g)(\omega) \right|$$

$$\leq \left(\sum_{\omega \in \Omega} \phi_n(\omega) \right) \|f - g\|_\infty$$

mit

$$\|f - g\|_\infty = \max \{ |f(\omega) - g(\omega)| : \omega \in \Omega \} .$$

Lösung 2.10 Die Linearität von $\mathbf{D}_{s,t}$ auf dem Vektorraum der $\mathcal{F}_t$-messbaren Funktionen folgt unmittelbar aus der Definition des Diskontierungsoperators. Weiter bilden die charakteristischen Funktionen $\mathbf{1}_{A_s}$, $A_s \in \mathcal{F}_s$, eine Basis des Vektorraums der $\mathcal{F}_s$-messbaren Funktionen. Sei nun $A_s \in \mathcal{F}_s$ fest gewählt. Die Funktion

$$c = \phi_s(A_s) \frac{1}{\sum_{\substack{A_t \in \mathcal{F}_t \\ A_s \supset A_t}} \phi_t(A_t)} \mathbf{1}_{A_s}$$

ist $\mathcal{F}_s$-messbar, also insbesondere $\mathcal{F}_t$-messbar, und für $A_t \in \mathcal{F}_t$ folgt

$$c(A_t) = \phi_s(A_s) \frac{1}{\sum_{\substack{A_t \in \mathcal{F}_t \\ A_s \supset A_t}} \phi_t(A_t)} \mathbf{1}_{A_s}(A_t)$$

$$= \begin{cases} \phi_s(A_s) \frac{1}{\sum_{\substack{A_t \in \mathcal{F}_t \\ A_s \supset A_t}} \phi_t(A_t)} & (A_t \subset A_s) \\ 0 & (A_t \cap A_s = \emptyset) . \end{cases}$$

Aus der Definition des Diskontierungsoperators folgt

$$\begin{aligned}
\mathbf{D}_{s,t}[c] &= \sum_{A'_s \in \mathcal{F}_s} \left(\frac{1}{\phi_s(A'_s)} \sum_{\substack{A'_t \in \mathcal{F}_t \\ A'_s \supset A'_t}} \phi_t(A'_t)\, c(A'_t) \right) \mathbf{1}_{A'_s} \\
&= \sum_{A'_s \in \mathcal{F}_s} \left(\frac{1}{\phi_s(A'_s)} \sum_{\substack{A'_t \in \mathcal{F}_t \\ A'_s \supset A'_t}} \phi_t(A'_t)\, \phi_s(A_s) \frac{1}{\sum_{\substack{A_t \in \mathcal{F}_t \\ A_s \supset A_t}} \phi_t(A_t)} \mathbf{1}_{A_s}(A'_t) \right) \mathbf{1}_{A'_s} \\
&= \left(\frac{1}{\phi_s(A_s)} \sum_{\substack{A'_t \in \mathcal{F}_t \\ A_s \supset A'_t}} \phi_t(A'_t)\, \phi_s(A_s) \frac{1}{\sum_{\substack{A_t \in \mathcal{F}_t \\ A_s \supset A_t}} \phi_t(A_t)} \right) \mathbf{1}_{A_s} \\
&= \mathbf{1}_{A_s},
\end{aligned}$$

denn für $A_s \in \mathcal{F}_s$ und für jedes $A'_t \in \mathcal{F}_t$ gilt

$$\mathbf{1}_{A_s}(A'_t) = \begin{cases} 1 & (A'_t \subset A_s) \\ 0 & \text{sonst.} \end{cases}$$

Damit liegt jedes Basiselement $\mathbf{1}_{A_s}$ im Bild von $\mathbf{D}_{s,t}$ und $\mathbf{D}_{s,t}$ ist surjektiv.

Lösung 2.11

1. Sei $0 \leq s < t \leq n$. Für ein beliebiges $A_s \in \mathcal{F}_s$ und $c_t(A_t) = K$ für alle $A_t \in \mathcal{F}_t$ folgt mit der Definition

$$\phi_t(A_t) = \psi_0(A_0)\, \psi_1(A_1) \cdots \psi_t(A_t) \quad (A_0 \supset \cdots \supset A_t)$$

des Diskontprozesses

$$\begin{aligned}
\mathbf{D}_{s,t}[c_t](A_s) &= \frac{1}{\phi_s(A_s)} \sum_{\substack{A_t \in \mathcal{F}_t \\ A_s \supset A_t}} \phi_t(A_t)\, c_t(A_t) \\
&= K \sum_{\substack{A_r \in \mathcal{F}_r,\, s<r\leq t \\ A_s \supset \cdots \supset A_t}} \psi_{s+1}(A_{s+1}) \cdots \psi_t(A_t) \\
&= K d_{s,t}(A_s),
\end{aligned}$$

wobei

$$d_{s,t}(A_s) = \sum_{\substack{A_r \in \mathcal{F}_r,\, s<r\leq t \\ A_s \supset \cdots \supset A_t}} \psi_{s+1}(A_{s+1}) \cdots \psi_t(A_t)$$

definiert wird. Wegen $\mathbf{D}_{t,t}[c_t] = c_t$ folgt $d_{t,t}(A_t) = 1$ für alle $A_t \in \mathcal{F}_t$.

2. Für $0 \leq s < t \leq n$ sei $A_s \in \mathcal{F}_s$ ein fest gewählter Knoten. Da alle Diskontvektoren der Ein-Perioden-Teilmodelle übereinstimmen, folgt mit 1.

$$\begin{aligned} d_{s,t}(A_s) &= \sum_{\substack{A_r \in \mathcal{F}_r,\, s<r\leq t \\ A_s \supset \cdots \supset A_t}} \psi_{s+1}(A_{s+1}) \cdots \psi_t(A_t) \\ &= d_{0,\,t-s}(A_0) \\ &= \sum_{j=0}^{t-s} \binom{t-s}{j} \psi_1^{t-s-j} \psi_2^j \\ &= (\psi_1 + \psi_2)^{t-s} \\ &= \frac{1}{\rho^{t-s}}, \end{aligned}$$

denn es gilt $\psi_1 + \psi_2 = \frac{1}{\rho}$.

Lösung 2.12

1. Wird jede Kante jedes Ein-Perioden-Teilmodells mit der entsprechenden Komponente ψ_j des Diskontvektors $\psi \in \mathbb{R}^k$ assoziiert, dann verfügt jeder Pfad durch den Baum bis zu einem Endzustand ω über j_1 zu ψ_1 gehörende Kanten, über j_2 zu ψ_2 gehörende Kanten usw. mit $j_1 + \cdots + j_k = n$. Insgesamt gibt es im Baum

$$\binom{n}{j_1,\, j_2,\, \ldots,\, j_k}$$

derartige Pfade. Das bedeutet

$$\begin{aligned} c_0 &= \sum_{\omega \in \Omega} \phi_n(\omega)\, c(\omega) \\ &= \sum_{j_1 + \cdots + j_k = n} \binom{n}{j_1,\, j_2,\, \ldots,\, j_k} \psi_1^{j_1} \cdots \psi_k^{j_k} f\left(u_{11}^{j_1} \cdots u_{1k}^{j_k} S_0^1, \ldots, u_{k1}^{j_1} \cdots u_{kk}^{j_k} S_0^k\right). \end{aligned}$$

2. Die Anzahl der Summenden in der vorherigen Formel stimmt mit der Anzahl der Möglichkeiten überein, n ununterscheidbare Objekte in k Gruppen aufzuteilen. Zur Beantwortung betrachten wir $n + (k - 1)$ gleichartige, linear angeordnete Objekte, aus denen $k - 1$ Objekte ausgewählt werden, die als Trenner der Gruppen interpretiert werden. Die Anzahl der Objekte vor dem ersten Trennerobjekt wird mit j_1 identifiziert, ..., die Anzahl der Objekte vor dem Trennerobjekt $k - 1$ wird mit j_{k-1} interpretiert, und die Anzahl der Elemente nach diesem Trenner mit j_k. Insgesamt gibt es

$$\binom{n+k-1}{k-1}$$

Möglichkeiten, die Trenner auszuwählen, und dies ist die gesuchte Anzahl der Summanden.

3. Mit $u_{21} = u$ und $u_{22} = u_{23} = d$ gilt

$$\begin{aligned} c_0 &= \sum_{j_1+\cdots+j_k=n} \binom{n}{j_1,\, j_2,\, j_3} \psi_1^{j_1} \psi_2^{j_2} \psi_3^{j_3} f\left(u_{21}^{j_1} u_{22}^{j_2} u_{23}^{j_3} S_0^2\right) \\ &= \sum_{j_1=0}^{n} \sum_{j_2=0}^{n-j_1} \sum_{j_3=n-j_1-j_2} \frac{n!}{j_1!j_2!j_3!} \psi_1^{j_1} \psi_2^{j_2} \psi_3^{j_3} f\left(u^{j_1} d^{j_2+j_3} S_0^2\right) \\ &= \sum_{j_1=0}^{n} \frac{n!}{j_1!\,(n-j_1)!} \psi_1^{j_1} \left(\sum_{j_2=0}^{n-j_1} \sum_{j_3=n-j_1-j_2} \frac{(n-j_1)!}{j_2!j_3!} \psi_2^{j_2} \psi_3^{j_3} \right) f\left(u^{j_1} d^{n-j_1} S_0^2\right) \\ &= \sum_{j_1=0}^{n} \frac{n!}{j_1!\,(n-j_1)!} \psi_1^{j_1} (\psi_2+\psi_3)^{n-j_1} f\left(u^{j_1} d^{n-j_1} S_0^2\right) \\ &= \sum_{j=0}^{n} \binom{n}{j} \psi_1^{j} (\psi_2+\psi_3)^{n-j} f\left(u^{j} d^{n-j} S_0^2\right). \end{aligned}$$

Lösung 2.13

1. Es gilt

$$\mathbf{E}[Z_i] = \sum_{j=1}^{k} p_j Z_{ij} = (e_i,\, e_1) = 0 \quad (i = 2, \ldots, k)$$

und

$$\mathbf{Cov}\,(Z_i,\, Z_i) = \mathbf{V}\,[Z_i] = \sum_{j=1}^{k} p_j Z_{ij}^2 = (e_i,\, e_i) = 1 \quad (i = 2, \ldots, k)$$

sowie

$$\mathbf{Cov}\left(Z_i,\, Z_j\right) = \left(e_i,\, e_j\right) = 0 \quad (i \neq j)\,.$$

2. Es gilt

$$\mathbf{E}\,[Y_i] = \mathbf{E}\,[\mu_i + L_{i2}Z_2 + \cdots + L_{ik}Z_k] = \mu_i + L_{i2}\mathbf{E}\,[Z_2] + \cdots + L_{ik}\mathbf{E}\,[Z_k] = \mu_i$$

und

$$\begin{aligned} \mathbf{Cov}\left[Y_i,\, Y_j\right] &= \mathbf{E}\left[(\mu_i + L_{i2}Z_2 + \cdots + L_{ik}Z_k)\left(\mu_j + L_{j2}Z_2 + \cdots + L_{jk}Z_k\right)\right] \\ &\quad - \mu_i\mu_j \\ &= L_{i2}L_{j2}\mathbf{E}\left[Z_2^2\right] + \cdots + L_{ik}L_{jk}\mathbf{E}\left[Z_k^2\right] \\ &= L_{i2}L_{2j}^{\mathrm{t}} + \cdots + L_{ik}L_{kj}^{\mathrm{t}} \\ &= C_{ij}. \end{aligned}$$

3. Wird

$$Y_i = R_i = \frac{S_1^i - S_0^i}{S_0^i}$$

angesetzt, dann folgt

$$S_1^i = S_0^i (1 + Y_i) = S_0^i \left(1 + \mu_i + (LZ)_i\right).$$

Wird für $1 \leq j \leq k$ definiert

$$u_{1j} = 1 + r$$

und für $2 \leq i \leq k$ und $1 \leq j \leq k$

$$u_{ij} = 1 + \mu_i + (LZ)_i \left(\omega_j\right) = 1 + \mu_i + L_{i2} Z_2 \left(\omega_j\right) + \cdots + L_{ik} Z_k \left(\omega_j\right),$$

dann folgt

$$S_1^i \left(\omega_j\right) = u_{ij} S_0^i \quad (1 \leq i,\ j \leq k),$$

und die u_{ij} sind die gesuchten Faktoren für (2.46). Diese Faktoren hängen von der gewählten Orthonormalbasis $(e_1, e_2, \ldots, e_k)$ ab, sind also nicht eindeutig bestimmt.

4. Der hier angegebene Nachweis der Vollständigkeit stammt von Becker, *Numerische Bewertung von Basket-Optionen,* Bachelorarbeit. In der Matrix

$$\begin{pmatrix} u_{11} & \cdots & u_{1k} \\ \vdots & & \vdots \\ u_{k1} & \cdots & u_{kk} \end{pmatrix}$$

bezeichnen wir die Zeilenvektoren mit u_i, $i = 1, \ldots, k$, und beachten $u_{1j} = 1 + r$ für alle $j = 1, \ldots, k$, also

$$u_1 = (1 + r)\, e_1.$$

Nun verwenden wir für $i = 2, \ldots, k$

$$u_{ij} = 1 + \mu_i + L_{i2} Z_2 \left(\omega_j\right) + \cdots + L_{ik} Z_k \left(\omega_j\right),$$

also, da L eine untere Dreiecksmatrix ist,

$$u_i = (1 + \mu_i)\, e_1 + L_{i2} Z_2 + \cdots + L_{ii} Z_i$$

Wir zeigen die Vollständigkeit, indem wir nachweisen, dass die u_i linear unabhängig sind und betrachten dazu eine Linearkombination

$$\begin{aligned}
0 &= a_1 u_1 + \cdots + a_k u_k \\
&= a_1 (1+r) e_1 + a_2 ((1+\mu_2) e_1 + L_{22} Z_2) + \cdots \\
&\qquad \cdots + a_k ((1+\mu_k) e_1 + L_{k2} Z_2 + \cdots + L_{kk} Z_k) \\
&= b_1 e_1 + b_2 Z_2 + \cdots + b_k Z_k
\end{aligned}$$

mit

$$\begin{aligned}
b_1 &= a_1 (1+r) + a_2 (1+\mu_2) + \cdots + a_k (1+\mu_k) \\
b_2 &= a_2 L_{22} + \cdots + a_k L_{k2} \\
&\ \vdots \\
b_{k-1} &= a_{k-1} L_{k-1,k-1} + a_k L_{k,k-1} \\
b_k &= a_k L_{kk}.
\end{aligned}$$

Da die $e_1, Z_2, \ldots, Z_k$ eine Basis bilden, gilt $b_1 = \cdots = b_k = 0$. Da weiter C als positiv definite symmetrische Matrix regulär ist, ist auch L regulär. Insbesondere sind alle Diagonalelemente von L von null verschieden. Also folgt zunächst $a_k = 0$, dann $a_{k-1} = 0$ usw. Also sind alle $a_i = 0$, und damit sind die $u_1, \ldots, u_k$ linear unabhängig, was zu zeigen war.

Lösung 3.1

1. Es gilt $\Delta t = \frac{T}{n} = \frac{1}{500} = 0{,}002$. Damit gilt $\rho = (1+R)^{\Delta t} = 1{,}000039606038891$, also $r = \rho - 1 = 0{,}000039606038891$.
2. Für die Auf- und Abstiegsfaktoren gilt

$$\begin{aligned}
u_{\text{exakt}} &= 1{,}011485800927509, & d_{\text{exakt}} &= 0{,}989119287983101, \\
u &= 1{,}011243073463747, & d &= 0{,}988881927838342,
\end{aligned}$$

und damit
$$\frac{u_{\text{exakt}} - u}{u_{\text{exakt}}} = \frac{d_{\text{exakt}} - d}{d_{\text{exakt}}} = \exp(\mu \Delta t) - 1 = 0{,}0240\,\%.$$

Lösung 3.2 Es gilt $u = e^{\sigma \sqrt{T/n}}$. Für $n \to \infty$ gilt $T/n \to 0$, also auch $\sigma \sqrt{T/n} \to 0$, und damit folgt $u \to 1$ aus $e^0 = 1$ und aus der Stetigkeit der Exponentialfunktion. Dann gilt aber auch $d = 1/u \to 1$ für $n \to \infty$. Weiter gilt für $n \to \infty$ zunächst $(1+R)^{\frac{1}{n}} = e^{\frac{1}{n}\ln(1+R)} \to e^0 = 1$, sodass $r = (1+R)^{\frac{1}{n}} - 1 \to 0$ folgt.

Lösung 3.3

1. Wegen $\Delta t = T/n = 1$ gilt $u = \exp(\sigma) = 1{,}2499$ und $d = 1/u = 0{,}8$. Weiter gilt $\rho = 1 + R = 1{,}03$. Die Diskontvektoren ψ der Ein-Perioden-Teilmodelle sind alle identisch und stimmen mit den Diskontvektoren für den Fall, dass keine Dividendenzahlungen zu berücksichtigen sind, überein. Es gilt also mit den angegebenen Daten

$$\psi = \begin{pmatrix} \psi_1 \\ \psi_2 \end{pmatrix} = \frac{1}{\rho\,(u-d)} \begin{pmatrix} \rho - d \\ u - \rho \end{pmatrix} = \begin{pmatrix} 0{,}4962 \\ 0{,}4746 \end{pmatrix}.$$

Damit gilt

$$\phi_2 = \begin{pmatrix} \psi_1^2 \\ \psi_1\psi_2 \\ \psi_1\psi_2 \\ \psi_2^2 \end{pmatrix} = \begin{pmatrix} 0{,}2463 \\ 0{,}2355 \\ 0{,}2355 \\ 0{,}2253 \end{pmatrix}.$$

Zum Zeitpunkt $\tau = 1{,}5$ zahlt die Aktie eine Dividende $\delta = 2$ aus. Zur Berechnung der Auszahlungsprofile der Call- und Put-Optionen muss zunächst der um die diskontierte Dividende verringerte Anfangskurs $\tilde{S} = S - D_0$ berechnet werden, d. h., mit $r = \ln(1 + R)$ gilt

$$\tilde{S} = S - \delta e^{-r\tau} = 100 - 2 \cdot 1{,}03^{-1{,}5} = 98{,}0867.$$

Damit werden die cum-dividend Kurse zum Endzeitpunkt nach

$$\begin{aligned} S_{ij}^{\delta} &= S_{ij} + \rho^i D_{i-1,i} \\ &= u^{i-j} d^j \tilde{S} + \rho^i D_{i-1} \end{aligned}$$

berechnet, wobei zu berücksichtigen ist, dass die Dividendenzahlung in der letzten, zweiten Periode des Binomialbaums stattfindet. Mit $D_1 = D_0$ und

$$\rho^2 D_1 = 2{,}0298$$

gilt

$$\begin{pmatrix} S_{21}^{\delta} \\ S_{22}^{\delta} \\ S_{23}^{\delta} \\ S_{24}^{\delta} \end{pmatrix} = \begin{pmatrix} u^2\tilde{S} + \rho^2 D_1 \\ \tilde{S} + \rho^2 D_1 \\ \tilde{S} + \rho^2 D_1 \\ d^2\tilde{S} + \rho^2 D_1 \end{pmatrix} = \begin{pmatrix} 155{,}28 \\ 100{,}12 \\ 100{,}12 \\ 64{,}81 \end{pmatrix}.$$

Die Auszahlung der Call-Option mit Ausübungspreis $K = 100$ lautet damit

$$c = \begin{pmatrix} \left(u^2\tilde{S} + \rho^2 D_1 - K\right)^+ \\ \left(\tilde{S} + \rho^2 D_1 - K\right)^+ \\ \left(\tilde{S} + \rho^2 D_1 - K\right)^+ \\ \left(d^2\tilde{S} + \rho^2 D_1 - K\right)^+ \end{pmatrix} = \begin{pmatrix} 55{,}28 \\ 0{,}12 \\ 0{,}12 \\ 0 \end{pmatrix},$$

und dies führt zum Call-Preis

$$c_0 = \langle \phi_2,\ c \rangle = 13{,}67.$$

Die Auszahlung der Put-Option mit Ausübungspreis $K = 100$ lautet

$$p = \begin{pmatrix} \left(K - u^2\tilde{S} + \rho^2 D_1\right)^+ \\ \left(K - \tilde{S} + \rho^2 D_1\right)^+ \\ \left(K - \tilde{S} + \rho^2 D_1\right)^+ \\ \left(K - d^2\tilde{S} + \rho^2 D_1\right)^+ \end{pmatrix} = \begin{pmatrix} 0 \\ 0 \\ 0 \\ 35{,}19 \end{pmatrix},$$

und dies führt zum Put-Preis

$$p_0 = \langle \phi_2,\ p \rangle = 7{,}93.$$

2. Der Put-Preis hätte auch mithilfe der Put-Call-Parität aus dem Call-Preis berechnet werden können: $c_0 = p_0 + \tilde{S} + D_{n-1} - dK$

$$p_0 = c_0 - \tilde{S} - D_1 + \frac{K}{\rho^2} = 7{,}93.$$

3. Ohne Dividendenzahlungen gilt

$$c = \begin{pmatrix} \left(u^2 S - K\right)^+ \\ (S - K)^+ \\ (S - K)^+ \\ \left(d^2 S - K\right)^+ \end{pmatrix} = \begin{pmatrix} 56{,}24 \\ 0 \\ 0 \\ 0 \end{pmatrix}, \quad p = \begin{pmatrix} \left(K - u^2 S\right)^+ \\ (K - S)^+ \\ (K - S)^+ \\ \left(K - d^2 S\right)^+ \end{pmatrix} = \begin{pmatrix} 0 \\ 0 \\ 0 \\ 36 \end{pmatrix},$$

also

$$c_0 = \langle \phi_2,\ c \rangle = 0{,}2463 \cdot 56{,}24 = 13{,}85$$
$$p_0 = \langle \phi_2,\ p \rangle = 0{,}2253 \cdot 36 = 8{,}11.$$

Auch hier kann alternativ mit der Put-Call-Parität gerechnet werden:

$$p_0 = c_0 - S + \frac{K}{\rho^2} = 8{,}11.$$

Die Ergebnisse bestätigen, dass, ceteris paribus, Dividendenzahlungen einen Call-Preis verringern und einen Put-Preis erhöhen.

Lösung 3.4 Es gilt

$$\alpha \left(\frac{S_T}{S_{t_0}} - \beta \right)^+ = \frac{\alpha}{S_{t_0}} \left(S_T - \beta S_{t_0} \right)^+ .$$

Bezeichnet $C(S, T, K)$ den Black-Scholes-Preis einer Call-Option mit Anfangskurs S, Laufzeit T und mit Ausübungspreis K, dann hat obige Auszahlung zum Zeitpunkt t_0 den Wert

$$\frac{\alpha}{S_{t_0}} C\left(S_{t_0}, T - t_0, \beta S_{t_0}\right) = \alpha C\left(1, T - t_0, \beta\right),$$

der unabhängig vom eintretenden Zustand ist. Also gilt für den Preis c_0 der Auszahlung zum Zeitpunkt 0

$$c_0 = e^{-rt_0} \alpha C\left(1, T - t_0, \beta\right).$$

Entsprechendes gilt für eine Put-Option.

Lösung 3.5 Mit den angegebenen Daten folgt der in Abb. 7.1 abgebildete Binomialbaum. Für die Auszahlung eines Forward-Kontrakts gilt $c = S_2 - F$, also folgt

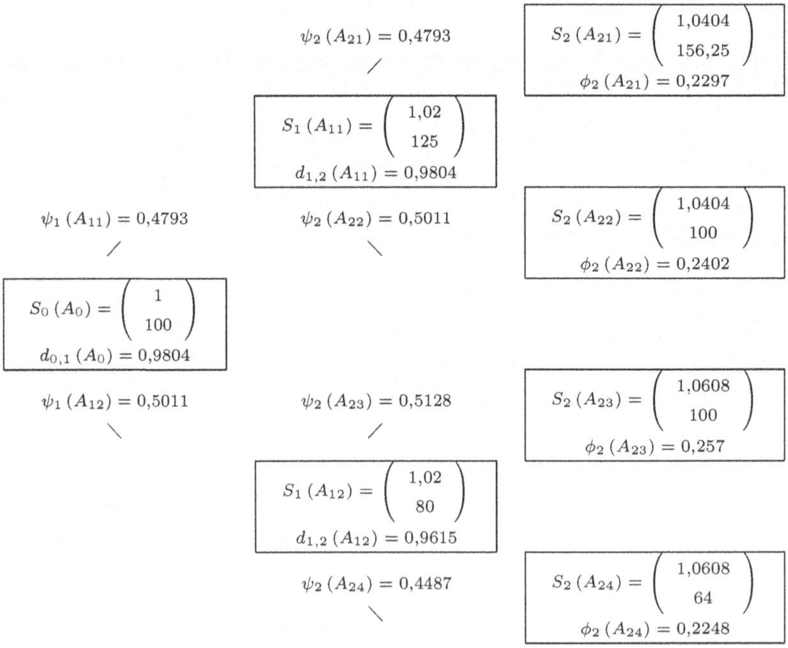

Abb. 7.1 Binomialbaum-Modell, in dem Forward- und Future-Preise berechnet werden

$$0 = c_0 = \langle \phi_2,\ S_2 \rangle - \langle \phi_2,\ F \rangle = S_0 - F\,(\phi_2\,(A_{21}) + \cdots + \phi_2\,(A_{24})) = 100 - 0{,}9517 \cdot F,$$

also

$$F = \frac{100}{0{,}9517} = 105{,}07.$$

Nun berechnen wir den Future-Preis

$$U_0 = \mathbf{D}_{0,2}\left[\frac{S_2}{d_{0,1}d_{1,2}}\right].$$

Zunächst gilt

$$d_{0,1} = \mathbf{D}_{0,1}\,[1] = \psi_1\,(A_{11}) + \psi_2\,(A_{12}) = 0{,}9804$$

und

$$\begin{aligned} d_{1,2}\,(A_{11}) &= \mathbf{D}_{1,2}\,[1]\,(A_{11}) & d_{1,2}\,(A_{12}) &= \mathbf{D}_{1,2}\,[1]\,(A_{12}) \\ &= \tfrac{1}{\phi_1(A_{11})}\,(\phi_2\,(A_{21}) + \phi_2\,(A_{22})) & &= \tfrac{1}{\phi_1(A_{12})}\,(\phi_2\,(A_{23}) + \phi_2\,(A_{24})) \\ &= \psi_2\,(A_{21}) + \psi_2\,(A_{22}) & &= \psi_2\,(A_{23}) + \psi_2\,(A_{24}) \\ &= 0{,}9804, & &= 0{,}9615. \end{aligned}$$

Damit erhalten wir wegen $A_{21} \subset A_{11}$ und $A_{22} \subset A_{11}$ sowie $A_{23} \subset A_{12}$ und $A_{24} \subset A_{12}$

$$\begin{aligned} d_{0,1}d_{1,2}\,(A_{21}) &= d_{0,1}d_{1,2}\,(A_{22}) = 0{,}9804^2 = 0{,}9612 \\ d_{0,1}d_{1,2}\,(A_{23}) &= d_{0,1}d_{1,2}\,(A_{24}) = 0{,}9804 \cdot 0{,}9615 = 0{,}9427, \end{aligned}$$

und daher

$$\begin{aligned} \frac{S_2}{d_{0,1}d_{1,2}}\,(A_{21}) &= \frac{156{,}25}{0{,}9804^2} = 162{,}56 \\ \frac{S_2}{d_{0,1}d_{1,2}}\,(A_{22}) &= \frac{100}{0{,}9804^2} = 104{,}04 \\ \frac{S_2}{d_{0,1}d_{1,2}}\,(A_{23}) &= \frac{100}{0{,}9804 \cdot 0{,}9615} = 106{,}08 \\ \frac{S_2}{d_{0,1}d_{1,2}}\,(A_{24}) &= \frac{64}{0{,}9804 \cdot 0{,}9615} = 67{,}89 \end{aligned}$$

Daraus folgt schließlich

$$\begin{aligned} U_0 &= \mathbf{D}_{0,2}\left[\frac{S_2}{d_{0,1}d_{1,2}}\right] = \phi_2\,(A_{21})\,\frac{S_2}{d_{0,1}d_{1,2}}\,(A_{21}) + \cdots + \phi_2\,(A_{24})\,\frac{S_2}{d_{0,1}d_{1,2}}\,(A_{24}) \\ &= 0{,}2297 \cdot 162{,}56 + 0{,}2402 \cdot 104{,}04 + 0{,}257 \cdot 106{,}08 + 0{,}2248 \cdot 67{,}89 \\ &= 104{,}86. \end{aligned}$$

Also gilt

$$F = 105{,}07 \neq 104{,}86 = U_0,$$

was zu zeigen war.

Lösung 3.6 Der Future-Preis fällt am ersten Tag von 1217,10 US$ auf 1206,80 US$. Dies entspricht einem Verlust von $10{,}30 \cdot 10 = 103$ US$, der vom Margin-Konto des Investors abgebucht wird, sodass 897 US$ verbleiben. Am nächsten Tag tritt erneut ein Verlust auf, diesmal in Höhe von $24{,}30 \cdot 10 = 243$ US$. Der Bestand des Margin-Kontos sinkt auf 654 US$. Der Investor erhält einen Margin-Call und muss wenigstens 96 US$ einzahlen, um wieder eine Maintenance-Margin in Höhe von 750 US$ zu erreichen. Kommt der Investor dem Margin-Call nicht nach, dann werden die Future-Kontrakte des Investors geschlossen, und es verbleibt der Betrag von 654 US$ auf seinem Konto.

Lösung 3.7 Die Rendite λ der Anleihe ist bei gegebenem Preis c_0 eine Lösung der Gleichung

$$c_0 = \sum_{t=1}^{n-1} c \frac{1}{(1+\lambda)^t} + (c+N)\frac{1}{(1+\lambda)^n}.$$

Betrachten Sie das Polynom

$$f(x) = -c_0 + cx + \cdots + cx^{n-1} + (c+N)\,x^n.$$

Dann gilt $f(0) = -c_0 < 0$ und $\lim_{n\to\infty} f(x) = \infty$. Also besitzt das Polynom als stetige Funktion nach dem Zwischenwertsatz eine Nullstelle $x_0 > 0$. Weiter gilt

$$f'(x) = c + 2cx + \cdots + (n-1)\,cx^{n-2} + n\,(c+N)\,x^{n-1}.$$

Also ist $f'(x) > 0$ für $x > 0$. Damit ist f auf $(0, \infty)$ streng monoton wachsend, sodass die Nullstelle x_0 eindeutig bestimmt ist.

Die Rendite λ der Anleihe ist nun gegeben durch

$$x_0 = \frac{1}{1+\lambda},$$

und damit folgt

$$\lambda = \frac{1}{x_0} - 1 > -1.$$

Lösung 3.8

1. Der Barwert einer Null-Kupon-Anleihe mit Nominalbetrag N und Restlaufzeit n lautet

$$c_0(\lambda) = \frac{N}{(1+\lambda)^n}.$$

Damit gilt

$$c_0'(\lambda) = -n\frac{N}{(1+\lambda)^{n+1}} = -\frac{n}{1+\lambda}c_0(\lambda),$$

also

$$D_M(\lambda) = -\frac{c_0'(\lambda)}{c_0(\lambda)} = \frac{n}{1+\lambda}$$

und daher

$$\begin{aligned}\frac{\Delta c_0}{c_0} &\approx -D_M(\lambda)\cdot\Delta\lambda \\ &= -\frac{n}{1+\lambda}\Delta\lambda.\end{aligned}$$

2. Weiter erhalten wir mit

$$c_0''(\lambda) = n(n+1)\frac{N}{(1+\lambda)^{n+2}} = \frac{n(n+1)}{(1+\lambda)^2}c_0(\lambda)$$

für die Konvexität den Ausdruck

$$C(\lambda) = \frac{c_0''(\lambda)}{c_0(\lambda)} = \frac{n(n+1)}{(1+\lambda)^2}.$$

Damit gilt

$$\begin{aligned}\frac{\Delta c_0}{c_0} &\approx -D_M(\lambda)\cdot\Delta\lambda + \frac{1}{2}C(\Delta\lambda)^2 \\ &= -\frac{n}{1+\lambda}\Delta\lambda + \frac{1}{2}\frac{n(n+1)}{(1+\lambda)^2}(\Delta\lambda)^2.\end{aligned}$$

3. Beträgt die Rendite $\lambda = 2\,\%$, dann lauten die exakten relativen Wertänderungen für $\Delta\lambda = 1\,\%$

$$\begin{aligned}\frac{\Delta c_0}{c_0} &= -0{,}97\,\% \quad (n=1) \\ \frac{\Delta c_0}{c_0} &= -9{,}3\,\% \quad (n=10).\end{aligned}$$

Wir sehen, dass sich Änderungen des Zinsniveaus auf die Preise von Null-Kupon-Anleihen mit längerer Laufzeit wesentlich stärker auswirken als auf solche mit kurzer Laufzeit. Wir berechnen nun die relativen Wertänderungen mit den beiden Näherungsformeln unter 1. und 2. Wird zunächst nur die modifizierte Duration berücksichtigt, dann folgt näherungsweise für $n = 1$ mit $D_M = \frac{1}{1{,}02} = 0{,}98$ die relative Wertänderung

$$\frac{\Delta c_0}{c_0} \approx -D_M(\lambda)\cdot\Delta\lambda = -\frac{1}{1{,}02}\,\% \approx -0{,}98\,\%,$$

und für $n = 10$ folgt mit $D_M = \frac{10}{1{,}02} = 9{,}8$ näherungsweise

$$\frac{\Delta c_0}{c_0} \approx -D_M(\lambda) \cdot \Delta\lambda = -\frac{10}{1{,}02}\,\% \approx -9{,}8\,\%.$$

Wir berücksichtigen nun zusätzlich die Konvexität. Für $n = 1$ besitzt die Konvexität den Wert $C = \frac{2}{1{,}02^2} = 1{,}92$, und damit folgt für $\Delta\lambda = 1\,\%$

$$\frac{\Delta c_0}{c_0} \approx -D_M \Delta\lambda + \frac{1}{2} C\,(\Delta\lambda)^2 = -0{,}98\,\% + \frac{1{,}92}{2} 0{,}01\,\% = -0{,}97\,\%.$$

Für $n = 10$ gilt $C = \frac{110}{1{,}02^2} = 105{,}73$ und daher

$$\frac{\Delta c_0}{c_0} \approx -D_M \Delta\lambda + \frac{1}{2} C\,(\Delta\lambda)^2 = -9{,}8\,\% + \frac{105{,}73}{2} 0{,}01\,\% = -9{,}27\,\%.$$

Bei der längeren Laufzeit von 10 Jahren führt die Berücksichtigung der Konvexität zur Bestimmung der relativen Preisänderung der Anleihe zu wesentlich genaueren Ergebnissen.

Lösung 3.9

1. Der Wert der Anleihe ist gegeben durch

$$c_0 = \sum_{i=1}^{10} 60 \cdot (1 + r_i)^{-1} + 1000 \cdot (1 + r_{10})^{-10} = 1408{,}9.$$

2. Die eindeutig bestimmte reelle und positive Nullstelle des Polynoms

$$f(x) = -c_0 + cx + \cdots + cx^9 + (c + N)\,x^{10}$$

lautet

$$x = 0{,}9847.$$

Daraus ergibt sich die Rendite

$$\lambda = \frac{1}{x} - 1 = 1{,}55\,\%.$$

3. Für $\delta = 1\,\%$ und $\lambda' = \lambda + \delta$ ergibt sich der Wert

$$c_0' = \sum_{t=1}^{n-1} c \frac{1}{(1+\lambda')^t} + (c + N)\,\frac{1}{(1+\lambda')^n} = 1300{,}8$$

der Anleihe. Damit erhalten wir für die relative Wertänderung den Wert

$$\frac{c_0' - c_0}{c_0} = -7{,}67\,\%.$$

Nun berechnen wir die relative Wertänderung der Anleihe näherungsweise. Mit $x(\lambda) = 1/(1+\lambda)$ gilt zunächst

$$\begin{aligned} c_0' &= \frac{\mathrm{d}}{\mathrm{d}\lambda} f(x(\lambda)) \\ &= f'(x(\lambda)) \cdot x'(\lambda) \\ &= f'(x(\lambda)) \cdot \frac{-1}{(1+\lambda)^2} \end{aligned}$$

und

$$\begin{aligned} c_0'' &= \frac{\mathrm{d}^2}{\mathrm{d}\lambda^2} f(x(\lambda)) \\ &\frac{\mathrm{d}}{\mathrm{d}\lambda} \left(f'(x(\lambda)) \cdot x'(\lambda) \right) \\ &= f''(x(\lambda)) \cdot \left(x'(\lambda) \right)^2 + f'(x(\lambda)) \cdot x''(\lambda) \\ &= f''(x(\lambda)) \cdot \frac{1}{(1+\lambda)^4} + f'(x(\lambda)) \cdot \frac{2}{(1+\lambda)^3}. \end{aligned}$$

Damit erhalten wir für die relative Wertänderung unter Berücksichtigung der modifizierten Duration

$$\begin{aligned} D_M(\lambda) &= -\frac{c_0'(\lambda)}{c_0(\lambda)} \\ &= 8{,}06 \end{aligned}$$

den Wert

$$\begin{aligned} \frac{\Delta c_0}{c_0} &\approx \frac{c_0'(\lambda)}{c_0(\lambda)} \delta \\ &= -D_M(\lambda)\, \delta \\ &= -8{,}06\,\%. \end{aligned}$$

Wird zusätzlich die Konvexität

$$\begin{aligned} C(\lambda) &= \frac{c_0''(\lambda)}{c_0(\lambda)} \\ &= 81{,}02 \end{aligned}$$

berücksichtigt, dann erhalten wir

$$
\begin{aligned}
\frac{\Delta c_0}{c_0} &\approx -D_M(\lambda)\,\delta + \frac{1}{2}C(\lambda)\,\delta^2 \\
&= \frac{c_0'}{c_0}\delta + \frac{1}{2}\frac{c_0''}{c_0}\delta^2 \\
&= -7{,}66\,\%.
\end{aligned}
$$

Dieser Wert ist wesentlich genauer als derjenige, der alleine mithilfe der modifizierten Duration berechnet wird.

Lösung 3.10 Die Auszahlung der Aktienanleihe lautet mit $h = N/S_0$

$$
\begin{aligned}
c &= qN + h\min(S_0, S_T) \\
&= (1+q)\,N - h\,(S_0 - S_T)^+ .
\end{aligned}
$$

Die Auszahlung

$$p = (S_0 - S_T)^+$$

der Put-Option hat den Black-Scholes-Preis

$$p_0 = 6{,}94,$$

sodass

$$c_0 = 969{,}76$$

folgt.

Mit $f(S_T) = qN + h\min(S_0, S_T)$ und der Binomialbaumformel

$$c_0 = \sum_{j=0}^{n} \binom{n}{j} \psi_1^{n-j} \psi_2^{j} f\left(u^{n-j} d^{j} S\right)$$

wird dieser auf zwei Nachkommastellen gerundete Wert erst ab einer Periodenzahl von etwa $n = 3900$ erreicht. Jedoch bereits für $n = 2$ Perioden stimmt der mit der Binomialbaumformel berechnete Wert der Aktienanleihe bis auf weniger als 1 % mit dem Wert überein, der sich mit der Binomialbaumformel ergibt. Für $n = 2$ folgt mit der Binomialbaumformel

$$c_0' = 978{,}78$$

und damit

$$\frac{c_0' - c_0}{c_0} = 0{,}92\,\%.$$

Für die Rendite R der Aktienanleihe,

$$R = \frac{qN + h\min(S_0, S_T) - c_0}{c_0},$$

ergeben sich mit $h = N/S_0 = 1000/100 = 10$ die in der nachfolgenden Tabelle aufgeführten Werte:

S_T	$\min(S_0, S_T)$	$c = qN + h\min(S_0, S_T)$	$R = \frac{c-c_0}{c_0}$
110	100	1060	9,28 %
100	100	1060	9,28 %
90	90	960	−1,03 %

Lösung 3.11 Die Black-Scholes-Formeln für Call- und Put-Optionen lauten mit den Definitionen $F = \exp(rT)\,S$ und $d_\pm = \frac{\ln\left(\frac{F}{K}\right)}{\sigma\sqrt{T}} \pm \frac{1}{2}\sigma\sqrt{T}$

$$\begin{aligned} C &= e^{-rT}\left(F\Phi(d_+) - K\Phi(d_-)\right) \\ P &= e^{-rT}\left(K\Phi(-d_-) - F\Phi(-d_+)\right). \end{aligned} \tag{7.2}$$

Δ: Zunächst gilt

$$d_+ = d_- + \sigma\sqrt{T}.$$

Daher folgt

$$\begin{aligned} d_+^2 &= d_-^2 + 2d_-\sigma\sqrt{T} + \sigma^2 T \\ &= d_-^2 + 2\ln\left(\frac{F}{K}\right). \end{aligned}$$

Weiter gilt

$$\begin{aligned} \Phi'(d_+) &= \frac{1}{\sqrt{2\pi}}\exp\left(-\frac{1}{2}d_+^2\right) \\ &= \frac{1}{\sqrt{2\pi}}\exp\left(-\frac{1}{2}d_-^2 - \ln\frac{F}{K}\right) \\ &= \frac{K}{F}\Phi'(d_-), \end{aligned}$$

also

$$F\Phi'(d_+) = K\Phi'(d_-). \tag{7.3}$$

So erhalten wir wegen $\frac{\partial}{\partial S}\ln\left(\frac{F}{K}\right) = \frac{\partial}{\partial S}\ln\left(\frac{e^{rT}S}{K}\right) = \frac{1}{S}$

$$\frac{\partial}{\partial S}d_\pm = \frac{1}{\sigma\sqrt{T}}\frac{\partial}{\partial S}\ln\left(\frac{F}{K}\right) = \frac{1}{S\sigma\sqrt{T}}$$

und berechnen damit

$$\begin{aligned}\frac{\partial C}{\partial S} &= \Phi(d_+) + e^{-rT}\left(F\Phi'(d_+)\frac{\partial d_+}{\partial S} - K\Phi'(d_-)\frac{\partial d_-}{\partial S}\right)\\ &= \Phi(d_+) + \frac{e^{-rT}}{S\sigma\sqrt{T}}\left(F\Phi'(d_+) - K\Phi'(d_-)\right)\\ &= \Phi(d_+).\end{aligned}$$

Aus der Put-Call-Parität $P = C + Ke^{-rT} - S$ folgt

$$\frac{\partial P}{\partial S} = \frac{\partial C}{\partial S} - 1 = \Phi(d_+) - 1 = -\Phi(-d_+),$$

wobei in der letzten Gleichheit der Zusammenhang $\Phi(x) = 1 - \Phi(-x)$ verwendet wurde.

ρ: Aus $d_\pm = \frac{\ln\left(\frac{S}{K}\right) \pm \frac{1}{2}\sigma^2 T}{\sigma\sqrt{T}} + r\frac{\sqrt{T}}{\sigma}$ folgt

$$\frac{\partial}{\partial r}d_\pm = \frac{\sqrt{T}}{\sigma}.$$

Damit erhalten wir

$$\begin{aligned}\frac{\partial C}{\partial r} &= \frac{\partial}{\partial r}\left(S\Phi(d_+) - e^{-rT}K\Phi(d_-)\right)\\ &= S\frac{\partial\Phi(d_+)}{\partial r} - e^{-rT}K\frac{\partial\Phi(d_-)}{\partial r} + e^{-rT}TK\Phi(d_-)\\ &= e^{-rT}\left(F\Phi'(d_+) - K\Phi'(d_-)\right)\frac{\sqrt{T}}{\sigma} + e^{-rT}TK\Phi(d_-)\\ &= e^{-rT}TK\Phi(d_-),\end{aligned}$$

wobei (7.3) verwendet wurde. Mit der Put-Call-Parität $P = C + Ke^{-rT} - S$ und wegen $\Phi(x) = 1 - \Phi(-x)$ folgt

$$\begin{aligned}\frac{\partial P}{\partial r} &= \frac{\partial C}{\partial r} - TKe^{-rT}\\ &= e^{-rT}TK\left(\Phi(d_-) - 1\right)\\ &= -e^{-rT}TK\Phi(-d_-).\end{aligned}$$

ν: Wir berechnen

$$\begin{aligned}\frac{\partial d_\pm}{\partial\sigma} &= \frac{\partial}{\partial\sigma}\left(\frac{\ln\left(\frac{F}{K}\right)}{\sigma\sqrt{T}} \pm \frac{1}{2}\sigma\sqrt{T}\right)\\ &= -\frac{1}{\sigma}\left(\frac{\ln\left(\frac{F}{K}\right)}{\sigma\sqrt{T}} \mp \frac{1}{2}\sigma\sqrt{T}\right)\\ &= -\frac{1}{\sigma}d_\mp.\end{aligned}$$

Daraus folgt mit $d_+ = d_- + \sigma\sqrt{T}$ und mit (7.3)

$$\begin{aligned}\frac{\partial C}{\partial \sigma} &= e^{-rT}\left(F\Phi'(d_+)\frac{\partial d_+}{\partial \sigma} - K\Phi'(d_-)\frac{\partial d_-}{\partial \sigma}\right)\\ &= -\frac{1}{\sigma}e^{-rT}\left(F\Phi'(d_+)d_- - K\Phi'(d_-)d_+\right)\\ &= -\frac{1}{\sigma}e^{-rT}\left(F\Phi'(d_+)d_+ - F\Phi'(d_+)\sigma\sqrt{T} - K\Phi'(d_-)d_+\right)\\ &= e^{-rT}\sqrt{T}F\Phi'(d_+)\\ &= S\sqrt{T}\Phi'(d_+).\end{aligned}$$

Aus der Put-Call-Parität folgt unmittelbar

$$\frac{\partial P}{\partial \sigma} = \frac{\partial C}{\partial \sigma}.$$

Lösung 3.12

1. Das Anfangsportfolio $h = (\alpha, \gamma)$ der replizierenden Handelsstrategie hat die Eigenschaft

   $$f(S) = c_0 = \alpha + \gamma S.$$

   Daraus folgt

   $$\Delta = \frac{\partial f}{\partial S} = \gamma.$$

2. Das Portfolio c muss um γ Stücke der Aktie so verändert werden, dass mit $c_0 = f(S)$ gilt

   $$0 = \frac{\partial}{\partial S}(f(S) + \gamma S) = \frac{\partial f}{\partial S} + \gamma.$$

   Also folgt

   $$\gamma = -\frac{\partial f}{\partial S}.$$

Lösung 3.13

1. Angenommen, der Call würde im Portfolio $V = S - dK - c^A + p^A$ zu einem Zeitpunkt $0 \le t \le T$ ausgeübt. In diesem Fall wäre die Aktie gegen den Ausübungspreis K zu liefern. Das Portfolio lautet nach Ausübung

   $$V_t = p_t^A + K - e^{rt}dK,$$

   wobei p_t^A den Wert des amerikanischen Puts zum Zeitpunkt t bezeichnet. Zum Endzeitpunkt T gilt

   $$V_T = p_T^A + \left(e^{r(T-t)} - 1\right)K \ge 0,$$

denn im Falle von $r \geq 0$ gilt $e^{r(T-t)} \geq 1$.
Angenommen, der Call wird niemals ausgeübt, dann lautet das Portfolio zum Zeitpunkt T

$$V_T = S_T - K + p_T^A \geq S_T - K + (K - S_T)^+ = (S_T - K)^+ \geq 0.$$

In jeder Situation gilt also $V_T \geq 0$, also muss $V_0 = S_0 - dK - c_0^A + p_0^A \geq 0$ sein, denn andernfalls läge eine Arbitragegelegenheit vor.
Nun wird das Portfolio $V = c^A - p^A - S + K$ betrachtet. Angenommen, die Put-Option würde zu einem Zeitpunkt $0 \leq t \leq T$ ausgeübt. In diesem Fall muss die Aktie zum Preis von K gekauft werden, und das Portfolio lautet nach Ausübung

$$V_t = c_t^A - K + e^{rt} K \geq 0,$$

wobei c_t^A den Wert des amerikanischen Calls zum Zeitpunkt t bezeichnet. Also gilt $V_T = c_T^A + \left(e^{rT} - e^{r(T-t)}\right) K \geq 0$.
Wird die Put-Option niemals ausgeübt, dann hat das Portfolio zum Zeitpunkt T den Wert

$$\begin{aligned} V_T &= c_T^A - S_T + e^{rT} K \\ &\geq (S_T - K)^+ - (S_T - K) \\ &= (K - S_T)^+ \\ &\geq 0. \end{aligned}$$

Wieder gilt in jedem Fall $V_T \geq 0$, und daher muss $V_0 = c_0^A - p_0^A - S_0 + K \geq 0$ sein, denn sonst läge eine Arbitragegelegenheit vor.

2. Nach 1. gelten für amerikanische Call- und Put-Optionen c^A und p^A im Falle nichtnegativer Zinsen die Ungleichungen

$$S_0 - dK \geq c_0^A - p_0^A \geq S_0 - K.$$

Nach dem Satz von Merton gilt unter den angegebenen Voraussetzungen $c_0^A = c_0^E$, wobei c^E das europäische Gegenstück der amerikanischen Call-Option c^A bezeichnet. Aufgrund der Put-Call-Parität gilt $c_0^E - p_0^E = S_0 - dK$. Daraus folgt

$$S_0 - dK \geq c_0^A - p_0^A + \left(S_0 - dK - c_0^E + p_0^E\right) \geq S_0 - K,$$

also

$$S_0 - dK \geq p_0^E + S_0 - dK - p_0^A \geq S_0 - K$$

oder

$$0 \leq p_0^A - p_0^E \leq (1 - d)\, K.$$

Lösung 3.14

1. Sei das Portfolio $S - dK - c^A + p^A$ gegeben. Wird die Call-Option zu einem Zeitpunkt $0 \leq t \leq T$ ausgeübt, dann wird die Aktie zum Preis von K geliefert und das Portfolio lautet nach Ausübung
$$e^{rt} D_{0,t} + K - e^{rt} dK + p_t^A \geq 0,$$
wobei $D_{0,t}$ die Summe aller auf den Zeitpunkt 0 abdiskontierten Dividenden bezeichnet, die im Zeitintervall $(0,\ t]$ auftreten. Zum Zeitpunkt T hat das Portfolio daher den Wert $e^{rT} D_{0,t} + \left(e^{r(T-t)} - 1\right) K + p_T^A \geq 0$.
Wird die Call-Option zu keinem Zeitpunkt ausgeübt, dann hat das Portfolio bei Fälligkeit den Wert
$$\begin{aligned} e^{rT} D_{0,T} + S_T - K + p_T^A &\geq e^{rT} D_{0,T} + S_T - K + (K - S_T)^+ \\ &= e^{rT} D_{0,T} + (S_T - K)^+ \\ &\geq 0. \end{aligned}$$
Aus der Arbitragefreiheit des Modells folgt nun
$$S_0 - dK \geq c_0^A - p_0^A.$$
Für die zweite Ungleichung betrachten wir das Portfolio $c^A - p^A - S + D_{0,T} + K$. Wird die Put-Option zu einem Zeitpunkt $0 \leq t \leq T$ ausgeübt, dann wird die Aktie zum Preis von K gekauft. Mit der gekauften Aktie wird die Short-Position der Aktie ausgeglichen, wobei gegebenenfalls noch die während der Aktienleihe angefallenen Dividendenbeträge $e^{rt} D_{0,t}$ an den Verleiher zu entrichten sind. Also lautet das Portfolio nach Ausübung
$$c_t^A - K + e^{rt} K + e^{rt} D_{0,T} - e^{rt} D_{0,t} \geq 0.$$
Zum Zeitpunkt T gilt
$$c_T^A + \left(e^{rT} - e^{r(T-t)}\right) K + e^{rT} \left(D_{0,T} - D_{0,t}\right) \geq 0.$$
Wird die Put-Option zu keinem Zeitpunkt ausgeübt, dann hat das Portfolio bei Fälligkeit den Wert
$$\begin{aligned} c_T^A - \left(S_T + e^{rT} D_{0,T}\right) + e^{rT} D_{0,T} + e^{rT} K &= c_T^A - S_T + e^{rT} K \\ &\geq (S_T - K)^+ - (S_T - K) \\ &= (K - S_T)^+ \\ &\geq 0. \end{aligned}$$

Aus der Arbitragefreiheit des Modells folgt

$$c_0^A - p_0^A \geq S_0 - D_{0,T} - K,$$

also insgesamt

$$S_0 - D_{0,T} - K \leq c_0^A - p_0^A \leq S_0 - dK.$$

2. Die Put-Call-Parität für europäische Call- und Put-Optionen lautet

$$c_0^E - p_0^E = S_0 - D_{0,T} - dK,$$

wobei $D_{0,T}$ die Summe aller auf den Zeitpunkt 0 abdiskontierten Dividenden bezeichnet, die nach dem Zeitpunkt 0 bis zum Zeitpunkt T einschließlich ausgezahlt werden. Mit 1. folgt

$$\begin{aligned} c_0^A - c_0^E - D_{0,T} &= c_0^A - c_0^E - D_{0,T} + \left(c_0^E - p_0^E - S_0 + D_{0,T} + dK\right) \\ &= c_0^A - p_0^E - S_0 + dK \\ &\leq c_0^A - p_0^E - S_0 + dK + \left(S_0 - dK - c_0^A + p_0^A\right) \\ &= p_0^A - p_0^E \\ &\leq p_0^A - p_0^E + \left(c_0^A - p_0^A - S_0 + D_{0,T} + K\right) \\ &\qquad + \left(S_0 - D_{0,T} - dK - c_0^E + p_0^E\right) \\ &= c_0^A - c_0^E + (1-d)\,K, \end{aligned}$$

also

$$c_0^A - c_0^E - D_{0,T} \leq p_0^A - p_0^E \leq c_0^A - c_0^E + (1-d)\,K.$$

Lösung 3.15 Der Beweis wird analog zum Beweis des Satzes von Merton geführt: Zunächst gilt für die Preise z_0^A und z_0^E der amerikanischen und europäischen Put-Optionen

$$z_0^A \geq z_0^E.$$

Angenommen, es wäre

$$z_0^A > z_0^E.$$

Mit $z_n^A = z_n^E = (K - S_n)^+$ gibt es in diesem Fall ein größtes t, $0 < t \leq n$, mit

$$z_t^A = z_t^E$$

aber mit

$$z_{t-1}^A \gneqq z_{t-1}^E.$$

Das bedeutet mit $z_{t-1} = \max\left(K - S_{t-1},\ \mathbf{D}_{t-1,t}\left[z_t\right]\right)$

$$\begin{aligned}\max\left(K - S_{t-1},\, \mathbf{D}_{t-1,t}\left[z_t^E\right]\right) &= \max\left(K - S_{t-1},\, \mathbf{D}_{t-1,t}\left[z_t^A\right]\right)\\ &= z_{t-1}^A\\ &\gneqq z_{t-1}^E\\ &= \mathbf{D}_{t-1,t}\left[z_t^E\right],\end{aligned}$$

also

$$K - S_{t-1} \gneqq \mathbf{D}_{t-1,t}\left[z_t^E\right].$$

Andererseits gilt

$$\begin{aligned}\mathbf{D}_{t-1,t}\left[z_t^E\right] &= \mathbf{D}_{t-1,n}\left[z_n^E\right]\\ &= \mathbf{D}_{t-1,n}\left[(K - S_n)^+\right]\\ &\geq \mathbf{D}_{t-1,n}\left[K - S_n\right]\\ &= d_{t-1,n}K - S_{t-1},\end{aligned}$$

und wir erhalten damit den Widerspruch

$$K \gneqq S_{t-1} + \mathbf{D}_{t-1,t}\left[z_t^E\right] \geq d_{t-1,n}K,$$

denn im Falle nicht-positiver Zinsen gilt $d_{t-1,n} \geq 1$. Also folgt $z_0^A = z_0^E$, was zu zeigen war.

Lösung 4.1 Zu zeigen ist, dass

$$\sigma\left(\mathcal{C}\right) = \bigcap_{\substack{\mathcal{A}\,\text{Algebra in}\,\Omega\\ \mathcal{C}\subset\mathcal{A}}} \mathcal{A} \tag{7.4}$$

eine Algebra definiert. Zunächst ist $\sigma\left(\mathcal{C}\right)$ nicht leer, weil die Potenzmenge von Ω eine Algebra ist, die $\mathcal{C}$ enthält. Weiter gilt $\Omega \in \sigma\left(\mathcal{C}\right)$, denn $\Omega \in \mathcal{A}$ für jede Algebra $\mathcal{A}$ in (7.4). Sei weiter $A \in \sigma\left(\mathcal{C}\right)$. Dann gilt $A \in \mathcal{A}$ für jede Algebra $\mathcal{A}$ in (7.4). Da jedes $\mathcal{A}$ eine Algebra ist, gilt $A^c \in \mathcal{A}$ für alle $\mathcal{A}$, also folgt $A^c \in \sigma\left(\mathcal{C}\right)$. Analog folgt $A \cup B \in \sigma\left(\mathcal{C}\right)$ für $A,\ B \in \sigma\left(\mathcal{C}\right)$.

Lösung 4.2 Angenommen, $\mathcal{C}$ ist eine Algebra. Dann gilt $\sigma\left(\mathcal{C}\right) \subset \mathcal{C}$, denn $\mathcal{C}$ ist eine der Algebren $\mathcal{A}$, mit denen der Durchschnitt in $\bigcap_{\substack{\mathcal{A}\,\text{Algebra in}\,\Omega\\ \mathcal{C}\subset\mathcal{A}}} \mathcal{A}$ gebildet wird. Nach Definition gilt aber auch $\mathcal{C} \subset \sigma\left(\mathcal{C}\right)$.

Lösung 4.3 Sei $\{z_1, \ldots, z_l\} = \{X(\omega) \mid \omega \in \Omega\}$ mit paarweise verschiedenen $z_i \in \mathbb{R}^N$, $i = 1, \ldots, l$. Dann sind die Teilmengen

$$A_i = X^{-1}(\{z_i\}) \quad (i = 1, \ldots, l)$$

nicht leer, paarweise disjunkt und ihre Vereinigung ist Ω. Also bilden die $\{A_1, \ldots, A_l\}$ eine Partition von Ω und X ist konstant auf jeder Partitionsmenge. Damit ist X messbar bezüglich $\sigma(\{A_1, \ldots, A_l\})$, und diese Algebra ist nach Konstruktion die kleinste, bezüglich der X messbar ist.

Lösung 4.4 Wir betrachten für $t > 0$

$$\begin{aligned}\Delta M_t &= M_t - M_{t-1}\\ &= (X_t + S_{t-1})^2 - S_{t-1}^2 - \sigma_t^2\\ &= X_t^2 + 2X_t S_{t-1} - \sigma_t^2.\end{aligned}$$

Damit folgt

$$\begin{aligned}\mathbf{E}_{t-1}[\Delta M_t] &= \mathbf{E}_{t-1}\left[X_t^2\right] + 2S_{t-1}\mathbf{E}_{t-1}[X_t] - \sigma_t^2\\ &= \mathbf{E}\left[X_t^2\right] + 2S_{t-1}\mathbf{E}[X_t] - \sigma_t^2\\ &= 0,\end{aligned}$$

denn nach Voraussetzung gilt $\mathbf{E}[X_t] = 0$ und damit gilt

$$\sigma_t^2 = \mathbf{V}(X_t) = \mathbf{E}\left[X_t^2\right] - (\mathbf{E}[X_t])^2 = \mathbf{E}\left[X_t^2\right].$$

Für alle $t > 0$ gilt also $\mathbf{E}_{t-1}[\Delta M_t] = 0$, und damit ist (M_t) ein Martingal.

Lösung 4.5 Wir berechnen

$$\begin{aligned}\mathbf{E}_t\left[M_{t+1}(\lambda)\right] &= \frac{1}{m(\lambda)^{t+1}}\mathbf{E}_t\left[\exp(\lambda S_{t+1})\right]\\ &= \frac{1}{m(\lambda)^{t+1}}\mathbf{E}_t\left[\exp(\lambda S_t + \lambda X_{t+1})\right]\\ &= \frac{1}{m(\lambda)^{t+1}}\mathbf{E}_t\left[\exp(\lambda S_t)\exp(\lambda X_{t+1})\right]\\ &= \frac{1}{m(\lambda)^{t+1}}\exp(\lambda S_t)\,\mathbf{E}_t\left[\exp(\lambda X_{t+1})\right],\end{aligned}$$

da $\exp(\lambda S_t)$ $\mathcal{F}_t$-messbar ist. Da weiter X_{t+1} unabhängig von $\mathcal{F}_t$ ist, gilt $\mathbf{E}_t\left[\exp(\lambda X_{t+1})\right] = \mathbf{E}\left[\exp(\lambda X_{t+1})\right]$. Da alle X_t identisch verteilt sind, folgt weiter

$$\mathbf{E}\left[\exp(\lambda X_{t+1})\right] = \mathbf{E}\left[\exp(\lambda X_0)\right] = m(\lambda).$$

Daher gilt

$$\mathbf{E}_t\left[M_{t+1}(\lambda)\right] = \frac{1}{m(\lambda)^{t+1}}\mathbf{E}_t\left[\exp(\lambda S_t)\right] m(\lambda) = M_t,$$

also ist (M_t) ein Martingal.

Lösung 4.6 Zu zeigen ist

$$[X, Y] = \frac{1}{2}\left([X+Y, X+Y] - [X, X] - [Y, Y]\right).$$

Zunächst gilt $X_0Y_0 = \frac{1}{2}\left((X_0+Y_0)^2 - X_0^2 - Y_0^2\right)$, also

$$[X, Y]_0 = \frac{1}{2}\left([X+Y, X+Y]_0 - [X, X]_0 - [Y, Y]_0\right).$$

Weiter gilt

$$\begin{aligned}\Delta[X+Y, X+Y]_t &= \left(\Delta(X+Y)_t\right)^2\\ &= \left((X_t+Y_t) - (X_{t-1}+Y_{t-1})\right)^2\\ &= (\Delta X_t + \Delta Y_t)^2,\end{aligned}$$

also

$$\frac{1}{2}\left(\Delta(X_t+Y_t)^2 - \Delta X_t^2 - \Delta Y_t^2\right) = \Delta X_t \Delta Y_t.$$

Dies bedeutet aber

$$\frac{1}{2}\left(\Delta[X+Y, X+Y]_t - \Delta[X, X]_t - \Delta[Y, Y]_t\right) = \Delta[X, Y]_t,$$

und daraus folgt die erste Behauptung. Die zweite Behauptung

$$\langle X, Y\rangle = \frac{1}{2}\left(\langle X+Y, X+Y\rangle - \langle X, X\rangle - \langle Y, Y\rangle\right)$$

folgt analog mit $\Delta\langle X, Y\rangle_t = \mathbf{E}_{t-1}[\Delta X_t \Delta Y_t] = \mathbf{E}_{t-1}\left[\Delta[X, Y]_t\right]$.

Lösung 4.7

Beweis Zunächst ist $\langle X, Y\rangle$ vorhersehbar. Weiter folgt aus (4.30) und (4.27)

$$\mathbf{E}_{t-1}\left[\Delta\left([X, Y] - \langle X, Y\rangle\right)_t\right] = \mathbf{E}_{t-1}\left[\Delta X_t \Delta Y_t - \mathbf{E}_{t-1}[\Delta X_t \Delta Y_t]\right] = 0$$

fast sicher für alle $t > 0$, also ist $[X, Y] - \langle X, Y\rangle$ ein Martingal. Die Doob-Zerlegung von $[X, Y]$ lautet also $[X, Y] = M + A$ mit $M = [X, Y] - \langle X, Y\rangle$ und $A = \langle X, Y\rangle$. □

Lösung 4.8 $XY = (XY - [X, Y]) + [X, Y]$ ist nicht die Doob-Zerlegung von XY, denn $[X, Y]$ ist nicht vorhersehbar.

Lösung 4.9 Ist X ein Submartingal ist, dann gilt fast sicher

$$\mathbf{E}_{t-1}[X_t] \geq X_{t-1},$$

also fast überall

$$\mathbf{E}_{t-1}[\Delta X_t] \geq 0.$$

Sei $X = M + A$ die Doob-Zerlegung von X. Dann gilt fast überall

$$A_t - A_{t-1} = \mathbf{E}_{t-1}[\Delta A_t] = \mathbf{E}_{t-1}[\Delta X_t] \geq 0,$$

also fast überall

$$A_t \geq A_{t-1}.$$

Lösung 4.10 Es gilt

$$\begin{aligned}
\mathbf{Cov}_{t-1}(X, Y) &= \mathbf{E}_{t-1}\left[(X_t - \mathbf{E}_{t-1}[X_t])(Y_t - \mathbf{E}_{t-1}[Y_t])\right] \\
&= \mathbf{E}_{t-1}\left[X_t Y_t - X_t \mathbf{E}_{t-1}[Y_t] - \mathbf{E}_{t-1}[X_t] Y_t + \mathbf{E}_{t-1}[X_t]\mathbf{E}_{t-1}[Y_t]\right] \\
&= \mathbf{E}_{t-1}[X_t Y_t] - \mathbf{E}_{t-1}[X_t]\mathbf{E}_{t-1}[Y_t].
\end{aligned}$$

Lösung 4.11

1. Mit

$$(X \circ X)_t = \sum_{s=1}^{t} \frac{X_{s-1} + X_s}{2}(X_s - X_{s-1})$$

   folgt

$$(X \circ X)_t = \frac{1}{2}\sum_{s=1}^{t}\left(X_s^2 - X_{s-1}^2\right) = \frac{1}{2}\left(X_t^2 - X_0^2\right).$$

2. Mit dieser Definition geht jedoch die Martingaleigenschaft des stochastischen Integrals verloren, denn im Allgemeinen gilt

$$\mathbf{E}_{t-1}\left[\Delta(X \circ X)_t\right] = \frac{1}{2}\mathbf{E}_{t-1}\left[X_t^2\right] - X_{t-1}^2 \neq 0.$$

Lösung 4.12 Für $0 \leq t \leq n$ sei $A_t \in \mathcal{Z}(\mathcal{F}_t)$ beliebig gewählt. Dann gilt

$$\mathcal{L}_t(A_t) = \frac{Q(A_t)}{P(A_t)}.$$

Damit berechnen wir für $A_{t-1} \in \mathcal{Z}(\mathcal{F}_{t-1})$

$$\mathbf{E}_{t-1}^{Q}\left[\frac{1}{\mathcal{L}_t}\right](A_{t-1}) = \frac{1}{Q(A_{t-1})}\sum_{\substack{A_t\in\mathcal{Z}(\mathcal{F}_t)\\ A_t\subset A_{t-1}}}\frac{1}{\mathcal{L}_t}(A_t)\,Q(A_t)$$
$$= \frac{1}{Q(A_{t-1})}\sum_{\substack{A_t\in\mathcal{Z}(\mathcal{F}_t)\\ A_t\subset A_{t-1}}}P(A_t)$$
$$= \frac{P(A_{t-1})}{Q(A_{t-1})}$$
$$= \frac{1}{\mathcal{L}_{t-1}}(A_{t-1})\,.$$

Da A_{t-1} beliebig gewählt wurde, folgt

$$\mathbf{E}_{t-1}^{Q}\left[\frac{1}{\mathcal{L}_t}\right] = \frac{1}{\mathcal{L}_{t-1}},$$

was zu zeigen war.

Lösung 4.13 Für einen beliebigen adaptierten Prozess W gilt $\mathcal{E}_0(W) = 1$ und

$$\mathcal{E}_t(W) = \prod_{s=1}^{t}(1+\Delta W_s)\,.$$

Nun gilt für $W = \frac{1}{\mathcal{L}_-}\bullet\mathcal{L}$

$$\Delta W_t = \frac{1}{\mathcal{L}_{t-1}}\Delta\mathcal{L}_t = \frac{\mathcal{L}_t}{\mathcal{L}_{t-1}} - 1,$$

und daraus folgt

$$\mathcal{E}_t\left(\frac{1}{\mathcal{L}_-}\bullet\mathcal{L}\right) = \prod_{s=1}^{t}\frac{\mathcal{L}_s}{\mathcal{L}_{s-1}} = \frac{\mathcal{L}_t}{\mathcal{L}_0} = \mathcal{L}_t$$

wegen $\mathcal{L}_0 = 1$.

Lösung 4.14 Mit

$$\mathcal{E}_n(W) = \prod_{t=1}^{n}(1+\Delta W_t)$$

gilt $\mathcal{E}_n(W)(\omega) > 0$ für alle $\omega \in \Omega$ und

$$\sum_{\omega\in\Omega} Q(\omega) = \sum_{\omega\in\Omega}\left(\prod_{t=1}^{n}(1+\Delta W_t(\omega))\,P(\omega)\right).$$
$$= \mathbf{E}^P\left[\prod_{t=1}^{n}(1+\Delta W_t)\right].$$

Zum Nachweis, dass Q ein Wahrscheinlichkeitsmaß ist, berechnen wir

$$\mathbf{E}^P\left[\prod_{t=1}^{n}(1+\Delta W_t)\right] = \mathbf{E}^P\left[\mathbf{E}^P_{n-1}\left[\prod_{t=1}^{n}(1+\Delta W_t)\right]\right]$$
$$= \mathbf{E}^P\left[\prod_{t=1}^{n-1}(1+\Delta W_t)\,\mathbf{E}^P_{n-1}[1+\Delta W_n]\right]$$
$$= \mathbf{E}^P\left[\prod_{t=1}^{n-1}(1+\Delta W_t)\right],$$

wegen $\mathbf{E}^P_{n-1}[1+\Delta W_n] = 1 + \mathbf{E}^P_{n-1}[\Delta W_n] = 1$. Dies führt induktiv zu

$$\mathbf{E}^P\left[\prod_{t=1}^{n}(1+\Delta W_t)\right] = 1,$$

also ist Q ein Wahrscheinlichkeitsmaß.

Nun wissen wir, dass

$$\left(X - \frac{1}{\mathcal{L}_-}\bullet\langle X,\,\mathcal{L}\rangle^P\right)_t = X_t - \int_0^t \frac{\mathrm{d}\,\langle X,\,\mathcal{L}\rangle^P}{\mathcal{L}_-}$$

ein Q-Martingal ist. Mit $\mathcal{L}_t = \frac{Q}{P} = \mathcal{E}_n(W) = \prod_{s=1}^{n}(1+\Delta W_s)$ gilt nun

$$\Delta\int_0^t \frac{\mathrm{d}\,\langle X,\,\mathcal{L}\rangle^P}{\mathcal{L}_-} = \frac{1}{\mathcal{L}_{t-1}}\mathbf{E}^P_{t-1}[\Delta X_t\Delta\mathcal{L}_t]$$
$$= \mathbf{E}^P_{t-1}\left[\Delta X_t\left(\frac{\mathcal{L}_t}{\mathcal{L}_{t-1}} - 1\right)\right]$$
$$= \mathbf{E}^P_{t-1}[\Delta X_t\Delta W_t]$$
$$= \Delta\,\langle X,\,W\rangle_t\,,$$

was zu zeigen war.

Lösung 4.15 Nach Konstruktion gilt für jede Zeile $i = 1,\ldots,\nu-1$ jeder Matrix $\left(w^i_j\right)$, $j = 1,\ldots,k$, die Eigenschaft $\mathbf{E}_{t-1}\left[\Delta W^i_t\right](A_{t-1}) = \frac{1}{P(A_{t-1})}\sum_{j=1}^{k} p_j w^i_j = 0$. Also können die Zeilen als Inkremente von Martingalen interpretiert werden.

Für $i \neq l$ gilt nach Konstruktion der Zeilen jeder Matrix $\left(w_j^i\right)$, $j = 1, \ldots, k$, weiter $\left\langle \Delta W_t^i, \Delta W_t^l \right\rangle_{t-1} (A_{t-1}) = \frac{1}{P(A_{t-1})} \sum_{j=1}^k p_j w_j^i w_j^l = 0$, also sind die Martingale $W^1, \ldots, W^{\nu-1}$ paarweise orthogonal. Insbesondere sind die ersten $k-1$ Zeilen von $\left(w_j^i\right)$ linear unabhängig.

Da die Inkremente $\Delta X_t (A_{t-1})$ eines beliebigen Martingals X orthogonal sind zu $p = (p_1, \ldots, p_k)$, d.h. $\mathbf{E}_{t-1} [\Delta X_t] (A_{t-1}) = \frac{1}{P(A_{t-1})} \sum_{j=1}^k p_j x_j = 0$, $x_j = \Delta X_t (A_{tj})$, sind $x = (x_1, \ldots, x_k)$ und $w^1, \ldots, w^{k-1}$ linear abhängig, sodass es eindeutig bestimmte Konstanten $\alpha^1, \ldots, \alpha^{k-1}$ gibt mit $x = \alpha^1 w^1 + \cdots + \alpha^{k-1} w^{k-1}$. Für jedes $i = 1, \ldots, \nu - 1$ bildet die Gesamtheit der α^i zusammen mit $\alpha_0^i = 0$ einen vorhersehbaren Prozess, also bilden die $W^1, \ldots, W^{\nu-1}$ eine orthogonale Basis von Martingalen.

Lösung 4.16 Für die Mittelwert der Kurse längs der durch $\omega_1, \ldots, \omega_4$ definierten Pfade gilt

Pfad	Mittelwert	$\tau(\omega)$
ω_1	$\frac{100+120+140}{3} = 120$	2
ω_2	$\frac{100+120+110}{3} = 110$	1
ω_3	$\frac{100+80+90}{3} = 90$	0
ω_4	$\frac{100+80+60}{3} = 80$	0

Wegen

$$\tau^{-1}(1) = \{\omega_2\} \notin \mathcal{Z}(\mathcal{F}_1)$$

definiert τ keine Stoppzeit. Zur Ermittlung des Zeitpunkts, zu dem $\mathcal{E}$ eintritt, muß zu jedem Zeitpunkt der gesamte Pfad, also die zukünftige Entwicklung des Prozesses, bekannt sein. Zum Zeitpunkt 1 kann daher in diesem Beispiel noch nicht entschieden werden, ob das Ereignis $\mathcal{E}$ eingetreten ist oder nicht.

Lösung 4.17 Wir betrachten $\mathbf{E}_t[X_{(t+1)\wedge\tau}]$. Wegen $1_{\{\tau \geq t+1\}} = 1_{\{\tau > t\}}$ kann obige Darstellung geschrieben werden als

$$X_{(t+1)\wedge\tau} = \sum_{i=0}^{t} X_i \cdot 1_{\{\tau=i\}} + X_{t+1} \cdot 1_{\{\tau>t\}}.$$

Damit gilt für $A_t \in \mathcal{Z}(\mathcal{F}_t)$

$$\begin{aligned} &\mathbf{E}_t \left[X_{(t+1)\wedge\tau}\right] (A_t) \\ &= \frac{1}{P(A_t)} \sum_{\substack{A_{t+1} \in \mathcal{Z}(\mathcal{F}_{t+1}) \\ A_t \supset A_{t+1}}} X_{(t+1)\wedge\tau} (A_{t+1})\, P(A_{t+1}) \end{aligned}$$

$$= \frac{1}{P(A_t)} \sum_{\substack{A_{t+1} \in \mathcal{Z}(\mathcal{F}_{t+1}) \\ A_t \supset A_{t+1}}} \left(\sum_{i=0}^{t} \left(X_i \cdot 1_{\{\tau=i\}} \right)(A_{t+1}) + \left(X_{t+1} \cdot 1_{\{\tau>t\}} \right)(A_{t+1}) \right) P(A_{t+1}).$$

Die $t+2$ Mengen $\{\tau = i\}$, $i = 0, \ldots, t$, und $\{\tau > t\}$ bilden eine disjunkte Zerlegung von Ω. Ferner gilt $\{\tau = i\} \in \mathcal{F}_i \subset \mathcal{F}_t$ für $i = 0, \ldots, t$ und $\{\tau > t\} = \{\tau \leq t\}^c \in \mathcal{F}_t$. Daher ist die Menge $A_t \in \mathcal{Z}(\mathcal{F}_t)$ in genau einer dieser $t+2$ Mengen enthalten.

Wir betrachten zunächst den Fall, dass $A_t \subset \{\tau = k\}$ für ein $0 \leq k \leq t$ gilt. Dann erhalten wir $A_t \cap \{\tau = k\} = A_t$ und $A_t \cap \{\tau = i\} = \emptyset$ für $i \neq k$ sowie $A_t \cap \{\tau > t\} = \emptyset$. Daher folgt

$$\begin{aligned}
\mathbf{E}_t\left[X_{(t+1)\wedge\tau}\right](A_t) &= \frac{1}{P(A_t)} \sum_{\substack{A_{t+1} \in \mathcal{Z}(\mathcal{F}_{t+1}) \\ A_t \supset A_{t+1}}} X_k(A_{t+1}) P(A_{t+1}) \\
&= \frac{1}{P(A_t)} X_k(A_t) \sum_{\substack{A_{t+1} \in \mathcal{Z}(\mathcal{F}_{t+1}) \\ A_t \supset A_{t+1}}} P(A_{t+1}) \\
&= X_k(A_t) \\
&= X_{t\wedge\tau}(A_t).
\end{aligned}$$

Nun betrachten wir den Fall $A_t \subset \{\tau > t\} = \{\tau \leq t\}^c \in \mathcal{F}_t$. Dann gilt $A \cap \{\tau = i\} = \emptyset$ für alle $i = 0, \ldots, t$, und daher folgt

$$\begin{aligned}
\mathbf{E}_t\left[X_{(t+1)\wedge\tau}\right](A_t) &= \frac{1}{P(A_t)} \sum_{\substack{A_{t+1} \in \mathcal{Z}(\mathcal{F}_{t+1}) \\ A_t \supset A_{t+1}}} \left(X_{t+1} \cdot 1_{\{\tau>t\}} \right)(A_{t+1}) P(A_{t+1}) \\
&= \frac{1}{P(A_t)} \sum_{\substack{A_{t+1} \in \mathcal{Z}(\mathcal{F}_{t+1}) \\ A_t \supset A_{t+1}}} X_{t+1}(A_{t+1}) P(A_{t+1}) \\
&= \mathbf{E}_t[X_{t+1}](A_t) \\
&= X_t(A_t) \\
&= X_{t\wedge\tau}(A_t).
\end{aligned}$$

Lösung 5.1

1. Für ein $0 < t \leq n$ sei $A_{t-1} \in \mathcal{Z}(\mathcal{F}_{t-1})$ beliebig. Sei weiter $A_{t1}, A_{t2} \in \mathcal{Z}(\mathcal{F}_t)$ mit $A_{t-1} = A_{t1} \cup A_{t2}$. Dann lautet das zugehörige Ein-Perioden-Teilmodell

$$(b, D)_{A_{t-1}} = \left(\begin{pmatrix} (1+r)^{t-1} \\ S_{t-1}(A_{t-1}) \end{pmatrix}, \begin{pmatrix} (1+r)^t & (1+r)^t \\ S_t(A_{t1}) & S_t(A_{t2}) \end{pmatrix} \right).$$

Mit $u = S_t(A_{t1}) / S_{t-1}(A_{t-1})$ und $d = S_t(A_{t2}) / S_{t-1}(A_{t-1})$ folgt

$$\mu_t(A_{t-1}) = \frac{1}{2}(u+d) - 1 = \mu$$

sowie

$$\begin{aligned}\Delta W_t(A_{t1}) &= \frac{S_t(A_{t1})}{S_{t-1}(A_{t-1})} - \mathbf{E}^P_{t-1}\left[\frac{S_t}{S_{t-1}}\right](A_{t1}) = u - \frac{1}{2}(u+d)\\ &= \frac{1}{2}(u-d) = \sigma\\ \Delta W_t(A_{t2}) &= -\frac{1}{2}(u-d) = -\sigma.\end{aligned}$$

Wegen (5.28) gilt $\sigma \neq 0$, und wir nehmen o.B.d.A $\sigma > 0$, also $u > d$, an. Damit gilt

$$\begin{aligned}u &= 1 + \mu + \sigma\\ d &== 1 + \mu - \sigma\end{aligned}$$

sowie

$$\mathbf{E}^P_{t-1}\left[(\Delta W_t)^2\right] = \frac{1}{2}\left(\sigma^2 + (-\sigma)^2\right) = \sigma^2.$$

Das Gleichungssystem $D\psi = b$ besitzt die eindeutig bestimmte Lösung

$$\psi = \frac{1}{1+r}\frac{1}{u-d}\begin{pmatrix}1+r-d\\ u-(1+r)\end{pmatrix}.$$

Nach (5.29) gilt

$$\frac{\mu - r}{\sigma} < 1, \quad -\frac{\mu - r}{\sigma} < 1,$$

also

$$\mu - r < \sigma, \quad -\mu + r < \sigma,$$

d. h.

$$\frac{1}{2}(u+d) - 1 - r < \frac{1}{2}(u-d), \quad -\frac{1}{2}(u+d) + 1 + r < \frac{1}{2}(u-d).$$

Aus der linken Ungleichung folgt $d < 1+r$, die rechte Ungleichung impliziert $1+r < u$. Also gilt $\psi \gg 0$, und das Ein-Perioden-Teilmodell ist arbitragefrei. Da $A_{t-1} \in \mathcal{Z}(\mathcal{F}_{t-1})$ beliebig war, ist jedes Ein-Perioden-Teilmodell, und damit das Mehr-Perioden-Modell, arbitragefrei. Da D jeweils regulär ist, ist jedes Ein-Perioden-Teilmodell, und damit das Mehr-Perioden-Modell, vollständig.

2. Gäbe es zwei verschiedene Martingalmaße Q und Q', dann wären $\phi = Q/B$ und $\phi' = Q'/B$ zwei verschiedene Diskontprozesse. In diesem Fall gäbe es wenigstens ein Ein-Perioden-Teilmodell mit zwei verschiedenen Diskontvektoren. Dies kann jedoch nicht sein, weil die Diskontvektoren in vollständigen arbitragefreien Ein-Perioden-Modellen eindeutig bestimmt sind.

Lösung 5.2 Aufgrund der Doob-Zerlegung gilt $R_t = \mu_t + \Delta W_t$ mit $\mu_t = \mathbf{E}_{t-1}[R_t]$, also folgt

$$\mathbf{V}(R_t | \mathcal{F}_{t-1}) = \mathbf{E}_{t-1}\left[(R_t - \mu_t)^2\right] = \mathbf{E}_{t-1}\left[(\Delta W_t)^2\right] = \sigma_t^2.$$

Lösung 5.3 Da W^i und M^k P-Martingale sind, gilt

$$\begin{aligned}\mathbf{Cov}_{t-1}\left(W_t^i, M_t^k\right) &= \mathbf{E}_{t-1}\left[\left(W_t^i - \mathbf{E}_{t-1}\left[W_t^i\right]\right)\left(M_t^k - \mathbf{E}_{t-1}\left[M_t^k\right]\right)\right]\\ &= \mathbf{E}_{t-1}\left[\left(W_t^i - W_{t-1}^i\right)\left(M_t^k - M_{t-1}^k\right)\right]\\ &= \mathbf{E}_{t-1}\left[\Delta W_t^i \Delta M_t^k\right].\end{aligned}$$

Wird in die letzte Gleichung $\Delta W_t^i = \sum_{k'=1}^{\nu-1} \alpha_t^{ik'} \Delta M_t^{k'}$ eingesetzt, dann folgt wegen der Orthogonalität der $M^1, \ldots, M^{\nu-1}$

$$\mathbf{E}_{t-1}\left[\Delta W_t^i \Delta M_t^k\right] = \sum_{k'=1}^{\nu-1} \alpha_t^{ik'} \mathbf{E}_{t-1}\left[\Delta M_t^{k'} \Delta M_t^k\right] = \alpha_t^{ik} \mathbf{E}_{t-1}\left[\left(\Delta M_t^k\right)^2\right] = C_t^{ik},$$

was zu zeigen war.

Lösung 5.4 Mit

$$-\left(\mu_t^i - r\right) = \frac{\mathbf{E}_{t-1}^P\left[\Delta W_t^i \Delta \mathcal{L}_t\right]}{\mathcal{L}_{t-1}}$$

gilt

$$\begin{aligned}\frac{1}{\mathcal{L}_{t-1}}\mathbf{Cov}_{t-1}\left(W_t^i, \mathcal{L}_t\right) &= \frac{1}{\mathcal{L}_{t-1}}\mathbf{E}_{t-1}\left[\left(W_t^i - \mathbf{E}_{t-1}\left[W_t^i\right]\right)\left(\mathcal{L}_t - \mathbf{E}_{t-1}\left[\mathcal{L}_{t-1}\right]\right)\right]\\ &= \frac{1}{\mathcal{L}_{t-1}}\mathbf{E}_{t-1}\left[\Delta W_t^i \Delta \mathcal{L}_t\right]\\ &= -\left(\mu_t^i - r\right).\end{aligned}$$

Weiter gilt

$$\begin{aligned}W_t^i - \mathbf{E}_{t-1}\left[W_t^i\right] &= \Delta W_t^i\\ &= R_t^i - \mu_t^i\\ &= R_t^i - \mathbf{E}_{t-1}\left[R_t^i\right]\end{aligned}$$

und daher

$$\frac{1}{\mathcal{L}_{t-1}}\mathbf{Cov}_{t-1}\left(W_t^i, \mathcal{L}_t\right) = \frac{1}{\mathcal{L}_{t-1}}\mathbf{Cov}_{t-1}\left(R_t^i, \mathcal{L}_t\right).$$

Literatur

1. Bäuerle, N., & Rieder, U. (2017). *Finanzmathematik in diskreter Zeit*. Springer.
2. Bauer, H. (1992) *Maß- und Integrationstheorie* (2. Aufl.). de Gruyter.
3. Bauer, H. (1991) *Wahrscheinlichkeitstheorie* (4. Aufl.). de Gruyter.
4. Becker, F. (2019) *Numerische Bewertung von Basket-Optionen*. Bachelorarbeit Hochschule Koblenz.
5. Bingham, N. H., & Kiesel, R. (2004). *Risk-neutral valuation* (2. Aufl.). Springer.
6. Campolieti, G., & Makarov, R. N. (2012). *Financial mathematics*. Taylor & Francis.
7. Capiński, M., & Zastawniak, T. (2003). *Mathematics for finance – An introduction to financial engineering*. Springer.
8. Cutland, N. J., & Roux, A. (2012). *Derivative pricing in discrete time*. Springer.
9. Deck, T. (2006). *Der Itô-Kalkül*. Springer.
10. Dothan, M. (1990). *Prices in financial markets*. Oxford University Press.
11. Föllmer, H., & Schied, A. (2004). *Stochastic finance: An introduction in discrete time* (2. Aufl.). de Gruyter.
12. Kallsen, J. (2014). *Mathematical Finance – Eine Einführung in die zeitdiskrete Finanzmathematik*. http://www.math.uni-kiel.de/finmath/de/personen/kallsen. Zugegriffen: 24. Dez. 2016.
13. Karatzas, I. (1997). *Lectures on the mathematics of finance*. American Mathematical Society.
14. Karatzas, I., & Shreve, S. (1998). *Brownian motion and stochastic calculus* (2. Aufl.). Springer.
15. Koch Medina, P., & Merino, S. (2003). *Mathematical finance and probability*. Springer.
16. Lamberton, D., & Lapeyre, B. (1996). *Stochastic calculus applied to finance*. Chapman & Hall.
17. Luenberger, D. (2002). *Investment science* (2. Aufl.). Oxford University Press.
18. Pliska, S. (1997). *Introduction to mathematical finance*. Blackwell.
19. Privault, N. (2009). *Stochastic analysis in discrete and continuous settings*. Springer.
20. Roman, S. (2014). *Introduction to the mathematics of finance* (2. Aufl.). Springer.
21. Seydel, R. U. (2012). *Tools for computational finance* (5. Aufl.). Springer.
22. Shreve, S. (2004). *Stochastic calculus for finance I: The binomial asset pricing model*. Springer.
23. Shreve, S. (2010). *Stochastic calculus for finance II: Continuous time models* (Corr. 2nd Printing). Springer.
24. Steele, M. (2001). *Stochastic calculus and financial applications*. Springer.
25. Williams, D. (1991). *Probability with martingals*. Cambridge University Press.

J. Kremer, *Preise in Finanzmärkten*,
https://doi.org/10.1007/978-3-662-67148-1

Stichwortverzeichnis

J. Kremer, *Preise in Finanzmärkten*,
https://doi.org/10.1007/978-3-662-67148-1

The manufacturer's authorised representative in the EU is Springer Nature Customer Service Centre GmbH, Europaplatz 3, 69115 Heidelberg, Germany. If you have any concerns regarding our products, please contact ProductSafety@springernature.com

Printed and bound by CPI Group (UK) Ltd, Croydon, CR0 4YY
28/04/2026
02098501-0005